"十三五"国家重点出版物出版规划项目

卓越工程能力培养与工程教育专业认证系列规划教材

（电气工程及其自动化、自动化专业）

电路理论基础

张惠娟　李玲玲　刘宝元

郭　彬　白惠珍　王宝珠　编著

机械工业出版社

本书主要对线性直流电阻电路、交流稳态电路、暂态电路的概念、理论、分析方法进行介绍。全书分为四部分：第一部分 1~4 章，内容包括电路的基础分析方法、等效简化、方程分析和电路基本定理；第二部分 5~8 章，内容包括正弦交流电路的稳态分析、含耦合电感电路的分析、三相电路的分析、非正弦周期电路的分析；第三部分 9、10 章，内容包括线性电路动态过程的时域分析、复频域分析；第四部分 11~14 章，内容包括电路方程的矩阵形式、非线性电阻电路、均匀传输线。本书强调以两类约束为电路分析的基础方法，并以其为主线讲述电路分析的基础理论，指导读者掌握运用数学工具对不同类型电路进行分析的方法。

本书内容符合教育部高等学校 2019 版电路理论基础课程教学基本要求，适合普通高等学校电气、自动化、控制、电子、通信、计算机等电类专业师生使用，也可供相关科技人员参考。

图书在版编目（CIP）数据

电路理论基础/张惠娟等编著 . —北京：机械工业出版社，2021.6
（2024.6 重印）

"十三五"国家重点出版物出版规划项目 卓越工程能力培养与工程教育专业认证系列规划教材 . 电气工程及其自动化、自动化专业

ISBN 978-7-111-67681-2

I. ①电… II. ①张… III. ①电路理论 – 高等学校 – 教材 IV. ①TM13

中国版本图书馆 CIP 数据核字（2021）第 039225 号

机械工业出版社（北京市百万庄大街 22 号　邮政编码 100037）
策划编辑：于苏华　责任编辑：于苏华　张　丽　聂文君
责任校对：张　薇　责任印制：常天培
固安县铭成印刷有限公司印刷
2024 年 6 月第 1 版第 5 次印刷
184mm×260mm · 21.75 印张 · 534 千字
标准书号：ISBN 978-7-111-67681-2
定价：65.00 元

电话服务　　　　　　　　　　网络服务
客服电话：010 – 88361066　　机 工 官 网：www.cmpbook.com
　　　　　010 – 88379833　　机 工 官 博：weibo.com/cmp1952
　　　　　010 – 68326294　　金 书 网：www.golden – book.com
封底无防伪标均为盗版　　　　机工教育服务网：www.cmpedu.com

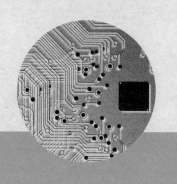

序

　　工程教育在我国高等教育中占有重要地位，高素质工程科技人才是支撑产业转型升级、实施国家重大发展战略的重要保障。当前，世界范围内新一轮科技革命和产业变革加速进行，以新技术、新业态、新产业、新模式为特点的新经济蓬勃发展，迫切需要培养、造就一大批多样化、创新型卓越工程科技人才。目前，我国高等工程教育规模世界第一。我国工科本科在校生人数约占我国本科在校生总数的1/3，近年来我国每年工科本科毕业生占世界工科本科毕业生总数的1/3以上。如何保证和提高高等工程教育质量，如何适应国家战略需求和企业需要，一直受到教育界、工程界和社会各方面的关注。多年以来，我国一直致力于提高高等教育的质量，组织实施了多项重大工程，包括卓越工程师教育培养计划（以下简称卓越计划）、工程教育专业认证和新工科建设等。

　　卓越计划的主要任务是探索建立高校与行业企业联合培养人才的新机制，创新工程教育人才培养模式，建设高水平工程教育教师队伍，扩大工程教育的对外开放。计划实施以来，各相关部门建立了协同育人机制。卓越计划要求试点专业要大力改革课程体系和教学形式，依据卓越计划培养标准，遵循工程的集成与创新特征，以强化工程实践能力、工程设计能力与工程创新能力为核心，重构课程体系和教学内容，加强跨专业、跨学科的复合型人才培养，着力推动基于问题的学习、基于项目的学习、基于案例的学习等多种研究性学习方法，加强学生创新能力训练，"真刀真枪"做毕业设计。卓越计划实施以来，培养了一批获得行业认可、具备很好的国际视野和创新能力、适应经济社会发展需要的各类型高质量人才，教育培养模式改革创新取得突破，教师队伍建设初见成效，为卓越计划的后续实施和最终目标达成奠定了坚实基础。各高校以卓越计划为突破口，逐渐形成各具特色的人才培养模式。

　　2016年6月2日，我国正式成为工程教育"华盛顿协议"第18个成员，标志着我国工程教育真正融入世界工程教育，人才培养质量开始与其他成员达到了实质等效，同时，也为以后我国参加国际工程师认证奠定了基础，为我国工程师走向世界创造了条件。专业认证把以学生为中心、以产出为导向和持续改进作为三大基本理念，与传统的内容驱动、重视投入的教育形成了鲜明对比，是一种教育范式的革新。通过专业认证，把先进的教育理念引入了我国工程教育，有力地推动了我国工程教育专业教学改革，逐步引导我国高等工程教育实现从以教师为中心向以学生为中心转变、从以课程为导向向以产出为导向转变、从质量监控向持续改进转变。

　　在实施卓越计划和开展工程教育专业认证的过程中，许多高校的电气工程及其自动化、自动化专业结合自身的办学特色，引入先进的教育理念，在专业建设、人才培养模式、教学内容、教学方法、课程建设等方面积极开展教学改革，取得了较好的效果，建设了一大批优质课程。为了将这些优秀的教学改革经验和教学内容推广给广大高校，中国工程教育专业认证协会电子信息与电气工程类专业认证分委员会、教育部高等学校电气类专业教学指导委员会、教育部高等学校自动化类专业教学指导委员会、中国机械工业教育协会自动化学科教学委员会、中国机械工业教育协会电气工程及其自动化学科教学委员会联合组织规划了卓越工程能力培养与工程教育专业认证系列规划教材（电气工程及其自动化、自动化专业）。本套教材通过国家新闻出版广电总局的评审，入选了"十三五"国家重点出版物出版规划项目。本套教材密切联系行业和市场需求，以学生工程能力培养为主线，以教育培养优秀工程师为目标，突出学生工程理念、工程思维和工程能力的培养。本套教材在广泛吸纳相关学校在卓越工程师教育培养计划实施和工程教育专业认证过程中的经验和成果的基础上，针对目前同类教材存在的内容滞后、与工程脱节等问题，紧密结合工程应用和行业企业需求，突出实际工程案例，强化学生工程能力的教育培养，积极进行教材内容、结构、体系和展现形式的改革。

经过全体教材编审委员会委员和编者的努力，本套教材陆续跟读者见面了。由于时间紧迫，各校相关专业教学改革推进的程度不同，本套教材还存在许多问题。希望各位老师对本套教材多提宝贵意见，以使教材内容不断完善提高。也希望通过本套教材在高校的推广使用，促进我国高等工程教育教学质量的提高，为实现高等教育的内涵式发展积极贡献一份力量。

卓越工程能力培养与工程教育专业认证系列规划教材
（电气工程及其自动化、自动化专业）
编审委员会

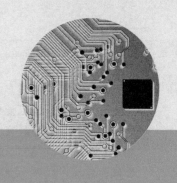

前　言

　　"电路理论"是高等学校电气工程、电子信息工程、自动化、智能控制、计算机、软件等相关学科的专业技术基础课，是所有电类专业学生的入门课。本书是在白惠珍教授、王宝珠教授、张惠娟教授2001年版《电路理论基础》教材的基础上重新编写的，力图做到：

　　1. 体系完整、内容详实、便于自学

　　本书保留了电路理论大纲要求的全部内容并按照其课程体系分为四大部分：第一部分1~4章，内容包括电路的基础分析方法、等效简化、方程分析和电路基本定理；第二部分5~8章，内容包括正弦交流电路的稳态分析、含耦合电感电路的分析、三相电路的分析、非正弦周期电路的分析；第三部分9、10章，内容包括线性电路动态过程的时域分析、复频域分析；第四部分11~14章，内容包括电路方程的矩阵形式、非线性电阻电路、均匀传输线。注重基本概念、基本内容和基本技能的处理，注重内容的层次性，由浅入深、循序渐进。

　　2. 注重对学生电路分析基础能力的培养

　　两类约束法是电路分析最基础的分析方法，作为电路分析的主线贯穿全书，是学生掌握电路分析的基础能力。相对而言，第3章是电路方程分析的观察法，第12章则是借助图论理论及计算机工具的系统列写方程的方法，教师可根据实际教学学时进行取舍，在个别专业学时少的情况下完全可以舍弃这部分内容。

　　3. 加强对学生总结、归纳知识能力的培养

　　随着高等教育的各项改革，网络化教学、混合式线上线下教学模式的不断深入，知识碎片化也给学生带来了知识体系的不完整。因此本书在部分章的开头以思维导图的形式加入了课程导学，在结尾增加了本章小结，以培养学生对知识的总结、概括、归纳能力。

　　4. 加强对学生运用数学工具解决工程问题能力的培养

　　电路课程是电类专业学生的入门课，是学生从基础平台课程过渡到专业课的第一门专业技术基础课，指导学生掌握运用数学工具对不同类型电路进行分析的思维方法也是电路课程教学的重要环节，因此，正弦交流电路的相量法、非正弦周期电路的谐波分析法、暂态电路的时域微分方程法、拉普拉斯变换法等，更强调引导学生运用数学工具解决工程问题的思维方法，为解决更复杂的工程实际问题奠定基础。

　　三十余年的教学实践，编者深深感到任何一门课程的教学，不仅仅是知识本身的传授，更多的是思维方法的传播。然能力所限，恐难以全部实现，错误和不足之处恳请读者批评指正，意见建议请发邮件 zhanghuijuan@ hebut. edu. cn。

作　者

2021 年于天津

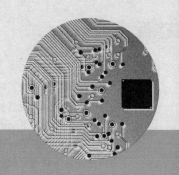

目　录

课 程 导 学

本书由四部分构成。第一部分是直流电路，这部分是全书的基础，包括电路的基本概念、电路模型、电路变量、电路元件、电路基本定律、电路的等效化简、电路的方程分析方法、电路的常用定理等其中第 1 章既是直流电路的基础，也是全书的重要基础；第二部分是交流电路的稳态分析，这部分也是工程应用中最广泛遇到的问题，包括最基础的正弦交流电路的相量法，交流电路更复杂的功率问题，频率问题，耦合电感电路，三相电路，非正弦周期电路等；第三部分是动态电路的暂态分析，包括直流激励、正弦激励下电路过渡过程的时域分析和复频域分析；第四部分是电路理论向工程问题的过渡，其中一部分是电网络分析的基础，包括二端口网络和矩阵形式建立电路方程的方法，另外一部分包括非线性电阻电路及均匀传输线电路。第 1 ~ 13 章是集中参数电路，第 14 章则是分布参数电路。

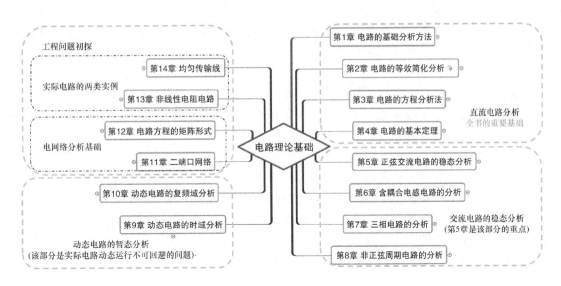

第1章
> **Chapter 1**

电路的基础分析方法

 本章导学

本章是直流电路分析的基础，也是本书的重要基础。主要包括电路模型的概念、电路变量及其表述、理想电路元件及其特性、电路分析的基本定律等。其中：

第1.1节说明电路分析的对象（电路模型的概念、电路模型的构建、模型的不唯一性等）。

第1.2节介绍电路分析的目标，即电压、电流、功率（能量）。为了适应工程需要，将中学学过的关于电压、电流的实际方向进行了拓展，引入了参考方向和代数量共同描述电路的基础变量。

第1.3节介绍构成电路模型的主要元件模型，讨论电路元件的特性，建立电路元件特性约束方程，主要包括线性电阻、理想电源、受控源、运算放大器、回转器等。这部分内容是可以扩展的，只要增加的新型元件的特性给定即可。

第1.4节介绍电路的基尔霍夫定律，明确电路元件的互联性质，即拓扑约束关系。

第1.5节则介绍全书最基础的分析方法，即两类约束法。电路分析的系统方程分析法（将在第3章学习）都是在这个分析方法的基础上归纳、总结、提升得到的，对于少学时的专业，完全可以跳过第3章，只应用这一节的两类约束法即可对简单直流、交流稳态、暂态等电路进行分析。在后续专业课中对于各类实际电路（如电子电路、电力系统电路等）的分析也都会用到，因此两类约束法是整个电路分析的基础，也可以说是电路分析的基石。

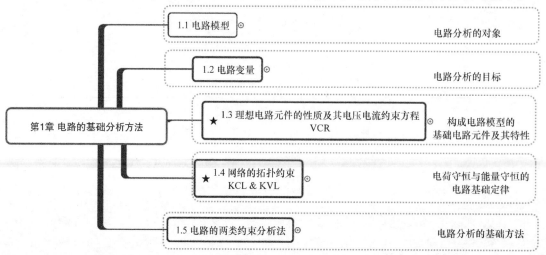

1.1　电路与电路模型

在现实生活和生产中，人们所接触到的实际电路，是由电气设备和电器元件按一定的方式连接而成的，它为电流提供了通路。这些电气设备和电器元件，包括供电设备、用电设备、电阻器、电容器、电感器、晶体管、集成电路等。图 1-1a 所示，是由干电池、白炽灯、开关和导线所组成的一个简单实际电路。

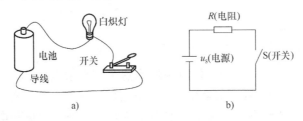

图 1-1　简单电路

实际的电路种类很多。按其用途分类，有电力电路、通信及信息电路、计算机电路等。通过这些电路来实现电力的传输和分配、信号的控制和处理、信息的发送和存储等。虽然这些电路在设计方法、结构组合、功能特点等方面各有不同，但它们都是以电路理论为基础建立起来的。

电路理论是研究电路普遍规律的一门科学，它讨论的对象不是实际的电路和电气设备或电器元件，而是它们的模型。由实际电路的定义可知，要建立电路的模型，首先要建立构成电路的最基本的电气设备及电器元件的模型。

按照电磁场理论，当电路的最大尺寸远小于电路中物理量周期变化的波长时，可将电路视为集中参数电路。这样的电路中，电气设备或电器元件的主要电磁性能可以通过电压、电流等电路量集中地体现在设备及电器元件的端子上，并且其电压和电流之间的关系可以用一些简化的或称之为理想的参数来表征，称之为电气设备或电器元件的电路元件模型，简称为理想化的电路元件。

电路元件与电气设备或电器元件在概念上是不同的，前者是模型，并有其严格的数学定义，后者是实物。模型只是在一定程度上反映电气设备或电器元件的电磁性能，不等于实物，但是可以逼近实物。显然，要达到一个最佳地逼近电气设备或电器元件的实际效果，就要抽象出最佳的元件模型。一种电路元件只能反映一种电磁性能，并用一种特定的函数关系来表示，它并非与电气设备或电器元件一一对应。

电路元件相互连接构成电路模型。如图 1-1b 所示的电路是图 1-1a 的电路模型，这个模型是由三个元件和无电阻的导线组合而成的，图 1-1a 中干电池的电磁特性是提供电能，所以可以将其抽象为一个提供电能的电源元件，如图 1-1b 所示的电源。白炽灯的主要电磁性能是消耗电能，可用一个电阻元件表示。诸如此类，各种电气设备和电器元件及实际电路均有对应的模型。

实际的电气设备及电器元件的电磁性能也可以用一种或多种电路元件的组合进行模拟等效，这个过程称之为建模。当在某种情况下，一些电气设备或电器元件的电磁性能用一个模型不能足以最佳逼近时，可以用多个或多种模型的组合，以准确地反映其电磁性能。关于建模还需要更多的专业技能的支撑，本书不做过多讨论。

电路理论基础中所研究的主要对象就是给定的电路模型，习惯上称为电路。大规模的电路又称为电网络，简称为网络。

实际上，大部分电路都可以按集中参数电路模型来分析。但是有些电路在分析时，必须考虑参数的分布性，例如对远距离的输电线分析时，不仅要考虑端子上的电压电流，而且也要考虑其沿线分布的规律，这种电路属于分布参数电路。关于分布参数电路的分析方法见第14章。

1.2　电路变量

电路处于工作状态时，电路内部的电磁性能是由物理量电压 $u(t)$、电流 $i(t)$、电荷 $q(t)$、磁通 $\Phi(t)$ 来表征的。在电路理论中称这四个物理量为电路变量，其中电流和电压是最常用的两个变量。另外，能量和电功率也是两个重要的电路变量。

电路参数与电路建模

中学阶段学习过这些变量，但涉及的电路结构都非常简单，电流的流向、电位的高低很容易判断。为了适应复杂电路的分析需要，必须把原有的变量表示方法进行扩展，比如电流的实际方向扩展为参考方向，电流的绝对值扩展为代数量，与数学中从实数集扩展到复数集相类似，需要逐步适应。

1.2.1　电流和电压及其参考方向

电荷有规则的运动便形成电流。本书所讨论的电流是指传导电流，即导体中的自由电子（或空穴）或者是电解液中的粒子运动所形成的电流。

习惯上，将正电荷运动的方向定为电流的正方向，也称为电流的实际方向。

如果电流的大小和方向不随时间变化，则这种电流称为恒定电流，简称**直流**（**Direct Current，DC**），常用大写字母 I 表示。

如果电流的大小和方向随时间变化，则这种电流称为交变电流，简称**交流**（**Alternating Current，AC**），一般用小写字母 i 来表示，或者更明确的写为 $i(t)$。

为了描述电流的大小，将单位时间 Δt 内通过某一截面的电荷量 Δq 定义为电流，即

$$i(t) = \lim_{\Delta t \to 0} \frac{\Delta q}{\Delta t} = \frac{\mathrm{d}q}{\mathrm{d}t} \tag{1-1}$$

以上规定了电流的实际方向。但是在进行电路分析时，电路中某个元件或某段电路的电流是未知的，也可能是随时间变化的，这时就很难用一个固定方向的箭头来表示出电流的实际方向。为了解决这个问题，需要对电流的表述进行重新修正。

现给电流任意指定一个假想的方向，称之为**参考方向**。参考方向可用一个箭头表示。如图1-2a所示，长方框表示电路中的一个元件或一部分电路，实线箭头由 a 指向 b，是指定流经这个元件的电流的参考方向。但流过元件电流的实际方向，可能是由 a 指向 b，也可能是由 b 指向 a。也就是说，电流的参考方向与电流的实际方向要么相同，要么相反。若电流的实际方向是由 a 指向 b，如图1-2b中虚线箭头所示，它与指定的参考方向一致，则电流 i 为正值，即 $i>0$。若指定电流的参考方向是由 b 指向 a，而实际方向是由 a 指向 b，与电流 i

的参考方向相反，则 $i<0$，如图 1-2c 所示。这样，在已指定电流参考方向的情况下，电流 i 值的正和负，就反映了电流 i 的实际方向。电流参考方向指定后，电流 i 为代数量，如果没指定电流参考方向，电流 i 的正值和负值毫无意义。所以在分析电路时要预先指定电流的参考方向。

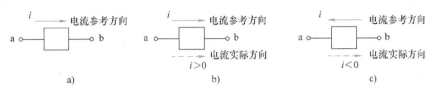

图 1-2　电流参考方向

由此可见，当把电流变量赋予了参考方向和代数量以后，就可以利用这两个要素对任意情况下的电流变量进行唯一描述了。

电压等于单位正电荷在电场力作用下由 a 点移到 b 点时所做的功，即

$$u(t) = \frac{\mathrm{d}w}{\mathrm{d}q} \tag{1-2}$$

式（1-2）中，$\mathrm{d}q$ 表示电荷由 a 点移到 b 点的电量，单位为库仑 [C]；$\mathrm{d}w$ 为转移过程中电荷 $\mathrm{d}q$ 所失去的电能，单位为焦耳 [J]；电压单位为伏特 [V]。

单位正电荷在电场力的作用下由 a 点移到 b 点，消耗电能，则 a 点是高电位点，称为正极，用"+"表示，b 点为低电位点，称为负极，用"−"表示。电荷转移失去电能表现为电压降落，即电压降。通常表达电路中两点之间的电压方向，可用电压极性或电压降方向表示。

若电压的大小和极性不随时间变动，这样的电压称为恒定电压或直流电压，常用大写字母 U 表示。若电压的大小和极性随时间变化，则称为交变电压或交流电压，用小写字母 u 表示，或写为 $u(t)$。

对电路两点之间的电压，如同电流一样，利用参考方向（或称参考极性）和代数量两个要素进行表述。

当指定电压参考极性或参考方向后，电压 u 的值就成为代数量。在图 1-3a 中，如果指定 a 点的电位高于 b 点的电位，a 点为"+"极性点，b 点为"−"极性点，若实际上 a 点的电位高于 b 点的电位，则电压 $u>0$。这表示元件两端的电压实际极性与指定参考极性相同，或者说电压实际方向与参考方向一致。如果 $u<0$，说明电压的指定参考方向与实际方向相反，如图 1-3b 所示。

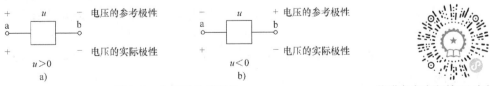

图 1-3　电压的参考极性　　　　　　　　　　　　　关联参考方向的 **14** 字判断方法

一个元件通过的电流或端电压的参考方向可以分别任意指定。如果指定流过元件的电流参考方向为由标有电压"+"极性的一端指向"−"极性的一端，即电流和电压参考方向一致，则把这种电流和电压参考方向称为关联参考方向，如图 1-4a 所示。当电压和电流的

参考方向不一致时，称为**非关联参考方向**。在图1-4b中，N表示电路的一部分，N有两个端子与外电路相连，为一个二端电路（或为一端口电路，简称为一端口），其电流 i 的参考方向是从电压的"＋"极端流入二端电路，再从"－"极端流出，电流和电压参考方向一致，所以是关联参考方向。图1-4c所示电流与电压是非关联参考方向。

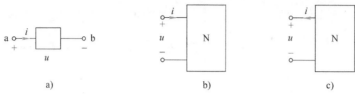

图1-4　电压电流的关联和非关联参考方向

在国际单位制（SI）中已规定了电路变量的单位，如安、伏、秒等，工程上常用的十进制倍数和分数表示见表1-1。

表1-1　部分国际制（SI）倍数与分数词头

倍数	词头名称		词头符号	分数	词头名称		词头符号
	中文	原文（法）			中文	原文（法）	
10^{12}	太［拉］	tera	T	10^{-3}	毫	milli	m
10^{9}	吉［咖］	giga	G	10^{-6}	微	micro	μ
10^{6}	兆	mega	M	10^{-9}	纳［诺］	nano	n
10^{3}	千	kilo	k	10^{-12}	皮［可］	pico	p

1.2.2　电功率和电能

在日常生活以及工程实践中应用更多的物理量是功率或者电能，比如1000W的电磁炉，5000W的发电机，某件电器日耗电量等，因此电功率与电能也是很重要的物理量。

在电路中电荷流动时，总是伴随着电能和其他形式能量的相互转换。电荷在电路的某些部分（如电源处）得到电能，而在另外一些部分（如电阻元件处）失去电能。正电荷从电路元件电压的"＋"极端，经元件移到电压"－"极端，即从高电位移向低电位点，是电场力对电荷做功的结果，这时，电荷失去电能，元件吸收能量，或者称元件消耗电能。相反地，正电荷从电路元件电压"－"极端，经元件到电压的"＋"极端，是外力（化学力、电磁力等）对电荷做功，这时，电荷获得电能，元件发出电能，或者称元件提供电能。

若某一个电路元件两端的电压为 $u(t)$，在 dt 时间内从电压"＋"极端到"－"极端流过元件的电量为 dq，那么，由式（1-2）和式（1-1）可得电场力所做的功，即元件所吸收的电能为

$$dw(t) = u(t)dq(t) = u(t)i(t)dt \tag{1-3}$$

式中，$w(t)$ 为电能的符号。

电能对时间的导数是电功率，电功率用 $p(t)$ 来表示，该元件吸收的电功率为

$$p(t) = \frac{dw(t)}{dt} = u(t)i(t) \tag{1-4}$$

若元件的电流为直流电流 I，电压为直流电压 U，则电功率为

$$P = UI \tag{1-5}$$

当元件电压 $u(t)$ 和电流 $i(t)$ 为关联参考方向时，$p(t) = u(t)i(t)$ 代表元件吸收的电功率。

对于某时刻 t，$p(t) > 0$ 时，表明元件确实吸收电功率；反之，$p(t) < 0$ 时，表明元件实际上提供了电功率，或输出电功率。

当元件电压 $u(t)$ 和电流 $i(t)$ 为非关联参考方向时，$p(t) = u(t)i(t)$ 代表元件提供的电功率。

对于某时刻 t，$p(t) > 0$ 时，表明元件确实提供电功率；反之，$p(t) < 0$ 时，表明元件实际上吸收了电功率，或消耗电功率。

当电流的单位为安培［A］、电压的单位为伏特［V］、能量的单位为焦耳［J］、时间的单位为秒［s］时，则电功率的单位为瓦特［W］。

从 t_0 到 t 的时间内，元件吸收的电能，由式 (1-2) 求得，即

$$w = \int_{q(t_0)}^{q(t)} u(t)\,\mathrm{d}q \tag{1-6}$$

由式 (1-4) 得

$$w = \int_{t_0}^{t} u(\xi)i(\xi)\,\mathrm{d}\xi \tag{1-7}$$

若选择 $t_0 = -\infty$，且假设 $w(-\infty) = 0$，则

$$w = \int_{-\infty}^{t} u(\xi)i(\xi)\,\mathrm{d}\xi \tag{1-8}$$

式 (1-8) 表示时间从 $-\infty$ 直到 t 为止，元件所吸收的能量。

若对任意时刻 t 下式成立，即

$$w(t) = \int_{-\infty}^{t} u(\xi)i(\xi)\,\mathrm{d}\xi \geqslant 0 \tag{1-9}$$

则说明时间变化到任意时刻 t 为止，送入元件的能量为正值，该元件是能量的消耗者，这类元件称为无源元件；反之，若 $w(t) < 0$，则该元件为有源元件。

设一个元件的初始电压和电流均为零，随时间增长，元件吸收的能量从无到有，又从有到无，逐渐变化，最终又衰减到零，即送入元件的总能量为零，则称此元件为无损耗元件。可表示为

$$w = \int_{-\infty}^{\infty} u(\xi)i(\xi)\,\mathrm{d}\xi = 0 \tag{1-10}$$

式中，$u(-\infty) = u(\infty) = 0$；$i(-\infty) = i(\infty) = 0$。若 $w(t) \neq 0$，则该元件为有损元件。

以上有损和无损及有源和无源元件的定义，也可以在分析多端元件时应用。

例 1-1 计算图 1-5 所示各个电路的电功率。设图 1-5a 电路中，(1) $I = 1\text{A}$，$U = 2\text{V}$；(2) $I = 1\text{A}$，$U = -2\text{V}$。设图 1-5b 电路中，(1) $I = -2\text{A}$，$U = 3\text{V}$；(2) $I = -2\text{A}$，$U = -3\text{V}$。

解 在图 1-5a 中 I 和 U 为关联参考方向，U 与 I 的乘积代表吸收功率。

(1) 元件吸收的电功率为

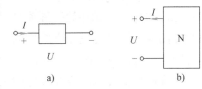

图 1-5 例 1-1 题图

$$P = UI = 1 \times 2W = 2W$$

（2）元件吸收的电功率为

$$P = UI = (-2) \times 1W = -2W$$

计算结果为负值，表明该元件向外提供 2W 电功率。

而图 1-5b 中，电压和电流为非关联参考方向，U 与 I 的乘积表示该元件提供的电功率。

（1）元件提供的电功率为

$$P = UI = 3 \times (-2)W = -6W$$

计算结果为负值，表明该元件实际吸收了 6W 电功率。

（2）元件提供的电功率为

$$P = UI = (-3) \times (-2)W = 6W$$

计算结果为正值，表明该元件向外提供 6W 电功率。

1.3　理想电路元件的性质及其约束方程

电路元件是构成集中参数电路的最基本单元。元件按一定方式进行互连而组成电路，这种连接是通过元件端子来实现的。

元件可根据其端子的数目分类，具有两个端子的元件称为二端元件，如图 1-6a 所示；具有 3 个、4 个……n 个端子的元件称为三端、四端……n 端元件，统称为多端元件，如图 1-6b 为 n 端元件。在图 1-7a 四端元件中，当满足 $i_1 = -i'_1$、$i_2 = -i'_2$ 时，该元件构成了 $1-1'$ 和 $2-2'$ 两个端口，这种元件称为二端口元件，或称双口元件。其中，$i_1 = -i'_1$、$i_2 = -i'_2$ 规定为端口条件。通常二端口元件中每个端口的电流只需用一个电流表示，如图 1-7b 所示。

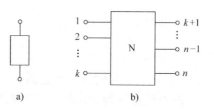

图 1-6　二端元件与多端元件

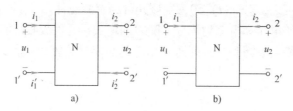

图 1-7　四端元件与二端口元件

元件的主要电磁性能是通过端子间有关变量来描述的，不同变量间的特定关系，反映了不同元件的性质。元件的这种关系可用一条曲线、一个或一组方程来表示，该曲线称为元件的特性曲线，该方程或方程组称为元件的特性方程或方程组。通常，在电路分析中，用元件端电压与电流的关系（Voltage Current Relation，VCR）来表征元件的特性。VCR 方程也称为元件的特性方程或称为元件的约束方程。

根据电路元件的特性，元件还可以分为线性元件和非线性元件、时变元件和时不变元件等。本章介绍的是电路理论中常用的线性时不变元件，也称为线性定常元件。

1.3.1 电阻元件

电阻元件是指电阻器、白炽灯等实际电路元器件的理想化模型。这些实际电路元件、器件的主要的共同电磁特性是消耗电能。电阻元件就是模拟这种电磁特性的理想化的二端元件。

若一个二端元件，在任何时刻 t，它两端的 电压 $u(t)$ 和电流 $i(t)$ 在关联参考方向下的关系遵循欧姆定律（Ohm's law），有

$$u(t) = Ri(t) \tag{1-11}$$

或

$$i(t) = Gu(t) \tag{1-12}$$

则这个二端元件称为线性时不变电阻元件，简称电阻元件（Resistor）。式（1-11）和式（1-12）中，电压 $u(t)$ 和电流 $i(t)$ 为关联参考方向，参数 R 称为电阻（系数），单位是 Ω，称为欧姆（Ohm），简称为欧。参数 G 为电导（系数），单位是 S，称为西门子（Siemens），简称为西。对同一电阻，显然 $GR = 1$。电阻的电路图形符号如图 1-8a 所示。

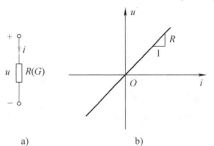

电阻元件的特性可以在 $u-i$ 坐标平面上用一条

图 1-8 电阻的符号和伏安特性

通过原点的直线表示，如图 1-8b 所示。该曲线称为电阻的伏安特性曲线。伏安特性曲线位于 $u-i$ 坐标平面的 I、III 象限，R 和 G 均为正值。

电阻元件消耗的电功率为 $p = ui$，将式（1-11）和式（1-12）分别代入其中，得到

$$p = ui = Ri^2 = Gu^2 \tag{1-13}$$

式（1-13）中 G 和 R 为正值（一般情况下），则 $p > 0$，说明电阻元件消耗电功率，电阻是耗能元件。从能量角度分析，直到 t 时刻电阻消耗的电能为

$$w = \int_{-\infty}^{t} p(\xi)\mathrm{d}\xi = \int_{-\infty}^{t} u(\xi)i(\xi)\mathrm{d}\xi = R\int_{-\infty}^{t} i^2(\xi)\mathrm{d}\xi = G\int_{-\infty}^{t} u^2(\xi)\mathrm{d}\xi \tag{1-14}$$

由式（1-14）可见，当 $R > 0$ 且 $G > 0$ 时，在任一时间 t 以前电阻元件都是从电路吸取能量，因而电阻元件是无源元件。此外，电阻元件不满足无损条件，是有损元件。

实际中也存在一种负电阻，即在 u 和 i 关联参考方向下，其伏安特性曲线在 $u-i$ 平面的 II、IV 象限。此时，$R < 0$ 且 $G < 0$，线性负电阻元件实际上是一个发出电能的元件，一个有源元件。利用电子电路可以实现负电阻，某些电子器件也表现出负电阻的特性。

今后为了叙述方便，把电阻元件简称为电阻，用符号 R 表示，R 不仅表示为一个元件，还表示该元件的参数。

如果电阻元件的特性曲线在 $u-i$ 坐标平面上，不是过原点的一条直线，而是任意的一条曲线，那么称此元件为非线性电阻元件。有关非线性电阻元件的内容将在第 13 章中介绍。

另外，理想电感元件和理想电容元件也属于线性二端元件，在直流电路中分别相当于短路和断路状态，有关内容将在第 5 章详细介绍。

1.3.2 独立电源

电压源和电流源是两个理想化的电路元件，它们的物理原形是实际电源。例如，干电

池、发电机、信号源、光电池等。通常它们在电路中提供电能，是两种理想电源元件。

1. 电压源

电压源的定义为：一个二端元件，若其端电压 $u(t)$ 总保持为一个确定的值 U_s 或确定的时间函数 $u_s(t)$，而与通过它的电流 $i(t)$ 无关。则这种二端元件称为独立电压源，简称为电压源（Voltage Source）。电压源的图形符号如图 1-9a、b 所示。

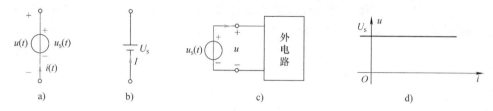

图 1-9 电压源及其伏安特性

用文字符号 $u_s(t)$ 或 U_s 表示电压值。图中 "＋" "－" 表示电压源的极性（或方向）。当电压源为直流电压源时，有时用图 1-9b 所示图形符号表示，其中长线段表示电压的正极，短线段表示负极。

通常取电压源的电压和电流为非关联参考方向。理想电压源的特性方程（VCR）为

$$\begin{cases} u(t) = u_s(t) \\ i(t) \ \text{为任意值} \end{cases} \tag{1-15}$$

式（1-15）表明电压源的端电压为给定的 $u_s(t)$ 的值，其电流为任意值，是由外电路决定的，当电压源所连接的外电路不同，流经电压源的电流也不同。图 1-9c 所示为电压源接外电路的情况，电压源端电压 $u(t)$ 总等于 $u_s(t)$，而不受外电路影响。如果 $u_s(t) = U_s$ 为一直流电压，则电压源端电压 $u(t) = U_s \neq 0$，其直流电压源的特性曲线是一条不过原点且平行电流轴的直线，如图 1-9d 所示。

如果电压源 $u_s(t) = 0$，电压源相当于短路，即电压源的伏安特性为 u—i 平面上的电流轴。电压源两端不允许短路，因为电压源短路时，端电压 $u = 0$，这与电压源特性是不相容的。

电压源发出的电功率为

$$p(t) = u(t)i(t) \tag{1-16}$$

电压源流过的电流不是由它本身所确定，而是由与之连接的外电路来决定的。电流可以从不同的方向流过电压源，因此电压源既可以对外电路发出电功率，也可以从外电路吸收电功率。

2. 电流源

电流源定义为：一个二端元件，若其提供的电流总保持一个确定的值 I_s 或确定函数 $i_s(t)$，与其端电压 $u(t)$ 无关，该端电压 $u(t)$ 由外电路决定，则这种二端元件为独立电流源，简称电流源（Current Source）。电流源的电路图形符号如图 1-10a 所示，箭头表示电流的方向。

理想电流源的特性方程（VCR）为

$$\begin{cases} i(t) = i_s(t) \\ u(t) = \text{任意值} \end{cases} \tag{1-17}$$

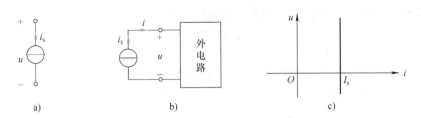

图 1-10　电流源及其特性

图 1-10b 所示电流源与外电路连接情况，外电路不同使得电流源的端电压不同，其电流总为 $i = i_s$，而不受外电路影响。如果电流源 $i_s = I_s \neq 0$ 时，则该电流源为直流电流源，其特性曲线是 u—i 平面上平行于电压轴的一条直线，如图 1-10c 所示。当 $i_s = 0$ 时，该平行线与电压轴重合。**电流源不允许"开路"**，因为开路电流源提供的电流为零，这与电流源特性是不相容的。

电流源发出的电功率为

$$p(t) = u(t)i(t) \tag{1-18}$$

电流源两端的电压不是由它本身所确定，而是由与之连接的外电路来决定的。电流源两端电压与其电流的方向可能是关联的，也可能是非关联的，因此电流源既可以对外电路发出电功率，也可以从外电路吸收电功率。

例 1-2　计算图 1-11 电路中，独立电源提供的电功率。

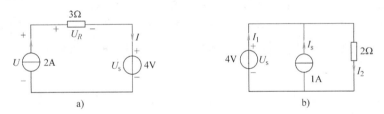

图 1-11　例 1-2 题图

解　在图 1-11a 中，假设电流源、电阻的电压 U、U_R 和电流 I 的参考方向如图所示。该电路为一个单回路，其电流 I 等于电流源电流 2A。根据欧姆定律，电阻两端之间的电压 U_R 为

$$U_R = RI = 3 \times 2\text{V} = 6\text{V}$$

电流源两端的电压等于电阻上的电压与电源的电压之和，即

$$U = U_R + U_s = (6 + 4)\text{V} = 10\text{V}$$

电流源提供的电功率为

$$P = UI_s = 10 \times 2\text{W} = 20\text{W}$$

因电压源的电流由外电路决定，其值为 2A，所以电压源提供的电功率为

$$P_{U_s} = -U_s I = -4 \times 2\text{W} = -8\text{W}$$

在图 1-11b 中，三个元件并联连接，其电压相同，每个元件上的电压均等于电压源的电压 $U_s = 4\text{V}$，根据欧姆定律，电阻通过的电流为

$$I_2 = U_s/2 = 2\text{A}$$

电压源 U_s 的电流 I_1 由与它连接的外电路决定，即

$$I_1 = I_2 - I_s = (2 - 1)\text{A} = 1\text{A}$$

电流源提供的电功率为

$$P_{I_s} = U_s I_s = 4 \times 1\text{W} = 4\text{W}$$

电压源提供的电功率为

$$P_{U_s} = U_s I_1 = 4 \times 1\text{W} = 4\text{W}$$

1.3.3 受控源

电源除了有独立电压源和独立电流源外，还有称之为受控源的受控电压源和受控电流源。受控源（Controlled Source）也称为非独立电源。它与独立电源不同，受控电压源的电压和受控电流源的电流并不独立存在，而是受电路中其他支路的电压或电流控制。受控电源模型是一个二端口元件，其中一个端口是电源端口，另一个端口是控制端口。理想受控源的电源端口的电压（或电流）为一定值或给定的时间函数，与其通过的电流（或电压）无关，但其值的大小和函数的形式却取决于控制端口的电压或电流。

受控电压源和受控电流源按其控制量的不同可分四种形式：

电压控制电压源（Voltage Controlled Voltage Source，VCVS）；

电流控制电压源（Current Controlled Voltage Source，CCVS）；

电压控制电流源（Voltage Controlled Current Source，VCCS）；

电流控制电流源（Current Controlled Current Source，CCCS）。

在图 1-12 中分别给出了四种受控源的电路图形符号及其特性方程，图中受控源用菱形符号表示，以便与独立源区别。控制端口画成开路或短路表示控制量取自某个支路的电压或电流。

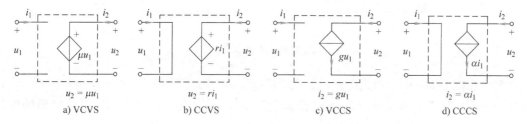

图 1-12　四种受控源的电路图形符号及其特性方程

可看出，受控源元件的特性方程为二维方程。图中 u_1 和 i_1 分别表示受控源的控制电压和控制电流，μ、r、g 和 α 分别为相应受控源的控制系数，其中 μ 和 α 无量纲，r 和 g 分别为电阻和电导的量纲。当这些系数为常数时，被控制量与控制量成正比，这种受控源称为线性受控源。受控源虽然是二端口元件，但是通常在电路中不专门画出受控源的控制端口，只需要在受控源的符号旁注明受控关系，同时在控制支路旁标明控制量。

图 1-13 所示是一个含电流控制电压源的电路，其中受控源符号标注的 $2I_1$ 表示该受控电压源的电压值，其控制量为 I_1，表明该受控源由电路中 5Ω 电阻支路的电流值控制。

受控电源在电路中的作用与独立电源有所不同，后者

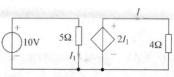

图 1-13　受控源的一般表示电路

是电路的输入，表示外界对电路的作用，电路中的电压和电流是由独立电源起"激励"作用的结果，而前者则表示电路中一条支路的电压或电流受另一条支路电压或电流的控制，反映了电路中一部分的变量与另一部分电路变量间的耦合关系，在电路中不起"激励"作用。

在对含受控源的电路进行分析时，一般先将受控源按独立电源处理，再对控制量做分析，列写电路方程。

例 1-3 如图 1-13 所示电路，求电流 I。

解 电路中含 CCVS，控制量是 I_1，由左边电路，可得

$$I_1 = \frac{10}{5}\text{A} = 2\text{A}$$

故有

$$I = \frac{2I_1}{4} = \frac{2 \times 2}{4}\text{A} = 1\text{A}$$

受控源是模拟实际的源电压或源电流的一种受控的电源。例如，他励直流发电机的感应电压受励磁电流的控制，可以看成是一种电流控制的电压源。又如，晶体管的集电极电流受基极电流的控制，可以视为电流控制的电流源。下面所介绍的运算放大器输出和输入电压的关系，可用电压控制电压源来表示，这类电路元件的工作特性也可用受控源来描述。

1.3.4 运算放大器和回转器

1. 运算放大器

实际运算放大器（Operational Amplifler）是一个包含晶体管、二极管、电阻等元件的集成电路，是当前应用非常广泛的一种多端器件。该器件的功能是把输入电压放大后输出。运算放大器可以与电阻、电感、电容等元件组成有源和无源器件，例如受控源、回转器、负阻抗变换器等，还能完成加法、减法、微分、积分等多种数学运算，因此称为运算放大器，简称为运放。

本节介绍的运算放大器是实际运算放大器的理想化模型，称为理想运算放大器，简称为理想运放，其电路符号如图 1-14a 所示。

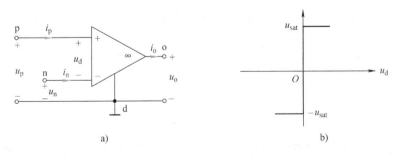

图 1-14 理想运算放大器电路符号及特性曲线

通常把输出电压与输入电压的比值定义为电压放大倍数或电压增益，图 1-14a 中符号"∞"是理想运放的标记，表示放大器的电压放大倍数为无穷大。p、n 两个端子为运放的两个输入端，分别在三角框内用"+"和"−"标出（这里的"+"和"−"只是一种便于记忆的标记，不表示两个端子电压的正负极性），端子 o 为运放的输出端，端子 d 是公共端

或称"地"端。其中，输入端 p 称为同相输入端（或非倒向输入端 Noninverting input）输入端 n 称为反相输入端（或倒向输入端 Inverting input），分别用 u_p 和 u_n 表示两个输入端 p、n 对公共端 d 的电压，用 i_p 和 i_n 分别表示两个输入端的电流。u_o 表示输出端 o 对公共端 d 的电压，i_o 为输出端的电流。

实际运算放大器的特性方程为

$$u_o = Au_d = A(u_p - u_n)$$

式中，u_d 称为两个输入端 p、n 之间的差动电压；A 为实际的电压放大倍数。

实际运算放大器的电压放大倍数非常高，一般在 10^5 以上；输入电阻也很高，通常可以达到 $10^6\Omega$ 以上；输出电阻很小，一般可以做到小于 100Ω。另外运算放大器工作时，需要外加供电电源，一般在十几伏。运算放大器输出电压不会超出电源的电压，故其输出电压小于供电电压的有限值。

当电压放大倍数 A 及输入电阻近似为无穷大时，实际运放可以视为理想运放，此时可以得到理想运算放大器的特性方程为

$$\begin{cases} i_p = i_n = 0 \\ u_p = u_n \end{cases} \tag{1-19}$$

上述方程表明，由于运算放大器的输入电阻近似为无穷大，使得其输入电流 i_p 和 i_n 近似为零，故其输入端相当于"断路"（或开路），故称为"虚断路"，简称为"虚断"，即 $i_p = i_n = 0$；由于运算放大器的输出电压是有限值，而放大倍数是无穷大，因此其差动输入电压近似为零，即同相输入端和反相输入端对公共端的电压近似相等，故称两个输入端为"虚短路"，简称为"虚短"，即 $u_p = u_n$；运算放大器输出端的电压 u_0 与输出电流 i_0 是未知的，需要由外接电路来确定，故不在特性方程中写出。

"虚短""虚断"特性是分析和计算含有理想运算放大器电路的依据。理想运算放大器的输出和输入的特性曲线如图 1-14b 所示，图中 u_{sat} 是运算放大器的饱和电压值。

2. 回转器

回转器（Gyrator）是一种线性无源理想的多端元件，它的电路符号如图 1-15 所示。理想回转器可简化为一个二端口元件，其端口电压与端口电流（VCR）特性方程可表示为

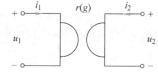

图 1-15　回转器电路符号

$$\begin{cases} i_1 = gu_2 \\ i_2 = -gu_1 \end{cases} \tag{1-20}$$

或

$$\begin{cases} u_1 = -ri_2 \\ u_2 = ri_1 \end{cases} \tag{1-21}$$

式中，r 和 g 分别具有电阻和电导的量纲。它们分别称为回转电阻和回转电导，统称回转系数（其中 r 与 g 互为倒数）。

根据回转器的端口方程可得回转器的输入功率

$$p = u_1 i_1 + u_2 i_2 = -ri_1 i_2 + ri_1 i_2 = 0 \tag{1-22}$$

可见，理想回转器既不消耗功率，也不发出功率，是一个无源无损元件。

回转器还有一个非常独特的功能，它可以实现电容元件和电感元件的互相转换，这一特

性使电路的集成化和仿真电感的实现成为可能。在回转器的输出端口接一个电容元件，如图 1-16 所示电路 u_2 与 i_2 的关系为

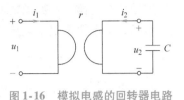

$$i_2 = -C\frac{\mathrm{d}u_2}{\mathrm{d}t} \tag{1-23}$$

图 1-16　模拟电感的回转器电路

将式（1-23）代入式（1-21）中，得

$$u_1 = rC\frac{\mathrm{d}u_2}{\mathrm{d}t} = r^2C\frac{\mathrm{d}i_1}{\mathrm{d}t} \tag{1-24}$$

式（1-24）表明，当回转器输出端口接一电容时，从回转器输入端口看进去的整个电路相当于一个电感为 $L = r^2C$ 的电感器。

如果回转器的输出端口接上一个电阻 R，那么可得

$$u_1 = -ri_2 = -r\left(-\frac{u_2}{R}\right) = r^2\frac{1}{R}i_1 = r^2Gi_1 \tag{1-25}$$

由式（1-25）可见，从回转器的输入端口看进去，它仍为一个电阻元件，但是电阻值却是原电阻元件的电导的 r^2 倍，起到电阻变换作用。

回转器还有许多功能，在这里不一一介绍。

1.4　基尔霍夫定律

集中参数电路中，电压和电流要受到两种约束，一种约束来自组成电路的电路元件，就是前面介绍的常用元件电压和电流之间的关系（VCR）；另一种约束来自电路元件之间的互连关系。因为元件的互连关系必然迫使各元件电流间和电压间有联系或有约束。基尔霍夫定律就是描述这种约束关系的定律，是电路的基本定律。

为了叙述电路的基本定律，下面先介绍与电路结构有关的常用的名词术语。习惯上，可以把组成电路的一个二端元件称为一条支路，把支路与支路的连接点称为节点。这样，一个二端元件是连接两个节点间的一条支路。例如，图 1-17 是一个有 6 个二端元件组成的电路。

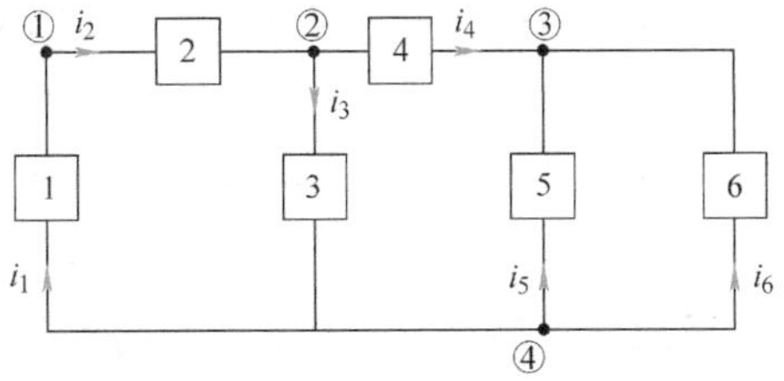

图 1-17　节点、支路和回路

此电路共有 4 个节点和 6 条支路，各节点和各支路的编号如图 1-17 所示。有时也可将通过同一电流的路径称为一条支路，元件 1 和 2 构成了一条支路，这样此图有 5 条支路。由支路构成的闭合路径称为回路，如图中（1，2，3）为一回路，同样，支路（1，2，4，5）、（3，4，5）、（5，6）、（1，2，4，6）均构成回路。

如果回路内没有支路，这样的回路称为网孔，如（1，2，3）、（3，4，5）和（5，6）分别构成网孔。流经支路的电流为支路电流，用 i_1、i_2、i_3、i_4、i_5 及 i_6 表示。支路两端的电压称为支路电压，用 u_1、u_2、u_3、u_4、u_5 和 u_6 表示。一般情况下，规定支路电流与支路电压为关联参考方向，所以只表示出支路电流方向即可。

当不同支路连接在某一节点或构成回路时，节点上的支路电流以及回路中的支路电压之

间应遵循什么规律呢？德国物理学家基尔霍夫于1845年给出了两个定律，后人称之为基尔霍夫定律，该定律奠定了电路分析的基石，也是本书各个章节各种电路分析的主线。

1.4.1　基尔霍夫电流定律

基尔霍夫电流定律是建立在电荷守恒定律基础上的，它表征了电路节点上各支路电流之间的约束关系。

基尔霍夫电流定律（Kirchhoff's Current Law，KCL）指出："在集中参数电路中，任何时刻 t，对任意节点，流入和流出该节点所有支路电流的代数和恒等于零。"其数学表达式为

$$\sum i(t) = 0 \tag{1-26}$$

式中，$i(t)$ 为流出（或流入）节点的支流电流。

定律中的"代数和"是根据支路电流流出或流入节点确定的。这里约定：流出节点电流为"＋"，流入节点电流为"－"。

如，对图 1-17 中节点②应用 KCL，有

$$-i_2 + i_3 + i_4 = 0 \tag{1-27}$$

式（1-27）还可以写为

$$i_2 = i_3 + i_4 \tag{1-28}$$

式（1-28）表明，流入节点②的支路电流等于流出节点的支路电流。由此，KCL 又可以理解为：任何时刻 t，流出任意节点的支路电流等于流入该节点的支路电流。可用数学式表示为

$$\sum i_出 = \sum i_入 \tag{1-29}$$

KCL 通常用于节点，也可以推广应用于包围若干节点的封闭面。如图 1-18 所示电路中，用虚线表示封闭面内包含了①、②和③三个节点。对这些节点应用 KCL 分别有

$$-i_1 + i_4 + i_5 = 0$$
$$-i_2 + i_6 - i_4 = 0 \tag{1-30}$$
$$i_3 - i_6 - i_5 = 0$$

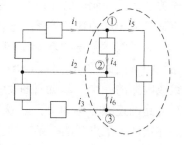

图 1-18　KCL 用于封闭面

将式（1-30）三式相加得到的支路电流使封闭面的代数和为零，即

$$-i_1 - i_2 + i_3 = 0 \tag{1-31}$$

式（1-31）中电流 i_1 和 i_2 流入封闭面，电流 i_3 流出封闭面。所以 KCL 又可以理解为：在任何时刻 t，流出封闭面支路电流的代数和恒等于零。或者说流出封闭面的支路电流等于流入封闭面的支路电流。

KCL 对任意节点所连接的支路电流间施加线性约束。约束方程是常系数线性齐次方程，方程的系数为常数 1、－1 和 0。这种约束关系与支路元件的性质无关，仅与元件之间相互连接方式有关。所以说 KCL 反映了电路的互连性质，这种约束也称为拓扑约束。

1.4.2　基尔霍夫电压定律

基尔霍夫电压定律是建立在能量守恒定律的基础上。它表征了电路回路中各支路电压之

间的约束关系。

基尔霍夫电压定律（Kirchhoff's Voltage Law，KVL）指出："在集中参数电路中，任一时刻 t，沿任意回路的所有支路电压的代数和恒等于零。"即

$$\sum u(t) = 0 \qquad (1\text{-}32)$$

定律中的"代数和"是指支路的方向与回路的绕向之间的相对关系而言的，通常需要先指定回路的绕行方向，当支路电压的参考方向与回路绕行方向一致时，该支路电压前取"+"，否则支路电压前取"−"。回路的绕行方向是可以任意指定的，一般情况下应根据支路的特点进行选择，以尽量减少方程中的负号，降低出错概率。

图 1-19 所示电路，对支路（1，2，3，4）所构成的回路列写 KVL 方程时，应首先选择回路绕行方向，若选择顺时针方向为回路绕行方向，支路电压的参考方向如图 1-19 所示。

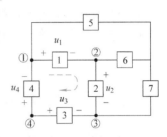

根据 KVL，对此回路有

$$u_1 + u_2 - u_3 + u_4 = 0 \qquad (1\text{-}33)$$

式（1-33）还可以写为

$$u_1 + u_2 + u_4 = u_3 \qquad (1\text{-}34)$$

图 1-19　KVL 应用实例

式（1-34）表明，任何时刻 t，闭合回路中，各支路电压降等于电压升，即 KVL 可写为

$$\sum u_降 = \sum u_升 \qquad (1\text{-}35)$$

由式（1-35）还可以看出，电路中任意两节点间的电压差与路径无关。例如，图 1-19 中节点④与③之间电压可以由支路 3 电压得到，也可以由支路（4，1，2）电压得到，其结果相同。

KVL 对电路中任意回路的支路电压施以线性约束，KVL 仅与元件互连方式有关，而与元件性质无关。KVL 的约束是拓扑性质的约束。

例 1-4　图 1-20 所示电路中，已知 $u_1 = -2\text{V}$、$u_2 = 6\text{V}$、$u_3 = 12\text{V}$。求电压 u_4、u_5、u_6。

解　本题已给出电压参考方向，需要先找出只含一个未知电压的回路，然后选择顺时针方向为回路绕行方向，列写 KVL 方程。

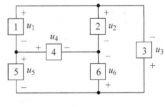

对由支路（1，4，2）组成的回路，由 KVL 可得

$$-u_1 + u_2 - u_4 = 0$$

代入电压的数值得

$$-(-2) + 6 - u_4 = 0$$

图 1-20　例 1-4 题图

故有

$$u_4 = 8\text{V}$$

对由支路（2、3、6）组成的回路列写 KVL 方程为

$$-u_2 - u_3 + u_6 = 0$$

代入数据得

$$-6 - 12 + u_6 = 0$$

故有

$$u_6 = 18\text{V}$$

对由支路（4，5，6）组成的回路列写 KVL 方程为

$$u_4 - u_6 - u_5 = 0$$

代入数据得

$$8 - 18 - u_5 = 0$$

故有

$$u_5 = -10\text{V}$$

应用 KVL 时要注意两套符号：一套是支路电压与绕行方向的关系符号，另一套是电压参考方向与实际方向的关系符号。例如上例中由（1，4，2）组成的回路在应用 KVL 时，u_1 与绕行方向不一致，故电压前面取一个"－"，又因 $u_1 = -2\text{V}$ 电压的参考方向与实际方向相反，又有一个"－"。

1.5　电路的两类约束分析法

由前面的分析已经得到如下结论：

集中参数电路中，电压和电流要受到两类约束，其中：

第一类约束来自组成电路的电路元件，就是前面介绍的常用元件电压和电流之间的约束关系（VCR），这类约束是元件本身固有特性的体现，是元件的固有属性，与电路的结构无关（或者说与元件在电路中所处的具体位置无关）。

第二类约束来自电路元器件之间的互连关系（KCL、KVL），这类约束取决于电路的结构（或者说由元器件的连接关系决定），与元件的具体属性无关。

显然，上述两类约束是彼此独立的，因此，借助这两类约束列出的方程也应该是彼此独立的。所以，实际电路分析中通常采用观测法，选择合适的节点和回路分别列写电流约束方程和电压约束方程，再结合具体电路元件的特性方程，即可对简单电路进行分析。称这种方法为**两类约束法**，这也是电路分析中最基础的分析法。

例 1-5　求图 1-21 所示电路的电流 I 和电压 U。

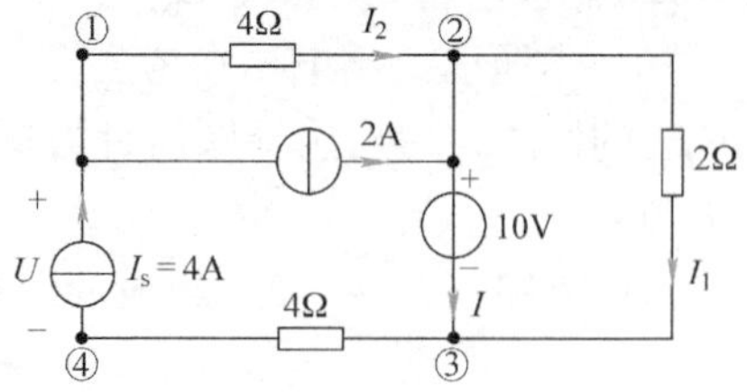

解　2Ω 两端的电压等于 10V 电压源的电压，根据欧姆定律，有

$$I_1 = \frac{10}{2}\text{A} = 5\text{A}$$

图 1-21　例 1-5 题图

对节点③由 KCL 列写电流方程为

$$I_s = I + I_1$$

由此可得

$$I = I_s - I_1 = (4 - 5)\text{A} = -1\text{A}$$

类似的，对节点②由 KCL 列写电流方程得

$$-I_2 - 2 + I + I_1 = 0$$

由此可得

$$I_2 = -2 + I + I_1 = (-3 + 5)\text{A} = 2\text{A}$$

利用 KVL 列写由节点④、①、②、③构成的回路的电压方程为

$$-U + 4I_2 + 10 + 4I_s = 0$$

代入已知及已求得的变量，即可得到电压 U 为

$$U = 4I_2 + 10 + 4I_s = (8 + 10 + 16)\text{V} = 34\text{V}$$

例1-6 如图1-22所示电路，已知 $R = 2\Omega$、$I_1 = 1\text{A}$，求电流 I。

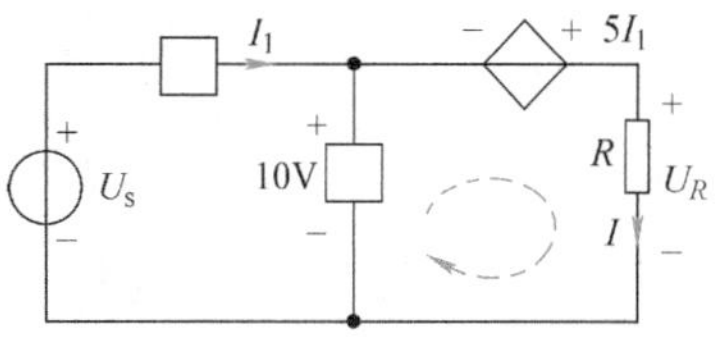

解 图中含有 CCVS，由于已知 $I_1 = 1\text{A}$，所以受控电压源电压为 $5I_1 = 5\text{V}$。对电路右边的回路（绕行方向如图虚线所示）应用 KVL 列写电压方程为

$$U_R = 5I_1 + 10 = (5 + 10)\text{V} = 15\text{V}$$

由欧姆定律得

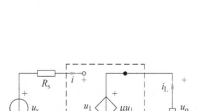

图1-22 例1-6题图

$$I = \frac{U_R}{R} = \frac{15}{2}\text{A} = 7.5\text{A}$$

例1-7 VCVS 连接于信号源 u_s 与负载 R_L 之间，如图1-23所示，R_s 为信号源内阻，试求受控源的电功率。

解 对含有 u_s 的回路运用 KVL，可得

$$u_s - R_s i - u_1 = 0$$

因 u_1 为开路，$i = 0$，故

$$u_1 = u_s$$

受控源吸收的电功率为

图1-23 例1-7题图

$$P = \mu u_1 i_L = \mu u_1 \left(-\frac{u_o}{R_L} \right) = \mu u_1 \left(-\frac{\mu u_1}{R_L} \right) = -\frac{(\mu u_1)^2}{R_L}$$

其值为负值，说明受控源向外界提供功率，该受控源是一个有源元件。

例1-8 利用 KCL 和 KVL 求图1-24所示电路的电流 I 和 1A 电流源两端电压 U。

解 （1）求电流 I 根据 KCL 对节点 a、b 及封闭面列方程，分别为

$$I_1 = 1 + I$$

$$I_2 = I_1 - 2I = 1 - I$$

$$I_3 = I_1 = 1 + I$$

根据 KVL 及所选回路绕向，有

$$1 + 1 \times I_2 + 1 \times I_3 - 4 + 1 \times I = 0$$

$$I = 1\text{A}$$

（2）求电压 U 根据 KVL 及封闭面内元件组成的回路，有

$$U = -1 \times I + 4 = 3\text{V}$$

例1-9 求图1-25所示含运算放大器电路中的输出电压 u_o。

解 利用理想运放的虚断原则对 a 节点应用 KCL 列方程为

$$\frac{6 - u_a}{20} = \frac{u_a - u_o}{40}$$

得

$$u_o = 3u_a - 12$$

再根据理想运放的虚短原则可以推知两个输入端对地的电压相等，即

$$u_a = u_b = 2V$$

因此得到该电路的输出电压为

$$u_o = 3u_a - 12 = (3 \times 2 - 12)V = -6V$$

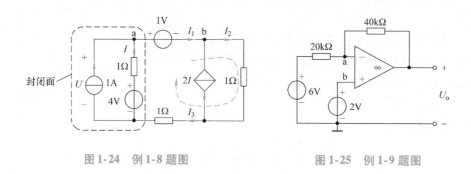

图 1-24 例 1-8 题图   图 1-25 例 1-9 题图

综上可见，这种电路的两类约束分析方法易于理解，容易掌握，适合简单电路的计算。只需要选择合适的节点、适当的回路分别由 KCL、KVL 并结合元件的 VCR 列出相应的方程即可求得电压、电流未知量。对于较复杂电路的一般分析及计算方法将在后续章节介绍。

本 章 小 结

本章的元件 VCR 和基尔霍夫定律构成了电路的两大约束，贯穿于电路理论基础的始终，是分析电路的根本依据，无疑是本章的重点。

在电压电流的概念问题上，要注意转换理念。中学阶段接触的简单电路中，电压和电流的实际方向是可以预先判定的，因此电路分析的思路是先判定电压或电流的实际方向，再去求大小。现阶段的学习，接触的电路相对复杂，不能全部都做到预先判定方向，或者方向不定。因此把电压、电流由两个属性进行表述，即，用代数量与参考方向共同描述，先在参考方向下列方程求电压或电流，再根据其计算结果代数量的正负判断实际方向。

元件的电压电流约束关系（VCR）是元件本身的特性，无须多言。只是在将电路变量赋予了参考方向后，对于任意一个元件就有了其电压与电流之间关联与非关联两种情况，正确写出不同参考方向下元件的 VCR 是最为基础也是最为重要的，初学者往往容易忽视这一点。

详细内容归纳如下思维导图。

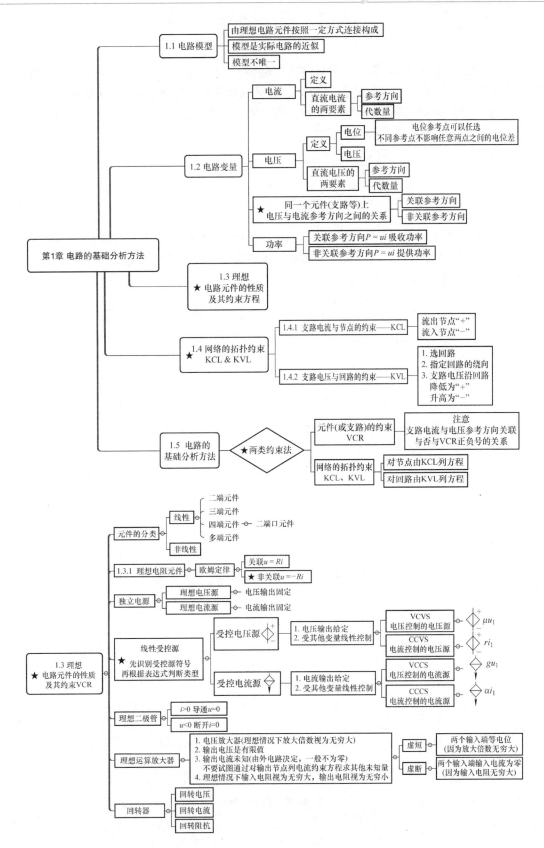

习 题 1

1-1 试说明如图 1-26 所示电路元件（或电路）中：（1）u、i 的参考方向是否为关联参考方向？（2）$P = ui$ 表示的是发出功率还是吸收功率？（3）若图 1-26a 中 $u = 10\text{V}$、$i = -2\text{A}$；图 1-26b 中 $u = 20\text{V}$、$i = 5\text{A}$，指出元件是吸收还是发出功率？并求出功率的大小。

图 1-26 题 1-1 图

1-2 如图 1-27 所示电路，已知图 1-27a 中 N 吸收 100W 电功率、电流 I 为 5A，求端口电压 U，并指出其真实方向；已知图 1-27b 中 N 发出 100W 电功率、电压 $U = -100\text{V}$，求其端口电流 I，并指出其真实方向。

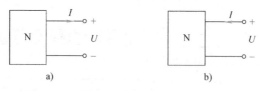

图 1-27 题 1-2 图

1-3 试求如图 1-28 所示电路中每个元件的电功率。

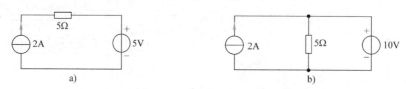

图 1-28 题 1-3 图

1-4 求如图 1-29 所示各电路中的电压、电流、电阻（电流表 A 的内阻为零，电压表 V 的内阻为无穷大）。

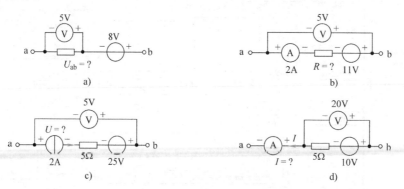

图 1-29 题 1-4 图

1-5 求如图 1-30 所示各电路中的电流 i 或电压 u。

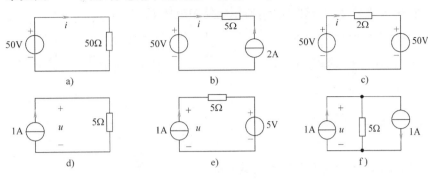

图 1-30 题 1-5 图

1-6 求图 1-31 所示电路中各受控源提供的电功率。

1-7 如图 1-32 所示电路中各独立源和受控源提供的电功率。

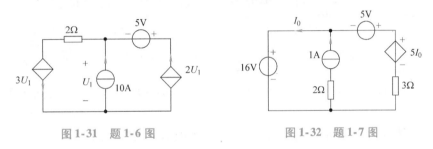

图 1-31 题 1-6 图　　　　　　　图 1-32 题 1-7 图

1-8 如图 1-33 所示电路，求电流 I_1、I_2、I_3、I_4。

1-9 如图 1-34 所示电路中，已知 $u_{s1} = 20V$、$u_{s2} = 10V$、$u_{s3} = 25V$、$u_{s4} = 15V$、$u_{s5} = 5V$，求各电源的电功率，并说明电源是提供功率还是吸收功率。

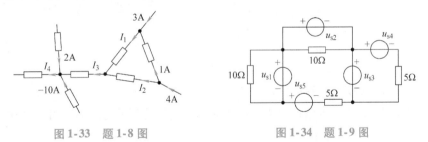

图 1-33 题 1-8 图　　　　　　　图 1-34 题 1-9 图

1-10 如图 1-35 所示电路中，已知 $I_1 = 3A$、$R = 2\Omega$，求电流 I 和电压 U_R。

1-11 如图 1-36 所示电路中，已知 $U_s = 10V$、$I_1 = 2A$、$R_1 = 4\Omega$、$R_2 = 1\Omega$，求电流 I_2。

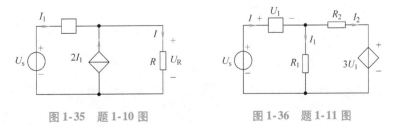

图 1-35 题 1-10 图　　　　　　　图 1-36 题 1-11 图

1-12　利用 KCL 和 KVL 求图 1-37 所示电路中电压 U。

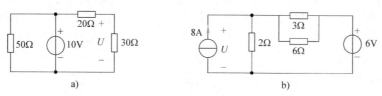

图 1-37　题 1-12 图

1-13　求如图 1-38 所示电路中控制量 I 和 U。

1-14　求如图 1-39 所示电路中控制量 U_1 和 U。

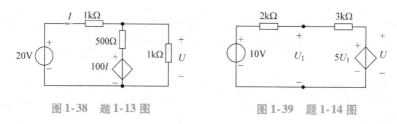

图 1-38　题 1-13 图　　　　　　图 1-39　题 1-14 图

1-15　求图 1-40 所示电路中各独立电源和受控源分别提供的功率及两个电阻消耗的功率。

1-16　计算图 1-41 所示电路中的 U 和 I，是否能确定元件 A 的类型?

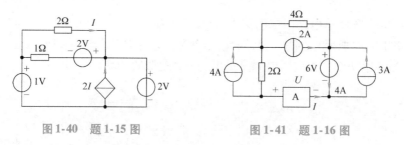

图 1-40　题 1-15 图　　　　　　图 1-41　题 1-16 图

1-17　求图 1-42 所示电路中的电流 I。

1-18　如图 1-43 所示电路，求 I_1、I_3（提示：选取适当的封闭面，可以简化计算）。

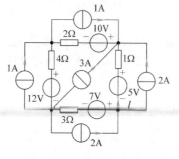

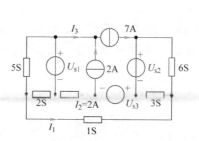

图 1-42　题 1-17 图　　　　　　图 1-43　题 1-18 图

1-19　如图 1-44 所示电路中，运算放大器为理想的，已知 $R_1 = R_2 = 2\Omega$、$R_3 = 3\Omega$、$R_4 = 4\Omega$、$R_5 = 5\Omega$。求输出与输入电压比 U_o/U_i。

1-20　如图 1-45 所示含有理想运算放大器电路，试求输出电压 U_o。

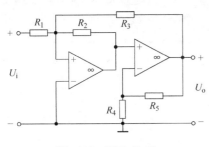

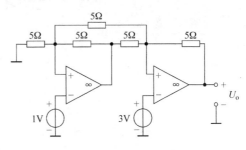

图 1-44　题 1-19 图　　　　　　　　图 1-45　题 1-20 图

1-21　工程上画电路图的时候，工程师们经常省略电压源、电流源，如图 1-46a 所示。将其电压源与电流源还原，即可得到电路教材中常用的电路模型图，如图 1-46b 所示。求电路中的电压 U 和电流 I。

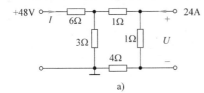

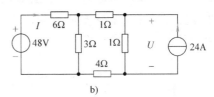

a)　　　　　　　　　　　　　　b)

图 1-46　题 1-21 图

第2章
> Chapter 2

电路的等效简化分析法

 本章导学

等效变换是电路理论中的一个非常重要的分析方法之一，该方法不仅仅适用于直流电路，也适用于其他电路。此外，等效的思想也是工程问题的一种重要的简化分析思想，把复杂问题拆分成若干简单小问题的组合，或者把非重点关注的部分用某个简化的模型等效替换等，都是工程上常用的建模分析方法。

本章由如下五部分内容构成：

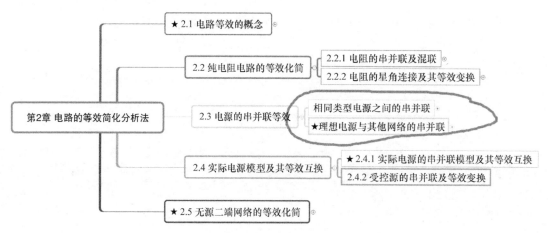

第2.1节说明电路等效的概念，"等效对外不对内"是非常重要的特性，也是应用等效的概念进行工程实际分析的关键。

第2.2节电阻元件的串、并联及混联大部分内容应该在高中学过，这里增加了星形（Y）和三角形（△）两种特殊连接方式的等效互换，这种方式在电力系统分析或者三相电机连接中也会用到。

第2.3节讨论电源的串、并联，其中电压源与其他网络的并联、电流源与其他网络的串联既是等效概念的体现，也是工程应用的实例，需要重点关注。

第2.4节重点掌握两种实际电源的等效互换规则。

第2.5节是本章的重点和难点，要求掌握含受控源的无源电阻网络的等效电阻的计算方法，此外初步认识输入电阻、输出电阻的概念。

2.1 电路等效的概念

在电路分析中，常用到等效概念。如图 2-1 所示，有两个一端口（或称二端）电路 N_1 和 N_2，在 ab 端口内的两个电路不仅结构不同，而且元件的参数也不同，但端口的电流、电压关系（VCR）相同，均为 $U = 10I$，这说明 N_1 和 N_2 电路对外电路的作用完全相同。换句话说，当用 N_2 电路替代 N_1 电路时，外电路没有受到丝毫影响。N_2 电路称为 N_1 电路的等效电路，N_1 电路也称为 N_2 电路的等效电路，二者互为等效。

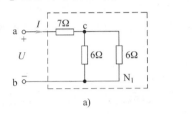 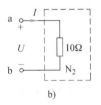

图 2-1 等效电路

从上述分析得出等效电路的一般定义：端口特性完全相同的电路互为等效电路。所谓端口的特性相同，是指其端口的电压、电流关系的数学表达式相同，或表示其端口电压、电流关系的特性曲线相同。两个电路互为等效是指二者的外部性能相同，而不涉及二者内部。两个等效电路其中一个可以是非常复杂的，而另一个通常是非常简单的。总之，电路等效的概念是对外电路等效的，对内电路而言，通常不等效，简称为"等效对外不对内"。

由等效概念可以得到，等效电路之间可以互相置换，这种置换方式称为等效变换或等效互换。当电路中的任一部分用其等效电路置换后，电路不变部分的支路电流和电压并不因此而改变。在这种等效变换过程中不仅能不断地简化电路，而且能确保电路简化后所计算的电压、电流（指不变部分的）就是电路简化前的电压、电流（指不变部分的）。由此可以看出，等效变换的方法是电路分析中简便易行的方法。运用等效变换简化电路时，首先要分解电路，选定欲简化电路部分的端口，然后用其等效电路替代，反复此过程，使电路达到最简形式。如图 2-1a 所示电路中，两个 6Ω 电阻并联可用一个 3Ω 电阻等效置换，3Ω 电阻与 7Ω 电阻的串联可用一个 10Ω 电阻等效置换，经过等效置换图 2-1a 电路可简化为图 2-1b 的简单电路。

2.2 纯电阻电路的等效化简

电阻电路（构成电路的无源元件均为线性电阻的电路）中，电阻的连接有串联、并联及混联，还有星形联结和三角形联结。对电阻电路进行等效变换，就可以用一个最简单的等效电路来表示。

2.2.1 电阻的串联和并联

通常定义：通过同一电流的元件连接方式为串联。如图 2-2 所示，N_1 是由 n 个电阻 R_1，

R_2，R_3，$\cdots$，R_n串联组成的电路，N_2中只含有一个电阻 R。

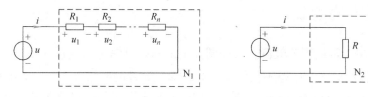

图 2-2　电阻串联电路

对 N_1 来说，由于各元件电流 i 相同，根据 KVL 及欧姆定律可写出其外特性方程为

$$u = u_1 + u_2 + \cdots + u_n = R_1 i + R_2 i + \cdots + R_n i = (R_1 + R_2 + \cdots + R_n)i = \sum_{k=1}^{n} R_k i$$

对 N_2 来说，其特性方程为

$$u = Ri$$

若 N_1 和 N_2 外特性相同，则称 N_1 和 N_2 等效，因此 N_1 的串联等效电阻为

$$R_{eq} = R = \frac{u}{i} = \sum_{k=1}^{n} R_k \tag{2-1}$$

由式（2-1）可知，串联等效电阻 R_{eq} 值大于任一个串联电阻值。

电阻串联时，第 k 个电阻上的电压为

$$u_k = \frac{R_k}{R_{eq}} u \qquad (k = 1, 2, \cdots, n) \tag{2-2}$$

式（2-2）是一个分压公式，它表明 n 个电阻串联后总电压在每个电阻上的电压分配比例。

通常定义：施加同一个电压的元件的连接方式称为并联。在图 2-3 中，N_1 是由 n 个电阻（或电导）并联组成的电路。根据并联的定义，各元件上的电压相同，则 N_1 的特性方程为

$$i = i_1 + i_2 + \cdots + i_n = G_1 u + G_2 u + \cdots + G_n u = (G_1 + G_2 + \cdots + G_n)u$$

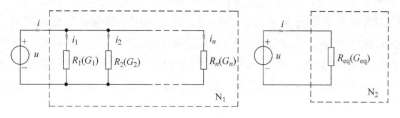

图 2-3　电阻并联电路

若 N_1 和只有一个电阻（或电导）的 N_2 电路等效，则它的等效电导为

$$G_{eq} = G = G_1 + G_2 + \cdots + G_n$$

可写为

$$G_{eq} = \sum_{k=1}^{n} G_k \quad (k = 1, 2, \cdots, n)$$

或者

$$\frac{1}{R_{eq}} = \frac{1}{R} = \frac{1}{R_1} + \frac{1}{R_2} + \cdots + \frac{1}{R_n} = \sum_{k=1}^{n} \frac{1}{R_k} \tag{2-3}$$

电阻并联时，电阻有分流作用，第 k 个电阻通过的电流为

$$i_k = \frac{G_k}{G_{eq}} i \tag{2-4}$$

式（2-4）是一个分流公式，它表明 n 个电阻并联后，总电流在每个电阻中的分配比例。电导值小（或电阻值大）的电阻分得电流小，反之分得电流大。当如图 2-4 所示两个电阻并联时，其等效电阻 R_{eq} 为

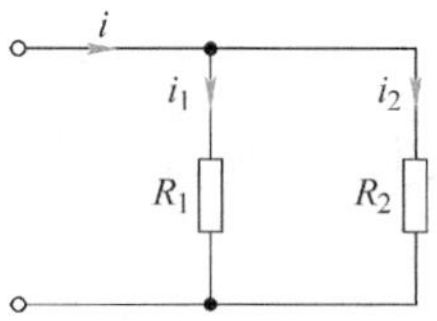

$$R_{eq} = \frac{1}{\frac{1}{R_1} + \frac{1}{R_2}} = \frac{R_1 R_2}{R_1 + R_2}$$

图 2-4 两个电阻并联电路

两个电阻的电流分别为

$$i_1 = \frac{R_2}{R_1 + R_2} i \qquad i_2 = \frac{R_1}{R_1 + R_2} i$$

若在电阻连接中，既有串联的电阻，又有并联的电阻，称为串、并联的电阻或称混联的电阻。

例 2-1 如图 2-5 所示电路，已知 $R_1 = 12\Omega$，$R_2 = 6\Omega$，$R_3 = R_4 = R_5 = 2\Omega$，$R_6 = 1\Omega$，$R_7 = 5\Omega$，求 ab 端等效电阻。

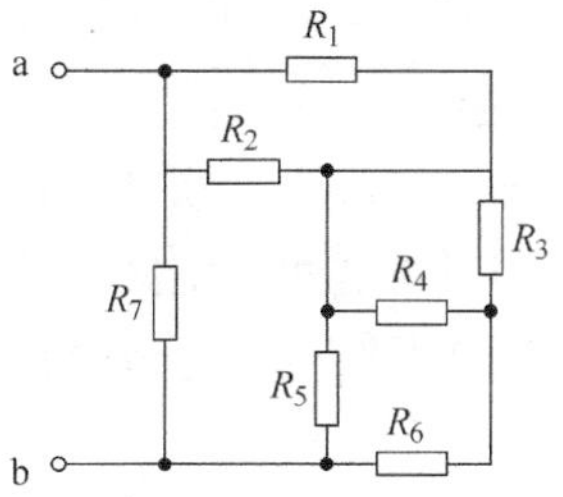

解 此例题给定的电路是由电阻串、并联而成的。从右向左，先是 R_1 和 R_2 并联，其等效电阻为

$$R_{12} = \frac{12 \times 6}{12 + 6}\Omega = 4\Omega$$

图 2-5 例 2-1 题图

R_3 和 R_4 并联，其等效电阻为

$$R_{34} = 1\Omega$$

R_{34} 与 R_6 串联，其等效电阻为

$$R_{346} = (1 + 1)\Omega = 2\Omega$$

R_{346} 再与 R_5 并联，其等效电阻为 1Ω，再与 R_{12} 串联，等效电阻为 5Ω，最后再与 R_7 并联得 ab 端等效电阻 $R_{ab} = 2.5\Omega$。

在应用电阻串联和并联公式时，要弄清串、并联顺序，然后对电路进行逐级化简。另外，对电阻串、并联电路，需要求出支路电流或电压时，可先用此方法等效简化电路，然后用分压或分流公式逐步求出支路电流或电压。

例 2-2 已知如图 2-6 所示电路，求各支路电流。

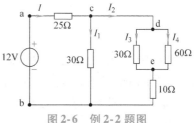

图 2-6 例 2-2 题图

解 先求 ab 两端等效电阻 R_{ab}，然后计算总电流 I，再用分流公式，求其他支路电流。

$$R_{de} = \frac{30 \times 60}{30 + 60}\Omega = 20\Omega \qquad （30\Omega 与 60\Omega 并联）$$

$$R_{db} = (20 + 10)\Omega = 30\Omega \quad (10\Omega \text{ 与 } R_{de} \text{ 串联})$$

$$R_{cb} = \frac{30}{2}\Omega = 15\Omega \qquad (30\Omega \text{ 与 } R_{db} \text{ 并联})$$

$$R_{ab} = (15 + 25)\Omega = 40\Omega \quad (25\Omega \text{ 与 } R_{cb} \text{ 串联})$$

根据欧姆定律得

$$I = \frac{12}{R_{ab}} = \frac{12}{40}\text{A} = 0.3\text{A}$$

根据分流公式得

$$I_2 = \frac{30}{30 + R_{db}}I = \frac{30}{30 + 30} \times 0.3\text{A} = 0.15\text{A}$$

$$I_1 = 0.15\text{A}$$

$$I_3 = \frac{60}{30 + 60}I_2 = 0.10\text{A}$$

$$I_4 = \frac{30}{90}I_2 = 0.05\text{A}$$

2.2.2　电阻Y与△联结及其等效变换

在图2-7a中，电阻 R_1、R_2、R_3 为Y（或称T、星形）联结。在Y联结中，三个电阻都有一端接在一个公共点上，另一端接在三个端子上。图2-7b中，电阻 R_{12}，R_{23}，R_{31} 为△（或称π、三角形）联结。△联结中，三个电阻分别接在三个端子的每两个之间。在电路分析中常需要将这两种电路进行等效变换，即Y联结的电阻可由△联结电阻等效替代。反之，也可以用△联结电阻等效替换Y联结电阻。

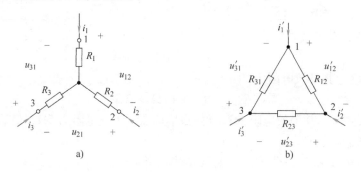

图2-7　电阻Y与△联结

如前所述等效变换是指它们对外的作用相同，也就是要求二者的外特性完全相同。具体讲，二者端子间电压和电流分别对应相等，即 $u_{12} = u'_{12}$，$u_{23} = u'_{23}$，$u_{31} = u'_{31}$；$i_1 = i'_1$，$i_2 = i'_2$，$i_3 = i'_3$。由此可以导出△联结和Y联结电阻等效变换的具体条件。为了便于分析，现分别假设两种电路的同一个端子开路，然后分别计算另两个端子间等效电阻。由于△联结与Y联结电阻互为等效电路，则在两种电路中，同一个端子开路时，得到另两个端子间的等效电阻应该相等。下面具体分析。

当 $i_1 = 0$ 和 $i'_1 = 0$ 时，Y联结电阻电路中，2、3端等效电阻等于△联结电阻电路的 $2'$、$3'$端等效电阻，即

$$R_2 + R_3 = \frac{(R_{12} + R_{31})R_{23}}{R_{12} + R_{23} + R_{31}} \tag{2-5}$$

同理，当 $i_2 = 0$ 和 $i_2' = 0$ 时，则有

$$R_1 + R_3 = \frac{(R_{12} + R_{23})R_{31}}{R_{12} + R_{23} + R_{31}} \tag{2-6}$$

当 $i_3 = 0$ 和 $i_3' = 0$ 时，则有

$$R_1 + R_2 = \frac{(R_{31} + R_{23})R_{12}}{R_{12} + R_{23} + R_{31}} \tag{2-7}$$

将式（2-5）、(2-6)、(2-7)，分别两个相加，减去另一式，再除以2，可得

$$R_1 = \frac{R_{12}R_{31}}{R_{12} + R_{23} + R_{31}}$$

$$R_2 = \frac{R_{12}R_{23}}{R_{12} + R_{23} + R_{31}} \tag{2-8}$$

$$R_3 = \frac{R_{23}R_{31}}{R_{12} + R_{23} + R_{31}}$$

式（2-8）是△联结的三个电阻等效变换为丫联结三个电阻的公式。

将式（2-8）两两相乘后相加，再除以其中一式，即可得到丫联结变换为△联结等效电阻的公式，即

$$R_{12} = \frac{R_1R_2 + R_2R_3 + R_3R_1}{R_3} = R_1 + R_2 + \frac{R_1R_2}{R_3}$$

$$R_{23} = \frac{R_1R_2 + R_2R_3 + R_3R_1}{R_1} = R_2 + R_3 + \frac{R_2R_3}{R_1} \tag{2-9}$$

$$R_{31} = \frac{R_1R_2 + R_2R_3 + R_3R_1}{R_2} = R_1 + R_3 + \frac{R_3R_1}{R_2}$$

如果采用电导代替电阻，根据 $R_1 = 1/G_1$，$R_2 = 1/G_2$，$R_3 = 1/G_3$，$R_{12} = 1/G_{12}$，$R_{23} = 1/G_{23}$，$R_{31} = 1/G_{31}$。式（2-9）分别又可以写为

$$G_{12} = \frac{G_1G_2}{G_1 + G_2 + G_3}$$

$$G_{23} = \frac{G_2G_3}{G_1 + G_2 + G_3} \tag{2-10}$$

$$G_{31} = \frac{G_3G_1}{G_1 + G_2 + G_3}$$

式（2-9）三式和式（2-10）三式是等价的。

若丫联结三个电阻相等（称为对称丫联结），即 $R_1 = R_2 = R_3 = R$，则等效变换为△联结的三个电阻也相等（称为对称△联结），其值为 $R_{12} = R_{23} = R_{31} = 3R$，也可写为

$$R_\triangle = 3R_Y \text{ 或 } R_Y = \frac{1}{3}R_\triangle$$

例2-3　如图2-8a所示电路，已知输入电压 $U_s = 32V$，求电压 U_o。

解　先将如图2-8a所示电路中，虚框内1Ω、1Ω、2Ω三个丫联结的电阻等效变换为 R_1、R_2、R_3 三个△联结的电阻如图2-8b所示，其中：

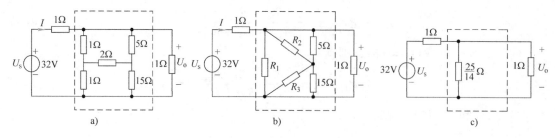

图 2-8 例 2-3 题图

$$R_1 = \left(1 + 1 + \frac{1 \times 1}{2}\right)\Omega = \frac{5}{2}\Omega$$

$$R_2 = \left(1 + 2 + \frac{1 \times 2}{1}\right)\Omega = 5\Omega$$

$$R_3 = \left(1 + 2 + \frac{1 \times 2}{1}\right)\Omega = 5\Omega$$

将图 2-8b 虚线框内的电阻串、并联简化为 25/14Ω 的等效电阻，如图 2-8c 所示，由此非常容易求出 $U_o = 12.5V$。

由例 2-3 分析得知，一个无源二端电阻电路可以用一个等效电阻表示。这个等效过程需要对电路中电阻进行串、并联或△和丫联结的等效变换来实现。此外，在计算等效电阻时，还会遇到电路中有等电位点，或某条支路没有电流的情况。这时，等电位点间可用短路线连接，没电流的支路可视为开路。这样处理后，可以简化电路的计算。

例 2-4 在图 2-9a 所示电路中，已知 $U_s = 9V$，每个电阻均为 $R = 1\Omega$，求 ab 右端电路的等效电阻及电流 I。

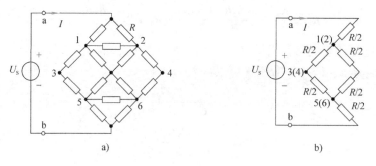

图 2-9 例 2-4 题图

解 ab 右端电阻电路中，由于电路结构及参数的对称性，节点 1 与节点 2、节点 3 与节点 4、节点 5 与节点 6 分别为等电位点，因此，先将等电位点 1、2 之间、5、6 之间的两条支路（图中水平方向的两个电阻）断开，再分别将各等电位点 1 与 2、3 与 4、5 与 6 短接（图中各等位点分别重合），即可把电路简化为图 2-9b 所示电路。

由此简化电路可以得到 ab 右端电路的等效电阻为

$$R_{eq} = \frac{1}{2}R + \frac{1}{2}R + \frac{1}{2}R = \frac{3}{2}R = 1.5R = 1.5\Omega$$

故

$$I = \frac{U_s}{R_{eq}} = \frac{9}{1.5}A = 6A$$

2.3 电源的串、并联等效

理论上，当几个电压源串联时，可以用一个等效电压源替代，如图 2-10 所示。这个等效电压源的电压等于各串联电压源电压的代数和，即

$$u_s = \sum_{k=1}^{n} u_{sk} \tag{2-11}$$

等效电压源 u_s 中的电流仍为任意的。

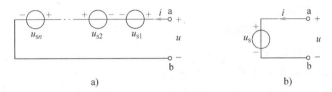

图 2-10 电压源串联

当然，在实际应用中，一般不同型号、不同数值的电压源是不能串联使用的，这里主要做理论分析，因此不同数值的电压源可以串联，甚至极性相反也认为是可以的。

在一般情况下，不同数值的电压源是不能并联的。因为每个电压源都有一确定的电压，电压源并联与 KVL 不相容。只有电压大小和方向完全相同的电压源才能并联，并联后等效为一个电压源，此电压源的电压仍为原值，电流为任意值。

类似的，当 n 个电流源并联时，可以用一个等效电流源来代替，如图 2-11 所示。

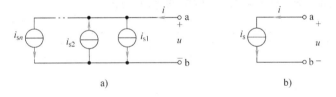

图 2-11 电流源并联电路

这个电流源的电流等于各个并联电流源电流的代数和，即

$$i_s = \sum_{k=1}^{n} i_{sk}$$

等效电流源的端电压仍为任意值。

一般情况下，不同数值的电流源不允许串联，因为这样与 KCL 相悖。

实际应用中，需特别注意以下两种特殊结构的简化：

1. 独立电流源与其他网络串联

相对外电路而言，该二端网络可以简化为一个电流源。

如图 2-12a 表示的是一个电压源与一个电流源串联电路。根据 KCL 得 $i = i_s$，由 KVL 得 $u = u_s + 任意值 = 任意值$。所以，等效电路的电压、电流关系（VCR）方程为

$$i = i_s(对任意的 u)$$

这个关系恰与独立电流源的 VCR 关系相吻合。于是该电压源与电流源串联等效电路仍为一个电流为 i_s 的电流源，如图 2-12b 所示电路。此时可视电压源为多余元件。

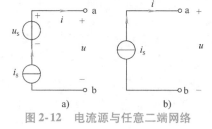

图 2-12　电流源与任意二端网络串联及其等效

同样，电阻 R 与电流源 i_s 串联组合的电路，对外电路来说，R 也视为一个多余元件，其等效电路仍为此电流源 i_s。

以此类推，可以说，与电流源串联的网络，对外电路分析而言，均可视为多余网络进行等效简化。

2. 独立电压源与其他网络并联

相对外电路而言，该二端网络可以简化为一个电压源。

如图 2-13a 所示，可以用一个等效电压源来替代。因为电压源与电流源并联后的电压仍为电压源的电压，电流 i 等于 i_s 与任意值之和，也是任意值。电流源与电压源并联的 VCR 恰与电压源的 VCR 相同。此等效电路的电压源的电压为原电压源的电压 u_s，如图 2-13b 所示。

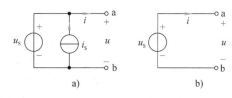

图 2-13　电压源与电流源并联等效电路

同理，若一个电阻 R 与电压源 u_s 并联，则其等效电路仍为图 2-13b 所示电路。

类似的，与电压源并联的网络，对外电路分析而言均可视为多余网络而简化为一个电压源。这个可以从实际生活中找到很多实例，比如，家庭中各种电器都并联在同一个电网下，各自都可以简化为唯一的一个电器与电网电压相连，每个用电设备彼此互不影响。

例 2-5　求如图 2-14a 所示电路 ab 两端的等效电路。

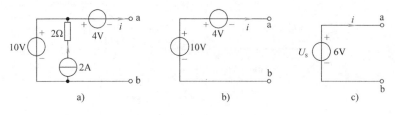

图 2-14　例 2-5 题图

解　图 2-14a 中 2Ω 与 2A 串联支路对外电路来说，是多余支路，可以去掉，其等效电路如图 2-14b 所示。图 2-14b 中的两个电压源串联，其等效电压源的电压为

$$U_s = (10 - 4)V = 6V$$

图 2-14a 所示电路的等效电路如图 2-14c 所示。

2.4　实际电源模型及其等效变换

由于实际电源（比如电池）的输出电压不是恒定的，因此本节主要介绍实际电源的电压源模型和电流源模型，并给出二者等效变换的方法。利用实际电源的等效变换可以求解分析很多简单电路。对较复杂的含源电路的计算方法，将在第3章和第4章中介绍。

一个实际电源在其内阻不可忽略时，其端电压将随输出电流的增大而下降。在正常工作范围内（其电流不超过额定值，否则会损害电源），电压和电流关系近似为一条直线，如图2-15所示。

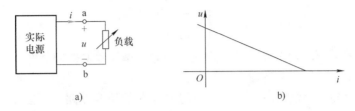

图 2-15　实际电源的输出伏安特性

2.4.1　实际电源的串、并联模型

实际电源都是有内损耗的，一般用电阻表示其损耗，称为内阻或内导。因此，实际电源包含两种，分别为实际电压源模型和实际电流源模型。

实际电压源模型由一个理想电压源与一个电阻串联组合构成，如图2-16a所示，按图示给定的电流、电压方向，其外特性方程为

$$u = u_s - iR \tag{2-12}$$

图2-16b是其端口电压 u 和端口电流 i 的特性曲线。

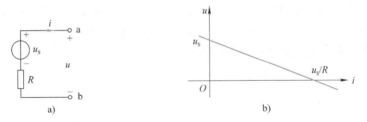

图 2-16　实际电压源模型

实际电流源模型由一个理想电流源与一个电阻并联组合构成，如图2-17a所示，按图示的电压、电流方向，其外特性方程为

$$i = i_s - \frac{u}{R} \qquad 或 \quad i = i_s - Gu \tag{2-13}$$

图2-17b表示其端口电压 u 和端口电流 i 的特性曲线。

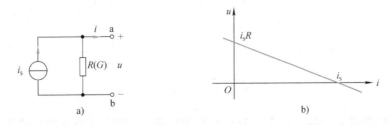

图 2-17　电流源与电阻并联

若利用两种模型来表示同一个实际电源，则这两种模型应互为等效电路，即外特性方程应相等。比较式（2-12）和式（2-13），得

$$\begin{cases} i_s = u_s/R \\ G = 1/R \end{cases} \tag{2-14}$$

或

$$\begin{cases} u_s = i_s/G = i_sR \\ R = 1/G \end{cases} \tag{2-15}$$

式（2-14）和式（3-15）为两种实际电源电路模型等效变换的条件。

在这种条件下，电压源与电阻串联的组合支路和电流源与电阻并联的组合支路可以相互等效变换。例如已知一个电压源 u_s 与一个电阻 R 串联的组合支路，可以用一个电流为 u_s/R 的电流源与一个电阻 R 并联组合的支路替代。反之也成立。

因为两种电源模型等效，所以它们的特性曲线是重合的。图 2-16b 所示的外特性曲线在电压轴上的截距是一端口的开路（$i = 0$）电压 u_s，在电流轴上的截距是一端口的短路（$u = 0$）电流 u_s/R。图 2-17b 外特性曲线与电压轴交点是一端口的开路电压 $i_s/G = i_sR$，曲线与电流轴交点为 i_s，即得 $u_s/R = i_s$，$u_s = i_s/G = i_sR$。对任意有独立源的二端电路，只要算出（或测得）它的开路电压或短路电流，就可以得到如图 2-16a 和图 2-17a 电路中的任意一种等效电路。

这两种电源模型的等效变换，是指实际电源 ab 端子以外的电路，在变换前后电流、电压及电功率不变，而对 ab 端子以内的电路不等效。若 ab 端开路，两种电源电路对外均不发出功率；对内电路来说，电压源与电阻串联的组合支路中的电压源的功率为零，电流源与电阻并联的组合支路中的电流源发出功率却为 i_s^2R，显然两种电源模型的内电路不等效。

电源的两种模型中，不论是电压源串电阻的组合形式，还是电流源并电阻的组合形式，均含有电阻，称这种电源为有伴电源，或分别称为有伴电压源和有伴电流源。

例 2-6　求如图 2-18 所示电路的电流 i。

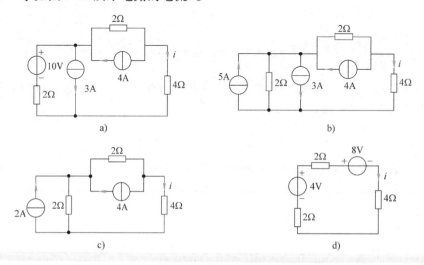

图 2-18　例 2-6 题图

解　利用电源等效变换，将图 2-18a 中的 10V 和 2Ω 串联支路等效变换为 5A 和 2Ω 并联支路，如图 2-18b 所示；再将 5A 和 3A 电流源并联为 2A 电流源，如图 2-18c 所示；再将

2Ω 电阻与4A 电流源并联支路、2Ω 电阻与2A 电流源并联支路分别等效为电压源串电阻的组合支路，如图2-18d 所示。

最后由图2-18d 得到电流，即

$$i = \frac{4-8}{2+2+4}A = -0.5A$$

2.4.2 受控源的串、并联及等效变换

受控源和独立源虽有本质不同，但是在进行电路简化时，可以把受控源按独立源处理。前面介绍的独立源处理方法对受控源也适用。例如若干个受控电压源串联可用一个受控电压源等效，若干个受控电流源并联可以用一个受控电流源等效。如图2-19a 所示电路有 n 个电压控制电压源串联，可以等效变化为一个电压控制电压源，如图2-19b 所示，其等效电压控制电压源等于各个电压控制电压源的电压之和。

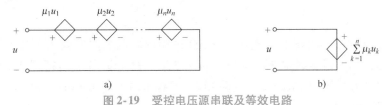

图 2-19   受控电压源串联及等效电路

同理，图2-20 电路表示 n 个电流控制电流源并联等效为一个电流控制电流源。

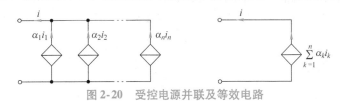

图 2-20   受控电源并联及等效电路

受控电压源与电阻串联的组合支路和受控电流源与电阻并联的组合支路，可以相互等效变换。一个电压控制电压源与电阻串联组合的支路，可以等效变换为一个电压控制电流源与电阻并联的组合支路。方法与独立电源变换方法类同，读者可以自行得到有伴受控源的两种模型。

例2-7   图2-21 是一个含受控源的一端口电路，求其最简等效电路。

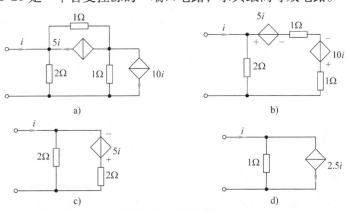

图 2-21   例2-7 题图

解　按上述的方法，先分别将两个有伴受控电流源等效变换为两个有伴电压源，如图 2-21b 所示电路，其等效受控电压源的值分别为 $5i \times 1 = 5i$，$10i \times 1 = 10i$，两个等效电阻分别为 1Ω。再将两个串联受控电压源的电压相加，即 $5i - 10i = -5i$，两个 1Ω 的电阻串联得到 2Ω，其等效电路如图 2-21c 所示电路。最后简化图 2-21c 电路得到图 2-21d 所示等效电路。

思考：图 2-21d 是原电路的最简等效电路吗？

例 2-8　如图 2-22a 所示电路，利用电源等效变换求 U_o。

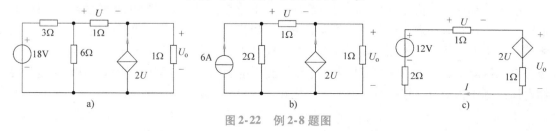

图 2-22　例 2-8 题图

解　在图 2-22a 中，先将 18V 电压源与 3Ω 电阻串联的支路等效为电流等于 6A 的电流源与电阻等于 3Ω 的电阻并联组合的支路，再将 3Ω、6Ω 电阻并联后得图 2-22b 所示电路。然后，将 6A 的电流源与 2Ω 电阻并联支路和 $2U$ 受控电流源与 1Ω 电阻并联支路均等效变换为如图 2-22c 所示电路。

对图 2-22c 电路的回路，应用 KVL 可得方程

$$U + 2U + 1 \times I + 2 \times I = 12$$

$$U = 1 \times I$$

解得

$$U = 2V$$

$$U_o = 2U + 1 \times I = 6V$$

上式中的电压 U_o 为图 2-22c 中受控电压源与电阻串联支路两端的电压 U_o，也正是图 2-22a 中受控电流源两端的电压 U_o，而不是图 2-22c 中右侧 1Ω 电阻两端电压。

2.5　无源二端网络的等效化简

无源线性二端电阻网络（又称为一端口网络）是指不含独立源的线性电阻网络，包括纯电阻网络 N_R 和含受控源的电阻网络 N_0 两类。

一个不含独立电源的电阻一端口 N_R，如图 2-23a 所示，其端口等效电阻 R_{eq} 的定义为

$$R_{eq} = \frac{u}{i}$$

a)

b)

图 2-23　一端口及等效电阻

式中，u 和 i 是一端口的端口电压和电流，二者为**关联参考方向**。

通常，等效电阻的计算（或测量）采用外加电源的方法。在如图 2-23b 所示一端口的 ab 处，施加一电压为 u 的电压源（或电流为 i 的电流源），求出（或测得）端口的电流 i（或电压 u），然后计算 u 和 i 的比值，即可得输入电阻。此种求等效电阻的方法也称为电压、电流法，是测量无源一端口电阻的常用方法。

工程上，一般称电源端为输入端，负载端为输出端。一般在不加电源的情况下，从输入端向负载端测量或计算得到的等效电阻称之为输入电阻 R_{in}，而从输出端向电源端测量或计算得到的等效电阻又称之为输出电阻 R_{out}。虽然叫法不同，但本质没有区别，都是等效电阻。

当已知一端口内仅含电阻时，其等效电阻可以直接通过电阻的串、并联及 $\triangle - \curlyvee$ 等效变换计算得到，也可以由外加电源法计算得到。当一端口内含受控源时，不能直接用电阻的等效变换方法来计算其等效电阻，所以只能采用等效电阻的定义式或称外加电源法计算获得。

例 2-9 求例 2-7 题图 2-21 的一端口电路的输入电阻 R_{in}，并求其等效电路。

解 先将图 2-21a 的 ab 端外加一电压为 u 的电压源，如图 2-24a 所示。对 ab 右端电路进行简化得到图 2-24b，由图 2-24b 可得到

$$u = (i - 2.5i) \times 1 = -1.5i$$

因此，该一端口输入电阻为

$$R_{in} = \frac{u}{i} = -1.5\Omega$$

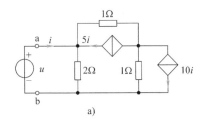
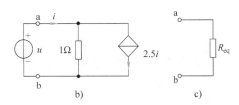

图 2-24 例 2-9 题图

含受控源电阻电路的输入电阻可能是负值，也可能为零。图 2-24a 等效电路为图 2-24c 所示电路，其等效电阻值为 $R_{eq} = R_{in} = -1.5\Omega$。

例 2-10 求图 2-25 单口电路的输入电阻 R_{in}。

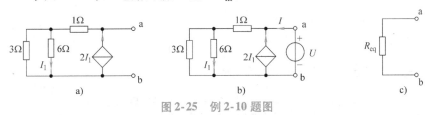

图 2-25 例 2-10 题图

解 如图 2-25a 所示电路中，在 ab 端口外加电压为 U 的电压源，设端口电流为 I，如图 2-25b 所示。应用 KVL 和 KCL 可得方程

$$U = (2I_1 + I) \times 1 + 6I_1$$

$$\frac{6I_1}{3} + I_1 = I + 2I_1$$

$$I_1 = I$$

解得
$$U = 9I$$

$$R_{in} = \frac{U}{I} = 9\Omega$$

在此题的计算过程中，没有将3Ω和6Ω并联等效为一个电阻，原因是什么？请读者自行分析。

例 2-11　求图 2-26 单口电路的输入电阻R_{in}。

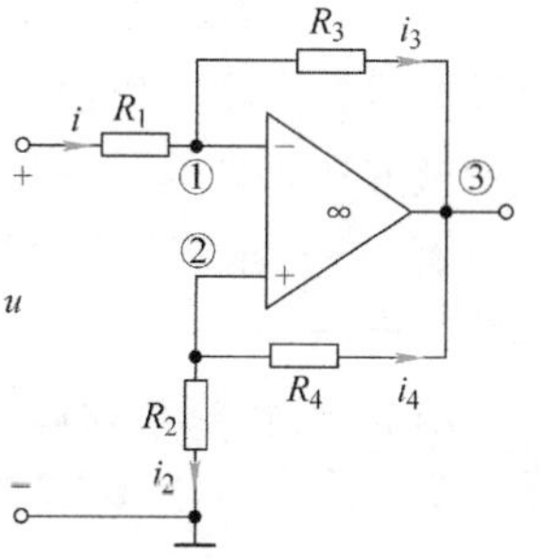

解　设端口处的电压和电流分别为u和i，由"虚断"特性可得

$$i = i_3, \ i_2 = -i_4$$

由"虚短"特性，$u_{12} = 0$，可得

$$R_3 i_3 = R_4 i_4$$

因此

$$R_3 i = -R_4 i_2$$

即

$$i_2 = -(R_3/R_4)i$$

$$u = R_1 i + R_2 i_2 + u_{12} = R_1 i + R_2 i_2 = R_1 i - \frac{R_2 R_3}{R_4} i$$

由此得到输入电阻为

$$R_{in} = \frac{u}{i} = R_1 - \frac{R_3 R_2}{R_4}$$

图 2-26　例 2-11 题图

例 2-12　求如图 2-27 所示含回转器电路 ab 端口的输入电阻R_{in}。已知电阻$R_1 = 1k\Omega$，$R_2 = 1k\Omega$，回转系数$g = 10^{-3}S$。

解　输入电阻可以由电阻R_1与回转器输入电阻R'_{in}并联组合得到。

如图 2-27 所示，回转器的方程为

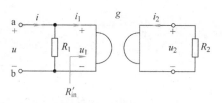

图 2-27　例 2-12 题图

$$i_1 = gu_2$$

$$i_2 = -gu_1$$

又知

$$u_2 = -R_2 i_2 = -10^3 i_2$$

因此由回转器的输入口得输入电阻R'_{in}为

$$R'_{in} = \frac{u_1}{i_1} = \frac{-i_2/g}{-g \times 10^3 i_2} = \frac{1}{g^2} \times 10^{-3}\Omega = 10^3\Omega$$

故 ab 端口的输入电阻R_{in}为

$$R_{\text{in}} = \frac{u}{i} = \frac{u_1}{i} = \frac{R_1 \times R'_{\text{in}}}{R_1 + R'_{\text{in}}} = \frac{10^3 \times 10^3}{10^3 + 10^3}\Omega = 500\Omega$$

本 章 小 结

本章的重点概念是"等效"的定义以及等效的特性。等效的条件是：两个网络端口 VCR 相同；等效的适用范围是："对外不对内"。

对二端网络的分类及其等效化简的方法归纳总结见下图。

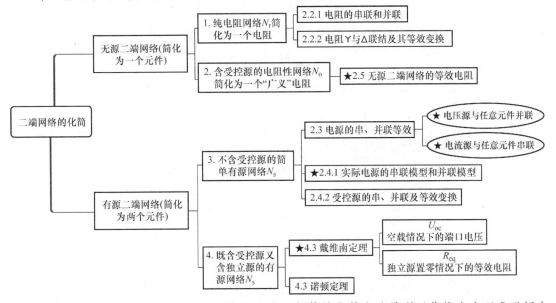

要说明的是，含受控源的有源二端网络的一般等效化简方法是利用戴维南定理或诺顿定理进行计算，两个定理的内容安排在第 4 章讲授，这里是为了将不同二端口网络都包含在内而将其汇总在本章小结中。

习　题　2

2-1　如图 2-28 所示电路中，已知 $R_1 = R_2 = R_4 = R_5 = R_6 = 2\Omega$，$R_3 = 4\Omega$，$R_7 = 8\Omega$，$R_8 = 1\Omega$ 分别求 ad 端、cd 端的等效电阻。

2-2　如图 2-29 所示电路中，电阻值均为 1Ω，分别求 ab 端、ad 端、bc 端的等效电阻。

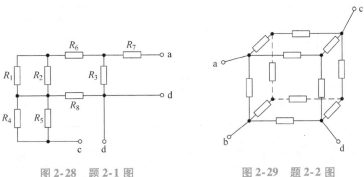

图 2-28　题 2-1 图　　　　图 2-29　题 2-2 图

2-3 求如图2-30所示电路中ab端的等效电阻。

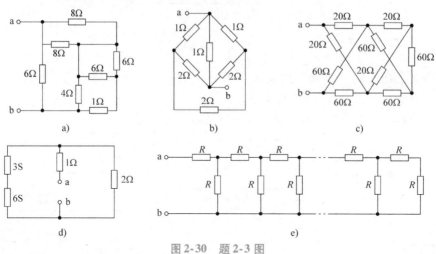

图2-30 题2-3图

2-4 求如图2-31所示电路中电压U和电流I。

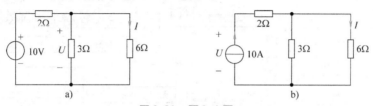

图2-31 题2-4图

2-5 求如图2-32所示电路中电压U_s和电流I、I_1（电压表的内阻为无穷大）。

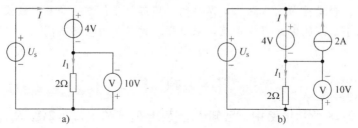

图2-32 题2-5图

2-6 将图2-33所示各电路分别等效变换为最简形式。

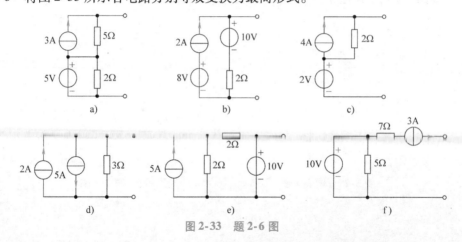

图2-33 题2-6图

2-7 利用电源的等效变换方法，化简图2-34的电路。

2-8 如图2-35所示电路，求电压U。

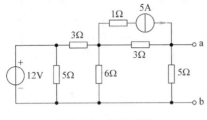

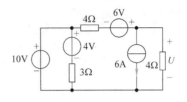

图2-34 题2-7图   图2-35 题2-8图

2-9 如图2-36所示电路，求电流I。

2-10 求如图2-37所示电路ab端口的等效电阻。

2-11 求如图2-38所示电路ab端口的等效电阻。

2-12 求图2-39所示电路ab端口等效电阻。

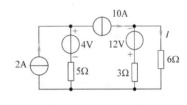

图2-36 题2-9图

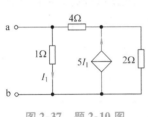

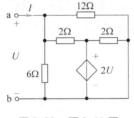

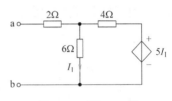

图2-37 题2-10图   图2-38 题2-11图   图2-39 题2-12图

2-13 利用等效变换方法计算如图2-40所示电路的电流I。

2-14 如图2-41所示电路，求10Ω电阻中通过的电流i。

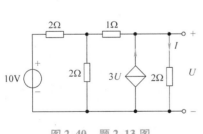

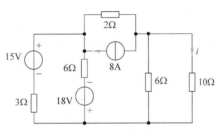

图2-40 题2-13图   图2-41 题2-14图

2-15 试确定如图2-42所示电路端口的VCR方程，并画出其等效电路。

2-16 利用等效变换方法计算如图2-43所示电路的电流I。

2-17 已知$u_s = 200V$，整个电路消耗的电功率为400W，求图2-44所示电路中的R_x。

2-18 求如图2-45所示含回转器单口电路的输入电阻R_{in}，已知回转器的回转系数为r。

2-19 求如图2-46所示含理想运算放大器电路中的输入电阻R_{in}。

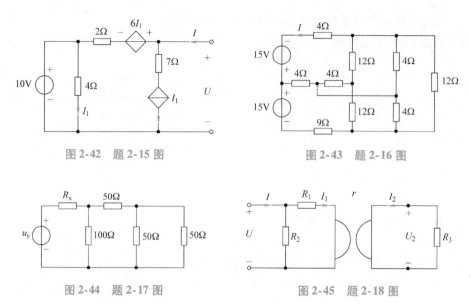

图 2-42　题 2-15 图　　　　　　　图 2-43　题 2-16 图

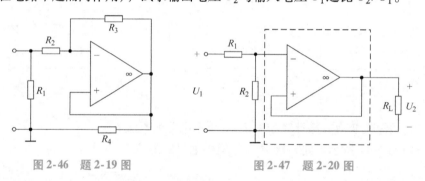

图 2-44　题 2-17 图　　　　　　　图 2-45　题 2-18 图

2-20　如图 2-47 所示含理想运算放大器的电路（虚线框内理想运算放大器是一个电压跟随器，在电路中起隔离作用），试求输出电压 U_2 与输入电压 U_1 之比 U_2/U_1。

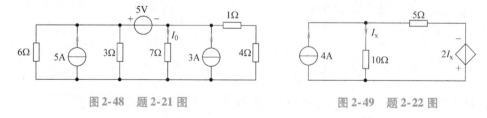

图 2-46　题 2-19 图　　　　　　　图 2-47　题 2-20 图

2-21　求图 2-48 所示电路中的电流 I_0。

2-22　求图 2-49 所示电路中的电流 I_x。

图 2-48　题 2-21 图　　　　　　　图 2-49　题 2-22 图

第3章
> Chapter 3

电路的方程分析法

 本章导学

电路分析的主要研究任务是在已知电路结构和元件参数的情况下求解电路的支路电压、电流及电功率等问题。传统的电路分析方法一般分为两大类，一类是第1章、第2章给出的简单电路的简化分析方法，另一类是本章将介绍的方程分析方法。这类方法是电路分析的普遍方法，它不需要改变电路结构，而是通过电路中电压、电流的两种约束关系建立系统的电路方程，求解电路变量。

本章由六部分内容构成（参见思维导图）：

第3.1节简要介绍图论基础概念，目的是给出独立节点、网孔、独立回路等基本概念。读者可以绕过该小节关于图论中树的概念、连支的概念、基本回路的概念，直接将独立节点个数和独立回路个数作为结论，只要理解并且会依据电路的特点找出所需的独立回路即可。

第3.2节介绍电路系统分析的支路法，也称两类约束的2b法。

第3.3至第3.6节分别介绍支路电流法、网孔电流分析法、回路电流分析法（网孔电流分析法是回路电流分析法的特例）和节点电压分析法。

其中，支路法是这一章其他方法的基础，或者说，其他方法都是在支路法的基础上进一步减少电路变量推演简化得到的。

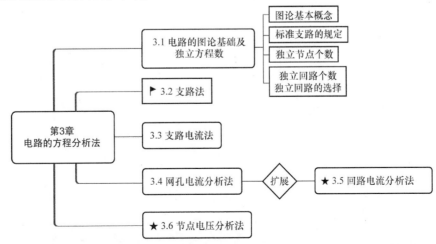

对于本章介绍的四种分析方法应掌握方程的直观列写方法，此外，应特别注意以下几个

问题：①列写方程所用电路变量是什么？②所列方程是电压平衡方程还是电流平衡方程？③该方法需处理的特殊支路是什么？④对特殊支路的处理方法是什么？

　　这里要说明的是，本章给出的方法是系统列写电路方程的观察法，对于大型、复杂网络的方程分析法还需要更多的图论理论与计算机技术相结合才能完成，本教材的第12章将做详细介绍。

　　此外，本章给出的方程分析法，目的是以最少的变量列出电路分析所需的最少方程，是电路分析的系统化方法，对于自动化、电子、通信、计算机等少学时专业，这一章可以选择不讲，只用第1、2章的分析方法即可对一般电路进行分析。

3.1 电路的图论基础及独立方程数

在分析电路时，有些情况下仅需研究电路的互连性质，即研究支路电压或支路电流间的相互关系，而不考虑元件的特性。此时，可以将电路中的节点用抽象的点来表示，称为节点，电路中的支路用连接于两个节点间的一条抽象的线段来表示，称为支路。抽象的线段和点构成的图称为电路的拓扑图（Graph），常用符号 G 来表示。电路的图 G 能描述电路的互连性质，是图论中专用的名词。

明确地说，电路的图 G 是一个节点集和一个支路集的集合，在图 G 的定义中，节点集和支路集各自是一个整体，但任一条支路的两端必须与节点相连，当几条支路的一端连接在一起时，与它们连接的节点就合而为一。图 G 中不能有不与节点相连的支路，但允许节点不与支路相连，即孤立节点的存在。也可以理解为，在图 G 中移去一条支路时，并不意味着同时把连接该支路的节点也移去，如果移去一个节点，则必须把与该节点连接的全部支路同时移去。

图 3-1a 中画出一个由 8 个元件组成的电路，若定义一个元件为一条支路，得到图 3-1b 所示 8 条支路 5 个节点的电路的图。如果电压源 u_{s1} 与电阻 R_1 的串联组合作为一条支路，又将电流源 i_{s6} 与电阻 R_6 并联组合作为一条支路，则相应的图有 6 条支路 4 个节点，如图 3-1c 所示。因此根据支路的不同定义，图 G 的支路数和节点数也不同。

如果电路的图中所有的支路都标明了方向，则称为电路的有向图。如图 3-1d 是图 3-1a 的有向图，图 3-1c 为图 3-1a 的无向图，这里箭头所指的方向是该支路电流的参考方向，电压与电流一般取关联参考方向，可以说，箭头既代表支路电流的流向，也代表电压降落的方向。

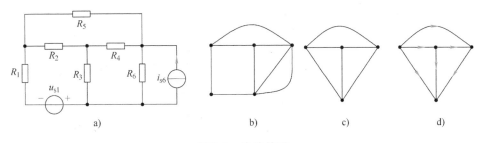

图 3-1　电路的图

一个图 G 的全部节点都被支路连通的图，称为连通图，如图 3-1b、c 和 d 都是连通图。图 3-2 所示的图由多个分离部分组成的，则是非连通图。

图 G 中的一部分（即上述集合中的子集）称为图 G 的子图。从一个节点出发，依次经过图上的支路和节点，（每一节点和支路只经过一次）到达另一节点的子图称为路径，闭合路径称为回路。内部不含支路的回路称为网孔。

图还可以分为平面图和非平面图。如果把一个图画在平面上，能使其各支路除与节点连接外不再交叉，这种图称为平面图，否则为非平面图。图 3-1b、c、d 为平面图，图 3-3 是两个典型的非平面图（注意，在画电路图及图 G 时必须用实心点表示支路之间的连接点，图 3-3 中间那些是支路之间搭在一起形成的虚点，并非真正的节点）。

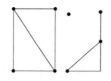

图 3-2　非连通图

图 3-3　非平面图

这里约定：将电压源与电阻的串联组合、电流源与电阻的并联组合作为标准的两类支路（更标准的复合支路的定义将在第 12 章介绍），当然，单纯的电阻、单独的电压源（又称为无伴电压源）、单独的电流源（又称为无伴电流源）都是标准支路的特例。

本书只针对平面电路进行分析，一般设图 G 的节点数为 n 个，支路数为 b 条。

在分析连通图 G 时，常用到树的概念，一个连通图 G 的树的定义是：包含连通图 G 的全部节点，但不含任何回路的连通子图称为图 G 的树（Tree），常用"T"来表示。图 3-4 所示一个连通图 G，该图 G 的树很多，图 3-4b、c、d、e 均为其树。图 3-4f 中子图不是图 G 的树，原因在于该子图含有回路。图 3-4g 中子图不是 G 的树，该子图虽然含 G 的全部节点，又不含回路，但它是一个非连通子图，所以不是 G 的树。

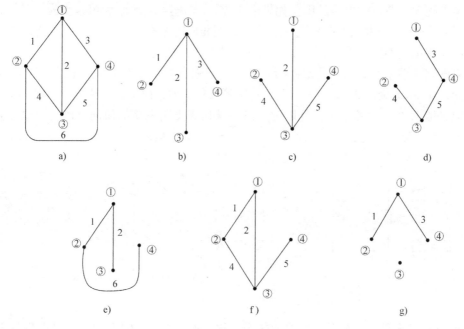

图 3-4　图 G 的树

当图 G 的树选定后，其支路便分为两类，一类是属于树上的支路，称为树支；另一类不属于树上的支路，称为连支。如图 3-4 所示的图 G 中，若选树为 3-4b 图，则 1、2、3 支路为树支，而 4、5、6 就为连支，选不同的树，对应的树支和连支也不同，若选 3-4d 图，树支集 {3，4，5}，对应的连支集为 {1，2，6}。无论如何选择树，树支数总是一定的。图 3-4 所示图 G，其树的树支数为 3，也就是节点数 4 减去 1。

对于一个具有 n 个节点，b 条支路的连通图 G 的任何一个树的树支数为 T，即

$$T = n - 1$$

原因在于把图 G 的全部节点 n 连接起来，用的最少的支路集合是 $n-1$ 条支路，也就是说，把图 G 的 n 个节点连接成一个树时，第一条支路连接两个节点，此后，每增加一条支路就连接一个新节点，一直把 n 个节点连成树。图 G 树支的数目等于节点数减去 1，少一条支路就不能把全部节点连通，多一条支路就会形成一个回路。

对于具有 n 个节点，b 条支路的图 G 中，对应于任一树的连支数 L 为

$$L = b - T = b - n + 1$$

如图 3-4a 所示的图 G，有 4 个节点，6 条支路，对任一个树，树支数 $T = 4 - 1 = 3$，连支数 $L = 6 - 3 = 3$。

通过上述分析，可知连通图的一个树连接了图 G 的全部节点，但不包含回路。如果对应任一个树，每增添一个连支，便形成了一个含有该连支的回路，此回路中的其他支路均是树支，这种回路称为单连支回路，也称为基本回路。对于图 3-4a 所示，图 G 取 $T\{1, 2, 3\}$ 为树，如图 3-5a 用粗线条来表示。相应的连支集为 $\{4, 5, 6\}$。对应于这个树的基本回路如图 3-5b 所示，分别为 $L_1\{1, 2, 4\}$、$L_2\{2, 3, 5\}$、$L_3\{1, 3, 6\}$。每一个基本回路中仅含有一条连支，而且这条连支并不出现在其他基本回路中。可见，基本回路是独立回路。

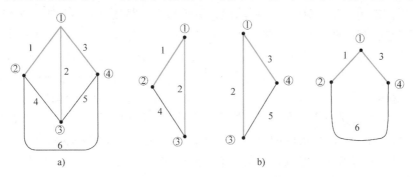

图 3-5 图 G 的基本回路

下面利用节点、基本回路及图的知识，讨论由 KCL、KVL 所列写电路方程的独立数。

在图 3-6 所示的图 G 中，对其节点和支路分别加以编号，并给出支路的方向，该方向是支路电流和与之相关联的支路电压的参考方向。

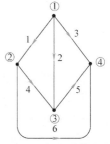

图 3-6 KCL 独立方程

对节点①、②、③和④分别由 KCL 列出方程式有

$$i_1 + i_2 + i_3 = 0$$
$$-i_1 + i_4 + i_6 = 0$$
$$-i_2 + i_5 - i_4 = 0$$
$$-i_3 - i_5 - i_6 = 0$$

电路的图中，每条支路均与两个节点相连接，该支路的电流，对一个节点是流出，对另一个节点就是流入。如图 3-6 中，支路电流 i_1 对节点①是流出，对节点②就是流入。因此，在以上的方程中，支路电流均应出现两次，其符号一个为"+"号，一个"−"号。如果将此四个方程相加，相加结果使得等号左边的全部变量被抵消，方程两边都为零。所以这四个方程并非都是独立的。但将上述方程中任意三个相加都可以得到第四个方程，这四个方程是线性相关的，即一个方程可由另外三个方程线性组合得到。上

述方程中任意选出三个方程，它们之间彼此独立。

由此可以得到结论1：对一个包含 n 个节点的电路，选择任意一个节点作为参考节点，则其余 $n-1$ 个节点为独立节点，对这 $n-1$ 个节点可由 KCL 列出 $n-1$ 个独立的电流方程。

下面结合图 3-6 图 G 来进一步分析基本回路的性质。在图 G 中任选树集为 $T\{1,2,3\}$，对应的连支集为 $\{4,5,6\}$，构成三个基本回路 $L_1\{1,2,4\}$、$L_2\{2,3,5\}$、$L_3\{1,3,6\}$。三个基本回路的绕行方向均选为各自连支的方向。如图 3-7 所示，对三个基本回路由 KVL 列写电压方程有

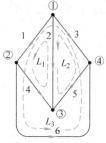

图 3-7　基本回路

$$u_4 - u_2 + u_1 = 0$$
$$u_5 - u_3 + u_2 = 0$$
$$u_6 - u_3 + u_1 = 0$$

上面方程组的任意一个方程中所含的连支电压 u_4、u_5、u_6 是各个方程独有的，不会出现在其他方程中。这三个方程中的任意一个方程不可能由其余两个方程的线性组合获得，所以这三个方程是独立的。因此，对图 G 由 KVL 所列出的方程独立数，等于基本回路数或连支数。选取不同的树，就有对应不同回路组，每组独立回路数应为不变的连支数。

这里需要进一步说明：基本回路组就是独立方程组，然而独立方程组不一定都是基本回路组。如图 3-7 图 G 选定树 $T\{1,2,3\}$，则有三个基本回路方程，分别为 $L_1\{1,2,4\}$、$L_2\{2,3,5\}$、$L_3\{1,3,6\}$。现将 $L_2\{2,3,5\}$ 和 $L_3\{1,3,6\}$ 组合，将两个回路共有的支路 3 抵消，构成一个新的回路 $L_4\{1,2,5,6\}$。然后再将 L_1 和 L_2 组合成一个新回路 $L_5\{1,3,4,5\}$。由于 L_1、L_2 和 L_3 是三个基本回路，构成一个独立回路组，所以 L_1、L_4 和 L_5 也是独立的回路组。但是由 L_1、L_4 和 L_5 组成的独立回路组，并不是任何树的基本回路。由此可见，取基本回路由 KVL 列写独立的电压方程是一个充分条件，而不是一个必要条件。

又如，对一平面图 3-8 所示的图 G，也可以取网孔 m_1、m_2、m_3（外网孔不计在内）作为回路。选取顺时针方向作为回路方向，列写 KVL 方程有

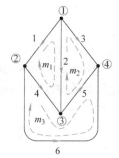

图 3-8　图 G 的网孔

$$-u_1 + u_2 - u_4 = 0$$
$$u_3 - u_5 - u_2 = 0$$
$$u_4 + u_5 - u_6 = 0$$

三个方程的任一方程中都含有一个电压变量是另外两个方程中没有的，所以，这三个方程中的任一个方程，不能由另两个方程的线性组合得到，也就是说，每一个网孔都不可能由其他网孔组合而成。所以，以网孔作为回路，由 KVL 所列写的方程组，是一组独立方程组。可以证明，平面图的全部网孔数恰好等于该图的连支数。

由此得到结论2：对于含有 n 个节点 b 条支路的连通图，有 $L=b-n+1$ 个独立回路，按独立回路山 KVL 列写的方程也将是彼此独立的。

综上所述，一个含 n 个节点 b 条支路的连通图 G，依 KCL 可列出（$n-1$）个独立的节点电流方程；依 KVL 可列出（$L=b-n+1$）个独立的回路电压方程。

3.2　支路法

一个有 n 个节点 b 条支路的电路，可以由 KCL 列 $(n-1)$ 个独立的电流方程和由 KVL 列 $(L=b-n+1)$ 个独立的电压方程。另外，对每一条支路来说，也都有一个支路特性方程，即有 b 条支路 VCR 方程。于是一共可以列出 $2b$ 个方程，联立 $2b$ 个方程，可求出 b 条支路电流和 b 条支路电压。这种方法称为支路法（Branch Analysis），简称为 $2b$ 法。

下面以图 3-9 电路为例，说明支路法方程的建立。图中，把电压源与电阻的串联组合作为一条支路，把电流源与电阻的并联组合定义为一条支路。该图 G 如图 3-9b 所示。图 G 的节点数为 4 个，支路数为 6 条。各支路的编号和支路电流参考方向已标示在图 3-9b 中。

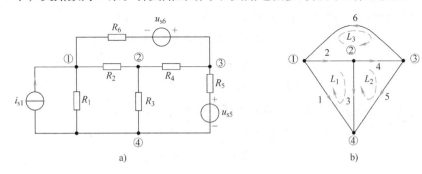

图 3-9　支路电流法

先从 4 个节点中，任选 $(n-1)=3$ 个独立节点，如节点①、②、③，按 KCL 列电流方程，则有

$$\begin{cases} i_1 + i_2 - i_6 = 0 \\ -i_2 + i_3 + i_4 = 0 \\ -i_4 + i_5 + i_6 = 0 \end{cases} \tag{3-1}$$

选择 $(L=b-n+1)=3$ 个网孔为独立回路，选图 3-9b 所示回路绕行方向，按 KVL 列出方程

$$\begin{cases} u_2 + u_3 - u_1 = 0 & \text{对回路 } L_1 \\ u_4 + u_5 - u_3 = 0 & \text{对回路 } L_2 \\ -u_6 - u_4 - u_2 = 0 & \text{对回路 } L_3 \end{cases} \tag{3-2}$$

再写出 $b=6$ 条支路的电流电压方程，以支路电流表示支路电压有

$$\begin{cases} u_1 = (i_{s1} + i_1)R_1 & \text{支路 1} \\ u_2 = R_2 i_2 & \text{支路 2} \\ u_3 = R_3 i_3 & \text{支路 3} \\ u_4 = R_4 i_4 & \text{支路 4} \\ u_5 = R_5 i_5 + u_{s5} & \text{支路 5} \\ u_6 = R_6 i_6 + u_{s6} & \text{支路 6} \end{cases} \tag{3-3}$$

上述三组方程合在一起共 $2b=12$ 个独立方程，若电路元件和电源都给定，则 12 个支路

电压、支路电流就可以由三组方程联立求得。这就是最基础的支路分析方法，或称为 $2b$ 法，也称为标准的两类约束法。利用计算机编程很容易得到所有的方程组的解。

3.3 支路电流法

为了简化电路计算，减少电路变量，在支路特性方程中，用 b 条支路电流变量表示 b 条支路电压变量，然后将其代入到 $(L = b - n + 1)$ 个由 KVL 列写的电压方程中，该方程与由 KCL 列写的 $(n - 1)$ 个电流方程联立，可得到以 b 条支路电流为变量的方程，求解支路电流的方法称为**支路电流法**。

下面以具体示例说明支路电流法。

由 3.2 节推导结果，把式（3-3）代入式（3-2）中，得到

$$\begin{cases} R_2 i_2 + R_3 i_3 - R_1 i_1 - R_1 i_{s1} = 0 \\ R_4 i_4 + R_5 i_5 + u_{s5} - R_3 i_3 = 0 \\ - R_6 i_6 - u_{s6} - R_4 i_4 - R_2 i_2 = 0 \end{cases} \tag{3-4}$$

整理上述方程，把式（3-4）中的电源项移到方程右边，得

$$\begin{cases} R_2 i_2 + R_3 i_3 - R_1 i_1 = R_1 i_{s1} \\ R_4 i_4 + R_5 i_5 - R_3 i_3 = - u_{s5} \\ - R_6 i_6 - R_4 i_4 - R_2 i_2 = u_{s6} \end{cases} \tag{3-5}$$

为了方便说明问题，把式（3-1）重新列写如下

$$\begin{cases} i_1 + i_2 - i_6 = 0 \\ - i_2 + i_3 + i_4 = 0 \\ - i_4 + i_5 + i_6 = 0 \end{cases}$$

可以看到，上式和式（3-5）组合在一起就构成了以所有 b 个支路电流为变量的电路方程，由此 b 个方程即可求解得到全部的 b 个支路电流，进而求解其他变量，这种方法称为**支路电流法**。可见，支路电流法的方程数比 $2b$ 法减少了一半。

式（3-5）也可以简写为

$$\pm \sum R_k i_k = \pm \sum u_{sk} \pm \sum R_k i_{sk} \tag{3-6}$$

方程式中各项意义及**方程列写规则**如下：

方程的左端表示回路 k 中各个支路电阻上电压降的代数和，当电阻所在支路的电流方向与回路的绕行方向一致时，方程左边 $R_k i_k$ 项为"＋"值（代表电阻沿回路的电压降），否则为"－"值。

方程的右端项则表示 k 中等效电源电压的升高的代数和。对支路中的电压源，当 u_{sk} 的极性沿回路绕行方向升高时，u_{sk} 项取"＋"值，否则取"－"值。对有伴电流源支路，当 i_{sk} 的方向与回路绕行方向一致时，$R_k i_{sk}$ 项取"＋"值，否则取"－"值。

注意，支路电流方程是以支路电流为电路变量对每一个独立回路列写的电压平衡方程。

支路电流法的解题步骤如下：

1）选定各支路电流的参考方向，标注支路编号。

2）利用 KCL 对（$n-1$）个独立节点列电流约束方程。

3）选取（$b-n+1$）个独立回路，指定回路绕行方向，列写回路电压约束方程。

4）联立 b 个方程，求解支路电流。

5）根据需要利用支路电流可以进一步求出电路中的其他电压、电功率等变量。

例3-1　图3-10 电路中，$U_{s1}=4V$，$U_{s2}=2V$，$I_{s3}=0.1A$，$R_1=R_2=10\Omega$，$R_3=20\Omega$，求各支路的电流及电流源提供的电功率 P_3。

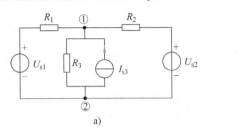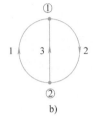

图 3-10　例 3-1 题图

解　应用支路电流法对图3-10 所示电流选定支路电流方向如图3-10b。电路中只有 1 个独立节点①，由 KCL 得

$$-I_1+I_2-I_3=0$$

取 1、2 支路组成的回路，回路的绕行方向为顺时针方向，按 KVL 得

$$R_1I_1+R_2I_2=U_{s1}-U_{s2}$$

取 1、3 支路组成的回路，取顺时针方向作为回路的绕向，则有

$$R_1I_1-R_3I_3=U_{s1}-R_3I_{s3}$$

代入数据有

$$-I_1+I_2-I_3=0$$
$$10I_1+10I_2=2$$
$$10I_1-20I_3=2$$

解得

$$I_1=0.12A, \quad I_2=0.08A, \quad I_3=-0.04A$$

进一步求得电流源提供的电功率为

$$P_3=-U_3I_{s3}=(U_{s1}-R_1I_1)I_{s3}=2.8\times0.1W=0.28W$$

例3-2　求图3-11 所示的电路中各电源提供的电功率。

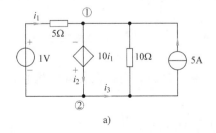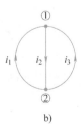

图 3-11　例 3-2 题图

解 设备支路、节点编号及各支路电流的方向如图 3-11b 所示（这里把 10Ω 电阻与 5A 电流源构成的有伴电流源作为支路 3，注意图 3-11a 中支路 3 的电流标注位置）。电路中含有 CCVS，可按独立电压源处理。利用支路电流法来列写方程。对独立节点①由 KCL 列写方程

$$-i_1 + i_2 - i_3 = 0$$

对左右两个网孔取顺时针为回路绕行方向，由支路电流法列写电压方程为

$$5i_1 = 1 + 10i_1$$
$$-10i_3 = -10i_1 - 10 \times 5$$

上述第二个网孔的方程可以先将有伴电流源支路等效转化成有伴电压源支路，再列写方程。联立上述三个方程求解得

$$i_1 = -0.2\text{A}$$
$$i_3 = 4.8\text{A}$$
$$i_2 = i_1 + i_3 = 4.6\text{A}$$

最后求得各电源提供的电功率为

$$P_{1V} = 1 \times i_1 = 1 \times (-0.2)\text{W} = -0.2\text{W}$$
$$P_{5A} = 5 \times (5 - i_3) \times 10 = 5 \times 2\text{W} = 10\text{W}$$
$$P_{10i1} = 10i_1 \times i_2 = (-2) \times 4.6\text{W} = -9.2\text{W}$$

当电路中含有受控源时，先按独立电源处理，再把控制量用支路电流表示。此例中 CCVS 的控制电流已经是支路电流，所以无须额外处理。

以上分析了支路电流法。如果先对 b 条支路的支路电流用支路电压来表示，然后代入式 (3-1) 中，再与式 (3-2) 联立，则可以得到以 b 个支路电压为变量的方程，求解支路电压。相应的方法则称为支路电压法。这里不再介绍，读者可以自行推导。

3.4 网孔电流分析法

对平面电路，取网孔作为回路，各回路彼此是独立的。可以假想，在每个网孔中有一个电流沿着网孔边缘支路流动，这个电流称为网孔电流。以网孔电流变量替代支路电流变量，再根据 KVL 对全部网孔列出电压方程，由此方程求解网孔电流，进而得到各支路电流的方法称为网孔电流分析法，简称为网孔分析（Mesh Analysis）法。由于网孔电流变量依据 KCL 可以表示支路电流变量，故网孔电流自动满足了 KCL，所以网孔电流分析法只需要由 KVL 对网孔列写电压方程。

为叙述方便，以图 3-12 所示电路为例。在图 3-12b 中已规定了支路电流的参考方向，还指出了网孔电流 i_{m1}、i_{m2} 和 i_{m3} 的参考方向。

对三个网孔分别应用 KVL 列出电压方程。列方程时，以各自网孔电流方向为回路的绕行方向，有

$$\begin{cases} -u_1 + u_3 - u_4 = 0 \\ -u_2 + u_5 + u_3 = 0 \\ u_4 + u_5 - u_6 = 0 \end{cases} \tag{3-7}$$

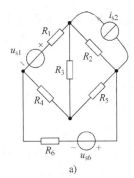
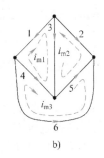

图 3-12 网孔电流法

各支路的电压、电流关系方程为

$$\begin{cases} u_1 = R_1 i_1 + u_{s1} \\ u_2 = R_2 i_{s2} + R_2 i_2 \\ u_3 = R_3 i_3 \\ u_4 = R_4 i_4 \\ u_5 = R_5 i_5 \\ u_6 = R_6 i_6 - u_{s6} \end{cases} \tag{3-8}$$

依据 KCL 用网孔电流表示各支路电流，有

$$\begin{cases} i_1 = -i_{m1} & i_2 = -i_{m2} \\ i_3 = i_{m1} + i_{m2} & i_4 = i_{m3} - i_{m1} \\ i_5 = i_{m3} + i_{m2} & i_6 = -i_{m3} \end{cases} \tag{3-9}$$

由式（3-9）可见，所有 b 个支路电流可以由（$b-n+1$）个网孔电流唯一确定，或者说，每一条支路电流都可以由网孔电流根据 KCL 叠加得到。将式（3-9）代入式（3-8），再代入式（3-7）中得

$$\begin{cases} R_1 i_{m1} - u_{s1} + R_3 i_{m1} + R_3 i_{m2} + R_4 i_{m1} - R_4 i_{m3} = 0 \\ R_2 i_{m2} - R_2 i_{s2} + R_5 i_{m2} + R_5 i_{m3} + R_3 i_{m2} + R_3 i_{m1} = 0 \\ R_4 i_{m3} - R_4 i_{m1} + R_5 i_{m3} + R_5 i_{m2} + R_6 i_{m3} + u_{s6} = 0 \end{cases} \tag{3-10}$$

整理得

$$\begin{cases} (R_1 + R_3 + R_4) i_{m1} + R_3 i_{m2} - R_4 i_{m3} = u_{s1} \\ R_3 i_{m1} + (R_2 + R_3 + R_5) i_{m2} + R_5 i_{m3} = R_2 i_{s2} \\ -R_4 i_{m1} + R_5 i_{m2} + (R_4 + R_5 + R_6) i_{m3} = -u_{s6} \end{cases} \tag{3-11}$$

式（3-11）就是以网孔电流为求解变量的网孔电流方程。可以看到，上述方程组是以（$b-n+1$）个网孔电流为变量的电路方程，由此（$b-n+1$）个方程即可求解得到全部的网孔电流，再根据每个支路与各个网孔之间的拓扑关系叠加得到所有支路电流，进而求得电路其他变量，这种方法称为网孔电流分析法，网孔法的方程数为（$b-n+1$）个，比支路电流法减少了（$n-1$）个。

下面归纳总结网孔方程的直接观察列写方法。

网孔法建立的思维过程

现假设 $R_{11} = R_1 + R_3 + R_4$，$R_{22} = R_2 + R_3 + R_5$，$R_{33} = R_5 + R_6 + R_4$，$R_{12} = R_{21} = R_3$，$R_{23} = R_{32} = R_5$，$R_{13} = R_{31} = -R_4$，$u_{s11} = u_{s1}$，$u_{s22} = R_2 i_{s2}$，$u_{s33} = -u_{s6}$，则式（3-11）可改写为

$$
\begin{cases}
R_{11}i_{m1} + R_{12}i_{m2} + R_{13}i_{m3} = u_{s11} \\
R_{21}i_{m1} + R_{22}i_{m2} + R_{23}i_{m3} = u_{s22} \\
R_{31}i_{m1} + R_{32}i_{m2} + R_{33}i_{m3} = u_{s33}
\end{cases}
\tag{3-12}
$$

式中，R_{11}、R_{22}、R_{33} 称为三个网孔各自的自电阻或称**自阻**，即分别为三个网孔中所有电阻之和。由于绕行方向与网孔电流方向一致，故自阻 R_{11}、R_{22}、R_{33} 均为正值。

R_{12}、R_{13}、R_{23} 分别表示网孔 1 与 2、网孔 1 与 3、网孔 2 与 3 的**互阻**，即两个网孔之间的公共电阻。$R_{12}i_{m2}$ 项表示网孔电流 i_{m2} 在网孔 1 中产生的电压，而 $R_{21}i_{m1}$ 项表示网孔电流 i_{m1} 在网孔 2 中产生的电压。当两个网孔电流在公共电阻上的方向相同时，i_{m2}（或 i_{m1}）在网孔 1（或网孔 2）中产生的电压与绕行方向一致，故 $R_{12} = R_3$ 为正值，反之为负值，如 $R_{13} = R_{31} = -R_4$。也可以这样理解，当两个相邻网孔电流的方向相同时，互阻前取"＋"号，相反时则取"－"号。

方程右边 u_{s11}、u_{s22}、u_{s33} 表示各自回路中独立电源提供的电压代数和。电源电压既包含电压源的电压，也包含有伴电流源的等效电压。

对具有 m 个网孔的平面电路，网孔电流方程的一般形式可以出式（3-12）推广而得

$$
\begin{cases}
R_{11}i_{m1} + R_{12}i_{m2} + \cdots + R_{1m}i_{mm} = u_{s11} \\
R_{21}i_{m1} + R_{22}i_{m2} + \cdots + R_{2m}i_{mm} = u_{s22} \\
\qquad\qquad\qquad\vdots \\
R_{m1}i_{m1} + R_{m2}i_{m2} + \cdots + R_{mm}i_{mm} = u_{smm}
\end{cases}
\tag{3-13}
$$

网孔电流方程可简写为

$$
R_{kk}i_{mk} \pm \sum R_{kj}i_{mj} = \pm \sum u_{sk} \pm \sum R_k i_{sk}
\tag{3-14}
$$

式中，R_{kk} 表示网孔 k 的自阻；R_{kj} 是网孔 k 与网孔 j 之间的互阻。可以证明，自阻总是正值，等于网孔中各支路电阻之和。互阻或正或负，是两网孔之间公共支路电阻的代数和，两网孔电流流过公共支路时，若方向一致，该支路电阻以正值出现在互阻中，否则以负值出现。若两个网孔之间不存在公共支路，或公共支路电阻为零，则互阻为零。

方程右端项的意义和列写规则与 3.3 节支路电流法方程的右端项一样，不再赘述。

例 3-3　用网孔电流分析法求图 3-13 所示电路中各电源提供的电功率。

解　设三个网孔电流 i_{m1}，i_{m2}，i_{m3} 如图 3-13 所示。列出如下网孔电流方程

$$
\begin{cases}
(100+100)i_{m1} - 0 \times i_{m2} - 100i_{m3} = -180 \\
0i_{m1} + (200+200)i_{m2} - 200i_{m3} = 60 \\
-100i_{m1} - 200i_{m2} + (100+200+100)i_{m3} = 120
\end{cases}
$$

化简为

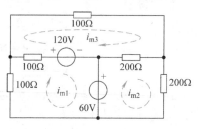

图 3-13　例 3-3 题图

$$\begin{cases} 200i_{m1} - 100i_{m3} = -180 \\ 400i_{m2} - 200i_{m3} = 60 \\ -100i_{m1} - 200i_{m2} + 400i_{m3} = 120 \end{cases}$$

可见，不含受控源时互阻是对称的。联立上述方程解得

$$i_{m1} = -0.78\text{A}$$

$$i_{m2} = 0.27\text{A}$$

$$i_{m3} = 0.24\text{A}$$

各电源提供的电功率分别为

$$P_{120V} = 120 \times (i_{m3} - i_{m1}) = 120 \times (0.24 + 0.78)\text{W} = 122.4\text{W}$$

$$P_{60V} = 60 \times (i_{m2} - i_{m1}) = 60 \times (0.27 + 0.78)\text{W} = 63\text{W}$$

3.5　回路电流分析法

回路电流分析法是网孔电流法的拓展与抽象延伸，它具有更广泛的适用性，它不仅适用于平面电路，也适用于非平面电路。因此回路电流分析法是电路分析中最常用的一种方法。

在一个电路中选取一组独立回路，设每个回路中有一个假想的电流沿着回路的边缘支路流动，称这个电流为回路电流。以独立回路电流为变量，由 KVL 列写电路方程，求解电路变量的方法称为回路电流分析法，也称为回路分析（Loop Analysis）法。

一般情况下，只需要根据电路的结构特点，用观察法选择一组独立回路进行分析。借助图论中树支与连支的概念则可以选择基本回路作为独立回路，此时回路电流就是相应的连支电流。

为了便于理解，先介绍一般形式（或称标准形式）的回路电流分析法，然后再介绍扩展型回路电流分析法。

3.5.1　一般形式的回路电流分析法

一般形式的回路电流分析法仅适合于含电压源和有伴电流源的电路。如图 3-14a 所示，图 3-14b 是图 3-14a 的图 G，现选择一组独立回路（实际上，该组独立回路是以支路 1、2、3 为树的单连支回路）。将 i_4、i_5 和 i_6 分别作为各自独立回路中假想的回路电流 i_{l1}、i_{l2} 和 i_{l3}，如图 3-14b 所示。

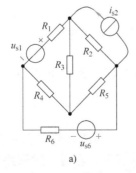
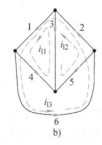

a)　　　　　　　　b)

图 3-14　一般形式回路电流法

与网孔法类似，每个支路电流都可以由各个回路电流依据 KCL 叠加得到，分别表示为 $i_1 = i_{11} + i_{13}$，$i_2 = i_{12} + i_{13}$，$i_3 = i_{12} - i_{11}$。因此，所有独立回路的电流 i_{11}、i_{12}、i_{13} 为独立变量。可见，回路法与网孔法的区别只在于选取回路的差别。回路法可以更自由选择回路。

应用 KVL 对独立回路列写回路电流方程的方法和思路与网孔电流法相同，不再赘述。

例 3-4　如图 3-15a 所示电路，试用回路电流法计算 2Ω 电阻电流 I_a 及两个电源提供的电功率。

解　电路中含有一条有伴电流源支路，可以先将其等效变换为 10V 电压源和 1Ω 电阻串联的有伴电压源，然后选三个独立回路电流 i_1、i_2、i_3，如图 3-15b 所示。其中只有回路 2 经过了待求电流所在的 2Ω 电阻支路，因此只需要求得该回路电流 I_a 就可求得。

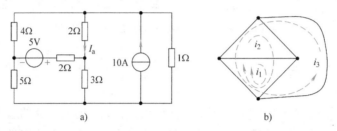

图 3-15　例 3-4 题图

列写三个回路的电压方程为
$$(5 + 3 + 2)i_1 + (5 + 3)i_2 - 5i_3 = 5$$
$$(5 + 3 + 4 + 2)i_2 + (5 + 3)i_1 - (5 + 4)i_3 = 0$$
$$(5 + 4 + 1)i_3 - 5i_1 - (4 + 5)i_2 = 10$$

整理有
$$10i_1 + 8i_2 - 5i_3 = 5$$
$$8i_1 + 14i_2 - 9i_3 = 0$$
$$-5i_1 - 9i_2 + 10i_3 = 10$$

联立求解得
$$i_1 = 0.86\text{A} \quad i_2 = 1.02\text{A} \quad i_3 = 2.34\text{A}$$

由此得到 2Ω 电阻的电流
$$I_a = i_2 = 1.02\text{A}$$

5V 电压源的电功率
$$P_{5\text{V}} = 5 \times i_1 = 5 \times 0.86\text{W} = 4.30\text{W}$$

最后求得 10A 电流源的电功率为
$$P_{10\text{A}} = 10 \times [2 \times i_2 + 3 \times (i_1 + i_2)] = 10 \times [2 \times 1.02 + 3 \times (0.86 + 1.02)]\text{W} = 76.8\text{W}$$

3.5.2　扩展型回路电流分析法

对于含有无伴电流源支路的电路，其电阻相当于无穷大，此时该支路的电压是未知量，所以无法用一般的回路电流法列写方程。在这种情况下，需对一般回路电流分析法进行扩展，为与一般回路电流分析法区别，将此方法称为扩展型回路电流分析法。

扩展型回路电流分析法的特点是对无伴电流源支路引入电压变量。这样，回路电流分析法就成为以回路电流和无伴电流源的支路电压为变量，依据 KVL 列写回路方程，再依据 KCL 补充列写无伴电流源支路的电流约束方程，从而求解电路变量的方法。

应用该方法时，相当于把无伴电流源用一个无伴电压源做了替换（第 4 章替代定理可以证明其正确性）。因此，先假设电流源两端电压为一个未知量（替换后的电压源电压），然后列写回路电流方程式。由于方程中，除了有回路电流变量外，又增加了电压变量，所以需要补充实际电流源电流与回路电流相关联的附加方程，最后再由回路电流方程和附加方程二者联立，才能获得电路的解。

下面以例 3-5 说明这种分析方法。

例 3-5　电路如图 3-16a 所示，已知 $U_{s1} = U_{s2} = 1\text{V}$，$i_s = 1\text{A}$，$R_1 = R_2 = R_3 = R_4 = 1\Omega$，求各支路的电流。

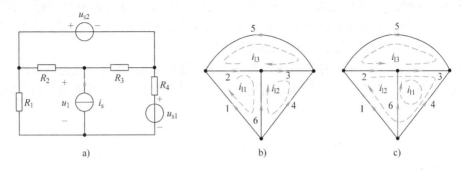

图 3-16　例 3-5 题图

解法一　电路中含有一个无伴电流源，先假设其两端的电压为 u_1 如图 3-16a 所示。选取三个网孔作为回路如图 3-16b 所示，当把无伴电流源看作电压源时相应的回路电流方程为

$$(R_1 + R_2)i_{l1} - R_2 i_{l3} = -u_1$$
$$(R_3 + R_4)i_{l2} - R_3 i_{l3} = u_1 - u_{s1}$$
$$(R_2 + R_3)i_{l3} - R_2 i_{l1} - R_3 i_{l2} = -u_{s2}$$

这里有三个回路电流和一个电流源电压 u_1，共四个变量，需增加一个无伴电流源电流与相关回路关联的电流方程式

$$i_{l2} - i_{l1} = i_s$$

联立求解这四个方程，就可以解出三个回路电流和电流源两端的电压，将参数代入上述方程可得

$$2i_{l1} - i_{l3} = -u_1$$
$$2i_{l2} - i_{l3} = u_1 - 1$$
$$-i_{l1} - i_{l2} + 2i_{l3} = -1$$
$$i_{l2} - i_{l1} = 1$$

解得回路电流为

$$i_{l1} = -1.5\text{A}$$
$$i_{l2} = -0.5\text{A}$$
$$i_{l3} = -1.5\text{A}$$

由各个支路与回路之间的拓扑关系，可以得到各支路电流，即

$$i_1 = i_{l1} = -1.5A$$
$$i_2 = i_{l1} - i_{l3} = 0$$
$$i_3 = i_{l2} - i_{l3} = [-0.5 - (-1.5)]A = 1A$$
$$i_4 = -i_{l2} = 0.5A$$
$$i_5 = -i_{l3} = 1.5A$$
$$i_6 = 1A$$

另外，还有一种处理无伴电流源支路电路的方法，就是选择适当的回路，只让其中的一个回路流经该无伴电流源支路，其他回路则绕开。因此该回路电流值就是无伴电流源的电流值，而无须通过列补充方程进行求解。

应用图论理论，令无伴电流源支路为连支，选择单连支回路（即基本回路）作为独立回路时，该连支所在回路的回路电流便为该无伴电流源的电流。同样，该回路的电流方程可以省略，不必列写。对此例，应用此方法得到解法二，如下。

解法二　如图 3-16c 所示选取回路，其中只有回路 1 经过了该无伴电流源支路，电流源 i_s 就是回路电流 i_{l1}，等于 1A，所以无须再对电流源 i_s 引入电压变量。再对另外两个回路列方程，有

$$\begin{cases} i_{l1} = i_s \\ (R_2 + R_3 + R_4 + R_1)i_{l2} + (R_3 + R_4)i_{l1} + (R_2 + R_3)i_{l3} = -u_{s1} \\ (R_2 + R_3)i_{l3} + (R_2 + R_3)i_{l2} + R_3 i_{l1} = u_{s2} \end{cases}$$

上述三个方程代入参数值后得

$$i_{l1} = 1$$
$$2i_{l1} + 4i_{l2} + 2i_{l3} = -1$$
$$i_{l1} + 2i_{l2} + 2i_{l3} = 1$$

解得回路电流

$$i_{l1} = 1A$$
$$i_{l2} = -1.5A$$
$$i_{l3} = 1.5A$$

各支路电流

$$i_1 = i_{l1} = -1.5A$$
$$i_2 = i_{l2} + i_{l3} = 0$$
$$i_3 = i_{l1} + i_{l2} + i_{l3} = 1A$$
$$i_4 = -i_{l1} - i_{l2} = 0.5A$$
$$i_5 = -i_{l3} = 1.5A$$
$$i_6 = 1A$$

类似的，当电路中含有多个无伴电流源支路时，简单电路仍然可以通过观察法选择这种特定的回路，让尽可能多的无伴电流源仅仅包含在一个回路中（如果应用图论理论，则是尽量多选无伴电流源支路为连支）。这样，就可以把所选中的各电流源的电流分别作为一个

独立回路的回路电流,由于这些回路电流均为已知,所以只需列写其他回路电流方程进行计算即可。这种方法求解非常方便。

例3-6 电路如图3-17a所示,试用回路法求两个电压源的电流 I_1、I_2。

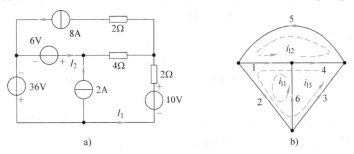

图3-17 例3-6题图

解 选择图3-17b所示的三个回路,设电流分别为 i_{l1}、i_{l2}、i_{l3},列写回路电流方程为

$$\begin{cases} i_{l1} = 2 \\ i_{l2} = 8 \\ (4+2)i_{l3} - 4i_{l2} = -6 + 10 + 36 \end{cases}$$

解得

$$i_{l3} = 12\text{A}$$

电压源通过的电流分别为

$$I_1 = i_{l3} = 12\text{A}$$
$$I_2 = i_{l2} - i_{l1} - i_{l3} = -6\text{A}$$

由此例题可知,当用回路电流法对含有无伴电流源电路建立方程时,巧妙地选择回路,就可以简化电路的计算。

3.5.3 含受控源电路的回路电流分析法

对含有受控源的电路列写回路方程时,仍然是先将受控源当作独立源看待,列写方程,此时受控源电压或电流出现在方程的右边;然后补充方程把受控源控制量用回路电流替换,并将与回路电流有关的项移到方程左边,得到规范的回路电流方程组;最后求解方程组即可。

对含有无伴受控电流源的电路可按扩展的回路电流法做类似处理。

例3-7 如图3-18所示电路,求受控源输出的功率。

解 选两个网孔为独立回路,如图3-18所示。对此回路列写回路电流方程为

$$\begin{cases} 12I_{l1} - 2I_{l2} = 6 - 8I \\ -2I_{l1} + 6I_{l2} = 8I - 4 \end{cases}$$

附加方程为

$$I = I_{l2}$$

把附加方程代入上两个方程中,得

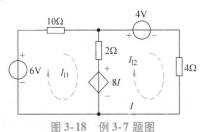

图3-18 例3-7题图

$$\begin{cases} 12I_{l1} + 6I_{l2} = 6 \\ -2I_{l1} - 2I_{l2} = -4 \end{cases}$$

解得

$$I_{l1} = -1\text{A} \quad I_{l2} = 3\text{A}$$

受控源输出的电功率为

$$P_{8I} = 8I \times (I_{l2} - I) = 8 \times 3 \times (3 + 1)\text{W} = 96\text{W}$$

由本例可看出含有受控源电路所列写的回路方程中 $R_{12} = 6\Omega$, $R_{21} = -2\Omega$, $R_{12} \neq R_{21}$, 说明含有受控源电路的回路方程中互阻一般不再对称。

利用回路电流分析法分析含有其他元件, 如回转器元件的电阻电路时, 可先将回转器两端电压作为未知量, 由 KVL 列出回路电流方程, 然后再与回转方程联立, 便可求解。

例 3-8   图 3-19 所示含回转器电路, 回转系数为 2Ω, 求负载电流 I_0。

解   选取独立回路如图 3-19 所示。

先将回转器两个端口看作受控电压源, 列写回路电流方程为

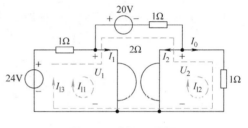

图 3-19   例 3-8 题图

$$\begin{cases} I \times I_{l1} + I \times I_{l3} = 24 - U_1 \\ I \times I_{l2} + 1 \times I_{l3} = U_2 \\ (1 + 1 + 1)I_{l3} + I_{l2} + I_{l1} = 24 - 20 \end{cases}$$

补充列写回转器特性方程为

$$\begin{cases} U_1 = -2I_2 = 2I_{l2} \\ U_2 = 2I_1 = 2I_{l1} \end{cases}$$

把上述回转器方程代入回路方程并整理得到

$$\begin{cases} I_{l1} + 2I_{l2} + I_{l3} = 24 \\ -2I_{l1} + I_{l2} + I_{l3} = 0 \\ I_{l1} + I_{l2} + 3I_{l3} = 4 \end{cases}$$

求解上述方程, 得到各回路电流

$$I_{l1} = 4\text{A}$$
$$I_{l2} = 12\text{A}$$
$$I_{l3} = -4\text{A}$$

最后由 KCL 得到负载支路电流为

$$I_0 = I_{l2} + I_{l3} = (12 - 4)\text{A} = 8\text{A}$$

3.6   节点电压分析法

如同回路电流分析法一样, 节点电压分析法也是电路分析中常用的一种方法。它不仅适用于一般规模的电路, 而且也适用于大型电网络, 是目前计算机辅助分析中最流行的方法。

节点电压分析法是以节点电压作为变量, 由 KCL 列写电路方程的方法, 简称为节点分析法（Nodal Analysis）。节点电压是指相对于某一参考节点而言的, 所以, 对一个具有 n 个节点的电路, 可以选择任意一个节点为参考节点, 其他 $n-1$ 个节点对参考节点的电压称为

节点电压（或节点电位），其对应的 $n-1$ 个节点称为独立节点。参考节点处是节点电压的负极，各独立节点是节点电压的正极，即节点电压的参考方向是由各独立节点指向参考点。节点电压用 u_{n1}，u_{n2}，$\cdots$，u_{nn-1} 表示。为了求电路中各节点的电压，首先对 $n-1$ 个独立节点由 KCL 列方程，然后，再列写用节点电压表示支路电流的方程，两类方程联立，可求出各节点电压，在此基础上求其他电路变量，这就是节点分析法的思路。

为了便于学习，先介绍仅含有独立电流源和有伴独立电压源（电压源与电阻串联组合支路）的电阻电路，这样的节点电压分析法，也称为标准形式的节点电压分析法。

3.6.1 标准形式的节点电压分析法

设有电路如图 3-20a 所示，与其相对应的图 G 是图 3-20b，各支路的方向标在图上。该电路有 4 个节点 6 条支路，选④节点为参考节点，便得到三个独立的节点电压变量 u_{n1}、u_{n2}、u_{n3}。由于电路中任一条支路都与两个节点相连接，支路电压等于相关的两个节点电压差，即支路电压可用节点电压表示，即

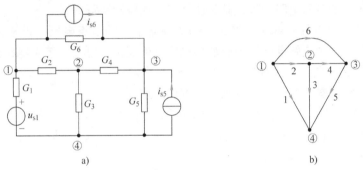

图 3-20 节点电压分析法

$$\begin{cases} u_1 = u_{n1} & u_2 = u_{n1} - u_{n2} & u_3 = u_{n2} \\ u_4 = u_{n2} - u_{n3} & u_5 = u_{n3} & u_6 = u_{n1} - u_{n3} \end{cases} \tag{3-15}$$

式（3-15）方程是以 KVL 为依据列写的，故节点电压变量自动满足 KVL，所以不必由 KVL 列写方程，只需对 $n-1$ 个独立节点由 KCL 列写电流方程。对图 3-20 电路的节点①、②、③由 KCL 分别列写电流方程为

$$\begin{cases} i_1 + i_2 + i_6 = 0 \\ -i_2 + i_3 + i_4 = 0 \\ -i_4 + i_5 - i_6 = 0 \end{cases} \tag{3-16}$$

支路电压电流（VCR）方程为

$$\begin{cases} i_1 = G_1 u_1 - G_1 u_{s1} \\ i_2 = G_2 u_2 \\ i_3 = G_3 u_3 \\ i_4 = G_4 u_4 \\ i_5 = G_5 u_5 - i_{s5} \\ i_6 = G_6 u_6 + i_{s6} \end{cases} \tag{3-17}$$

式（3-17）的支路电压用节点电压表示为

$$\begin{cases} i_1 = G_1 u_{n1} - G_1 u_{s1} \\ i_2 = G_2(u_{n1} - u_{n2}) \\ i_3 = G_3 u_{n2} \\ i_4 = G_4(u_{n2} - u_{n3}) \\ i_5 = G_5 u_{n3} - i_{s5} \\ i_6 = G_6(u_{n1} - u_{n3}) + i_{s6} \end{cases} \tag{3-18}$$

将式（3-18）代入式（3-16）中，并整理可得

$$\begin{cases} (G_1 + G_2 + G_6)u_{n1} - G_2 u_{n2} - G_6 u_{n3} = G_1 u_{s1} - i_{s6} \\ -G_2 u_{n1} + (G_2 + G_3 + G_4)u_{n2} - G_4 u_{n3} = 0 \\ -G_6 u_{n1} - G_4 u_{n2} + (G_4 + G_5 + G_6)u_{n3} = i_{s6} + i_{s5} \end{cases} \tag{3-19}$$

式（3-19）即为该电路的节点电压方程。可以看到，上述方程组是以 $(n-1)$ 个独立节点的节点电压为变量的电路方程，其实质是节点的电流平衡方程。

由此 $(n-1)$ 个方程即可求解得到全部的独立节点的节点电压，再根据每个支路两端的节点电压差得到各个支路电压，进而求得电路其他变量，可见，**节点电压分析法的方程数为 $(n-1)$ 个**，比支路电流法减少了 $(b-n+1)$ 个。

下面归纳总结观察法直接列写节点电压方程的规则：

若令 $G_{11} = G_1 + G_2 + G_6$，$G_{22} = G_2 + G_3 + G_4$，$G_{33} = G_4 + G_5 + G_6$，$G_{12} = G_{21} = -G_2$，$G_{13} = G_{31} = -G_6$，$G_{23} = G_{32} = -G_4$，$i_{s11} = G_1 u_{s1} - i_{s6}$，$i_{s22} = 0$，$i_{s33} = i_{s5} + i_{s6}$，则式（3-19）可写为

$$\begin{cases} G_{11} u_{n1} + G_{12} u_{n2} + G_{13} u_{n3} = i_{s11} \\ G_{21} u_{n1} + G_{22} u_{n2} + G_{23} u_{n3} = i_{s22} \\ G_{31} u_{n1} + G_{32} u_{n2} + G_{33} u_{n3} = i_{s33} \end{cases} \tag{3-20}$$

可以看到，节点电压法是与网孔法对偶的。

仿照网孔法，可将上述任意一个节点的电压方程简写为如下表达式，即

$$G_{kk} u_{nk} + \sum G_{kj} u_{nj} = \pm \sum i_{sk} \pm \sum G_k u_{sk} \tag{3-21}$$

式中，G_{kk} 表示连接 k 节点所有支路电导之和，并称为节点 k 的**自导**，自导总为正；G_{kj} 是连接节点 k 和节点 j 的所有支路电导之和的负值，称为节点 k 和节点 j 之间的互导。

方程右端项是所有独立源注入节点 k 的等效电流源的电流代数和。对于独立电流源 i_{sk}，若其参考方向指向节点 k 的取 "+" 值，反之则取 "−" 值；对有伴电压源支路，当 u_{sk} 的正极性端指向（最靠近）该节点时，方程右边 u_{sk} 项取 "+" 值，否则取 "−" 值。

对 n 个节点的电路，其节点电压方程的一般形式为

$$\begin{cases} G_{11} u_{n1} + G_{12} u_{n2} + G_{13} u_{n3} + \cdots + G_{1n-1} u_{n(n-1)} = i_{s11} \\ G_{21} u_{n1} + G_{22} u_{n2} + G_{23} u_{n3} + \cdots + G_{2n-1} u_{n(n-1)} = i_{s22} \\ G_{31} u_{n1} + G_{32} u_{n2} + G_{33} u_{n3} + \cdots + G_{3n-1} u_{n(n-1)} = i_{s33} \\ \qquad\qquad\qquad \vdots \\ G_{(n-1)1} u_{n1} + G_{(n-1)2} u_{n2} + G_{(n-1)3} u_{n3} + \cdots + G_{(n-1)(n-1)} u_{n(n-1)} = i_{s(n-1)(n-1)} \end{cases}$$

根据以上讨论可归纳列写电阻电路的节点电压方程的步骤为

1) 选定参考节点，并对其他节点进行编号。

2) 对所有独立节点列写节点电压方程，注意自导总是正的，互导总是负的。注入各节点的等效电流源电流为正，反之为负。

3) 利用节点电压，再结合 VCR 方程，求各支路电流及其他变量。

例 3-9 应用节点电压法，确定如图 3-21 所示电路中电源的电流 i_1 和 i_2。

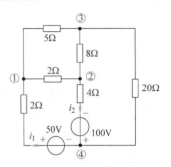

解 选择④为参考节点，其他节点编号如图 3-21 所示。图中三个独立节点①、②、③的节点电压方程为

$$\left(\frac{1}{5} + \frac{1}{2} + \frac{1}{2}\right)U_{n1} - \frac{1}{2}U_{n2} - \frac{1}{5}U_{n3} = \frac{50}{2}$$

$$-\frac{1}{2}U_{n1} + \left(\frac{1}{2} + \frac{1}{4} + \frac{1}{8}\right)U_{n2} - \frac{1}{8}U_{n3} = -\frac{100}{4}$$

$$-\frac{1}{5}U_{n1} - \frac{1}{8}U_{n2} + \left(\frac{1}{5} + \frac{1}{8} + \frac{1}{20}\right)U_{n3} = 0$$

图 3-21 例 3-9 题图

经整理得

$$12U_{n1} - 5U_{n2} - 2U_{n3} = 250$$

$$-4U_{n1} + 7U_{n2} - U_{n3} = -200$$

$$-8U_{n1} - 5U_{n2} + 15U_{n3} = 0$$

解得各独立节点的电压为

$$U_{n1} = 11.30\text{V}$$

$$U_{n2} = -22.32\text{V}$$

$$U_{n3} = -1.4\text{V}$$

进一步求得两个电源所在支路的电流分别为

$$i_1 = \frac{1}{2}(50 - U_{n1}) = \frac{1}{2}(50 - 11.30)\text{A} = 19.35\text{A}$$

$$i_2 = \frac{1}{4}(100 + U_{n2}) = \frac{1}{4}(100 - 22.32)\text{A} = 19.42\text{A}$$

例 3-10 如图 3-22 电路中，只有两个节点，求节点①的电压 U_{n1}。

解 选择 0 为参考点，由节点法列写方程，有

$$\left(\frac{1}{R_1} + \frac{1}{R_2} + \frac{1}{R_3} + \frac{1}{R_4}\right)U_{n1} = I_{s1} - I_{s2} + \frac{U_{s3}}{R_3} - \frac{U_{s4}}{R_4}$$

整理后得

$$U_{n1} = \frac{I_{s1} - I_{s2} + \dfrac{U_{s3}}{R_3} - \dfrac{U_{s4}}{R_4}}{\dfrac{1}{R_1} + \dfrac{1}{R_2} + \dfrac{1}{R_3} + \dfrac{1}{R_4}} \tag{3-22}$$

式 (3-22) 可以推广到具有两个节点，且含电流源、电阻和有伴电压源的任意电路中。若有 n 条支路的两节点电路，则节点电压方程式中的分子是该节点所连接的电源电流的代数和，分母是节点所连接的电导之和。即可写为

$$U_{n1} = \frac{\sum I_{sk}}{\sum G_{sk}} \tag{3-23}$$

例3-11 电路如图3-23所示，用节点电压分析法求各支路电流及5A电流源两端电压U。

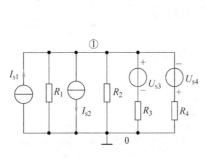

图3-22 例3-10题图

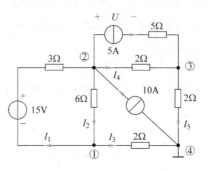

图3-23 例3-11题图

解 取参考节点及各支路电流如图3-23所示，节点电压方程为

$$\left(\frac{1}{2} + \frac{1}{3} + \frac{1}{6}\right)U_{n1} - \left(\frac{1}{6} + \frac{1}{3}\right)U_{n2} = -\frac{15}{3}$$

$$-\left(\frac{1}{6} + \frac{1}{3}\right)U_{n1} + \left(\frac{1}{3} + \frac{1}{6} + \frac{1}{2}\right)U_{n2} - \frac{1}{2}U_{n3} = 10 + \frac{15}{3} - 5$$

$$-\frac{1}{2}U_{n2} + \left(\frac{1}{2} + \frac{1}{2}\right)U_{n3} = 5$$

整理得

$$2U_{n1} - U_{n2} = -10$$

$$-U_{n1} + 2U_{n2} - U_{n3} = 20$$

$$-U_{n2} + 2U_{n3} = 10$$

解得

$$U_{n1} = 5V$$

$$U_{n2} = 20V$$

$$U_{n3} = 15V$$

求得各支路电流为

$$I_1 = \frac{1}{3} \times (15 + U_{n1} - U_{n2}) = \frac{1}{3} \times (15 + 5 - 20)A = 0A$$

$$I_2 = \frac{1}{6} \times (U_{n2} - U_{n1}) = \frac{1}{6} \times (20 - 5)A = 2.5A$$

$$I_3 = \frac{1}{2} \times U_{n1} = \frac{1}{2} \times 5A = 2.5A$$

$$I_4 = \frac{1}{2} \times (U_{n2} - U_{n3}) = \frac{1}{2} \times (20 - 15)A = 2.5A$$

$$I_5 = \frac{U_{n3}}{2} = 7.5A$$

5A 电流源两端电压为

$$U = U_{n2} - U_{n3} - 5 \times 5 = (20 - 15 - 25)V = -20V$$

在分析计算此题时，一个值得注意的问题是：电路中存在着一个 5A 电流源与 5Ω 电阻串联的支路，由于此电阻对该支路的电流没有影响，所以没有出现在节点电压方程中。今后再遇到这种情况，可视此类电阻为多余元件，注意：对于电流源串联电阻的特殊支路，该电阻值一定不能出现在节点方程的自导或互导中。

以上所分析的电路中电压源均为有伴电压源。当电路中含无伴电压源时，由于无伴电压源支路的电导为无穷大，所以无法列写一般形式的节点电压方程。在这种情况下，对上述节点电压分析法进行改进，形成改进节点电压分析法，使得节点电压分析法更具有通用性。

3.6.2　改进节点电压分析法

仿照回路法中处理无伴电流源的过程，对无伴电压源支路引入电流变量，然后根据无伴电压源所在支路补充相应的方程。类似的，节点电压方程组的变量中，除了节点电压变量外，又增加了无伴电压源支路的电流变量，因此改进节点电压分析法也是一种混合变量法。

如图 3-24a 所示电路，图 3-24b 是其图 G。该电路含有一无伴电压源支路，将该电压源视为数值为 i 的电流源，选择节点④为参考节点，节点电压为 U_{n1}、U_{n2} 和 U_{n3}。

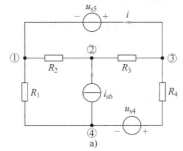
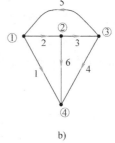

图 3-24　改进节点电压分析法

分别写出节点①、②和③的节点电压方程为

$$\left(\frac{1}{R_1} + \frac{1}{R_2}\right)U_{n1} - \frac{1}{R_2}U_{n2} = i$$

$$-\frac{1}{R_2}U_{n1} + \left(\frac{1}{R_2} + \frac{1}{R_3}\right)U_{n2} - \frac{1}{R_3}U_{n3} = i_{s6}$$

$$-\frac{1}{R_3}U_{n2} + \left(\frac{1}{R_3} + \frac{1}{R_4}\right)U_{n3} = -i + \frac{U_{s4}}{R_4}$$

三个方程四个未知量，依据 KVL 补充一个用独立节点电压表示的无伴电压源支路的支路电压方程

$$U_{n3} - U_{n1} = U_{s5}$$

联立上述四个方程并求解，即可得到节点电压 U_{n1}、U_{n2}、U_{n3} 和电压源支路的电流 i。

用上述改进节点电压分析法求解电路时，有几个无伴电压源支路需要增加几个电流变量。这些电流变量在列写方程时暂时按独立电流源处理，然后补充电压源电压与之相关两个节点电压的关系方程，便可求解电路。

例 3-12　图 3-25 所示电路，求 8A 电流源两端的电压 U。

解法一　选取④为参考点，其他节点①、②、③的节点电压分别为 U_{n1}、U_{n2} 和 U_{n3}。

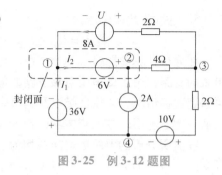

图 3-25　例 3-12 题图

由于电路中存在无伴电压源支路，故假设两个电压源支路的电流分别为 I_1 和 I_2，如图 3-25 所示。节点电压方程为

$$0 = -I_1 - I_2 + 8$$

$$\frac{1}{4}U_{n2} - \frac{1}{4}U_{n3} = 2 + I_2 \qquad (3-24)$$

$$\left(\frac{1}{4} + \frac{1}{2}\right)U_{n3} - \frac{1}{4}U_{n2} = -8 + 5$$

补充两个方程

$$U_{n2} - U_{n1} = 6$$

$$U_{n1} = -36$$

联立上述五个方程解得

$$U_{n1} = -36\text{V}$$

$$U_{n3} = -14\text{V}$$

$$U = U_{n3} - U_{n1} - 2 \times 8 = 6\text{V}$$

用改进节点电压分析法解电路时，对无伴电压源支路需要增加电流变量。要避免或减少出现电流变量，也可以把无伴电压源与两个节点置于一个封闭面内（如图 3-25 所示），作为一个广义节点列出电流平衡方程为

$$\frac{1}{4} \times (U_{n2} - U_{n3}) = 8 + 2 - I_1 \qquad (3-25)$$

不难看出，式（3-25）即为式（3-24）中 1、2 两式相加的结果。将式（3-25）与式（3-24）的第 3 式以及补充方程联立求解，就可得到各节点的电压，而第 1、2 式可以不必列出，方程中可以避免或少出现电流变量。另外，当电路中仅有一个无伴电压源支路，或多个无伴电压源支路有共同节点时，可以通过适当选取参考点来简化电路的计算，仍以例 3-12 为例，给出解法二如下。

解法二　图 3-25 中含两个无伴电压源支路，选择二者的共同节点①为参考节点，节点②、③和④的节点电压分别为 U_{n2}、U_{n3} 和 U_{n4}，其中 U_{n2}、U_{n4} 均为已知。列出节点电压方程

$$U_{n2} = 6$$

$$U_{n4} = 36$$

$$\left(\frac{1}{4} + \frac{1}{2}\right)U_{n3} - \frac{1}{4}U_{n2} - \frac{1}{2}U_{n4} = -8 + \frac{10}{2}$$

解得

$$U_{n3} = 22\text{V}$$

$$U = -2 \times 8 + U_{n3} = -16 + 22 = 6\text{V}$$

由本例的分析过程可以看出，对含无伴电压源支路的电路，应用节点法进行分析、计算时适当地选择参考节点可以简化电路的计算。

3.6.3 含受控源电路的节点电压分析法

在列写节点电压方程时，对受控源的处理方法是类似的，仍然是先将受控源按独立电源对待写在方程右边，然后把受控源的控制量用节点电压表示，并将其代入节点电压方程中，再移到方程左边与相关项合并，形成规范的节点电压方程，最后再求解。

例 3-13 写出如图 3-26 电路的节点电压方程并求各支路电流。

解 各支路电流如图 3-26 所示。选节点③为参考节点，节点电压为 U_{n1} 和 U_{n2}。列写节点电压方程为

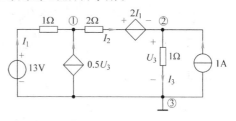

图 3-26 例 3-13 题图

$$\left(1 + \frac{1}{2}\right)U_{n1} - \frac{1}{2}U_{n2} = \frac{13}{1} + 0.5U_3 + \frac{2I_1}{2}$$

$$-\frac{1}{2}U_{n1} + \left(\frac{1}{2} + \frac{1}{1}\right)U_{n2} = -\frac{2I_1}{2} + 1$$

将控制量用节点电压表示为

$$I_1 = 13 - U_{n1}$$
$$U_3 = U_{n2}$$

代入到节点电压方程中，并整理可得

$$2.5U_{n1} - U_{n2} = 26$$
$$-1.5U_{n1} + 1.5U_{n2} = -12$$

解得

$$U_{n1} = 12V$$
$$U_{n2} = 4V$$

各支路电流

$$I_1 = (13 - 12)A = 1A$$
$$I_2 = I_1 + 0.5U_3 = 3A$$
$$I_3 = U_3/1 = 4A$$

由此例可见，$G_{12} = -1S$，$G_{21} = -1.5S$，即 $G_{12} \neq G_{21}$。对含受控源电路的节点电压方程，一般情况下互导不再对称。

例 3-14 如图 3-27 所示电路，求受控电流源输出的功率。

解 选图中 0 为参考节点，节点电压为 U_{n1}，U_{n2} 和 U_{n3}。列写节点电压方程

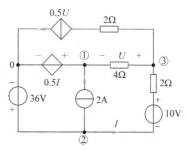

图 3-27 例 3-14 题图

$$U_{n1} = 0.5I$$
$$U_{n2} = 36$$
$$\left(\frac{1}{4} + \frac{1}{2}\right)U_{n3} - \frac{1}{4}U_{n1} - \frac{1}{2}U_{n2} = -0.5U + \frac{10}{2}$$

将控制量 I 和 U 分别用节点电压表示为

$$I = (10 + U_{n2} - U_{n3})/2$$

$$U = U_{n3} - U_{n1}$$

代入到节点电压方程中，并整理得

$$U_{n1} + 0 \times U_{n2} + \frac{1}{4}U_{n3} = \frac{23}{2}$$

$$0 \times U_{n1} + U_{n2} + 0 \times U_{n1} = 36$$

$$-\frac{3}{4}U_{n1} + 0 \times U_{n1} + \frac{5}{4}U_{n3} = 23$$

解得

$$U_{n1} = 6V$$

$$U_{n3} = 22V$$

$$U = U_{n3} - U_{n1} = (22 - 6)V = 16V$$

受控电流源输出的功率为

$$P_{0.5U} = 0.5U \times (-U_{n3} + 0.5U \times 2) = -48W$$

含理想运算放大器的电路原则上也可以利用节点法进行分析。只要注意合理利用其虚断、虚短特性列写方程即可。

例 3-15　如图 3-28 电路为一个比例器电路，试求输出电压与输入电压的比 u_o/u_i。

解法一　可直接应用规则分析法计算。根据虚断规则有：$i_3 = 0$ 得 $i_1 = i_2$，即

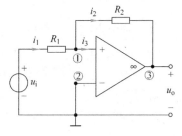

图 3-28　例 3-15 题图

$$\frac{-U_{n1} + u_i}{R_1} = \frac{U_{n1} - U_{n3}}{R_2}$$

根据虚短规则有，$U_{n1} = U_{n2} = 0$，所以有

$$\frac{u_i}{R_1} = -\frac{U_{n3}}{R_2}$$

又因为 $U_{n3} = u_o$，所以有

$$\frac{u_i}{R_1} = -\frac{u_o}{R_2}$$

可写为

$$\frac{u_o}{u_i} = -\frac{R_2}{R_1}$$

解法二　可用节点电压法对图 3-28 电路列出节点电压方程进行分析。
根据理想运放的虚断特性可知 $i_3 = 0$，对节点①列方程

$$\left(\frac{1}{R_1} + \frac{1}{R_2}\right)U_{n1} - \frac{1}{R_2}U_{n3} = \frac{u_i}{R_1}$$

再根据其虚短特性，有

$$U_{n1} = U_{n2} = 0$$

所以有

$$\frac{U_{n3}}{u_i}=-\frac{R_2}{R_1}，即 \quad \frac{u_o}{u_i}=-\frac{R_2}{R_1}$$

由于运算放大器输出端一般会有输出电流且数值未知，所以一般情况下要避免对输出节点列电流约束方程，因此一般情况下推荐采用第一种方法，而尽量不采用节点电压分析法，以避免出错。

例 3-16 如图 3-29 所示是负阻抗变换器电路，已知负载电阻为 R_L，证明输入端的电阻为 $-R_L$，并推导出虚线内电路所构成的二端口 VCR 方程。

证明：设在输入端施加电压为 u 的电压源。

图 3-29 例 3-16 题图

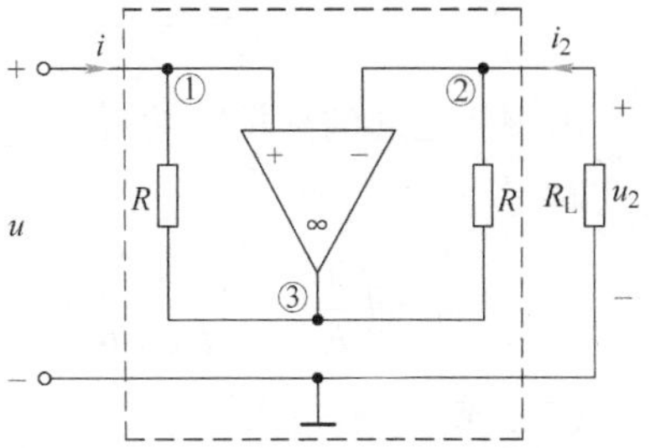

由理想运放的虚短特性，可以得到

$$u_{n1}=u_{n2}=u$$

由理想运放虚断特性，对节点①、节点②可以分别列写方程

$$i=\frac{u-u_{n3}}{R}$$

$$\frac{u_{n3}-u}{R}=\frac{u}{R_L}$$

消去节点③的节点电压，得

$$i=\frac{u-u_{n3}}{R}=\frac{-u}{R_L}$$

所以该二端网络的输入端电阻为

$$R_{in}=\frac{u}{i}=-R_L$$

对此电路做进一步分析，由前面推导可知

$$u=u_{n1}=u_{n2}=u_2$$

$$i=-\frac{1}{R_L}u_2=-\frac{1}{R_L}(-R_Li_2)=i_2$$

可得

$$u=u_2$$

$$i=i_2$$

此方程为一种负阻抗变换器（Negative Impedance Converter，NIC）的 VCR 方程，因两个端口的电流 i 和 i_2 方向相反，故称为电流反向型负阻抗变换器（CNIC）。

负阻抗变换器的一般模型可用如图 3-30 所示的二端口表示，其方程为

图 3-30 负阻抗变换器

$$\begin{aligned}U_1&=KU_2\\I_1&=KI_2\end{aligned} \quad 或 \quad \begin{aligned}U_1&=-KU_2\\I_1&=-KI_2\end{aligned}$$

前组方程为电流反向型负阻抗变换器（CNIC）的方程，后者为电压反向型负阻抗变换器（VNIC）的方程，K 为常数。有关负阻抗变换器的知识可参阅网络理论中网络元件的有关内容。

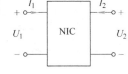

例 3-17　如图 3-31 所示电路，求运算放大器的输出电压 u_0。如何选择参数该电路才能完成减法器的功能？

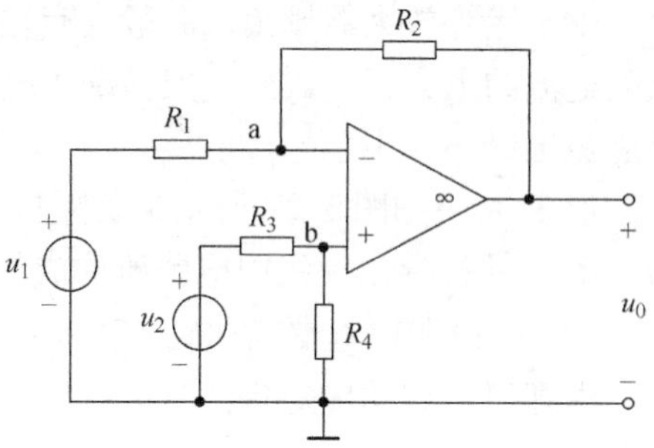

解　设电路的节点电压为 u_a、u_b 和 u_0。利用理想运放的虚短、虚断特性可以列写方程如下

$$\frac{u_1 - u_a}{R_1} = \frac{u_a - u_0}{R_2}$$

$$\frac{u_2 - u_b}{R_3} = \frac{u_b - 0}{R_4}$$

由理想运放的虚短特性可知 $u_a = u_b$，将其代入上式解得

图 3-31　例 3-17 题图

$$u_0 = \left(\frac{R_2}{R_1} + 1\right)\frac{R_4}{R_3 + R_4}u_2 - \frac{R_2}{R_1}u_1$$

或写成

$$u_0 = \frac{R_2(1 + R_1/R_2)}{R_1(1 + R_3/R_4)}u_2 - \frac{R_2}{R_1}u_1$$

当 $R_1/R_2 = R_3/R_4$ 时，有

$$u_0 = \frac{R_2}{R_1}(u_2 - u_1)$$

由此可见，当 $R_1/R_2 = R_3/R_4$ 且 $R_1 = R_2$ 时，输出 $u_0 = u_2 - u_1$，此电路完成减法器的功能。

本 章 小 结

本章介绍的方程分析方法是电路分析的普遍方法，它不需要改变电路结构，通过电路中电压电流的两种约束关系建立电路方程，求解电路变量。

要注意对于支路的定义，把电压源（独立或非独立）与电阻的串联组合叫作有伴电压源支路，把电流源（独立或非独立）与电阻的并联组合叫作有伴电流源支路，无电阻的情况则称之为无伴电源支路。不同的分析方法中对于无伴电源支路的处理是不一样的，这也是方程分析法需要特别注意的地方。

每一种方法都有其相应的特点，实际应用中应灵活选择。各方法的对比见表 3-1。

表 3-1　不同电路分析方法比较

方法	变量	方程	特殊支路	方法的特点
支路法	各支路电压、电流	$(n-1)$ 个节点 KCL 方程 $(b-n+1)$ 个回路 KVL 方程 b 个支路 VCR 方程	无	是其他各方法的基础 方程列写有规律、简单 变量多，求解比较烦琐
支路电流法	各支路电流	$(n-1)$ 个节点 KCL 方程 $(b-n+1)$ 个回路 KVL 方程	无	比 2b 变量减少一半

（续）

方法	变量	方程	特殊支路	方法的特点
网孔法	各网孔电流	$(b-n+1)$ 个回路 KVL 方程	无伴电流源	适用于节点多回路少的电路
回路法	各回路电流	$(b-n+1)$ 个回路 KVL 方程	无伴电流源	适用于节点多回路少的电路
节点法	各独立节点的电压	$(n-1)$ 个节点 KCL 方程	1. 无伴电压源 2. 电流源串电阻	适用于回路多节点少的电路

习 题 3

3-1 每个元件作为一条支路处理，试画出如图 3-32 所示电路的图 G，并指出其节点数，支路数和 KCL、KVL 独立方程数。

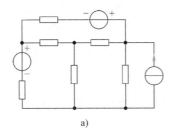

a)　　　　　　　　　b)

图 3-32 题 3-1、题 3-2 图

3-2 以电压源和电阻的串联组合，电流源和电阻的并联组合作为一条支路处理，试画出图 3-32 所示电路的图，并指出其节点数、支路数和 KCL、KVL 独立方程数。

3-3 用支路电流分析法求图 3-33 所示的电阻 R_3 中的电流 I_3，已知 $R_1 = R_2 = 2\Omega$，$R_3 = R_4 = 4\Omega$，$R = 2\Omega$，$I_s = 5A$。

3-4 用支路法求图 3-34 所示电路中各支路的电流。

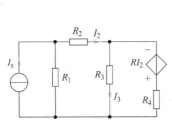

图 3-33 题 3-3 图

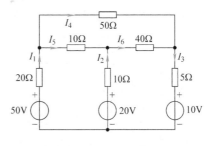

图 3-34 题 3-4 图

3-5 如图 3-35 所示电路，试用网孔法求各网孔电流和 U。

3-6 如图 3-36 所示电路，用网孔法求解电流 I_1，I_2。

3-7 试用网孔电流法求图 3-37 所示电路的各电压源对电路提供的功率。

3-8 电路如图 3-38 所示，用网孔法求 I_A，并求受控源提供的功率。

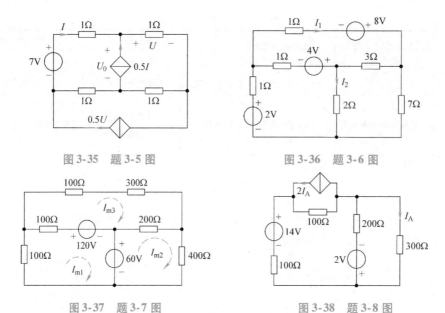

图 3-35　题 3-5 图　　　　　图 3-36　题 3-6 图

图 3-37　题 3-7 图　　　　　图 3-38　题 3-8 图

3-9　用回路电流法求解图 3-39 中电流 I。

3-10　如图 3-40 所示电路，试用回路电流分析法求支路电流 I_1，I_2，I_3 和 I_4。

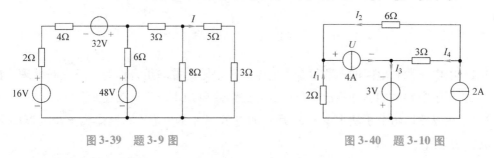

图 3-39　题 3-9 图　　　　　图 3-40　题 3-10 图

3-11　如图 3-41 所示电路，用回路法求电流 I_1。

3-12　用回路电流分析法求解图 3-42 所示电路中每个元件的功率，并做功率平衡检验。

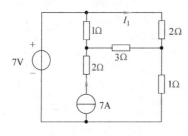 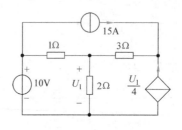

图 3-41　题 3-11 图　　　　　图 3-42　题 3-12 图

3-13　若网孔回路电流方程为

$$3I_1 - I_2 - I_3 = 2$$
$$-I_1 + 3I_2 - I_3 = -2$$
$$-I_1 - I_2 + 3I_3 = -1$$

试画出相应的最简电路。

3-14 用回路法求解图 3-43 所示各电路中的 I_x。

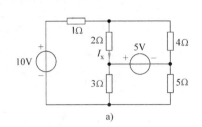 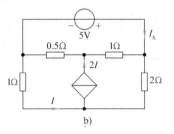

图 3-43 题 3-14 图

3-15 用回路法求图 3-44 中的 U_0。

3-16 试分别用回路电流分析法和节点电压分析法求如图 3-45 所示电路的 U 和 I。

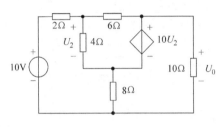 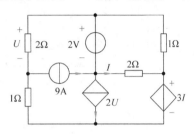

图 3-44 题 3-15 图　　　　图 3-45 题 3-16 图

3-17 若节点电压方程为

$$3U_1 - U_2 - U_3 = 1$$
$$-U_1 + 3U_2 - U_3 = -2$$
$$-U_1 - U_2 + 3U_3 = -1$$

试画出相应的最简电路。

3-18 用节点电压分析法求解图 3-46 所示各电路中的 U_x。

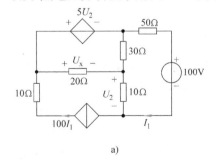 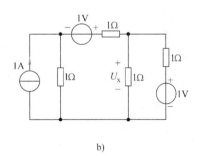

a)　　　　　　　　　　　　　　b)

图 3-46 题 3-18 图

3-19 试用节点电压分析法求图 3-47 中的 U_1。

3-20 试用节点电压分析法求图 3-48 所示电路中的 U_0。

3-21 求图 3-49 所示电路中的 U_0 和 I_0。

3-22 求图 3-50 所示电路节点①、②和④的电压 U_{n1}、U_{n2}、U_{n4}。

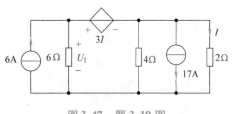

图 3-47　题 3-19 图

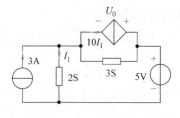

图 3-48　题 3-20 图

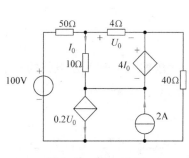

图 3-49　题 3-21 图

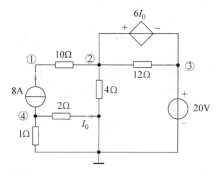

图 3-50　题 3-22 图

3-23　如图 3-51 所示为一减法电路。已知输入电压 U_1 和 U_2，求电路的输出电压 U_0。

3-24　用节点电压分析法求图 3-52 所示电路的电压比 U_0/U_1。

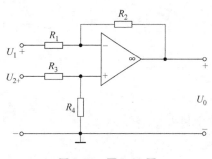

图 3-51　题 3-23 图

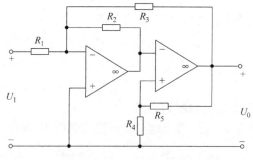

图 3-52　题 3-24 图

3-25　试求图 3-53 所示两级运算放大器电路中输出电压与输入电压之比 U_o/U_{in}。

3-26　求图 3-54 所示运算放大器电路的电压 U_0 和电流 I_0。

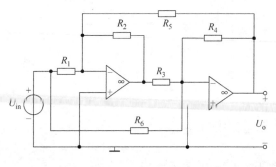

图 3-53　题 3-25 图

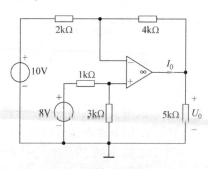

图 3-54　题 3-26 图

3-27 求图3-55所示电路中的电流I。

3-28 求图3-56所示运算放大器电路的电压U_0和电流I_0。

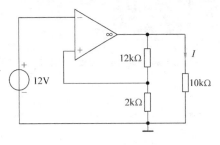

图3-55 题3-27图

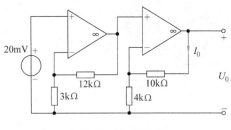

图3-56 题3-28图

3-29 求图3-57所示运算放大器电路的输出电压U_0。

3-30 求图3-58所示运算放大器电路的输出电压U_0。

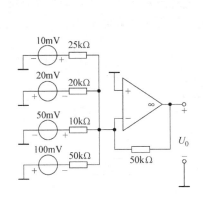

图3-57 题3-29图

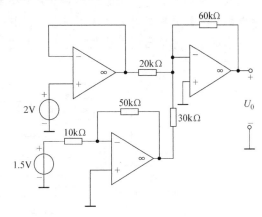

图3-58 题3-30图

第4章
> Chapter 4

电路基本定理

 本章导学

前面几章给出的电路分析方法基本上是针对已知电路结构、已知元件参数情况下的分析方法，工程中有些实际电路所需求解对象并非全部变量而仅是某一部分变量；另一方面，有些实际电路只有部分端口对电源或用户开放，其余部分是封闭未知的，因此本章将介绍一些电路的基本定理，并给出利用这些定理分析前述方法无法解决的电路例子。

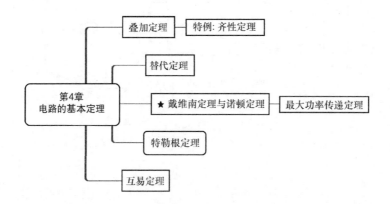

对于这些定理，首先应明确各定理的内容，其次要注意定理的适用范围，重点掌握定理的各种应用，难点则在于多个定理的综合运用。

4.1 叠加定理

叠加定理（Superposition Theorem）是线性电路的一个重要定理，是线性电路最基本性质的体现。

叠加定理的内容为：线性电阻电路中，任一电压或电流都是电路中各个独立电源单独作用时，在该处产生的电压或电流的代数和。可用数学方式表示如下：

设线性电路中含有 n 个独立电压源，m 个独立电流源，电路中任一元件（或支路）的电压（或电流）用符号 y 表示，则有

$$y = \sum_{i=1}^{n} a_i u_{si} + \sum_{j=1}^{m} b_j i_{sj} \tag{4-1}$$

式中，系数 a_i、b_j 取决于电路的结构和电路元件的参数。显然，针对不同的变量 y，系数 a_i、b_j 对应不同的物理意义及量纲。

叠加定理不仅可以用于简化电路的计算，而且为其他电路定理和分析法提供了理论依据。

当电路中含有受控源时，叠加定理仍然适用。虽然受控电源具有电源的性质，但在电路中不起激励的作用，所以在应用叠加定理进行各分电路计算时，必须将受控源保留在电路中。

使用叠加定理要注意以下几个问题：

1）叠加定理仅适用于线性电路，不适用于非线性电路。

2）在叠加的各个分电路中，电压源不作用时，相当于电压源所在处用短路线替代；电流源不作用时，相当于电流源所在处用开路替代。电路中电阻不能更换，受控源仍保留在各分电路中。

3）叠加时注意各分量的方向，总电压（或总电流）是各分量的代数和。

4）功率不能叠加，即电路的功率不等于由各分电路计算的功率之和，因为功率等于电压电流的乘积，是电压（或电流）的二次函数。

例 4-1 试用叠加定理计算图 4-1a 所示电路中电压 U 和电流 I。

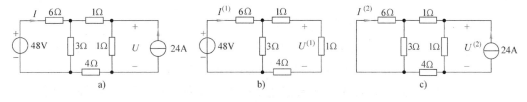

图 4-1 例 4-1 题图

解 当 48V 电压源单独作用时，电路如图 4-1b 所示，各支路的电流为

$$I^{(1)} = \frac{48}{\dfrac{(1+1+4) \times 3}{1+1+4+3} + 6} = \frac{48}{8}A = 6A$$

$$U^{(1)} = \frac{3 \times 1}{3+1+1+4} I^{(1)} = \frac{3}{9} \times 6V = 2V$$

当 24A 电流源单独作用时，在如图 4-1c 所示电路中利用电阻串、并联化简电路得

$$U^{(2)} = 21\text{V}$$

$$I^{(2)} = -1\text{A}$$

原电路的电压 U 和电流 I 为

$$U = U^{(1)} + U^{(2)}$$

$$= (2 + 21)\text{V} = 23\text{V}$$

$$I = I^{(1)} + I^{(2)}$$

$$= (6 - 1)\text{A} = 5\text{A}$$

例 4-2 如图 4-2a 所示电路中含有受控电压源，求电流源两端的电压 U_1。

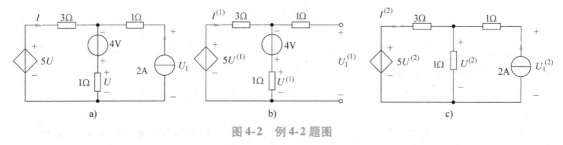

图 4-2 例 4-2 题图

解 图 4-2b 所示电路为 4V 电压源单独作用时的分电路，受控源仍保留在电路中，根据 KVL 得

$$U^{(1)} = \frac{5U^{(1)} + 4}{1 + 3} \times 1$$

解得

$$U^{(1)} = -4\text{V}$$

$$U_1^{(1)} = U^{(1)} - 4 = -8\text{V}$$

图 4-2c 所示电路为 2A 电流源单独作用时的分电路，受控源仍保留在电路中。现选择 $I^{(2)}$ 和 2A 电流源的电流为回路电流列回路方程，即

$$(3 + 1)I^{(2)} + 1 \times 2 = 5U^{(2)}$$

$$U^{(2)} = 1 \times (I^{(2)} + 2)$$

解得

$$U^{(2)} = -6\text{V}$$

$$U_1^{(2)} = [1 \times 2 + (-6)]\text{V} = -4\text{V}$$

$$U_1 = U_1^{(1)} + U_1^{(2)} = [-8 + (-4)]\text{V} = -12\text{V}$$

说明：对于这种已知结构、已知参数且含受控源的电路，尽管可以用叠加法计算电路变量，但是每个独立源单独作用的响应都需要对受控源进行处理，通常比较烦琐。所以，在已知电路结构且无特殊情况下，不建议采用叠加法对受控源电路进行分析。

例 4-3 将例 4-2 中的独立电压源增大为原来的 3 倍，电流源不变。再计算响应 U_1。

解 直接由例 4-2 计算结果，有

$$U_1 = 3U^{(1)} + U^{(2)} = [3 \times (-8) - 4]\text{V} = -28\text{V}$$

由叠加定理可以得到线性电路的齐性定理（Homogeneity Property Theorem），其内容为：在线性电路中，当所有的激励（电压源和电流源）都同时增大或缩小 K 倍（K 为实常

数）时，响应（电压和电流）也将同时增大或缩小 K 倍。

应注意，这里的激励是指独立电源，并且必须是全部激励源同时增大或缩小 K 倍，否则将导致错误的结果。当电路中仅有一个激励电源时，响应和激励成正比。利用齐性定理，可以有效地分析计算梯形电路的响应问题。

例 4-4　图 4-3 所示梯形电路，各个电阻均为 1Ω，电压源的电压为 10.5V，求各支路的电流。

解　假设 $I'_7 = 1\text{A}$，然后逐步用欧姆定律和基尔霍夫定律，向前推求各支路电压，电流分别为

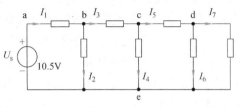

图 4-3　例 4-4 题图

$$I'_7 = 1\text{A}$$
$$U'_{de} = 1\text{V}$$
$$I'_6 = 1\text{A}$$
$$I'_5 = I'_6 + I'_7 = 2\text{A}$$
$$U'_{cd} = 2\text{V}$$
$$U'_{ce} = U'_{cd} + U'_{de} = 3\text{V}$$
$$I'_4 = 3\text{A}$$
$$I'_3 = I'_4 + I'_5 = 5\text{A}$$
$$U'_{bc} = 5\text{V}$$
$$U'_{be} = U'_{bc} + U'_{ce} = 8\text{V}$$
$$I'_2 = 8\text{A}$$
$$I'_1 = I'_2 + I'_3 = 13\text{A}$$
$$U'_{ab} = 13\text{V}$$
$$U'_s = U'_{ab} + U'_{be} = 21\text{V}$$

但实际上 $U_s = 10.5\text{V}$。根据齐性定理，各支路电流应将上面的数值乘以 $10.5/21 = 0.5$，实际各支路电流见表 4-1。

表 4-1　利用齐性定理得到例 4-4 假设值与实际值

电流和电压值	I_7/A	I_6/A	I_5/A	I_4/A	I_3/A	I_2/A	I_1/A	U_s/V
假设值	1	1	2	3	5	8	13	21
实际值	0.5	0.5	1	1.5	2.5	4	6.5	10.5

本例的计算是从梯形电路远离电源一端倒退至电源处，这种计算方法称为"倒退法"，它比正面计算方便。

4.2　替代定理

替代定理又称置换定理（Substitution Theorem），是应用范围非常广的定理，它不仅适用于线性电路，也适用于非线性电路。

　　替换定理可叙述为：在任何一个电路中，若某一条支路 k 的电流 i_k、电压 u_k 均为已知，那么这条支路就可以用一个电压等于 u_k 的电压源或电流等于 i_k 的电流源替代，且替代后电路中全部电压和电流均保持原值。

　　如图 4-4a 所示电路，N 表示第 k 条支路以外的电路。第 k 条支路用小方框表示，它可以是电阻、电压源与电阻的串联组合或电流源与电阻的并联组合。图 4-4b 所示的是用电压等于 u_k 的电压源替代了第 k 条支路后的新电路，从图 4-4a 和 4-4b 两个图中可以看出，两个电路的 KCL 和 KVL 方程相同。在新电路中第 k 条支路的电压 u_k 没有变动，而且电流又不受本支路约束。因此，原电路的全部电压和电流仍能满足替换后的新电路的全部约束方程。也就是说原电路的解也是新电路的解。定理指出置换以后的新电路的解是唯一的，所以原电路的这组解是新电路的唯一解。如果第 k 条支路用 $i_s = i_k$ 的独立电流源替代，如图 4-4c 所示，也可进行类似证明。

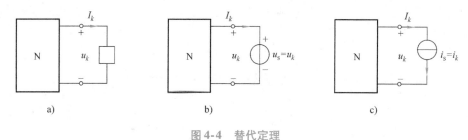

a)　　　　　　　　　　b)　　　　　　　　　　c)

图 4-4　替代定理

　　例 4-5　如图 4-5a 所示电路 N 内含有电源，当改变电阻 R_1 值时，电路中各处的电压和电流将随之变化。已知 $i = 1\text{A}$ 时，$u = 10\text{V}$；$i = 2\text{A}$，$u = 30\text{V}$，求当 $i = 3\text{A}$ 时，u 为何值？

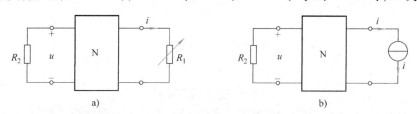

a)　　　　　　　　　　　　b)

图 4-5　例 4-5 题图

　　解　依题意，R_1 中的电流值为已知，根据替代定理，可将电阻 R_1 支路用电流为 i 的电流源替代，如图 4-5b 所示。再根据叠加定理，电阻 R_2 支路两端的电压 u 是由电流源 i 和 N 中电源共同作用产生的，响应 u 为二者的线性组合，可用方程表示，设方程为

$$u = ai + b$$

式中，b 表示 N 内电源单独作用时，在电阻 R_2 两端产生的电压；ai 表示电流源 i 单独作用时，在电阻 R_2 两端产生的电压。由已知条件，可列出方程为

$$10 = a \times 1 + b$$

$$30 = a \times 2 + b$$

解得

$$a = 20, b = -10$$

于是有

$$u = 20i - 10$$

所以，当 $i = 3\mathrm{A}$ 时，

$$u = (20 \times 3 - 10)\,\mathrm{V} = 50\mathrm{V}$$

4.3　戴维南定理和诺顿定理

由第 2 章所介绍的电路等效变换概念可知，对于一个无源一端口可以用一个等效电阻来置换；对于一个有源（指含独立电源）的一端口，也可以通过等效变换，简化为一个电源与电阻的组合支路。

以图 4-6a 所示的有源一端口电路为例，该电路可以简化为图 4-6b 所示的等效电路。虽然这种等效变换法在应用上简单易行，但是受到电路结构的限制，它仅适合于上述类型的简单电路。

对于任一个既含有独立电源又含电阻和受控源的一端口，其等效电路是怎

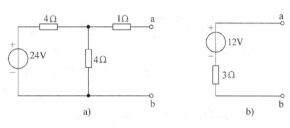

图 4-6　戴维南定理引例

样的？是否也可以用一独立源与电阻的组合支路等效置换呢？戴维南定理和诺顿定理解决了这个问题，提供了求解含源一端口等效电路的普遍方法，并给出了该等效电路普遍的适用形式。

戴维南定理（**Thevenin's Theorem**）指出：一个含独立电源、线性电阻和受控源的一端口 N，对外电路来说，可以用一个电压源与电阻串联的组合支路等效置换，此电压源的电压等于这个一端口的开路电压 u_{oc}，电阻等于该一端口的全部独立电源置零后的等效电阻 R_{eq}。

图 4-7 为定理的图例说明，其中图 4-7b 左侧电压源与电阻的串联组合叫作有源二端网络的戴维南等效电路，图 4-7c 和图 4-7d 分别为两个等效参数的物理意义。

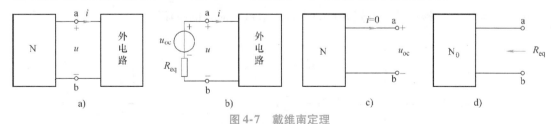

图 4-7　戴维南定理

此定理可以应用替代定理和叠加定理证明得到。假设一个与外电路连接的有源一端口 N，其端口的电压为 u，电流为 i，如图 4-8a 所示。根据替代定理，将外接电路用一个电流等于 i 的电流源替代，将不改变一端口内部工作状态，如图 4-8a 所示。

再由叠加定理可知，图 4-8a 的端口电压 u 等于图 4-8b 所示的一

戴维南定理及其证明

端口 N 内部独立电源单独作用时所产生的电压 $u^{(1)}$ 与图 4-8c 所示电路中电流源单独作用时产生的电压 $u^{(2)}$ 之和，即

$$u = u^{(1)} + u^{(2)}$$

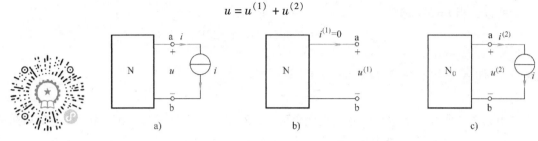

戴维南定理的等效
参数计算与测量

图 4-8　戴维南定理证明过程

由图 4-8b 可见，$i^{(1)} = 0$，$u^{(1)}$ 是含源一端口 a、b 开路时的开路电压 u_{oc}；在图 4-8c 中，全部的独立电源置零后，无源一端口 N_0 相当于一个纯电阻，可求得其等效电阻值 R_{eq}，此时，$u^{(2)} = -R_{eq}i$，由叠加定理即可得到端口 a、b 间的电压为

$$u = u_{oc} - R_{eq}i$$

该方程对应的电路模型即是图 4-8b 所示 a、b 左端串联电路，即为含源一端口 N 的等效电路。

应用戴维南定理时，需要求出含源一端口的开路电压 u_{oc} 和等效电阻 R_{eq}。求开路电压 u_{oc} 可运用前三章介绍的各种电路分析方法来计算得到；求等效电阻有下面三种常用的方法：

1）对简单电路（不含受控源的）可以先将独立电源置零后，直接应用电阻的串、并联及丫 – △变换关系计算等效电阻。

2）将一端口内全部独立电源置零后，在无源一端口的端口处施加一电压源（或电流源），求出此端口处的电流（或电压）。在两者为关联参考方向时，电压与电流的比值即为等效电阻 R_{eq}。这种方法习惯上称为外加电源法，此方法在第 2 章 2.5 节已做了详细讲解。

3）分别求出含源一端口处的开路电压 u_{oc} 和短路电流 i_{sc}，等效电阻 $R_{eq} = u_{oc}/i_{sc}$，u_{oc} 与 i_{sc} 对一端口而言，为非关联参考方向。这种方法称为开路短路法。

例 4-6　如图 4-9a 所示为一桥式电路，已知 $R_1 = 300\Omega$，$R_2 = 200\Omega$，$R_3 = 800\Omega$，$R_4 = 200\Omega$，$U_s = 1.5V$，检流计的内阻 $R = 120\Omega$，求通过检流计的电流 I。

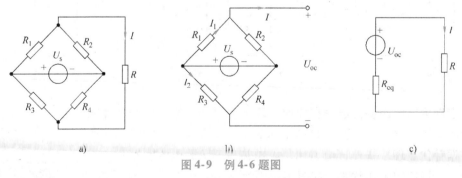

图 4-9　例 4-6 题图

解　（1）利用戴维南定理求解，先将检流计支路移去，得到一个含源一端口电路如图 4-9b 所示，再由图 4-9b 求一端口的开路电压 U_{oc}，得

$$U_{oc} = R_2 I_1 - R_4 I_2 = \frac{U_s R_2}{R_1 + R_2} - \frac{U_s R_4}{R_3 + R_4}$$

$$U_{oc} = \left(\frac{1.5 \times 200}{300 + 200} - \frac{1.5 \times 200}{800 + 200} \right) V = 0.3 V$$

（2）将独立电压源置零，即用一条短路线代替电压源后，无源一端口的等效电阻为

$$R_{eq} = \frac{R_1 R_2}{R_1 + R_2} + \frac{R_3 R_4}{R_3 + R_4}$$

$$= \left(\frac{300 \times 200}{300 + 200} + \frac{800 \times 200}{800 + 200} \right) \Omega = (120 + 160) \Omega = 280 \Omega$$

根据戴维南定理可以由等效电路图4-9c，求得检流计的电流为

$$I = \frac{U_{oc}}{R_{eq} + R} = \frac{0.3}{280 + 120} A = 750 \mu A$$

此例是一个不含受控源的电路，戴维南等效电阻是利用电阻串、并联方法简化电路后计算得到的。如果电路中含有受控源，计算戴维南等效电阻时，要考虑受控源的影响，必须采用外加电源法或开路短路法，见下面的例题分析。

例4-7　如图4-10a所示电路中，已知 $U_s = 10V$，$I_s = 3A$，$R = 6\Omega$，CCCS的 $\beta = 5$。求 ab端电路的戴维南等效电路。

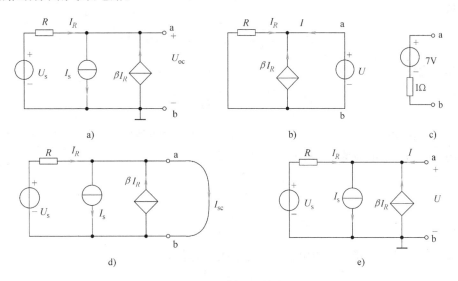

图4-10　例4-7题图

解法一　按照戴维南定理两个等效参数的物理意义分别求两个等效参数。

（1）先应用节点电压分析法计算ab端口的开路电压 U_{oc}。已知b点接地，a点的节点电压为 U_{oc}，其节点电压方程为

$$\frac{1}{R} U_{oc} = \frac{U_s}{R} - I_s + \beta I_R$$

$$I_R = \frac{U_s - U_{oc}}{R}$$

解得

$$U_{oc} = U_s - \frac{R}{6}I_s = \left(10 - \frac{6}{6} \times 3\right)V = 7V$$

（2）计算等效电阻 R_{eq}。利用无源二端网络计算等效电阻的方法①：先将独立电源置零，如图 4-10b 所示，外加电压为 U 的电压源，根据欧姆定律和 KCL 有

$$I_R = -\frac{U}{R}$$

$$I = -I_R - 5I_R = -6I_R$$

解得

$$I = 6\frac{U}{R}$$

于是，等效电阻为

$$R_{eq} = \frac{U}{I} = \frac{6}{6}\Omega = 1\Omega$$

利用开路短路法计算等效电阻 R_{eq} 的方法②：对图 4-10d 所示的电路，利用 KCL 和欧姆定律有

$$I_{sc} = -I_s + \beta I_R + I_R$$

$$I_R = \frac{U_s}{R}$$

解得

$$I_{sc} = -I_s + \frac{6}{R}U_s = (-3 + 10)A = 7A$$

根据公式得

$$R_{eq} = \frac{U_{oc}}{I_{sc}} = \frac{7}{7}\Omega = 1\Omega$$

解法二　直接由端口的电压和电流关系来计算戴维南等效电路。假设图 4-10e 所示含源一端口的电压为 U、电流为 I，利用节点法列方程为

$$\frac{1}{6}U = \frac{10}{6} - 3 + 5I_R + I$$

$$I_R = \frac{10 - U}{6}$$

消去中间变量，解得一端口电压和电流的关系方程为

$$U = I + 7$$

将该端口方程与戴维南等效电路的端口方程进行对比，即可得到两个等效参数为

$$U_{oc} = 7V, \ R_{eq} = 1\Omega$$

例 4-8　如图 4-11a 所示电路中含有 VCCS，用戴维南定理求 6Ω 电阻上的电压 U。

解　（1）根据戴维南定理，断开 ab 两端，求开路电压 U_{oc}。

由于 VCCS 的控制量 U 在 ab 端口上，此时 U 变为 U_{oc}，如图 4-11b 所示，则

$$U_{oc} = 2 \times 0.25U_{oc} + 4$$

故

$$U_{oc} = 8V$$

（2）求短路电流 I_{sc}。此时，ab 端口的电压为零，VCCS 的控制量 $U = 0$，VCCS 用开路

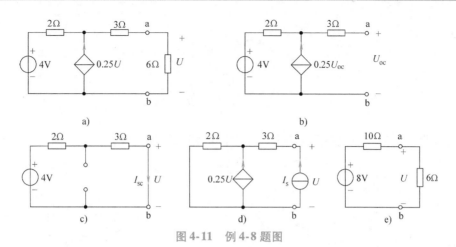

图 4-11 例 4-8 题图

代替，如图 4-11c 所示，则

$$I_{sc} = \frac{4}{2+3}A = 0.8A$$

（3）求戴维南等效电阻 R_{eq}。利用开路短路法，则有

$$R_{eq} = \frac{U_{oc}}{I_{sc}} = \frac{8}{0.8}\Omega = 10\Omega$$

利用外加电源法，由图 4-11d 所示电路，得

$$U = 3 \times I_s + 2 \times (0.25U + I_s)$$

$$R_{eq} = \frac{U}{I_s} = \frac{8}{0.8}\Omega = 10\Omega$$

（4）戴维南等效电路如图 4-11e 所示，接上 6Ω 电阻支路，最终求得

$$U = \frac{8}{6+10} \times 6V = 3V$$

例 4-9 试求如图 4-12a 所示含回转器电路的戴维南等效电路。

解 已知回转器的特性方程为

$$u_1 = -ri_2$$

$$u_2 = ri_1$$

若图 4-12a 电路中 a、b 端子之间断开，其开路电压为 $u_{oc} = u_2$，$i_2 = 0$，于是可得

$$u_1 = 0$$

$$i_1 = \frac{u_s - u_1}{R_1} = \frac{1}{R_1}u_s$$

将 i_1 代入回转器第二个方程中，便可得到

$$u_{oc} = u_2 = ri_1 = r\frac{1}{R_1}u_s$$

若图 4-12a 电路中，a、b 两个端子短接，设其短路电流由 a 端子流向 b 端子，则有 $i_{sc} = -i_2$，$u_2 = 0$，于是可得 $i_1 = 0$，$u_1 = u_s$，将 u_1 代入回转器第一个方程中，可得

$$i_{sc} = -i_2 = \frac{1}{r}u_s$$

根据

$$R_{\mathrm{eq}} = \frac{u_{\mathrm{oc}}}{i_{\mathrm{sc}}}$$

得

$$R_{\mathrm{eq}} = \frac{r \dfrac{1}{R_1} u_{\mathrm{s}}}{\dfrac{1}{r} u_{\mathrm{s}}} = \frac{r^2}{R_1}$$

由此求得戴维南等效电路图 4-12b 所示电路的两个等效参数。

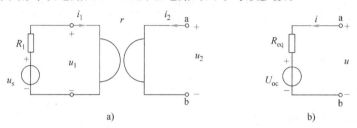

图 4-12 例 4-9 题图

诺顿定理（Norton's Theorem）指出：一个含独立电源、线性电阻和受控源的一端口电路 N，对外部电路来说，可以用一个电流源与电导（或电阻）并联组合的支路等效替代。电流源的电流等于这个一端口的短路电流 i_{sc}，电导 G_{eq}（或电阻）等于该一端口的全部独立电源置零后

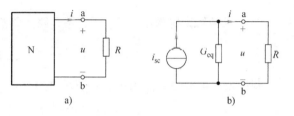

图 4-13 诺顿定理

的输入电导（或电阻）。此电流源与电阻并联的组合电路称为诺顿等效电路。如图 4-13b 所示 a、b 左端的电路称为图 4-13a 含源二端网络 N 的诺顿等效电路。

证明诺顿定理与证明戴维南定理类似，故不赘述。

例 4-10 试用诺顿定理求如图 4-14 所示电路中的电流 I。

解 （1）对图 4-14a 中 120V 与 40Ω 串联支路等效变换为电流源与电阻并联形式，如图 4-14b 所示，其短路电流 I_{sc} 为

$$I_{\mathrm{sc}} = 3\,\mathrm{A}$$

（2）求等效电阻 R_{eq}。如图 4-14c 所示电路中，5 个电阻并联，其等效电阻为

$$R_{\mathrm{eq}} = 10\,\Omega$$

（3）诺顿等效电路如图 4-14d 所示，由此电路得

$$I = 3 \times \frac{10}{10 + 20}\,\mathrm{A} = 1\,\mathrm{A}$$

例 4-11 图 4-15a 所示电路中网络 N 为一个含源线性电阻电网。现调节 $R_3 = 8\,\Omega$ 时，测得 $I_1 = 11\,\mathrm{A}$，$I_2 = 4\,\mathrm{A}$，$I_3 = 20\,\mathrm{A}$；当调节 $R_3 = 2\,\Omega$ 时，测得 $I_1 = 5\,\mathrm{A}$，$I_2 = 12\,\mathrm{A}$，$I_3 = 50\,\mathrm{A}$。试求欲使 $I_1 = 0\,\mathrm{A}$，R_3 应调到何值？此时电流 I_2 为多少？

解 此题含有未知结构的部分电路，通常称这类电路为黑箱网络。对此类电路，前面三章学过的列方程分析方法显然无法解决，因此，需要综合利用本章定理进行分析、计算。

（1）利用替代定理、叠加定理求 $I_1 = 0$ 时的电流 I_3

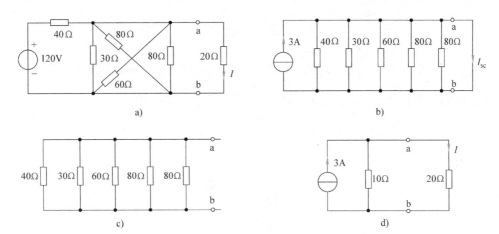

图 4-14 例 4-10 题图

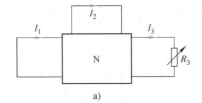

图 4-15 例 4-11 题图

由替代定理，将可变电阻 R_3 视为数值为 I_3 的独立电流源（参见例 4-5），再由叠加定理设 $I_1 = aI_3 + b$，代入已知条件，有

$$11 = a \times 20 + b$$
$$5 = a \times 50 + b$$

求解得到

$$a = -\frac{1}{5}, \ b = 15$$

由此可得，$I_1 = 0$ 时 $0 = -\frac{1}{5}I_3 + 15$，此时电流 I_3 为

$$I_3 = 75\text{A}$$

（2）当 $I_1 = 0\text{A}$，利用戴维南定理求 R_3

设 $I_1 = 0\text{A}$ 时电阻 R_3 左侧含源二端网络的戴维南等效电路如图 4-15b 所示，其中 U_{oc} 为端口的开路电压，R_{eq} 为二端网络的等效电阻。根据图 4-15b 电路及题目已知条件，有

$$I_3 = \frac{U_{oc}}{R_{eq} + R_3}, \ 20 = \frac{U_{oc}}{R_{eq} + 8}, \ 50 = \frac{U_{oc}}{R_{eq} + 2}$$

求解可得

$$U_{oc} = 200\text{V}, \ R_{eq} = 2\Omega$$

由此可知，当 $I_1 = 0\text{A}$，$I_3 = 75\text{A}$ 时有

$$75 = \frac{200}{2 + R_3}$$

最终求得使 $I_1 = 0$ 时电阻 R_3 值应调整为

$$R_3 = \frac{2}{3}\Omega$$

（3）当 $I_1 = 0A$、$R_3 = \frac{2}{3}\Omega$，即 $I_3 = 75A$ 时，再次利用叠加定理求电流 I_2

仿照本题第 1 步分析方法，设 $I_2 = cI_3 + d$，代入已知条件，有

$$4 = 20 \times c + d$$
$$12 = 50 \times c + d$$

求解得

$$c = \frac{4}{15}, \ d = -\frac{4}{3}$$

故

$$I_2 = \frac{4}{15}I_3 - \frac{4}{3} = \left(\frac{4}{15} \times 75 - \frac{4}{3}\right)A = \frac{56}{3}A = 18.67A$$

在诺顿等效电路的基础上，应用电源等效变换，可以得到戴维南等效电路，逆推也是成立的。

戴维南定理和诺顿定理在电路分析中的应用很广泛。

对含源一端口电路，求其戴维南等效电路和诺顿等效电路时，在通常情况下，两种等效电路同时存在。但是当含源一端口内有受控源时，它内部的独立电源置零后，输入电阻或等效电阻有可能为零或无穷大，这时两种等效电路不可能同时存在。

常见的一端口等效电路的几种情况见表 4-2。

表 4-2　含源一端口等效电路的几种情况

u_{oc}	$R_{eq}(G_{eq})$	i_{sc}	戴维南等效电路	诺顿等效电路
$u_{oc} \neq 0$，且为一定值	$R_{eq} \neq 0$，且为一定值	$i_{sc} \neq 0$，且为一定值	存在	存在
$u_{oc} \neq 0$，且为一定值	$R_{eq} = 0$	$i_{sc} \to \infty$	仅含一个电压源 u_{oc}	不存在
不定方程（无解）	$R_{eq} \to \infty$	$i_{sc} \neq 0$，且为一定值	不存在	仅含一个电流源 i_{sc}
$u_{oc} = 0$	$R_{eq} \neq 0$	$i_{sc} = 0$		仅含一个等效电阻

4.4　最大功率传递定理

给定一个线性含源的一端口 N，可用戴维南或诺顿等效电路替代，如图 4-16 虚线框内所示的戴维南等效电路，在其 a、b 两端连接一个可变电阻 R_L，构成一个单回路。习惯上，称 R_L 为负载电阻，含源一端口电路为信号源的等效电路。从信号源（戴维南等效电路）传递给负载 R_L 的功率随负载电阻 R_L 的不同而变化，当 R_L 很大时，流过 R_L 的电流很小，因而 R_L 所获得的功率 $P = i^2 R_L$ 也很小；如果 R_L 很小，功率同样也很小。R_L 在 0 ～ ∞ 区间变化时，总会有一个 R_L 值，使其获得电功率最大。

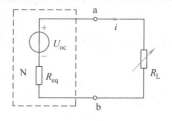

图 4-16　最大功率传递定理

如果网络 N 给定，负载可以任意改变，则 R_L 为何值时，负载电阻 R_L 获得的电功率 $P = i^2 R_L$ 最大呢？

对于该电路，负载电阻 R_L 的电功率为

$$P = i^2 R_L = \left(\frac{u_{oc}}{R_{eq} + R_L} \right)^2 R_L \qquad (4-2)$$

由于电功率是 R_L 的二次函数，因此只需使 $\mathrm{d}p/\mathrm{d}R_L = 0$，即可求得 p 为最大值时的 R_L 值。对式（4-2）求导，得

$$\frac{\mathrm{d}p}{\mathrm{d}R_L} = u_{oc}^2 \left[\frac{(R_{eq} + R_L)^2 - 2(R_{eq} + R_L) R_L}{(R_{eq} + R_L)^4} \right]$$

令上式等于零，由此可得

$$R_L = R_{eq} \qquad (4-3)$$

由于

$$\left. \frac{\mathrm{d}^2 p}{\mathrm{d}R_L^2} \right|_{R_L = R_{eq}} = -\frac{u_{oc}^2}{8 R_{eq}^3} < 0$$

故式（4-3）即为负载功率获得最大值的条件。因此，由线性含源一端口传递给可变负载电阻 R_L 的功率为最大值的条件是：负载电阻 R_L 与戴维南（或诺顿）等效电路的等效电阻 R_{eq} 相等。这就是最大功率传递定理。

满足 $R_L = R_{eq}$ 时，称负载 R_L 与一端口的输入电阻 R_{eq} 匹配，工程上，称为负载电阻与信号源内阻匹配。此时，负载电阻获得的最大功率为

$$p_{Lmax} = \frac{u_{oc}^2}{4 R_{eq}} \qquad (4-4)$$

如由诺顿等效电路，则有

$$p_{Lmax} = \frac{i_{sc}^2 R_{eq}}{4} \qquad (4-5)$$

最大功率传递定理是指负载 R_L 可变，而输入电阻 R_{eq} 不变的情况下得到的。如果 R_{eq} 可变，而 R_L 不变，则只有在 $R_{eq} = 0$ 时，R_L 才获得最大功率。

例 4-12 如图 4-17 所示电路，求：（1）R_L 获得最大功率时的 R_L 值；（2）计算 R_L 获得的最大功率 P_L；（3）当 R_L 获得最大功率时，求电压源产生的电功率传递给 R_L 的百分比。

解 （1）求 ab 左端戴维南等效电路

$$u_{oc} = \frac{18}{30 + 60} \times 60 \mathrm{V} = 12 \mathrm{V}$$

$$R_{eq} = \frac{30 \times 60}{30 + 60} \Omega = 20 \Omega$$

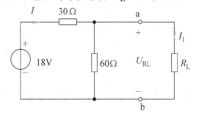

因此，当 $R_L = 20\Omega$ 时，其获得功率最大。

（2）R_L 获得功率为

图 4-17 例 4-12 题图

$$p_{Lmax} = \frac{u_{oc}^2}{4 R_{eq}} = \frac{12^2}{4 \times 20} \mathrm{W} = 1.8 \mathrm{W}$$

（3）当 $R_L = 20\Omega$ 时，其两端的电压为

$$U_{RL} = \frac{u_{oc}}{R_{eq} + R_L} \times R_L = \frac{12}{2 \times 20} \times 20 \mathrm{V} = 6 \mathrm{V}$$

流过电压源的电流 I 为

$$I = \frac{18 - 6}{30}A = 0.4A$$

电压源电功率为

$$p_{u_s} = 18 \times 0.4W = 7.2W$$

负载所获得最大功率的百分比为

$$\eta = \frac{p_{Lmax}}{p_{u_s}} = \frac{1.8}{7.2}\% = 25\%$$

电源传递给负载的电功率为25%，这个百分数称为传递效率。

通过此例题分析，可知，含源一端口内的电源传递给负载的功率的百分比，即传递效率一般小于50%，原因是含源一端口与其等效电路对外电路而言是等效的。而对内电路功率来说并不等效，由等效电阻 R_{eq} 计算得到的功率一般并不等于含源一端口内部消耗的功率，只有在 R_{eq} 实实在在地作为一电压源的内阻情况下，负载获得最大功率时，电源传递给负载的效率才为50%，这时电源内阻和负载电阻消耗电功率相等。

4.5　特勒根定理

特勒根定理（Tellegen's Theorem）　如同基尔霍夫定律一样，它适合于任何集中参数电路，且与电路元件的性质无关。特勒根定理有两个。

特勒根定理 1：对一个具有 n 个节点 b 条支路的电路，若支路电流和支路电压分别用 $(i_1, i_2, \cdots, i_b)$ 和 $(u_1, u_2, \cdots, u_b)$ 表示，且各支路电压和支路电流为关联参考方向，则对任何时间 t，有

$$\sum_{k=1}^{b} u_k i_k = 0 \tag{4-6}$$

下面通过图 4-18 所示的电路图来验证定理。

设图 4-18 为一个有向图，其各支路电压和电流分别为 u_1、u_2、u_3、u_4、u_5、u_6 和 i_1、i_2、i_3、i_4、i_5、i_6。并以节点④为参考点，其余三个节点电压为 u_{n1}、u_{n2} 和 u_{n3}。支路电压用节点电压表示为

$$u_1 = u_{n1} - u_{n2}$$
$$u_2 = u_{n1}$$
$$u_3 = u_{n1} - u_{n3}$$
$$u_4 = u_{n2} \tag{4-7}$$
$$u_5 = -u_{n3}$$
$$u_6 = u_{n2} - u_{n3}$$

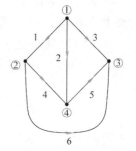

图 4-18　特勒根定理验证

该电路在任何时刻 t，各支路吸收电功率的代数和为

$$\sum_{k=1}^{6} u_k i_k = u_1 i_1 + u_2 i_2 + u_3 i_3 + u_4 i_4 + u_5 i_5 + u_6 i_6 \tag{4-8}$$

将式（4-7）代入式（4-8）中，经整理可导出节点电压和支路电流的关系式

$$\sum_{k=1}^{6} u_k i_k = u_{n1}(i_1 + i_2 + i_3) + u_{n2}(-i_1 + i_4 + i_6) + u_{n3}(-i_3 - i_5 - i_6) \quad (4\text{-}9)$$

根据 KCL，对节点①、②、③列写方程，又有

$$
\begin{aligned}
i_1 + i_2 + i_3 &= 0 \\
-i_1 + i_4 + i_6 &= 0 \\
-i_3 - i_5 - i_6 &= 0
\end{aligned}
\quad (4\text{-}10)
$$

将式（4-10）代入式（4-9）中，得

$$\sum_{k=1}^{6} u_k i_k = 0$$

上述验证方法可推广到任何具有 n 个节点和 b 条支路的电路，即得到式（4-6）。

特勒根定理 1：是电路的功率守恒定理，它表示任一集总电路中，电路各独立电源提供的功率总和等于其余各元件吸收的功率总和。也就是说，全部元件吸收的电功率是守恒的。

特勒根定理 2：设有两个由不同性质的二端元件组成的电路 N 和 $\hat{N}$，均有 b 条支路 n 个节点，且具有相同的有向图。假设各支路电压和支路电流取关联参考方向，分别为 $(i_1, i_2, \cdots, i_b)$，$(u_1, u_2, \cdots, u_b)$，$(\hat{i_1}, \hat{i_2}, \cdots, \hat{i_b})$，$(\hat{u_1}, \hat{u_2}, \cdots, \hat{u_b})$，则在任何时刻 t 有

$$\sum_{k=1}^{b} u_k \hat{i_k} = 0 \quad (4\text{-}11)$$

或

$$\sum_{k=1}^{b} \hat{u_k} i_k = 0 \quad (4\text{-}12)$$

关于特勒根定理 2 的证明，可先设另有一电路 $\hat{N}$，其有向图与 N 完全相同，然后按验证定理 1 的方法进行证明，请读者自行完成。

特勒根定理 2 表明，有向图相同的任意两个电路中，在任何时刻 t，任一电路的支路电压与另一电路相应的支路电流的乘积的代数和恒等于零。

式（4-11）和（4-12）中的每一项，可以是一个电路的支路电压与另一电路在同一时刻相应支路电流的乘积，也可以是同一电路同一支路在不同时刻的电压、电流乘积，因而该乘积仅仅是一个数学量，没有物理意义，像功率而不是功率，故称之为似功率守恒定理。要注意，该定理要求 u（或 $\hat{u}$）和支路电流 i（或 $\hat{i}$）应分别满足 KVL 和 KCL，定理只与电路的电压和电流有关，而与元件的性质无关。

例 4-13　图 4-19 是两个具有相同图而不同元件构成的电路，在表 4-3 中列出两个电路在某一瞬时的支路电压和支路电流值，计算出似功率的数值。从表中看出似功率是守恒的。

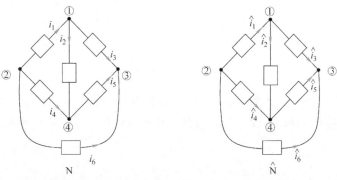

图 4-19　例 4-13 题图验证似功率定理

表 4-3　例 4-13 电路的支路电压、支路电流及似功率

支路号	u/V	i/A	$\hat{u}/\text{V}$	$\hat{i}/\text{A}$	$u\hat{i}$	$\hat{u}i$
b_1	10	1	0	2	20	0
b_2	-3	2	4	0	0	8
b_3	5	-1	2	2	10	-2
b_4	7	3	4	1	7	12
b_5	8	5	-2	1	8	-10
b_6	15	-4	2	-3	-45	-8
似功率	—	—	—	—	$\displaystyle\sum_{k=1}^{b} u_k\hat{i}_k = 0$	$\displaystyle\sum_{k=1}^{b} \hat{u}_k i_k = 0$

4.6　互易定理

互易性是线性电路的一个重要性质。对一个线性无源（既不含独立源又不含受控源）电阻电路，**互易定理**（Reciprocity Theorem）的内容可概述为：在单一激励（独立电源）的情况下，当激励与其在另一支路的响应（电压或电流）互换位置时，同一数值激励所产生的响应在数值上将不会改变。本节将应用特勒根定理来论述互易定理的三种形式。

互易定理的第一种形式如图 4-20a 所示，电路 N 内仅含线性电阻，不含任何独立电源和受控源，$1-1'$ 端接电压源 u_s，$2-2'$ 端短路，其短路电流为 i_2，若将激励和响应互换位置，如图 4-20b 所示，$2-2'$ 端接电压源 u_s，$1-1'$ 端短路，其电流为 $\hat{i}_1$，则 $\hat{i}_1 = i_2$。

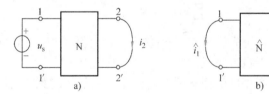

图 4-20　互易定理的第一种形式

互易定理的第二种形式如图 4-21a 所示，电路 N 内仅含线性电阻，不含任何独立电源和受控源，$1-1'$ 端接电流源 i_s，$2-2'$ 开路电压为 u_2，若将激励和响应互换位置，如图 4-21b 所示，$2-2'$ 端接电流源 i_s，$1-1'$ 端开路，其电压为 $\hat{u}_1$，则 $\hat{u}_1 = u_2$。

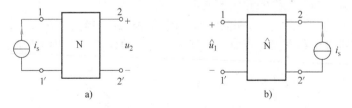

图 4-21　互易定理的第二种形式

互易定理的第三种形式如图 4-22a 所示，电路 N 内仅含线性电阻，不含任何独立电源和受控源，$1-1'$ 端接电流源 i_s，$2-2'$ 端短路，其短路电流为 i_2。若将激励和响应互换位置，

如图 4-22b 所示，2 – 2′端接电压源 u_s，其数值上 $u_s = i_s$，1 – 1′端开路，其电压为 $\hat{u}_1$，则 $\hat{u}_1 = i_2$（注意是数值上相等）。

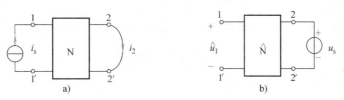

图 4-22　互易定理的第三种形式

互易定理可由似功率定理证明（具体的证明过程略）。

例 4-14　如图 4-23a 所示电路，求电流 I。

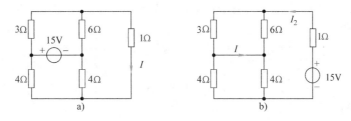

图 4-23　例 4-14 题图

解　据互易定理，将激励源和响应互换位置，如图 4-23b 所示电路，求其电流 I_2，即可得 I。在图 4-23b 中有

$$I_2 = \frac{15}{\dfrac{3 \times 6}{3 + 6} + 2 + 1}A = \frac{15}{5}A = 3A$$

$$I = -\frac{3}{3 + 6}I_2 + \frac{1}{2}I_2 = 0.5A$$

例 4-15　如图 4-24a 所示二端口电阻网络 N_R，当在 1 – 1′端接一个 2A 电流源时，在 2 – 2′端的开路电压为 $u_2 = 5V$，$u_1 = 10V$。若将 2A 电流源接在 2 – 2′端口，在 1 – 1′接 3Ω 电阻，如图 2-24b 所示，求电流 i_1。

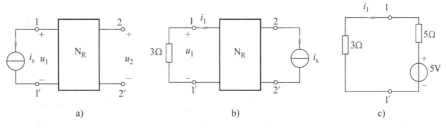

图 4-24　例 4-15 题图

解法一　利用戴维南定理和互易定理计算 i_1。

将图 4-24b 所示电路中 1 – 1′端口开路，根据互易定理，1 – 1′端的开路电压为

$$u_{oc} = u_2 = 5V$$

再将电流源置零，求 1 – 1′端的等效电阻 R_{eq}。此时，因图 4-24b 与图 4-24a 在电流源置

零后电路相同，当 1 – 1′ 加 2A 电流源时，其端电压 $u_1 = 10V$，则等效电阻为

$$R_{eq} = \frac{u_1}{2} = \frac{10}{2}\Omega = 5\Omega$$

因此，图 4-24b 1 – 1′ 端口的戴维南等效电路如图 4-24c 所示，由图 4-24c 求得电流 i_1 为

$$i_1 = \frac{5}{3+5}A = 0.625A$$

解法二 利用特勒根定理计算 i_1。

将图 4-24a 和图 4-24b 中的电路看成为一个电路的两种工作情况，假设图 4-24a 电路的变量分别用 u_1，u_2，$\cdots$，u_b 和 i_1，i_2，$\cdots$，i_b 来表示。图 4-24b 电路变量分别用 $\hat{u}_1$，$\hat{u}_2$，$\cdots$，$\hat{u}_b$ 和 $\hat{i}_1$，$\hat{i}_2$，$\cdots$，$\hat{i}_b$ 来表示。

两个电路中 N_R 相同，根据特勒根定理，则

$$u_1\hat{i}_1 + u_2\hat{i}_2 = \hat{u}_1 i_1 + \hat{u}_2 i_2$$

代入数据可得

$$10 \times \hat{i}_1 + 5 \times (-2) = 3 \times \hat{i}_1 \times (-2) + \hat{u}_2 \times 0$$

故

$$\hat{i}_1 = 0.625A$$

图 4-24b 中的

$$i_1 = \hat{i}_1 = 0.625A$$

本 章 小 结

叠加定理、齐性定理、替代定理、戴维南定理、诺顿定理、最大功率传输定理、互易定理和特勒根定理都是线性电路的重要定理，其中最常用的是叠加定理和戴维南定理。这些定理及其综合应用是分析未知结构或参数类电路时的重要依据。

应用叠加定理时应注意：

1）对于含受控源的电路，独立源单独或共同作用时都会引起受控源及其控制量的变化，在各个分电路的计算中要注意用变化的控制量来表示受控源的电压或电流。

2）在未知电路结构时，可以利用电路响应与独立源之间的线性组合关系计算电路变量。

应用戴维南定理和诺顿定理时应注意：

1）准确理解开路与短路的概念，注意开路电压、短路电流的参考方向与等效电路模型参数之间的对应关系。

2）对含受控源的电路应用戴维南或诺顿定理时，须采用短路开路法或外加电源法求等效电阻。

3）一个复杂电路拆分成两部分做戴维南或诺顿等效时，必须保证受控源及其控制量在同一个含源二端电路内。此外，对含受控源的电路，若控制量是端口电压或端口电流，需注意受控源的大小会随端口开路或短路而变化，在做相应计算时必须用变化了的控制量来表示受控源的输出电压或电流。

习 题 4

4-1 如图 4-25 所示电路，用叠加原理求 I 和 U。

4-2 应用叠加原理求图 4-26 所示电路中 U_{ab}。

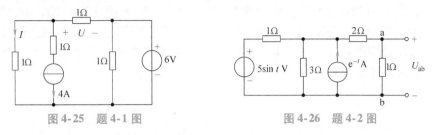

图 4-25 题 4-1 图   图 4-26 题 4-2 图

4-3 应用叠加原理求图 4-27 所示电路中 U 和 I。

4-4 如图 4-28 所示电路，用叠加原理求 U。

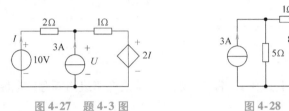

图 4-27 题 4-3 图   图 4-28 题 4-4 图

4-5 如图 4-29 所示 N 为无源电阻电路，当 $U_s = 2V$，$I_s = 3A$ 时，$I = 14A$；当 $U_s = 4V$，$I_s = 0A$ 时，$I = 16A$；问 $U_s = 1V$，$I_s = 2A$ 时，I 为何值？

4-6 图 4-30 所示梯形电路中各电阻值都等于 1Ω，已知电源电压为 14V，求各支路电流。

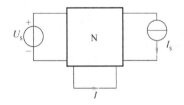
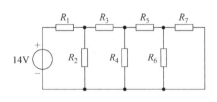

图 4-29 题 4-5 图   图 4-30 题 4-6 图

4-7 图 4-31 所示电路中 $U_{s1} = 10V$，$U_{s2} = 15V$，当开关 S 在位置 1 时，毫安表的读数为 $I^{(1)} = 40mA$；当开关 S 合向位置 2 时，毫安表的读数为 $I^{(2)} = -60mA$。如果把开关 S 合向位置 3，则毫安表的读数为多少？

4-8 如图 4-32 所示电路，电阻 R_1 可调。已知当 $U_s = 12V$，$R_1 = 0$ 时，$I_1 = 5A$，$I = 4A$；当 $U_s = 18V$，$R_1 = \infty$ 时，$U_1 = 15V$，$I = 1A$。求当 $U_s = 12V$，$R_1 = 3\Omega$ 时的电流 I（提示：先利用戴维南定理求出 $U_s = 12V$，$R_1 = 3\Omega$ 时的 U_1 和 I，然后利用替代定理将含 R_1 支路用一个电源替代，最后利用叠加定理求出电流 I）。

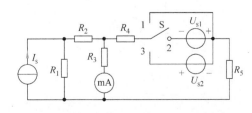
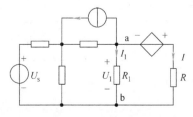

图 4-31 题 4-7 图   图 4-32 题 4-8 图

4-9　求图 4-33 所示电路的戴维南和诺顿等效电路。

4-10　在图 4-34 所示电路中，$U_{s1} = 40V$，$U_{s2} = 40V$，$R_1 = 4\Omega$，$R_2 = 2\Omega$，$R_3 = 5\Omega$，$R_4 = 10\Omega$，$R_5 = 8\Omega$，$R_6 = 2\Omega$。求通过 R_3 的电流 I（提示：先应用戴维南定理，把 ab 以左部分构成的含源单口用戴维南等效电路置换，再把 cd 以右部分所构成的无源单口用一个等效电阻代替，在等效电路中求解 I）。

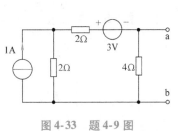 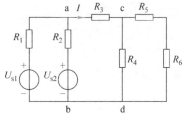

图 4-33　题 4-9 图　　　　　　　图 4-34　题 4-10 图

4-11　求图 4-35 所示各电路在 ab 端口的戴维南等效电路或诺顿等效电路。

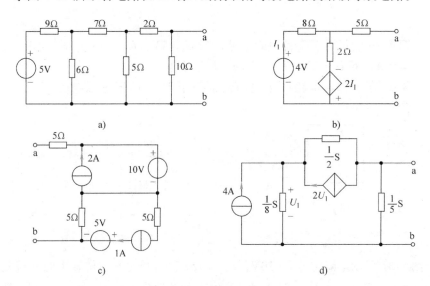

图 4-35　题 4-11 图

4-12　求图 4-36 所示一端口的戴维南或诺顿等效电路，并解释所得结果。

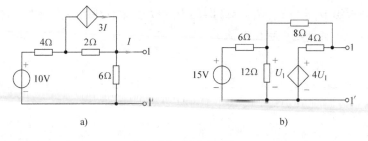

图 4-36　题 4-12 图

4-13 如图 4-37 所示电路，求：（1）AB 口向左的戴维南等效电路；（2）当 R 等于多大时可获得最大功率；（3）此最大功率。

4-14 如图 4-38 所示电路，试问电阻 R 获得的最大功率为多少？

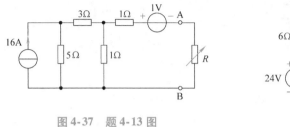

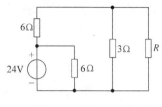

图 4-37 题 4-13 图   图 4-38 题 4-14 图

4-15 图 4-39 所示电路的负载电阻 R_L 可变，试问 R_L 为何值时可吸收最大功率？并求此最大功率。

4-16 图 4-40 所示电路中电阻 R 可调，试问 R 为何值时能获得最大功率，并求此最大功率。

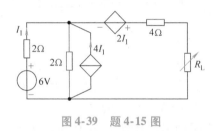

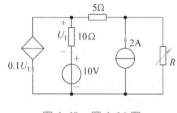

图 4-39 题 4-15 图   图 4-40 题 4-16 图

4-17 如图 4-41 所示电路，已知当 S 在位置 1 时，$U = 20V$；当 S 在位置 2 时，$I = 50mA$。求当 S 在位置 3，且 $R = 100\Omega$ 时，I、U 的值以及 R 消耗的功率。如果使 R 获得最大功率，则 R 值应为多大？此最大功率为多少？

4-18 求图 4-42 所示运算放大器电路的戴维南等效电路，并讨论能否得到诺顿等效电路。

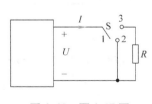

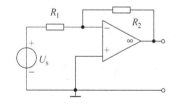

图 4-41 题 4-17 图   图 4-42 题 4-18 图

4-19 测得一个含源单口网络的开路电压 $U_{oc} = 8V$，短路电流 $I_{sc} = 0.5A$。试计算外接电阻为 24Ω 时的电流及电压。

4-20 某含源单口网络的开路电压为 $10V$，如接以 10Ω 的电阻，则电压为 $7V$，求此网络的戴维南等效电路。

4-21 求图 4-43 所示电路的诺顿等效电路。

4-22 用戴维南定理求图4-44所示电路 R_3 中的电流。已知 $R_1 = 60\text{k}\Omega$，$R_2 = 40\text{k}\Omega$，$R_3 = 3\text{k}\Omega$，$R_3 = 4\text{k}\Omega$。

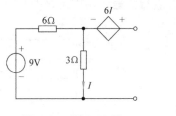
图4-43 题4-21图

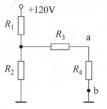
图4-44 题4-22图

4-23 如图4-45a所示电路，$U_2 = 12.5\text{V}$。若将网络 N 短路，如图4-45b所示，短路电流 I 为 10mA。试求网络 N 在 ab 端的戴维南等效电路。

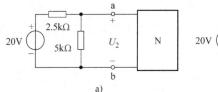

图4-45 题4-23图

4-24 图4-46所示电路中，N 仅由电阻组成。当 $U_\text{s} = 8\text{V}$，$R_1 = R_2 = 2\Omega$ 时，$I_1 = 2\text{A}$，$U_2 = 2\text{V}$；当 $\hat{U}_\text{s} = 9\text{V}$，$R_1 = 1.4\Omega$，$R_2 = 0.8\Omega$ 时，$\hat{I}_1 = 3\text{A}$，求 $\hat{U}_2$ 的值。

4-25 图4-47所示电路中，N 为含源线性电阻网络，调节 R_3 为 8Ω 时，$I_1 = 11\text{A}$，$I_2 = 4\text{A}$，$I_3 = 20\text{A}$；当调节 R_3 为 2Ω 时，$I_1 = 5\text{A}$，$I_2 = 10\text{A}$，$I_3 = 50\text{A}$。求若使 $I_1 = 0\text{A}$，R_3 应调到何值，此时 I_2 为多少？

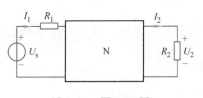
图4-46 题4-24图

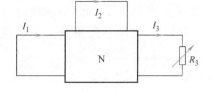
图4-47 题4-25图

4-26 图4-48所示电路为一互易网络，已知图4-48b中所示的 5Ω 电阻吸收功率为 125W。求 I_{s2}。

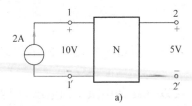

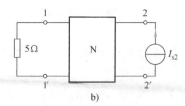
图4-48 题4-26图

第5章
> Chapter 5

正弦交流电路的稳态分析

 本章导学

前面四章都是针对电阻电路给出的分析，而工程实际的发电、用电设备除电阻和直流电源外还有大量的电感线圈、电容器、交变电源等其他器件，由于电感、电容这类元件的电压与电流之间的关系为微分或积分关系，因此称之为**动态元件**，而包含动态元件的电路称之为**动态电路**。动态电路的工作状态分为两大类，分别是稳态和暂态，本书的第5~8章研究动态电路的稳态分析，第9~10章研究动态电路的暂态分析（又称为过渡过程）。

交流电路与直流电路的分析基础仍然是基于两类约束分析法，但是由于交流信号的特殊性使得其计算手段不同（相量法、傅里叶变换、拉普拉斯变换等数学工具将相应引入），此外还有一些与直流电路具有本质不同的特殊问题都将在后面一一进行讨论。

本章是后续三章的基础，也是交流电路稳态分析的重点。对这一章的学习，既要注意交流电路与直流电路的联系，又要特别注意交流电路的频率特性，理解与掌握交流电路的相量法，关注其特殊性。

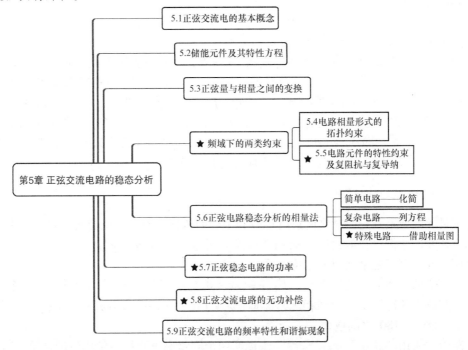

5.1   正弦交流电的基本概念

如果电路中所含的电源都是交流电源，则称该电路为交流电路（Alternating Current Circuits）。交流电压源的电压、交流电流源的电流的大小及方向都是随时间变化的，如果这种变化方式是按正弦规律进行的，则称为正弦交流电源。

在线性电路中，如果激励是正弦量，则电路中各支路电压和电流的稳态响应将是同频率的正弦量。如果电路中有多个激励且都是同一频率的正弦量，则根据线性电路的叠加性质，电路中的全部稳态响应将是同一频率的正弦量，处于这种稳定状态的电路称为正弦稳态电路，又可称为正弦电流电路。对这种电路的分析称为正弦稳态分析。

不论在实际应用中还是在理论分析中，正弦稳态分析都是极其重要的。许多电气设备的设计，性能指标的分析都是按正弦稳态来考虑的。例如，在设计高保真度音频放大器时，就要求它对输入的正弦信号能够"真实地"再现并加以放大。又如，在电力系统中，大多数问题也都可以用正弦稳态分析来解决。电工技术中的非正弦周期函数可以分解为频率成整数倍的正弦函数的无穷级数，这类问题也可以应用正弦稳态方法处理。

在高中阶段就学习过关于正弦函数的概念，这里将结合电路知识做简要回顾与总结。

5.1.1   正弦量及其三要素

随时间正弦规律变化的电压和电流称为正弦电压和正弦电流。在工程上常把正弦电流归为交流（Alternating Current，AC）。在电路分析中把正弦电流、正弦电压统称为正弦量。对正弦量的数学描述，既可以采用正弦函数，也可以采用余弦函数。本书采用余弦函数，注意不要二者同时混用。

正弦瞬时值可表示为

$$i(t) = I_m \cos(\omega t + \theta_i) \tag{5-1}$$

式中，三个常数 I_m、ω、θ_i 称为正弦量的三要素。

其中，I_m 称为振幅或幅值（amplitude），$(\omega t + \theta_i)$ 为正弦量随时间变化的角度，称为正弦量的相位，或称相位角。ω 称为正弦量的角频率，单位为 rad/s。角频率 ω 与正弦量的周期 T 和频率 f 之间的关系为：$\omega T = 2\pi$，$\omega = 2\pi f$，$f = 1/T$。若 T 的单位为秒（s），则频率 f 的单位为 1/s，称为 Hz（赫兹，简称赫）。θ_i 是正弦量在 $t = 0$ 时刻的相位，称为正弦量的初相位（角），简称初相，即 $(\omega t + \theta_i)_{t=0} = \theta_i$，初相的单位用弧度或度表示，通常在主值范围内取值，即 $|\theta_i| \leqslant 180°$。初相与正弦量计时起点的选择有关。

5.1.2   正弦量间的相位关系

正弦量的三要素是正弦量之间进行比较和区分的依据。而在正弦交流电路中经常遇到同频率的正弦波，它们仅在最大值及初相上可能有所差别。电路中常引用"相位差"的概念来描述两个同频率正弦量之间的相位关系。

设有两个同频率的正弦量为 $u_1 = U_{1m} \cos(\omega t + \theta_1)$，$u_2 = U_{2m} \cos(\omega t + \theta_2)$，这两个同频率正弦量的相位之差即等于二者初相之差，即 $(\omega t + \theta_1) - (\omega t + \theta_2) = \theta_1 - \theta_2 = \varphi_{12}$，一般情况下归算在 $-180° \sim 180°$ 之间取值。

电路中常采用"超前"和"滞后"来说明两个同频率正弦量相位比较的结果。当 $\varphi_{12} >$

0 时，称电压 u_1 超前电压 u_2；当 $\varphi_{12} < 0$ 时，称电压 u_1 滞后电压 u_2；当 $\varphi_{12} = 0$ 时，称电压 u_1 与 u_2 同相；当 $|\varphi_{12}| = \pi/2$ 时，称电压 u_1 与 u_2 正交；当 $|\varphi_{12}| = \pi$ 时，称电压 u_1 与电压 u_2 彼此反相。

也可以通过观察波形来确定相位差，如图 5-1 所示。在同一周期内两个波形的极大（小）值之间的角度值（$\leqslant 180°$），即为两个正弦量的相位差，先到达极值点的正弦量为超前波。图 5-1 所示为电流 i_1 滞后于电压 u_2。

相位差与计时起点的选取、变动无关。因此，在进行相关正弦量的分析时常选取某一正弦量作为参考正弦量，并定义其初相为零。由于正弦量的初相与设定的参考方向有关，当改变某一正弦量的参考方向时，则该正弦量的初相将改变 π。若该正弦量为参考正弦量，则其他正弦量的相位差也将相应地改变 π。

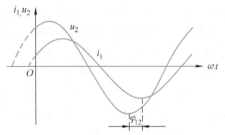

图 5-1 同频率正弦量的相位差

5.1.3 有效值

周期电流、电压的瞬时值是随时间而变化的，在电工技术中，有时并不需要知道它们每一瞬间的大小，而是将周期电流、电压在一个周期内产生的平均效应换算为在效应上与之相等的直流量，在这种情况下，就需要为它们规定一个表征大小的特征量，以衡量和比较周期电流或电压的效应。这一直流量就称为周期量的有效值（Effective Value）。

以周期电流为例，如果在一个周期内，该周期电流 i 与一个直流电流 I 通过同样大小的电阻 R 所消耗的电能相等，即

$$RI^2 T = R\int_0^T i^2 \mathrm{d}t$$

则称直流电流 I 的数值为该周期电流 i 的有效值，即定义周期电流 i 的有效值 I 为

$$I \stackrel{\mathrm{def}}{=\!=\!=} \sqrt{\frac{1}{T}\int_0^T i^2 \mathrm{d}t} \tag{5-2}$$

有效值又称为方均根值（root – mean – square value）。当电流 i 是正弦量时，正弦量的有效值与正弦量的最大值（振幅）之间关系为

$$I = \sqrt{\frac{1}{T}\int_0^T I_{\mathrm{m}}^2 \cos^2(\omega t + \theta_i)\,\mathrm{d}t} = \sqrt{\frac{1}{T}\int_0^T \frac{I_{\mathrm{m}}^2}{2}\big[\cos(2\omega t + 2\theta_i) + 1\big]\mathrm{d}t} = \frac{1}{\sqrt{2}}I_{\mathrm{m}} = 0.707I_{\mathrm{m}}$$

即正弦量的有效值为其振幅的 $1/\sqrt{2}$ 倍。根据这一关系通常将正弦量 i 改写成如下形式：

$$i = \sqrt{2}I\cos(\omega t + \theta_i)$$

工程中使用的交流电气设备铭牌上标出的额定电流、额定电压的数值，以及常用交流电压表、电流表上测量出的数字都是有效值。

5.2 储能元件及其特性方程

5.2.1 电容元件及其特性

虽然实际电容元件的品种很多，规格不同，但其结构相似，都是由相同材料的两金属板

间隔以不同介质组成。当对电容施加电源时，两极板上分别积聚等量的正负电荷，并在介质中建立电场，储存电场能量。当电源移去后，电荷仍继续保存，电场继续存在。电容元件具有保存电荷，储存电场能量的电磁特性。电容元件就是用以模拟这种特性的理想元件，其电路符号如图 5-2a 所示，两条隔离短线表示电容的两个极板，"$+q$"和"$-q$"分别表示储存的电荷，电容端电压的参考方向，应从带正电荷 $+q$ 的极板指向带负电荷 $-q$ 极板，称电容电荷 q 与电压 u 为关联参考方向（习惯上，在电容的电路符号中，只标电压，不标电荷）。

理想电容元件（Capacitor）定义为在任何时刻，其储存的电荷 $q(t)$ 与元件两端所加电压 $u(t)$ 的比值为常数，即

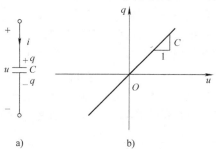

$$C = \frac{q(t)}{u(t)} \tag{5-3}$$

该常数 C 称为电容元件的电容量，简称电容。电容的单位是法拉（Farad），简称法〔F〕。

与理想电阻类似，理想电容的大小与所加电压无关，一旦元件（设备）设计制作完成，其数值即认为是常数。当然，理想电容只是实际电容元件的近似。

图 5-2 电容符号及库伏特性

理想电容的电荷和电压特性是通过 $q-u$ 坐标平面上过坐标原点的一条直线。如图 5-2b 所示。由于电荷的单位是库仑（Coulomb），简称为库〔C〕，电压的单位为伏〔V〕，所以曲线称为库伏特性曲线。在 u、q 取关联参考方向下，且 $C > 0$ 时，特性曲线在 Ⅰ、Ⅲ象限。

由物理学可知

$$i = \frac{\mathrm{d}q}{\mathrm{d}t} \tag{5-4}$$

式中，电流单位为安培〔A〕，电荷单位为库仑〔C〕。

应用式（5-3）和式（5-4）可以得到理想电容元件在关联参考方向下其电流 i 和端电压 u 的关系（VCR）为

$$i = C\frac{\mathrm{d}u}{\mathrm{d}t} \tag{5-5}$$

式（5-5）说明电容中通过的电流 i 与其端电压 u 的变化率成正比，故认为电容元件具有动态性，并称电容元件为动态元件。反过来，用电流表示电荷的关系是积分关系式，反映电荷量的积储过程，则有

$$q(t) = \int_{-\infty}^{t} i(\xi)\mathrm{d}\xi \tag{5-6}$$

可由式（5-5）得到电压与电流的关系为

$$u(t) = \frac{1}{C}\int_{-\infty}^{t} i(\xi)\mathrm{d}\xi \tag{5-7}$$

式（5-7）表明 t 时刻电容两端的电压是此时刻以前电容电流积累起来的，所以某时刻的电压值不仅与此时刻的电流值有关，而且与此时刻以前电流的全部"历史"有关。即电容元件具有记忆性质，称电容元件为记忆元件。

如果只讨论某一时刻 t_0 以后电容电荷变化情况，则式（5-6）可以写为

$$q(t) = \int_{-\infty}^{t} i(\xi) \, \mathrm{d}\xi = \int_{-\infty}^{t_0} i(\xi) \, \mathrm{d}\xi + \int_{t_0}^{t} i(\xi) \, \mathrm{d}\xi$$

或写为

$$q(t) = q(t_0) + \int_{t_0}^{t} i(\xi) \, \mathrm{d}\xi \tag{5-8}$$

式中，$q(t_0)$ 为 t_0 时刻电容所带的电荷量。

t 时刻电容具有的电荷量 $q(t)$ 等于 t_0 时刻的电量与从 t_0 到 t 时所增加的电荷量之和。如果指定 t_0 为时间的起点，并设为 0，式（5-8）可写为

$$q(t) = q(0) + \int_{0}^{t} i(\xi) \, \mathrm{d}\xi \tag{5-9}$$

式中，$q(0)$ 称为电荷的初始值。同理，电容电压由式（5-7）可得

$$u(t) = \frac{1}{C} \int_{-\infty}^{t_0} i(\xi) \, \mathrm{d}\xi + \frac{1}{C} \int_{t_0}^{t} i(\xi) \, \mathrm{d}\xi$$

或

$$u(t) = u(t_0) + \frac{1}{C} \int_{t_0}^{t} i(\xi) \, \mathrm{d}\xi \tag{5-10}$$

当 $t_0 = 0$ 时，可得

$$u(t) = u(0) + \frac{1}{C} \int_{0}^{t} i(\xi) \, \mathrm{d}\xi \tag{5-11}$$

式中，$u(0) = \dfrac{1}{C} \displaystyle\int_{-\infty}^{0} i(\xi) \, \mathrm{d}\xi$ 称为电容电压的初始值，或称初始状态。

在电流和电压取关联参考方向下，电容元件吸收的电功率为

$$p = ui = Cu \frac{\mathrm{d}u}{\mathrm{d}t}$$

t 从 $-\infty$ 到 t 时刻，电容元件吸收的电场能量为

$$w_C(t) = \int_{-\infty}^{t} Cu(\xi) \frac{\mathrm{d}u(\xi)}{\mathrm{d}\xi} \mathrm{d}\xi = C \int_{u(-\infty)}^{u(t)} u(\xi) \, \mathrm{d}u(\xi) = \frac{1}{2} Cu^2(t) - \frac{1}{2} Cu^2(-\infty)$$

一般情况下，$u(-\infty) = 0$，因此有

$$w_C(t) = \frac{1}{2} Cu^2(t) \tag{5-12}$$

无论 $u(t)$ 为何函数，由于 C 为正，所以到 t 时刻为止，电容元件吸收的能量总是大于零的，即 $w_C(t) > 0$，因此，电容是一个无源元件。

电容在某时刻 t 吸收的能量取决于此时刻的电压 $u(t)$ 值，当电压减小时，储存在电容元件中的能量也减小，即电容向电路释放能量。当电压减到零时，能量全部释放，电容释放的总能量就等于原来吸收的总能量，能量没有被消耗，所以称理想电容元件为无损元件。电容元件吸收的能量以电能的形式储存在相关的电场中，所以电容元件是一个储能元件。

通过上述分析，说明电容元件具有动态性质，只有电容两端的电压随时间变化时，才会有电流通过电容，若电压不随时间变化（直流电压），则流过电容的电流为零。所以说电容对直流电流相当于开路，即电容具有隔断直流的作用。另外，电容电压的变化率也不可能为无穷大，即电容电压一般不能突变，若电压要突变，需要一个无限大的电流作用，这实际上是不可能的，因此电容电压具有连续性。如图 5-3 所示电容两端电压的波形，图 5-3a 中的

电压波形是可能的，图 5-3b 中的电压波形是不可能的。

电容具有记忆性。某一时刻电容两端的电压，不仅与此时刻的电流有关，还与此时刻之前电流的全部"历史"情况有关。例 5-1 给出了分析。

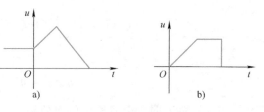

图 5-3　电容电压波形

例 5-1　如图 5-4a 所示电路中，电容 $C = 1\mu F$，其通过的电流如图 5-4b 所示，设 $u(0) = 0$，求电容的电压 $u(t)$，并绘出其波形。

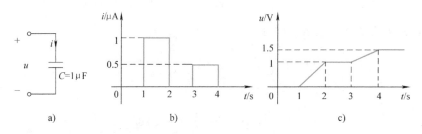

图 5-4　例 5-1 电压电流波形

解　在 $0s \leqslant t \leqslant 1s$ 期间，电流 $i(t) = 0$，由于 $u(0) = 0$，所以 $u(t) = 0$。此期间电容没有电压积累，$u(1) = 0$。

在 $1s \leqslant t \leqslant 2s$ 期间，电流 $i(t) = 1\mu A$，则电压为

$$u(t) = u(1) + \frac{1}{10^{-6}} \int_1^t 10^{-6} d\xi = t - 1$$

$$u(2) = (2 - 1)V = 1V$$

电容电压积累了从 1s 到 2s 内电流的情况，电压积累到 1V。

在 $2s \leqslant t \leqslant 3s$ 期间，电流虽然为 0A，由于电容的记忆性，电压仍保持为 $u(3) = 1V$。

在 $3s \leqslant t \leqslant 4s$ 期间，电流 $i(t) = 0.5\mu A$，电压为

$$u(t) = u(3) + \frac{1}{10^{-6}} \int_3^t 0.5 \times 10^{-6} d\xi = 0.5(t - 1)$$

$$u(4) = 0.5 \times (4 - 1)V = 1.5V$$

在 $t \geqslant 4s$ 期间，电流 $i(t) = 0$，由于电容的记忆性，电压仍保持为 $u(4) = 1.5V$。

电容电压的波形如图 5-4c 所示，电容通过的电流虽然不连续，但电压是连续的。当电流为零时（$2s \leqslant t \leqslant 3s$ 和 $t \geqslant 4s$），电压保持为 1V，是电容记忆性的体现。

例 5-2　图 5-5a 所示电容元件的电容 $C = 1F$，施加电压波形如图 5-5b 所示。试画出电流波形，并计算 $t = 0$、$t = 1s$ 时电容的能量，并观察电容元件能量的交换过程。

解　根据题给的电压波形，其随时间变化的函数为

$$u(t) = \begin{cases} (1 + t) & 0 \leqslant t < 1s \\ 2(2 - t) & 1s \leqslant t < 2s \\ 0 & t \geqslant 2s \end{cases}$$

由 $i = C \dfrac{du}{dt}$，得电流

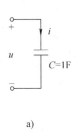 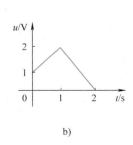 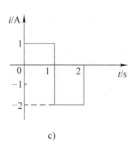

a) b) c)

图 5-5 例 5-2 电压电流波形

$$i(t) = \begin{cases} 1 & 0 < t < 1\mathrm{s} \\ -2 & 1\mathrm{s} < t < 2\mathrm{s} \\ 0 & t > 2\mathrm{s} \end{cases}$$

电流的波形如图 5-5c 所示。电容吸收的电功率为

$$p(t) = \begin{cases} ui = (1 + t) & 0 \leqslant t < 1\mathrm{s} \\ ui = -4(2 - t) & 1\mathrm{s} < t < 2\mathrm{s} \\ ui = 0 & t \geqslant 2\mathrm{s} \end{cases}$$

电容在 $t = 0$ 时储存的电能为

$$w_C(0) = \frac{1}{2} Cu^2(0) = 0.5\mathrm{J}$$

电容在 $t = 1\mathrm{s}$ 时储存的电能为

$$w_C(1) = \frac{1}{2} Cu^2(1) = \frac{1}{2} \times 1 \times [2(2-1)]^2 \mathrm{J} = 2\mathrm{J}$$

电容在 $t = 2\mathrm{s}$ 时储存的电能为

$$w_C(2) = \frac{1}{2} Cu^2(2) = 0\mathrm{J}$$

由计算结果可知，在 $t = 0$ 时，电容电压 $u(0) = 1\mathrm{V}$，电容储存能量为 0.5J；在 $0 < t < 1\mathrm{s}$ 时，电容电压 u 由 1V 逐渐升高，电流 $i > 0$，故 $p > 0$，电容吸收能量；在 $t = 1\mathrm{s}$ 时，$u(1) = 2\mathrm{V}$，电容存储能量到 2J；在 $1\mathrm{s} < t < 2\mathrm{s}$ 时，电流 $i < 0$，电压 u 降低，故 $p < 0$，电容释放能量；在 $t = 2\mathrm{s}$ 时，电压 $u(2) = 0$，$p = 0$，电容能量全部被释放。通过此例可以看出，电容在充电过程中吸收电能 1.5J，释放电能 2J，电容释放的能量等于电容初始储能与充电过程中吸收能量的总和。

如果电容的库伏特性曲线在 $u - q$ 平面上不是过原点的一条直线，而是任意的一条曲线，则称其为非线性电容元件。对于非线性电容元件，上述一些结论不能直接套用。

5.2.2 电感元件及其特性

理想电感元件也是电路的基本元件，它是实际线圈的简化模型，如图 5-6a 所示。当励磁电流 i 通过线圈时，线圈周围产生磁场，在线圈中形成磁通 Φ，假设磁通与 N 匝线圈全部交链，则总磁通链为 $N\Phi$，简称为磁链，用 Ψ 表示。

在任何时刻 t，若线圈中的磁通链 Ψ 与其励磁电流 i 成正比关系，则这种二端元件就定义为理想电感元件（Inductor），简称电感，即

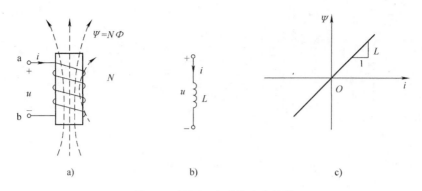

图5-6 线圈、电感及韦安特性

$$L = \frac{\Psi(t)}{i(t)} \tag{5-13}$$

式中，常数 L 称为电感系数，简称为电感。

与理想电阻、理想电容类似，理想电感的大小与所加励磁电流无关，一旦线圈设计制作完成，其数值即认为是常数。当然，理想电感只是一种近似模型，实际的电感线圈通常会为了增大电感值而加铁心，由于铁磁材料的特殊性实际线圈的电感系数只有在所加励磁电流较小的情况下可以近似看作常数。

磁链的单位是韦伯（Weber），简称韦 [Wb]，电感的单位是亨利（Henry），简称亨 [H]。电感的电路符号如图5-6b 所示，其韦安特性曲线如图5-6c 所示。

励磁电流 i 与其产生的磁链 Ψ 成右手螺旋定则关系（也称为右螺旋关系）。当磁通链随时间变化时，在线圈端子间产生感应电压 u，根据电磁感应定律，有

$$u = \frac{\mathrm{d}\Psi}{\mathrm{d}t} \tag{5-14}$$

式中，感应电压 u 的参考方向与磁链 Ψ 的方向成右螺旋关系（即由端子 a 沿导线到端子 b 的方向与感应磁通链 Ψ 成右螺旋关系），电流 i 的方向与磁链 Ψ 的方向也成右螺旋关系，则电压和电流为关联参考方向，将式（5-13）代入式（5-14）可得**理想电感元件关联参考方向下的电压电流约束关系式（VCR）**为（这里忽略了线圈内阻）

$$u = L \frac{\mathrm{d}i}{\mathrm{d}t} \tag{5-15}$$

可见，电感电压 u 与电流的变化率成正比，说明**电感是一个动态元件**。如果用电压表示磁链，积分表达式为

$$\Psi(t) = \int_{-\infty}^{t} u(\xi)\,\mathrm{d}\xi \tag{5-16}$$

将式（5-16）代入式（5-13）可进一步得到电感电压与电流的关系为

$$i(t) = \frac{1}{L} \int_{-\infty}^{t} u(\xi)\,\mathrm{d}\xi \tag{5-17}$$

式（5-16）和式（5-17）表明电感中任一时刻的磁链和电流值，不仅与此时刻的电压有关，而且与此时刻之前电压的全部"历史"情况有关。因此**电感元件也是一个记忆元件**。

如果只讨论 $t \geq t_0$ 时电感磁链的情况，则式（5-16）可以写为

$$\Psi(t) = \int_{-\infty}^{t} u(\xi)\,\mathrm{d}\xi = \int_{-\infty}^{t_0} u(\xi)\,\mathrm{d}\xi + \int_{t_0}^{t} u(\xi)\,\mathrm{d}\xi$$

或写为

$$\Psi(t) = \Psi(t_0) + \int_{t_0}^{t} u(\xi)\,\mathrm{d}\xi \tag{5-18}$$

同理，由式（5-17）可得

$$i(t) = \frac{1}{L}\int_{-\infty}^{t_0} u(\xi)\,\mathrm{d}\xi + \frac{1}{L}\int_{t_0}^{t} u(\xi)\,\mathrm{d}\xi$$

或

$$i(t) = i(t_0) + \frac{1}{L}\int_{t_0}^{t} u(\xi)\,\mathrm{d}\xi \tag{5-19}$$

式（5-19）中 $i(t_0)$ 为 t_0 时刻电感的电流值，该式表明 t 时刻流过电感的电流 $i(t)$ 等于 t_0 时刻的电流加上 t_0 到 t 时间间隔内增加的电流。如果指定 t_0 为时间的起点，并设为 $t_0 = 0$，式（5-19）可改写为

$$i(t) = i(0) + \frac{1}{L}\int_{0}^{t} u(\xi)\,\mathrm{d}\xi \tag{5-20}$$

式（5-19）中的 $i(t_0)$ 和式（5-20）中的 $i(0)$ 均称为电感电流的初始值，或称为电感电流的初始状态。

在电流和电压关联参考方向下，电感元件的电功率为

$$p = ui = Li\frac{\mathrm{d}i}{\mathrm{d}t}$$

t 从 $-\infty$ 到 t 时刻，输入到电感元件的磁场能量为

$$w_L = \int_{-\infty}^{t} Li(\xi)\frac{\mathrm{d}i(\xi)}{\mathrm{d}\xi}\mathrm{d}\xi = L\int_{i(-\infty)}^{i(t)} i(\xi)\,\mathrm{d}i(\xi) = \frac{1}{2}Li^2(t) - \frac{1}{2}Li^2(-\infty)$$

设 $i(-\infty) = 0$，此时磁场能量也为零。这样，电感 t 时刻储存的磁场能量 $w_L(t)$ 将等于它吸收的能量，可写为

$$w_L = \frac{1}{2}Li^2(t) \tag{5-21}$$

由式（5-21）可见，当 $L > 0$ 时，电感能量不可能为负值，说明电感是无源元件。

与电容情况相似，当电流增加时，对电感输入能量，并储存在磁场中，而没有消耗能量；当电流减少时，电感要释放能量；当电流为零时，电感将储存的能量全部释放。当然，释放的能量不可能大于储存的能量，所以**电感元件也是储能元件而不是耗能元件**。

通过上述分析，说明电感元件具有动态性质，只有通过电感的电流随时间变化时，才会在电感两端产生电压，若电流不随时间变化（直流电流），则电感两端电压为零，电感对直流电流相当于短路。

另外，电感电流变化率也不可能为无穷大，即电感电流一般情况下不能突变，若电流要突变，需要一个无限大的电压作用，这实际上是不可能的，因此电感电流具有连续性。

如图 5-7 所示电感电流波形，图 5-7a 中

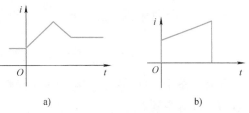

a)　　　　　　　b)

图 5-7　电感电流波形

的电流波形是可能的，图5-7b中电流的波形实际中是不存在的。

电感也如同电容一样，具有记忆性，是一个无损、无源的储能元件。

例5-3   已知一个5H的电感，其两端电压$u(t)$为：$u(t) = \begin{cases} 30t^2 & t > 0 \\ 0 & t \leq 0 \end{cases}$，求关联参考方向下的电感电流$i(t)$及在$0\text{s} \leq t \leq 5\text{s}$期间电感储存的能量。

解   由于$i(t) = i(0) + \dfrac{1}{L}\displaystyle\int_0^t u(\xi)\mathrm{d}\xi$和$L = 5\text{H}$，得

$$i(t) = 0 + \frac{1}{5}\int_0^t 30\,\xi^2\mathrm{d}\xi = 2\,t^3\,\text{A}$$

功率为$P = ui = 60t^5$，储存在电感中的能量为

$$w = \int p(t)\mathrm{d}t = \int_0^5 60t^5\mathrm{d}t = 60\left.\frac{t^6}{6}\right|_0^5\,\text{J} = 156.25\text{kJ}$$

也可以由$w = \dfrac{1}{2}Li^2(t) - \dfrac{1}{2}Li^2(0)$得到电感储存的能量为

$$w = \frac{1}{2}Li^2(5) - \frac{1}{2}Li^2(0) = \left[\frac{1}{2}5\,(2 \times 5^3)^2 - 0\right]\text{J} = 156.25\text{kJ}$$

如果电感中的磁链与电流不是成正比关系，这种电感为非线性电感，例如带铁心的线圈。对非线性电感、非线性电容的分析可参考相关非线性电路的材料。

5.2.3   正弦激励下动态电路时域分析面临的困境

如前所述，在关联参考方向下，线性非时变电阻、电容及电感元件的VCR分别为

$$u = Ri\ ,\ i = C\frac{\mathrm{d}u}{\mathrm{d}t},\ u = L\frac{\mathrm{d}i}{\mathrm{d}t}$$

在正弦稳态电路中，这些元件的电压、电流都是同频率的正弦波。下面以一个简单电路为例来进行分析说明。

设三个理想电阻、电容及电感元件串联并由正弦电压源供电，现假设回路中的电流为$i = \sqrt{2}I\cos(\omega t - 30°)$，试求$u_R$、$u_L$、$u_C$的表达式。

对于电阻元件，根据欧姆定律$u_R = Ri_R$，$i_R = i$，有

$$u_R = \sqrt{2}RI\cos(\omega t - 30°)$$

对于电感元件来说，由$u_L = L\dfrac{\mathrm{d}i_L}{\mathrm{d}t}$，有

$$u_L = \sqrt{2}\omega LI\cos(\omega t - 30° + 90°) = \sqrt{2}\omega LI\cos(\omega t + 60°)$$

对于电容元件来说，由$i_C = C\dfrac{\mathrm{d}u_C}{\mathrm{d}t}$，设电容电压初始值为零，做积分运算可得

$$u_C = \sqrt{2}\frac{1}{\omega C}I\cos(\omega t - 30° - 90°) = \sqrt{2}\frac{1}{\omega C}I\cos(\omega t - 120°)$$

显然，每个元件的电压与电流都是同频率的，当已知各自元件的电流时，相应的电压也比较容易计算得到。

但是如果进一步求解任意两个元件，如电阻与电感两个元件串联在一起的总电压时，则

需通过 u_R、u_L 两个三角函数值做加法运算得到，这个过程就会复杂的多（具体计算留给读者完成）。

如果是复杂的电路，这种时域的代数与微积分运算会更加烦琐。因此，在时域情况下，正弦交流电路的计算就会因面临大量三角函数的代数运算而难以进行。为解决这一困境，德裔美国工程师斯泰因梅茨（Steinmetz）给出了一种方法，该方法是一种"变换法"，它将时域的三角函数运算巧妙地转换成（频域的）复数运算，大大简化了计算过程，后称这种方法为相量分析法。

相量分析法在电子技术、电力电子、电力系统等相关学科中得到了广泛应用。此外，这种"变换"的思想启发了人们解决复杂运算的思考方式，如高阶微分方程的求解从时域变换到复频域的拉普拉斯变换法（本书第 10 章），以及后续专业课中会继续学习的 Z 变换、小波变换等。

5.3 正弦量与相量之间的变换

5.3.1 相量的基本概念

首先看一下正弦量瞬时值与复数之间的关系。

设 A 为一个复数，数学上可以用以下几种方式表示为

$$A = a_1 + \mathrm{j}a_2$$

$$A = |A|\,\mathrm{e}^{\mathrm{j}\theta_a}$$

$$A = |A|\,\underline{/\theta_a}$$

式中，a_1、a_2 分别为复数的实部（Real Part）、虚部（Imaginary Part），$|A|$ 为其模（Modulus），θ_a 为其辐角（Argument）。

对任意一个正弦量 $f(t) = F_m\cos(\omega t + \theta)$，均可构造一个复指数函数 $F_m\mathrm{e}^{\mathrm{j}(\omega t + \theta)}$，再根据欧拉公式 $\mathrm{e}^{\mathrm{j}\alpha} = \cos\alpha + \mathrm{j}\sin\alpha$ 将该函数改写为代数形式，即

$$F_m\mathrm{e}^{\mathrm{j}(\omega t + \theta)} = F_m\cos(\omega t + \theta) + \mathrm{j}F_m\sin(\omega t + \theta) \tag{5-22}$$

式（5-22）表明，正弦量 $f(t)$ 为复指数函数 $F_m\mathrm{e}^{\mathrm{j}(\omega t + \theta)}$ 的实部。由此可以得到结论：正弦函数可以利用复指数函数描述，使正弦量与其实部一一对应起来，即

$$f(t) = F_m\cos(\omega t + \theta) = \mathrm{Re}\left[F_m\mathrm{e}^{\mathrm{j}(\omega t + \theta)}\right] = \mathrm{Re}\left[F_m\mathrm{e}^{\mathrm{j}\theta}\mathrm{e}^{\mathrm{j}\omega t}\right] \tag{5-23}$$

式中，$F_m\mathrm{e}^{\mathrm{j}\theta}$ 是一个与时间无关的复值常数，它以正弦量的最大值（振幅）F_m 为模，以初相角 θ 为辐角。

由此将这个复值常数 $F_m\mathrm{e}^{\mathrm{j}\theta}$ 定义为正弦量 $f(t)$ 的振幅相量，用 $\dot{F}_m$ 表示，有

$$\dot{F}_m = F_m\mathrm{e}^{\mathrm{j}\theta} = F_m\,\underline{/\theta} \tag{5-24}$$

这里，$\dot{F}_m$ 头上的小圆点用来表示相量，用来与最大值区分，同时与一般复数区分；$F_m\,\underline{/\theta}$ 称为振幅相量的模角形式。

由于正弦量的有效值 F 与振幅 F_m 之间存在 $F_m = \sqrt{2}F$ 关系，故 $\dot{F}_m = \sqrt{2}\dot{F} = \sqrt{2}F\,\underline{/\theta}$，称

$$\dot{F} = F\,\underline{/\theta} \tag{5-25}$$

为正弦量的有效值相量，简称为相量。今后凡不加声明，所采用的相量均指有效值相量。

将上述讨论应用于正弦电压、正弦电流，则有如下对应关系：

若 $i = \sqrt{2}I\cos(\omega t + \theta_\mathrm{i})$，则 $i = \mathrm{Re}[\sqrt{2}I\mathrm{e}^{\mathrm{j}\theta_\mathrm{i}}\mathrm{e}^{\mathrm{j}\omega t}]$，其对应的相量为

$$\dot{I} = I\mathrm{e}^{\mathrm{j}\theta_\mathrm{i}} = I\underline{/\theta_\mathrm{i}}$$

同样的，若 $u = \sqrt{2}U\cos(\omega t + \theta_\mathrm{u})$，则电压相量为

$$\dot{U} = U\mathrm{e}^{\mathrm{j}\theta_\mathrm{u}} = U\underline{/\theta_\mathrm{u}}$$

这里所说的"对应关系"即为一种最简单的数学变换，把正弦量的瞬时值变换成相量称为正变换，反之，从相量形式写成三角函数的瞬时值称之为逆变换（或反变换）。只不过这里的正变换与逆变换无须特殊计算，只需直观观察即可写出。

与正弦量相对应的复指数函数 $F_\mathrm{m}\mathrm{e}^{\mathrm{j}(\omega t + \theta)} = \dot{F}_\mathrm{m}\mathrm{e}^{\mathrm{j}\omega t}$ 在复平面上可用旋转相量表示，旋转相量等于相量乘以旋转因子 $\mathrm{e}^{\mathrm{j}\omega t}$，其中 $\dot{F}_\mathrm{m} = F_\mathrm{m}\mathrm{e}^{\mathrm{j}\theta}$ 表示其 $t = 0$ 时旋转相量的位置，称其为复振幅，$\mathrm{e}^{\mathrm{j}\omega t}$ 是一个随时间以角速度 ω 沿逆时针不断旋转的单位旋转因子。正弦量就是旋转相量在旋转过程中其复振幅在正实轴上的投影，其波形如图 5-8 所示，这就是复指数函数的几何意义。

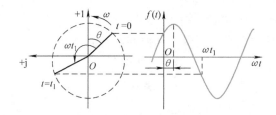

图 5-8　旋转相量在实轴上的投影对应正弦波（$\theta < 0$）

两个同频率正弦量的旋转相量，其角速度相同，旋转相量的相对位置保持不变（同频率正弦量的相位差为常量）。

因此，当讨论两个正弦量的振幅和相位关系时，无须考虑它们在旋转，通常只需画出它们在 $t = 0$ 时的位置就可以了，如图 5-9 所示，称这种在复平面中表示相量关系的图为正弦量的相量图，依据相量图就可以非常直观地比较各个正弦量的振幅大小及相位关系。

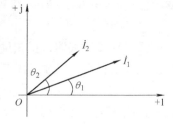

图 5-9　正弦量的相量图

正弦电路分析中借助相量图进行电路分析是一种非常重要的方法，电力电子技术、电力系统分析等专业课中也会经常用到，请读者加以重视。

5.3.2　相量的运算规则

由上述分析可见，相量是由三角函数的三个要素抽出来的两个要素（有效值与初相角）构成的特殊复数。下面以电流相量为例讨论这些运算规则。

1. 正弦相量的代数和规则

设有 n 个同频率的正弦量，其和为

$$i = i_1 + i_2 + \cdots + i_k + \cdots + i_n$$

由于

$$i_k = \sqrt{2}I_k \cos(\omega t + \theta_k) = \mathrm{Re}\big[\sqrt{2}I_k \mathrm{e}^{\mathrm{j}\theta_k}\mathrm{e}^{\mathrm{j}\omega t}\big] = \mathrm{Re}\big[\sqrt{2}\dot{I}_k \mathrm{e}^{\mathrm{j}\omega t}\big]$$

若每一个正弦量均用与之对应的复指数函数表示，则有

$$i = \mathrm{Re}\big[\sqrt{2}\dot{I}_1 \mathrm{e}^{\mathrm{j}\omega t}\big] + \mathrm{Re}\big[\sqrt{2}\dot{I}_2 \mathrm{e}^{\mathrm{j}\omega t}\big] + \cdots + \mathrm{Re}\big[\sqrt{2}\dot{I}_k \mathrm{e}^{\mathrm{j}\omega t}\big] + \cdots + \mathrm{Re}\big[\sqrt{2}\dot{I}_n \mathrm{e}^{\mathrm{j}\omega t}\big]$$

$$= \mathrm{Re}\big[\sqrt{2}(\dot{I}_1 + \dot{I}_2 + \cdots + \dot{I}_k + \cdots + \dot{I}_n)\mathrm{e}^{\mathrm{j}\omega t}\big] = \mathrm{Re}\big[\sqrt{2}\dot{I}\mathrm{e}^{\mathrm{j}\omega t}\big]$$

上式对任何时刻都成立，所以有

$$\dot{I} = \dot{I}_1 + \dot{I}_2 + \cdots + \dot{I}_k + \cdots + \dot{I}_n = \sum_{k=1}^{n}\dot{I}_k \tag{5-26}$$

由此得到正弦相量的代数和运算规则：同频率正弦量的代数和的相量等于与之对应的各正弦量的相量的代数和。

将代数和运算规则扩展，可以得到下述**比例运算规则**

$$i = \sum_{j=1}^{n}k_j i_j \Leftrightarrow \dot{I} = \sum_{j=1}^{n}k_j \dot{I}_j \tag{5-27}$$

式中，系数 k_j 为任意实数。证明留给读者完成。

2. 正弦相量的微分运算规则

对正弦电流 $i = \sqrt{2}I\cos(\omega t + \theta_i)$ 求导并做代换，有

$$\frac{\mathrm{d}i}{\mathrm{d}t} = \sqrt{2}I\omega\cos\left(\omega t + \theta_i + \frac{\pi}{2}\right) = \frac{\mathrm{d}}{\mathrm{d}t}\mathrm{Re}\big[\sqrt{2}\dot{I}\mathrm{e}^{\mathrm{j}\omega t}\big]$$

$$= \mathrm{Re}\left[\frac{\mathrm{d}}{\mathrm{d}t}(\sqrt{2}\dot{I}\mathrm{e}^{\mathrm{j}\omega t})\right] = \mathrm{Re}\big[\sqrt{2}\mathrm{j}\omega\dot{I}\mathrm{e}^{\mathrm{j}\omega t}\big] = \mathrm{Re}\big[\sqrt{2}I\omega\mathrm{e}^{\mathrm{j}(\theta_i + \frac{\pi}{2})}\mathrm{e}^{\mathrm{j}\omega t}\big]$$

所以正弦电流一阶微分的时域值与其相量的对应关系为

$$\frac{\mathrm{d}i}{\mathrm{d}t} \Leftrightarrow \mathrm{j}\omega\dot{I} = \omega I\underline{/\theta_i + \pi/2} \tag{5-28}$$

由此得到正弦相量的微分运算规则：正弦量对时间的导数仍是一个同频率的正弦量，其相量等于原正弦量的相量乘以 **j**ω。

同理可推出正弦量的高阶导数与其相量的对应关系为

$$\frac{\mathrm{d}^n i}{\mathrm{d}t^n} \Leftrightarrow (\mathrm{j}\omega)^n \dot{I} \tag{5-29}$$

3. 正弦相量的积分运算规则

对正弦电流 $i = \sqrt{2}I\cos(\omega t + \theta_i)$ 进行积分并代换，有

$$\int i\mathrm{d}t = \sqrt{2}\frac{I}{\omega}\cos\left(\omega t + \theta_i - \frac{\pi}{2}\right) = \int\mathrm{Re}\big[\sqrt{2}\dot{I}\mathrm{e}^{\mathrm{j}\omega t}\big]\mathrm{d}t = \mathrm{Re}\left[\sqrt{2}\left(\frac{\dot{I}}{\mathrm{j}\omega}\right)\mathrm{e}^{\mathrm{j}\omega t}\right]$$

所以正弦电流一阶积分的时域值与其相量的对应关系为

$$\int i(t)\,\mathrm{d}t \Leftrightarrow \dot{I}/\mathrm{j}\omega \tag{5-30}$$

由此得到正弦相量的积分运算规则：正弦量对时间的积分是一个同频率的正弦量，其相量等于原正弦量的相量除以 **j**ω。

同理可推得正弦量的 n 重积分与其相量的对应关系为

$$\int \cdots \int i(t) \, \mathrm{d}t^n \Leftrightarrow \dot{I} / (\mathrm{j}\omega)^n \tag{5-31}$$

将正弦相量的微分和积分规则对比可以得到如下结论：正弦量用相量表示，其对时间求导或积分的运算变为代表它们的相量乘以或除以 $\mathrm{j}\omega$ 的运算。

这些运算规则的运用将对正弦电路电压、电流变量的运算带来极大方便，可将同频率正弦量的代数和及微分、积分的三角函数运算变换为相量的复数运算，从而大大简化正弦交流电路分析与方程的求解。

5.4　电路相量形式的拓扑约束

在第 1 章中已详细地讨论了基尔霍夫定律（KCL 和 KVL），定律指出它在任何时刻，对任何集中参数电路都成立，固然也包括了正弦电流电路。

对电路中任一节点，在所有时刻，时域的 KCL 可以表示为 $\sum\limits_{k=1}^{n} i_k = 0$，根据正弦量的代数运算规则可以得到其相量形式为

$$\sum_{k=1}^{n} \dot{I}_k = 0 \tag{5-32}$$

即，在正弦电流电路中，流出任一节点的支路电流相量的代数和恒等于零。

类似的，KVL 的相量形式为

$$\sum_{k=1}^{n} \dot{U}_k = 0 \tag{5-33}$$

即，在正弦电流电路中，沿电路中任一回路各支路电压相量的代数和恒等于零。

因此，在正弦稳态电路中，基尔霍夫定律可直接用电流相量和电压相量写出，建立支路电流相量之间、支路电压相量之间的对应关系，进行相应的复数代数和运算，而不必在时域写出方程，再进行三角函数的代数和运算。

5.5　电路元件的特性约束及复阻抗与复导纳

本节推导电路基本元件 VCR 的相量形式方程，并扩展到无源一端口网络的等效化简。

5.5.1　电路基本元件 VCR 的相量形式

1. 电阻元件

当电阻元件中通以正弦电流 i_R 时，在关联参考方向下，设其两端的电压为 u_R，且有 $u_R = Ri_R$。现设 $\dot{U}_R = U_R \underline{/\theta_u}$，$\dot{I}_R = I_R \underline{/\theta_i}$，对于线性电阻而言，电阻值 R 为常数，因此直接利用相量的比例运算规则即可得到电阻元件相量形式表示的元件约束方程（VCR）为

$$\dot{U}_R = R\dot{I}_R \quad \text{或} \quad \dot{I}_R = \dot{U}_R / R \tag{5-34}$$

可见，对于理想电阻元件，有效值符合欧姆定律，其电压与电流同相位，即

$$U_R = RI_R, \theta_u = \theta_i$$

根据相量形式的电阻 VCR 公式画出电压相量与电流相量的元件模型图，如图 5-10a 所

示，称为与其时域模型相对应的**元件相量模型**，在复平面画出其电压相量与电流相量对应的大小与相位关系示意图，如图 5-10b 所示，称为**元件的相量图**。

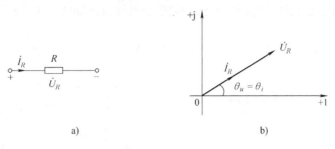

图 5-10　电阻元件的电压、电流相量模型及相量图

2. 电容元件

对于关联参考方向下的线性电容元件有 $i_C = C \dfrac{\mathrm{d}u_C}{\mathrm{d}t}$，设 $\dot{I}_C = I_C \; \underline{/\theta_i}$，$\dot{U}_C = U_C \; \underline{/\theta_u}$，由相量的微分及比例运算规则可以得到电容元件相量形式表示的元件约束方程（VCR）为

$$\dot{I}_C = \mathrm{j}\omega C \, \dot{U}_C \quad \text{或} \quad \dot{U}_C = \frac{\dot{I}_C}{\mathrm{j}\omega C} \tag{5-35}$$

因此，对于线性电容，关联参考方向下元件的有效值及相位关系为

$$U_C = \frac{I_C}{\omega C}, \; \theta_u = \theta_i - 90°$$

可见，电容元件中电压有效值与电流有效值之间的对应关系除了与电容值成反比以外，还与电路的角频率成反比，并且电压的相位滞后于电流的相位 90°。

类似的，画出电容元件的电压、电流相量模型及相量图如图 5-11 所示。从其相量图可以非常直观看出，电容电压相量与电容电流相量是垂直的且电压滞后于电流。

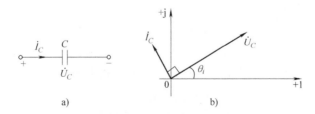

图 5-11　电容元件的电压、电流相量模型及相量图

3. 电感元件

对于关联参考方向下的线性电感元件有 $u_L = L \dfrac{\mathrm{d}i_L}{\mathrm{d}t}$，设 $\dot{U}_L = U_L \; \underline{/\theta_u}$，$\dot{I}_L = I_L \; \underline{/\theta_i}$，类似的，由相量的微分及比例运算规则可以得到其相量形式表示的元件约束方程（VCR）为

$$\dot{U}_L = \mathrm{j}\omega L \, \dot{I}_L \quad \text{或} \quad \dot{I}_L = \frac{\dot{U}_L}{\mathrm{j}\omega L} \tag{5-36}$$

因此，对于线性电感，关联参考方向下元件的有效值及相位关系为

$$U_L = \omega L I_L, \; \theta_u = \theta_i + 90°$$

可见，电感元件中电压有效值与电流有效值之间的对应关系除了与电感值成正比以外，还与电路的角频率成正比，并且电压的相位超前于电流的相位90°。

同样可以画出电感元件的电压、电流相量模型及相量图如图5-12所示。

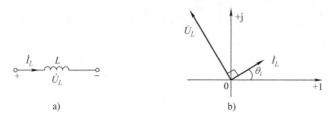

图5-12　电感元件的电压、电流相量模型及相量图

有了电路元件的相量模型，即可把给定的时域电路模型图中的每个元件都转换成相应的相量模型，从而构成电路的相量模型图，再根据两类约束相量形式的方程，即可对电路进行相应的分析。这与直流电路中的两类约束法是类似的，区别只在于一个是实数代数方程，另一个是复数代数方程。

例5-4　在如图5-13a所示的正弦稳态电路中，电流表 A_1、A_2 的读数均为有效值，求电流表 A 的读数。

解法一　列方程求解。先将时域电路模型图5-13a转换为相量模型图5-13b。

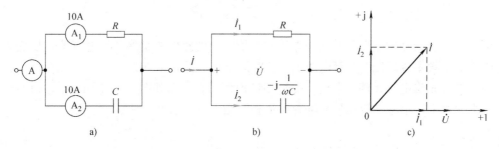

图5-13　例5-4题图

由于 RC 为并联，设端电压 $\dot{U}$ 为参考相量，令其初相为零，即 $\dot{U} = U \underline{/0°}$，则

$$\dot{I}_1 = \frac{\dot{U}}{R} = \frac{U \underline{/0°}}{R} = I \underline{/0°}\text{A}$$

电流表 A_1 的读数即为 I_1，$I_1 = 10\text{A}$，所以 $\dot{I}_1 = 10 \underline{/0°}\text{A}$。对于电容元件有

$$\dot{I}_2 = j\omega C\dot{U} = \omega CU \underline{/90°}$$

因为 A_2 的读数为 10A，所以 $\dot{I}_2 = 10 \underline{/90°}\text{A} = j10\text{A}$。

根据 KCL 可以得到

$$\dot{I} = \dot{I}_1 + \dot{I}_2 = (10 + j10)\,\text{A} = 10\sqrt{2} \underline{/45°}\text{A}$$

由此可得到有效值 I 的数值即为 A 表的读数，$I = 10\sqrt{2}\text{A} = 14.1\text{A}$。

图5-13c为总电流与两条支路电流之间的相量关系图。

解法二　利用相量图求解。事实上，借助相量图中三个相量构成的等腰直角三角形可以直接观察得到总电流（斜边）与两个支路电流（两条直角边）之间的对应关系，求得主干路电流表 A 的读数。对于本例甚至不需要计算。

例 5-5　电路如图 5-14a 所示，各电压表的读数均为有效值，试求电压表 V$_2$ 的读数。

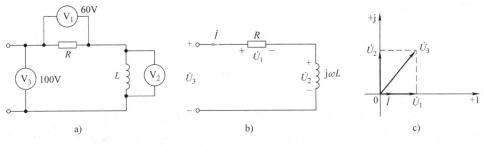

图 5-14　例 5-5 题图

本例与例 5-4 相似（两个电路对偶）。

解法一　将时域电路图 5-14a 转换成相量模型图 5-14b。因为 RL 为串联，故设 RL 中的电流 $\dot{I}$ 为参考相量，即 $\dot{I} = I \underline{/0°}$。

对于电阻，有 $\dot{U}_1 = R\,\dot{I} = RI \underline{/0°}$，因为 $U_{V1} = 60\text{V}$，所以 $\dot{U}_1 = 60 \underline{/0°}\text{V}$。

对于电感元件，有 $\dot{U}_2 = \mathrm{j}\omega L\,\dot{I} = \mathrm{j}\omega LI \underline{/0°} = \omega LI \underline{/90°} = U_2 \underline{/90°} = \mathrm{j}U_2$。

由于两个元件串联，可以画出电路的相量图如图 5-14c 所示。由 KVL 可以得到

$$\dot{U}_3 = \dot{U}_1 + \dot{U}_2 = 60 + \mathrm{j}U_2 = \sqrt{60^2 + U_2^2} \underline{/\arctan(U_2/60)}$$

将上述复数的代数形式与极坐标形式分别对应，即可求得 V$_2$ 电压表的读数（具体计算由读者完成）。

解法二　与例 5-4 类似，借助相量图中变量的几何关系同样可以得到（其中已知 $U_{V3} = 100\text{V}$）

$$100 = \sqrt{60^2 + U_2^2}$$
$$U_2 = \sqrt{100^2 - 60^2}\,\text{V} = 80\text{V}$$

因此电压表 V$_2$ 的读数为 80V。

通过以上两个例题可以看到，在正弦交流电路中，借助相量图构成的几何关系图，在有些情况下可以更简便地求得各个相量的有效值之间以及初相之间的对应关系，这在某些特殊电路的分析中是个非常有效的方法。

相信大家已经注意到了，电容元件、电感元件的相量形式方程与电阻元件相量方程的区别，以及电容元件与电感元件的相量形式方程的对偶关系（二者电压电流相位关系相反，其有效值与频率的对应关系相反），这是正弦电路与直流电路的本质区别。其中，两个动态元件的特性与频率的关系也是正弦电路得以广泛应用的非常重要的原因，随着后续章节的学习，大家会逐渐体会、理解并加以运用。

此外，用相量表示三种基本元件的 VCR 与时域形式用正弦量表示的 VCR 相比，相量形式更为简洁、特点更为突出。类似的其他电路元件的 VCR 同样可以用相量形式写出，这里不一一赘述。

5.5.2　复阻抗与复导纳

5.5.1 节推导出的电阻、电容、电感三种电路基本元件在电压和电流关联参考方向下相量形式的 VCR 分别为

$$\dot{U}_R = R\dot{I}_R$$

$$\dot{U}_C = \frac{1}{j\omega C}\dot{I}_C$$

$$\dot{U}_L = j\omega L\,\dot{I}_L$$

对比可见，这三种元件电压相量和电流相量之间的对应关系各不相同，只有电阻的形式与直流电路欧姆定律相似。能否将电容、电感的相量形式 VCR 也构造成与电阻相似的形式，从而借鉴直流电路的各种分析方法简化正弦交流电路的稳态分析呢?

为了解决这个问题，引入复阻抗和复导纳概念来统一描述各个电路元件，定义如下:

正弦稳态电路中，无源元件的电压相量与电流相量之比，定义为复阻抗（Complex Impedance），用符号 Z 表示，简称阻抗，即

$$\dot{U} = Z\dot{I} \tag{5-37}$$

式（5-37）称为相量形式的欧姆定律。

注意:这里的电压与电流相量相对于元件而言必须是关联参考方向。显然阻抗具有电阻的量纲。

对于电路基本元件电阻、电容、电感，各自的阻抗分别为

$$Z_R = R$$

$$Z_C = \frac{1}{j\omega C} = -j\frac{1}{\omega C}$$

$$Z_L = j\omega L$$

为便于分析，将复阻抗的倒数定义为复导纳（Complex Admittance），简称导纳，用符号 Y 表示。

$$Y = \frac{1}{Z} \quad 或 \quad Y = \frac{\dot{I}}{\dot{U}} \tag{5-38}$$

电阻、电容、电感的导纳分别为

$$Y_R = \frac{1}{R} = G$$

$$Y_C = j\omega C$$

$$Y_L = \frac{1}{j\omega L} = -j\frac{1}{\omega L}$$

因此，基本元件的 VCR 相量关系也可归结为

$$\dot{I} = Y\dot{U} \tag{5-39}$$

式（5-39）为欧姆定律的另一相量形式。显然导纳具有电导的量纲。复阻抗、复导纳的图形符号与电阻相似，如图 5-15b、c 所示。

复阻抗和复导纳的定义不仅适用于无源二端元件，也适用于含线性电阻、电感、电容、

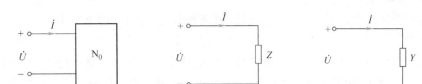

图 5-15 一端口的复阻抗、复导纳电路及图形符号

受控源等元件的无源一端口 N_0。如图 5-15a 所示的无源一端口电路,设端口电压相量为 $\dot{U} = U \underline{/\theta_u}$、端口电流相量为 $\dot{I} = I \underline{/\theta_i}$,且 $\dot{U}$、$\dot{I}$ 为关联参考方向,则一端口的复阻抗定义为

$$Z \xlongequal{\text{def}} \frac{\dot{U}}{\dot{I}} = |Z| \underline{/\varphi_Z} \tag{5-40}$$

阻抗 Z 模值的大小代表端口电压有效值与端口电流有效值之比,$|Z| = U/I$,阻抗的辐角称为阻抗角,其大小代表端口电压初相与端口电流初相之差,$\varphi_z = \theta_u - \theta_i$。

阻抗 Z 的复数形式还可写为代数形式,即

$$Z = R + jX$$

其实部又称为阻抗的广义电阻,记为 $\text{Re}[Z] = |Z|\cos\varphi_Z = R$;虚部称为阻抗的电抗,记为 $\text{Im}[Z] = |Z|\sin\varphi_Z = X$。

单个元件是无源二端网络的特例,其中,电阻的阻抗虚部为零,实部为实数,即为实际电阻值 R;电容的阻抗实部为零,虚部为 $-1/(\omega C)$,用 X_C 表示,即 $X_C = -1/(\omega C)$,称为电容的容抗,简称容抗;电感的阻抗实部也为零,虚部为 ωL,用 X_L 表示,即 $X_L = \omega L$,简称感抗。

类似的,复导纳 Y 也可写为代数形式,即

$$Y = G + jB \tag{5-41}$$

称复导纳的实部为导纳的广义电导,记为 $\text{Re}[Y] = |Y|\cos\varphi_Y = G$,其虚部称为广义电纳,记为 $\text{Im}[Y] = |Y|\sin\varphi_Y = B$。

对于三个基本电路元件,它们的导纳分别为

$$Y_R = G = \frac{1}{R}$$

$$Y_C = j\omega C = jB_C$$

$$Y_L = \frac{1}{j\omega L} = -j\frac{1}{\omega L} = jB_L$$

可见,电阻 R 的导纳实部即电导 $G = 1/R$,虚部为零;电感的导纳实部为零,虚部为 $B_L = -1/(\omega L)$,称为电感的电纳,简称感纳;电容的导纳实部为零,虚部为 $B_C = \omega C$,称为电容的电纳,简称容纳。

注意:虽然阻抗和导纳是复数,但它们不是相量,所以不代表任何正弦量。

5.5.3 阻抗、导纳的三种类型

一般情况下,由式(5-40)定义的阻抗 Z 又称为无源一端口 N_0 的等效阻抗、输入阻抗或驱动点阻抗。通过一个电阻元件与电感元件并联即可验证,无源二端网络的虚部和实部都

是外施正弦激励角频率 ω 的函数（验证过程请读者自己完成），通常写为

$$Z(j\omega) = R(\omega) + jX(\omega)$$

$Z(j\omega)$ 的实部 $R(\omega)$ 称为它的电阻分量，它的虚部 $X(\omega)$ 称为电抗分量。一般来说，阻抗的实部、虚部都是网络中各元件参数和频率的函数。R、X 和 $|Z|$ 之间的关系可以用图 5-16 所示的阻抗三角形表示。

对于某一个无源一端口网络 N_0，当不同频率的正弦激励作用于该网络时，会使阻抗 Z 出现下列三种可能的取值：

1）$X>0$，$\varphi_Z>0$，称阻抗 Z 呈感性，电流滞后于电压 φ_Z。

2）$X<0$，$\varphi_Z<0$，称阻抗 Z 呈容性，电流超前于电压 φ_Z。

3）$X=0$，$\varphi_Z=0$，称阻抗 Z 呈电阻性，其电流与电压同相。

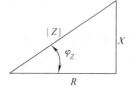

图 5-16　阻抗三角形

同样，一般情况下，按无源一端口 N_0 定义的导纳又称为该一端口的等效导纳，输入导纳或驱动点导纳。它的虚部和实部也都将是外施激励角频率 ω 的函数，此时，Y 可以表示为

$$Y(j\omega) = G(\omega) + jB(\omega)$$

$Y(j\omega)$ 的实部 $G(\omega)$ 称为它的电导分量，虚部 $B(\omega)$ 称为电纳分量，其电导与电纳也都是网络中各元件参数和频率的函数。G、B 和 $|Y|$ 之间关系可以用如图 5-17 所示的导纳三角形表示。

类似的，对于同一个网络，当其工作在不同频率下，即 ω 为不同值时，Y 有下列三种可能的取值：

1）$B>0$，$\varphi_Y>0$，称导纳 Y 呈容性，电流超前电压 φ_Y。

2）$B<0$，$\varphi_Y<0$，称导纳 Y 呈感性，电流滞后电压 φ_Y。

3）$B=0$，$\varphi_Y=0$，称导纳 Y 呈电阻性，其电流与电压同相。

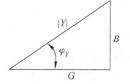

图 5-17　导纳三角形

此外，如果一端口网络 N_0 仅由 R、L、C 元件组成，一定有 $\mathrm{Re}[Z(j\omega)]\geqslant0$ 或 $|\varphi_Z|\leqslant90°$（相应的 $\mathrm{Re}[Y(j\omega)]\geqslant0$ 或 $|\varphi_Y|\leqslant90°$）；当一端口 N_0 中有受控源时，可能会有 $\mathrm{Re}[Z(j\omega)]<0$ 或 $|\varphi_Z|>90°$（对应的 $\mathrm{Re}[Y(j\omega)]<0$ 或 $|\varphi_Y|>90°$）。

5.5.4　阻抗、导纳的等效电路模型

对于图 5-18a 所示的无源单口网络 N_0，其端口 VCR 既可以表示为 $\dot{U}=Z\dot{I}$（其中 $Z=R+jX$），也可以表示为 $\dot{I}=Y\dot{U}$（其中 $Y=G+jB$），分别用串联模型和并联模型等效，可以得到如图 5-18b、c 所示的两种电路模型。显然，两种模型之间也是互为等效的电路。

比较两种 VCR 表达式，显然有

$$Z = \frac{1}{Y}$$

$$Y = \frac{1}{Z}$$

若已知 $Y=G+jB$，则

$$Z = \frac{1}{G+jB} = \frac{G-jB}{(G+jB)(G-jB)} = \frac{G}{G^2+B^2} - j\frac{B}{G^2+B^2}$$

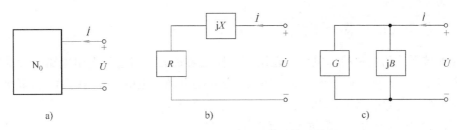

图 5-18　单口网络 N_0 及其两种等效模型

所以有

$$R = \frac{G}{G^2 + B^2}$$

$$X = -\frac{B}{G^2 + B^2}$$

一般情况下，R 并非 G 的倒数，X 也不可能是 B 的倒数。此外 R、G、X、B 均为角频率 ω 的函数，只是为了书写简便而未写成 $R(\omega)$、$G(\omega)$、$X(\omega)$、$B(\omega)$ 的形式。

5.6　正弦电路稳态分析的相量法

通过 5.5 节可以看出：正弦稳态电路的分析在引入复阻抗、复导纳后，电阻、电感、电容元件的相量 VCR 形式上与直流电路电阻元件的 VCR 相似，电路的相量形式的拓扑约束方程也与直流电路类似，即正弦交流电路相量形式的两类约束形式上均与直流电路的相应约束相同。因此，直流电路的所有分析方法及定理、定律都可以应用到正弦交流电路的分析中。

下面给出正弦稳态电路的分析过程：

（1）建立电路的相量模型图（简称建模）

根据已知的时域电路，在保持原电路拓扑结构不变的条件下，把电路中的正弦电压、电流全部用相应的相量表示，方向不变。原电路中的各个元件则分别用阻抗或导纳表示，即把每一个电阻元件看作具有 R 值的阻抗（或导纳 G）；每一个电容元件看作具有 $1/(j\omega C)$ 值的阻抗（或导纳 $j\omega C$）；每一个电感元件看作具有 $j\omega L$ 值的阻抗［或导纳 $1/(j\omega L)$］。因为实际上并不存在用虚数计量的电压和电流，也没有一个元件的参数为虚数，所以相量模型是一种假想的模型，是对正弦稳态电路进行分析的工具。

（2）列写相量形式的电路方程，求出相应的响应相量

依据相量模型，仿照直流电路的分析方法选择合适的电路变量列写方程，求解响应相量。注意，所列方程是复系数的代数方程，需要利用复数知识进行计算。

（3）将响应相量写成瞬时值，得到电路的时域解（也称反变换）

注意，相量与正弦量只是一一对应的关系，是一种变换，不是相等的关系。

这种计算正弦稳态电路的分析方法叫作相量法。要说明的是，有些情况下上述第一步和第三步不是必须的。实际应用中，根据电路具体连接结构的复杂程度及已知条件，给出正弦交流电路如下三种分析方法。

相量法的变换思想

5.6.1　一般电路的简化分析计算

一个时域形式的正弦稳态电路，在用相量模型表示后，与直流电阻电路的形式完全相同，只不过这里出现的是阻抗或导纳和用相量表示的电源。阻抗、导纳的串、并联类似于直流电路中电阻、电导的串、并联。

对于图 5-19 所示的 n 个阻抗的串联电路，有

$$\dot{U} = Z_1 \dot{I} + Z_2 \dot{I} + \cdots + Z_n \dot{I} = (Z_1 + Z_2 + \cdots + Z_n)\dot{I}$$

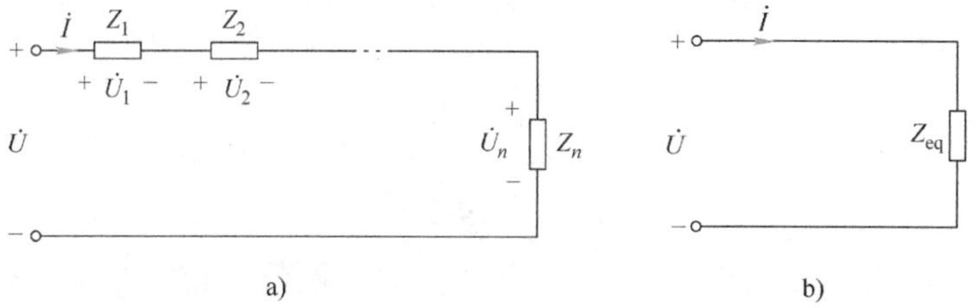

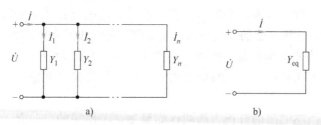

图 5-19　阻抗的串联

所以等效阻抗为

$$Z_{eq} = Z_1 + Z_2 + \cdots + Z_n = \sum_{k=1}^{n} Z_k \tag{5-42}$$

各阻抗的电压分配关系为

$$\dot{U}_k = \frac{Z_k}{\displaystyle\sum_{k=1}^{n} Z_k} \dot{U} \tag{5-43}$$

同理，对于由 n 个导纳并联而成的如图 5-20 所示的电路，有等效导纳

$$Y_{eq} = Y_1 + Y_2 + \cdots + Y_n = \sum_{k=1}^{n} Y_k \tag{5-44}$$

各导纳的电流分配公式为

$$\dot{I}_k = \frac{Y_k}{\displaystyle\sum_{k=1}^{n} Y_k} \dot{I} \tag{5-45}$$

式中，$\dot{I}$ 为总电流，$\dot{I}_k$ 为第 k 个导纳的电流。

图 5-20　阻抗的并联

特别是当两个阻抗并联时，等效阻抗为

$$Z_{eq} = \frac{Z_1 Z_2}{Z_1 + Z_2}$$

例 5-6 电路如图 5-21 所示，已知：$Z_1 = 10\Omega$，$Z_2 = 5 \underline{/45°}\,\Omega$，$Z_3 = (6 + j8)\,\Omega$，$\dot{U}_s = 100 \underline{/0°}$V。求 $\dot{I}_1$，$\dot{I}_2$，$\dot{I}_3$。

解 因为 Z_2、Z_3 为并联，故有

$$Z_{23} = \frac{Z_2 Z_3}{Z_2 + Z_3} = \frac{5 \underline{/45°} \times (6 + j8)}{5 \underline{/45°} + 6 + j8}$$

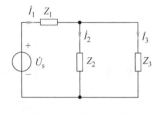

图 5-21 例 5-6 题图

$$= \frac{5 \underline{/45°} \times 10 \underline{/53.13°}}{5\frac{\sqrt{2}}{2} + j5\frac{\sqrt{2}}{2} + 6 + j8}\Omega = \frac{50 \underline{/98.13°}}{9.54 + 11.54j}\Omega$$

$$= \frac{50 \underline{/98.13°}}{14.97 \underline{/50.42°}}\Omega = 3.34 \underline{/47.71°}\Omega = (2.25 + j2.47)\,\Omega$$

Z_1 与 Z_{23} 为串联，所以有

$$Z_{123} = Z_1 + Z_{23} = (10 + 2.25 + j2.47)\,\Omega = (12.25 + j2.47)\,\Omega = 12.50 \underline{/11.40°}\Omega$$

$$\dot{I}_1 = \frac{\dot{U}_s}{Z_{123}} = \frac{100 \underline{/0°}}{12.50 \underline{/11.40°}}A = 8 \underline{/-11.40°}A$$

由分流公式求得

$$\dot{I}_3 = \frac{Z_2}{Z_2 + Z_3}\dot{I} = \frac{5 \underline{/45°}}{5 \underline{/45°} + 6 + j8} \times 8 \underline{/-11.40°}A = \frac{40 \underline{/33.60°}}{14.97 \underline{/50.42°}}A = 2.67 \underline{/-16.82°}A$$

再根据 KCL 有

$$\dot{I}_2 = \dot{I}_1 - \dot{I}_3 = (8 \underline{/-11.40°} - 2.67 \underline{/-16.82°})A = 5.35 \underline{/-8.6°}\,A$$

或

$$\dot{I}_2 = \frac{Z_3}{Z_2 + Z_3}\dot{I}_1 = \frac{6 + j8}{5 \underline{/45°} + 6 + j8} \times 8 \underline{/-11.40°}A = \frac{10 \underline{/53.13°}}{14.97 \underline{/50.42°}} \times 8 \underline{/-11.40°}A = 5.35 \underline{/-8.6°}A$$

例 5-7 电路如图 5-22a 所示，已知电压源的电压 $u_s = 50\sqrt{2}\cos(1000t + 30°)$V，图中 $R = 20\Omega$，$L = 15$mH，$C = 100\mu$F，求电路中的电流及各元件的电压。

解 首先将图 5-22a 转换为相量电路图 5-22b，其中

$$\dot{U}_s = 50 \underline{/30°}V$$

$$Z_R = R = 20\Omega$$

$$Z_L = j\omega L = j15\Omega$$

$$Z_C = \frac{1}{j\omega C} = -j10\Omega$$

根据 KVL 及元件 VCR 的相量形式可以得到

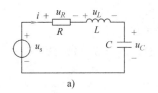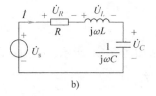

图 5-22 例 5-7 题图

$$\dot{U}_s = \dot{U}_R + \dot{U}_L + \dot{U}_C = Z_R \dot{I} + Z_L \dot{I} + Z_C \dot{I}$$

代入相应的已知量，可以得到电流相量为

$$\dot{I} = \frac{\dot{U}_s}{Z_R + Z_L + Z_C} = \frac{50\underline{/30°}}{20 + j15 - j10}A = \frac{50\underline{/30°}}{20 + j5}A = \frac{10\underline{/30°}}{4 + j}A$$

$$= \frac{10\underline{/30°}}{\sqrt{17}\underline{/14.04°}}A = 2.43\underline{/15.96°}A$$

相应的，求得各元件的电压相量分别为

$$\dot{U}_R = R\dot{I} = 48.6\underline{/15.96°}V$$

$$\dot{U}_L = j\omega L\dot{I} = 36.45\underline{/105.96°}V$$

$$\dot{U}_C = -j\frac{1}{\omega C}\dot{I} = 24.3\underline{/-74.04°}V$$

各电压的相量如图 5-23a、b 所示。从图可以一目了然地看出各电压间的相位关系。图 5-23a 和图 5-23b 实质上是一样的，但图 5-23b 更清楚地表示 $\dot{U}_s = \dot{U}_R + \dot{U}_L + \dot{U}_C$ 这一关系，它是由这四个相量形成的闭合多边形来反映的。注意，$\dot{U}_R$、$\dot{U}_C$、$\dot{U}_L$ 是依次首尾衔接地画出的，而连接 $\dot{U}_R$ 的箭尾（原点）与 $\dot{U}_L$ 的箭头的有向线段恰为相量 $\dot{U}_s$，若将 $\dot{U}_s$ 反向画出，则恰好反映的是 $\dot{U}_R + \dot{U}_L + \dot{U}_C - \dot{U}_s = 0$。

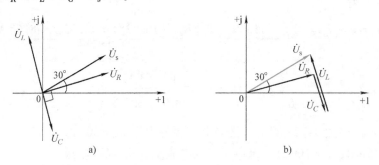

图 5-23 例 5-7 题相量图

因此，由任何回路写出的 KVL 方程，用相量图表示出来将是一个封闭的多边形，且各相量依次首尾相接，这也是验证电路计算正确与否的一种方法。

同理，电路中任一节点的 KCL 方程在相量图中也将构成一个封闭的多边形，这种相量图也称为位形图。

例 5-8 图 5-24 所示电路中，$R_1 = 10\Omega$，$L = 0.5H$，$R_2 = 1000\Omega$，$C = 10\mu F$，$U = 100V$，$\omega = 314rad/s$，求各支路电流。

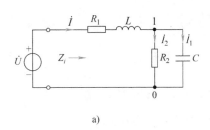 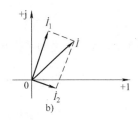

图 5-24 例 5-8 题图

解 这是个单一激励的电路，且电路结构比较简单，因此完全可以利用串、并联及分压、分流法求得各支路电流。

并联部分的等效阻抗为

$$Z_{eq} = \frac{R_2 Z_C}{R_2 + Z_C} = \frac{1000 \times (-j318.47)}{1000 - j318.47}\Omega = 303.45 \underline{/-72.33°}\,\Omega = (92.11 - j289.13)\,\Omega$$

总的输入阻抗为

$$Z_i = (R_1 + Z_L) + Z_{eq} = (102.11 - j132.13)\,\Omega = 166.99 \underline{/-52.3°}\,\Omega$$

令 $\dot{U} = 100\underline{/0°}$ V，则各支路电流如下：

$$\dot{I} = \frac{\dot{U}_i}{Z_i} = 0.60\underline{/52.3°}\,\text{A}$$

$$\dot{I}_1 = \frac{R_2}{R_2 + Z_C}\dot{I} = 0.57\underline{/69.97°}\,\text{A}$$

$$\dot{I}_2 = \frac{Z_C}{R_2 + Z_C}\dot{I} = 0.18\underline{/-20.03°}\,\text{A}$$

根据所求结果可以画出该混联电路的相量图如图 5-24b 所示。

5.6.2 复杂电路的方程分析法

由于采用相量法使相量形式的支路方程、基尔霍夫定律方程都成为线性代数方程，它们和直流电路中方程的形式相似。因此，在第 2～4 章中针对直流电阻电路提出的各种简化分析法、方程分析法、定理及公式都可推广用于正弦电流电路的相量分析。

例 5-9 电路如图 5-25 所示，试列出其节点电压方程。

解 电路中共有三个节点，取节点③为参考节点，其余两节点的节点电压相量分别为 $\dot{U}_{n1}$、$\dot{U}_{n2}$，根据节点法可列出节点电压方程为

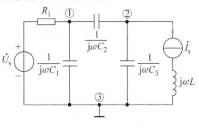

图 5-25 例 5-9 题图

$$\begin{cases} Y_{11}\dot{U}_{n1} + Y_{12}\dot{U}_{n2} = \dot{I}_{s11} \\ Y_{21}\dot{U}_{n1} + Y_{22}\dot{U}_{n2} = \dot{I}_{s22} \end{cases}$$

式中

$$Y_{11} = \frac{1}{R_1} + j\omega C_1 + j\omega C_2, \quad Y_{12} = -j\omega C_2, \quad Y_{21} = -j\omega C_2, \quad Y_{22} = j\omega C_2 + j\omega C_3$$

$$\dot{I}_{s11} = \frac{\dot{U}_s}{R_1}, \quad \dot{I}_{s22} = \dot{I}_s$$

所以，图 5-25 所示电路的节点电压方程的相量形式为

$$\begin{cases} \left(\frac{1}{R_1} + j\omega C_1 + j\omega C_2\right)\dot{U}_{n1} - j\omega C_2 \dot{U}_{n2} = \frac{\dot{U}_s}{R_1} \\ -j\omega C_2 \dot{U}_{n1} + (j\omega C_2 + j\omega C_3)\dot{U}_{n2} = \dot{I}_s \end{cases}$$

例 5-10　电路如图 5-26a 所示，已知 $u_s = 10\sqrt{2}\cos 10^3 t\,\text{V}$，求 i_1 和 i_2。

解　将图 5-26a 的时域模型图转换为相量模型图 5-26b。其中电感、电容的阻抗分别为

$$Z_L = j\omega L = j10^3 \times 4 \times 10^{-3}\Omega = j4\Omega$$

$$Z_C = \frac{1}{j\omega C} = -j\frac{10^6}{10^3 \times 500}\Omega = -j2\Omega$$

选用网孔法对电路进行分析，列出其相量形式的网孔方程为

$$\begin{cases} (3 + j4)\dot{I}_1 - j4\dot{I}_2 = 10 \underline{/0°} & ① \\ -j4\dot{I}_1 + (j4 - j2)\dot{I}_2 = -2\dot{I} & ② \end{cases}$$

由②式得到

$$(2 - j4)\dot{I}_1 + j2\dot{I}_2 = 0 \qquad ③$$

$2 \times ③ + ①$ 得

$$(7 - j4)\dot{I}_1 = 10$$

所以有

$$\dot{I}_1 = \frac{10}{7 - j4}\text{A} = 1.24\underline{/29.7°}\text{A}$$

代入③得

$$\dot{I}_2 = \frac{10(2 - j4)}{7 - j4} \times \frac{1}{-j2}\text{A} = \frac{20 + j30}{13}\text{A} = 2.77\underline{/56.3°}\text{A}$$

最后由求得的电流相量结合已知的电源角频率写出相应电流的瞬时值，有

$$i_1 = 1.24\sqrt{2}\cos(10^3 t + 29.7°)\text{A}$$

$$i_2 = 2.77\sqrt{2}\cos(10^3 t + 56.3°)\text{A}$$

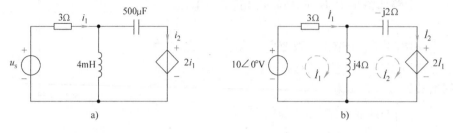

图 5-26　例 5-10 题图

例 5-11　求图 5-27a 所示电路的输出电压相量 $\dot{U}_o$，已知激励为 $u_s = U_s\sqrt{2}\cos\omega t$。

解　首先将时域电路模型图 5-27a 转换成相量模型图 5-27b。

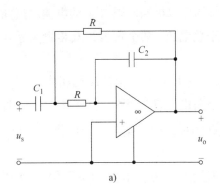 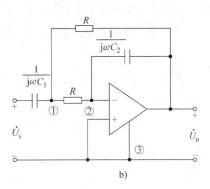

图 5-27 例 5-11 题图

电路中的三个节点①、②、③的节点电压相量分别为 $\dot{U}_{n1}$、$\dot{U}_{n2}$、$\dot{U}_{n3}$。由理想运算放大器的性质有 $\dot{U}_{n2} = \dot{U}_{n3} = 0$，再依据虚断原则，对节点①、②分别列出方程为

$$j\omega C_1 (\dot{U}_s - \dot{U}_{n1}) = \frac{\dot{U}_{n1} - 0}{R} + \frac{\dot{U}_{n1} - \dot{U}_o}{R}$$

$$\frac{\dot{U}_{n1} - 0}{R} = j\omega C_2 (0 - \dot{U}_o)$$

将两个方程中的未知量（节点①的电压）消去，可得到输出电压相量为

$$\dot{U}_o = \frac{jR\omega C_1}{R^2 \omega^2 C_1 C_2 - 1 - j2R\omega C_2} \dot{U}_s$$

5.6.3 借助相量图对复杂电路进行的综合分析方法

应用相量图（位形图）来分析计算电路是分析正弦电路的独特方法。根据正弦稳态电路的各支路电压和各支路电流相量在复平面上画出一个具有确定几何关系的相量图，利用其变量之间的几何关系往往能够更方便地得到变量的有效值及相位之间的关系，这种方法有时候甚至比列方程的方法更简便、更有效。

例 5-12 已知电路图 5-28a 中，电压有效值为 $U = 100\text{V}$，电阻 $R_2 = 6.5\Omega$，$R = 20\Omega$。当调节滑线变阻器触点到位置 c 时电压表读数最小（此时 $R_{ac} = 4\Omega$），且为最小值 30V。求阻抗 Z_1。

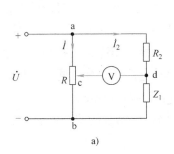 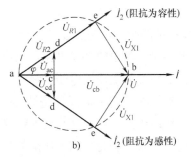

图 5-28 例 5-12 题图

分析：选取总电压 $\dot{U}$ 为参考相量。根据电路结构可以推断电阻 R 上的电流 $\dot{i}$ 与总电压 $\dot{U}$ 同相位，电阻 R_2 中通过的电流 $\dot{i}_2$ 超前（或滞后）于总电压 $\dot{U}$ 某个角度，其相量关系示意图如图 5-28b 所示。

解　设 $Z_1 = R_1 + jX_1$，则 $\dot{U}_{R2}$（ad 段）和 $\dot{U}_{R1}$（de 段）均与电流 $\dot{i}_2$ 同相位。

若支路 2 为容性，则电流 $\dot{i}_2$ 超前于电压 $\dot{U}$ 某个角度，且 $\dot{U}_{X1}$ 滞后于电流 $\dot{i}_2$ 90°，即三角形 aeb 一定为直角三角形；若支路 2 为感性，则情况相反，相量图为电流 $\dot{i}_2$ 滞后于电压 $\dot{U}$ 一个角度，且 $\dot{U}_{X1}$ 超前于电流 $\dot{i}_2$ 90°。

已知当调节触点 c 使 $R_{ac} = 4\Omega$ 时，电压表的读数 U_{cd} 最小，且 $U_{cd} = 30V$（可以求得此时 $U_{ac} = R_{ac}/R \times U = 20V$）。由中学的几何知识可以推知，该结论对应的是线段 dc 垂直于线段 ab，即过 d 点垂直于电压 $\dot{U}$ 的电压时 U_{cd} 最小。

所以，对于直角三角形 acd，由几何关系可以求得

$$\varphi = \arctan \frac{U_{cd}}{U_{ac}} = \arctan \frac{30}{20} = 56.31°$$

$$U_{R2} = \sqrt{30^2 + 20^2}\,\text{V}$$

对于电阻 R_2，由欧姆定律可以得到

$$I_2 = \frac{U_{R2}}{R_2} = \frac{\sqrt{30^2 + 20^2}}{6.5}\text{A} = \frac{\sqrt{13} \times 10}{6.5}\text{A}$$

类似的，对于直角三角形 aeb，由几何关系可以得到

$$U_{R2} + U_{R1} = U\cos\varphi = I_2(R_2 + R_1)$$

因此有

$$R_1 = \frac{U\cos\varphi}{I_2} - R_2 = \left(\frac{100\cos 56.31°}{\sqrt{13} \times 10} \times 6.5 - 6.5 \right)\Omega = 3.5\Omega$$

最终求得元件电抗及其阻抗分别为

$$X_1 = \frac{U_{X1}}{I_2} = \frac{100\sin 56.31°}{\sqrt{13} \times 10} \times 6.5\,\Omega = 15\Omega$$

$$Z_1 = R_1 \mp jX_1 = (3.5 \mp j15)\Omega$$

可见，此方法比单纯的解析法更简单明了。

利用相量图分析电路的关键是要正确画出相量图的逻辑关系图，一般应注意以下几点：

1）作相量图时，首先要选择一个参考相量（相位为零的相量）。简单的串联电路可以电流为参考相量；简单的并联电路可以电压为参考相量；既有串联，又有并联电路可选择离端口最远的支路上的电压或电流为参考相量；或者以具体电路的计算方便来选择。参考相量要以便于根据 KCL、KVL 和元件特性逐一做出其他各相量为基本原则。

2）在相量图上，一个 KCL 或 KVL 对应一个闭合路径，相量沿闭合路径的方向即代表流出节点电流的代数和为 0 或电压降的代数和为 0。

3）作相量图时，尽量根据各支路电压和电流的数据按比例画出相量图，根据相量图各相量的线段长度（有效值）和角度（相位）的几何关系，计算并求得相应变量和参数。

5.7　正弦稳态电路的功率

交流电路的功率概念及功率的计算与分析是交流电路中非常重要的一部分内容，也是相关专业课（如电力系统潮流计算、电网的智能控制等）的重要基础。

5.7.1　瞬时功率

设无源一端口网络 N_0 由电阻、电容、电感等无源元件组成，如图 5-29a 所示。在正弦稳态情况下，设端口电压、电流分别为 $u = \sqrt{2}U\cos(\omega t + \theta_u)$，$i = \sqrt{2}I\cos(\omega t + \theta_i)$，则网络所吸收的瞬时功率（Instantaneous Power）为

$$p = ui = 2UI\cos(\omega t + \theta_u)\cos(\omega t + \theta_i)$$

依据三角公式 $2\cos\alpha\cos\beta = \cos(\alpha + \beta) + \cos(\alpha - \beta)$ 对上式进行分解，有

$$p = UI\cos(\theta_u - \theta_i) + UI\cos(2\omega t + \theta_u + \theta_i)$$

令 $\varphi = \theta_u - \theta_i$，可改写为

$$p = UI\cos\varphi + UI\cos(2\omega t + \theta_u + \theta_i) \tag{5-46}$$

图 5-29b 是瞬时功率的波形图。

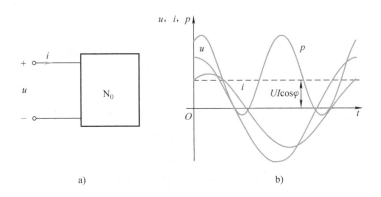

图 5-29　一端口网络的功率的波形图

可以看出瞬时功率有两个分量，第一个为恒定分量，第二个为正弦量，其频率为电压或电流频率的 2 倍。

由三角函数公式得

$$\cos(2\omega t + \theta_u + \theta_i) = \cos\left[(2\omega t + 2\theta_i) + (\theta_u - \theta_i)\right]$$
$$= \cos 2(\omega t + \theta_i)\cos(\theta_u - \theta_i) - \sin 2(\omega t + \theta_i)\sin(\theta_u - \theta_i)$$

还可将式 (5-46) 用另一种形式表示为

$$p = UI\cos\varphi\left[1 + \cos 2(\omega t + \theta_i)\right] - UI\sin\varphi\sin 2(\omega t + \theta_i) \tag{5-47}$$

式中，第一项始终大于零（$\varphi \leq \pi/2$），表示一端口网络吸收的能量；第二项是时间的正弦函数，其值正、负交替，说明能量在外施电源与一端口之间周期性交换。

5.7.2 平均功率、功率因数、视在功率

瞬时功率不便于测量，且有时为正，有时为负，在工程中实际意义不大。通常引入平均功率的概念，来衡量功率的大小。

平均功率又称有功功率（Active Power），是瞬时功率在一个周期 T 内的平均值，用大写字母 P 表示，即

$$P \overset{\text{def}}{=\!=} \frac{1}{T}\int_0^T p\,\mathrm{d}t = \frac{1}{T}\int_0^T UI[\cos\varphi + \cos(2\omega t + \theta_u + \theta_i)]\,\mathrm{d}t = UI\cos\varphi \qquad (5\text{-}48)$$

定义 $\cos\varphi$ 为功率因数（Power Factor），并用 λ 表示。则

$$\lambda = \cos\varphi \qquad (5\text{-}49)$$

式中，$\varphi = \theta_u - \theta_i$ 称为功率因数角，对于不含独立源的网络，$\varphi = \varphi_Z$。由此可见平均功率并不等于电压、电流有效值的乘积，而是要乘以一个小于1的系数。

有功功率代表一端口网络实际消耗的功率，是式（5-46）的恒定分量，单位为瓦特（W）。它不仅与电压、电流有效值的乘积有关，还与它们之间的相位差有关。可以用功率表直接测量有功功率。

通常工程上用这一电压、电流有效值的乘积来表示某些电气设备的容量，并称为视在功率或表观功率（Apparent Power），并用 S 表示，即

$$S \overset{\text{def}}{=\!=} UI \qquad (5\text{-}50)$$

为了与平均功率相区别，视在功率直接用伏安（VA）作为单位。

5.7.3 无功功率

瞬时功率表达式（5-47）中的右端第二项反映一端口与电源交换的能量，其交换能量的最大速率定义为无功功率（Reactive Power），用 Q 表示，即

$$Q = UI\sin\varphi \qquad (5\text{-}51)$$

当电压 u 超前于电流 i 时，复阻抗为感性，Q 值代表感性无功功率。反之，复阻抗为容性时，电压 u 滞后于电流 i，Q 值代表容性无功功率。

无功功率并非一端口所实际消耗的功率，而仅仅是为了衡量一端口与电源之间能量交换的快慢速度，所以单位上也应与有功功率有所区别，故人们将无功功率的单位用乏（var，无功伏安）表示。

5.7.4 R、L、C 单个元件的功率及其特性

1. 电阻元件 R

因为电阻的阻抗角 $\varphi = 0$，所以电阻的无功功率为零，其瞬时功率由式（5-47）可写为

$$p_R = UI[1 + \cos 2(\omega t + \theta_i)]$$

电阻的瞬时功率始终大于或等于零，这说明电阻一直是在吸收能量。其平均功率为

$$P_R = UI = RI^2 = GU^2$$

表明电阻总是在消耗功率，其无功功率为零。

2. 电感元件 L

因为电感的阻抗角 $\varphi = \pi/2$，所以电感的瞬时功率由式（5-47）可写为

$$p_L = UI\sin\varphi\sin2(\omega t + \theta_i)$$

电感的平均功率为零，所以它不消耗能量。电感的无功功率为

$$Q_L = UI\sin\varphi = UI = \omega L\,I^2 = 2\omega\left[\frac{1}{2}L\,I^2\right] = 2\omega\,W_{\mathrm{m}} \qquad (5\text{-}52)$$

式中，W_{m} 是电感中储存的磁场能量。

3. 电容元件 C

因为电容的阻抗角 $\varphi = -\pi/2$，所以电容的瞬时功率由公式（5-47）可写为

$$p_C = -UI\sin\varphi\,\sin2(\omega t + \theta_i)$$

类似的，电容的平均功率为零，所以它也不消耗能量。电容的无功功率为

$$Q_C = UI\sin\varphi = -UI = -\frac{1}{\omega C}I^2 = -\omega C\,U^2 = -2\omega\frac{1}{2}CU^2 = -2\omega\,W_{\mathrm{e}} \qquad (5\text{-}53)$$

式中，W_{e} 是电容元件中储存的电场能量。

综上可见，在正弦交流电路中，电阻仍然是消耗功率的；理想电感与理想电容都不消耗有功功率，其无功功率表明电磁场能量以 **2 倍角频率**的变化速率在电感与电容元件中周期性交换。工程上一般称电感吸收无功功率，电容提供无功功率。

5.7.5 复功率

由前面分析可见，平均功率 P 和无功功率 Q 与角频率 ω 无关（不受时间影响），仅取决于电压及电流的有效值和初相。因此，任何正弦一端口网络的平均功率 P 和无功功率 Q 都可根据其电压相量和电流相量计算。

设一端口网络的电压相量为 $\dot{U}$，电流相量为 $\dot{I}$，即 $\dot{U} = U\,\underline{/\theta_u}$，$\dot{I} = I\,\underline{/\theta_i}$，设 $\dot{I}^* = I\,\underline{/-\theta_i}$（$\dot{I}^*$ 为 $\dot{I}$ 的共轭复数），则在关联参考方向下有

$$\dot{U}\dot{I}^* = UI\,\underline{/\theta_u - \theta_i} = UI[\cos\varphi + \mathrm{j}\sin\varphi] = P + \mathrm{j}Q$$

称复数 $\dot{U}\dot{I}^*$ 为**复功率**，用 $\overline{S}$ 表示，定义为

$$\overline{S} \xlongequal{\mathrm{def}} \dot{U}\dot{I}^* = P + \mathrm{j}Q \qquad (5\text{-}54)$$

复功率的单位为伏安（VA）。显然有

$$|\overline{S}| = \sqrt{P^2 + Q^2} = \sqrt{(UI\cos\varphi)^2 + (UI\sin\varphi)^2} = UI = S$$

$$\arctan\overline{S} = \arctan\frac{Q}{P} = \varphi$$

有功功率 P、无功功率 Q 与视在功率 S 之间的关系可以由图 5-30 所示的直角三角形表示，称为**功率三角形**。

对于无源一端口网络，该三角形与图 5-16 所示的端口阻抗直角三角形是相似三角形。

复功率将正弦稳态电路的三个功率和功率因数统一为一个公

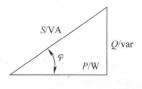

图 5-30 功率三角形

式表示出来，它只是一个辅助计算功率的复数量，不代表正弦量，没有任何物理意义。

复功率的概念既适用于一端口，也适用于单个元件。

三种基本电路元件的复功率分别为

$$\overline{S}_R = P, \quad \overline{S}_L = jQ_L = jUI, \quad \overline{S}_C = jQ_C = -jUI$$

当计算某一复阻抗 $Z = R + jX$ 所吸收的复功率时，可把 $\dot{U} = Z\dot{I}$ 代入到式（5-54）中得到

$$\overline{S} = P + jQ = \dot{U}I^* = Z\dot{I}\dot{I}^* = ZI^2 = RI^2 + jXI^2$$

可以证明：在任意复杂的网络中有功功率是守恒的，无功功率也是守恒的，因此复功率也具有守恒性（注意视在功率不守恒），即某些支路发出的复功率之和等于其他支路吸收的复功率之和，即

$$\sum_{k=1}^{n} \overline{S}_k = 0$$

因为动态元件不消耗有功功率，所以

$$P = \sum_{k=1}^{n} P_{R_k}$$

即电路消耗的有功功率为电路中全部电阻元件消耗的有功功率之和。

正弦稳态单口网络的功率关系见表5-1，其中有些公式在书中未进行推导，请读者自行完成这一工作。

表5-1   正弦稳态单口网络的功率

符 号	名 称	公 式	备 注
p	瞬时功率	$p = ui = \mathrm{Re}[\dot{U}I^*] + \mathrm{Re}[\dot{U}\dot{I}e^{j2\omega t}]$	
P	平均功率	$P = UI\cos\varphi_Z = I^2\mathrm{Re}[Z] = U^2\mathrm{Re}[Y]$ $= \mathrm{Re}[\dot{U}I^*]$，其中 $\varphi_Z = \theta_u - \theta_i$	也称为有功功率
Q	无功功率	$Q = UI\sin\varphi_Z = I^2\mathrm{Im}[Z] = -U^2\mathrm{Im}[Y]$ $= \mathrm{Im}[\dot{U}I^*] = 2\omega(W_L - W_C)$	$W_L = \dfrac{1}{2}LI^2$，$W_C = \dfrac{1}{2}CU^2$
S	视在功率	$S = UI = I^2|Z| = U^2|Y| = |\dot{U}I^*|$	也称为表观功率
$\overline{S}$	复功率	$\overline{S} = \dot{U}I^* = P + jQ$	无意义，只是计算量
λ	功率因数	$\lambda = \cos\varphi_z = \dfrac{P}{S} = \dfrac{R}{|Z|} = \dfrac{G_e}{|Y|}$	$\varphi_Z > 0$，电流滞后于电压 $\varphi_Z < 0$，电流越前于电压

例 5-13   求如图 5-31 所示各支路的平均功率、无功功率和复功率。已知：$I_s = 10\mathrm{A}$，$\omega = 10\mathrm{rad/s}$，$R_1 = 10\Omega$，$j\omega L = j20\Omega$，$-j\dfrac{1}{\omega C} = -j10\Omega$，$R_2 = 10\Omega$。

解   令 $\dot{I}_s = 10\underline{/0°}\mathrm{A}$，由分流公式，各支路电流分别为

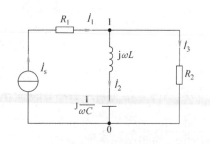

图 5-31   例 5-13 题图

$$\dot{I}_2 = \frac{R_2}{R_2 + j\omega L - j\dfrac{1}{\omega C}}\dot{I}_s = \frac{10}{10 + j20 - j10} \times 10 \underline{/0°}\,A$$

$$= \frac{100}{10 + j10}A = 5\sqrt{2}\underline{/-45°}\,A = (5 - j5)\,A$$

$$\dot{I}_3 = \frac{j\omega L - j\dfrac{1}{\omega C}}{R_2 + j\omega L - j\dfrac{1}{\omega C}}\dot{I}_s = \frac{j20 - j10}{10 + j10} \times 10\underline{/0°}\,A = \frac{j10 \times (10 - j10)}{200} \times 10\underline{/0°}\,A$$

$$= (5 + j5)\,A = 5\sqrt{2}\underline{/45°}\,A$$

$$\dot{I}_1 = \dot{I}_s = 10\underline{/0°}\,A$$

$$\overline{S}_1 = \dot{U}_{R_1}\dot{I}_1^* = I_1^2 R = 10^2 \times 10\,V\cdot A = 1000\,VA$$

$$\overline{S}_2 = \dot{U}_{10}\dot{I}_2^* = \dot{U}_{R_2}\dot{I}_2^* = R_2\,\dot{I}_3\,\dot{I}_2^* = 10 \times (5 + j5)(5 + j5)\,VA = j500\,VA$$

$$\overline{S}_3 = \dot{U}_{10}\dot{I}_3^* = \dot{U}_{R_2}\dot{I}_3^* = R_2\,\dot{I}_3 I_3^* = R_2 I_3^2 = 10 \times 50\,VA = 500\,VA$$

电源复功率为

$$\overline{S} = -(\overline{S}_1 + \overline{S}_2 + \overline{S}_3) = (-1000 - j500 - 500)\,VA = (-1500 - j500)\,VA$$

相应的，其他功率为

$$P_1 = 1000\,W,\ Q_1 = 0\,var,\ P_2 = 0\,W,\ Q_2 = 500\,var,$$
$$P_3 = 500\,W,\ Q_3 = 0\,var,\ P_s = -1500\,W,\ Q_s = -500\,var$$

例 5-14　电路如图 5-32 所示，求两负载所吸收的总复功率。

解　由已知条件 $P_1 = 10\,W$，$\lambda_1 = 0.8$（容性）可知

$$\varphi_{Z1} < 0,\ S_1 = \frac{P_1}{\lambda_1} = \frac{10}{0.8}\,VA = 12.50\,VA$$

$$Q_1 = S_1 \sin\varphi_{Z1} = S_1 \sin(-\arccos 0.8)$$
$$= 12.5\sin(-36.9°)\,var = -7.51\,var$$

则

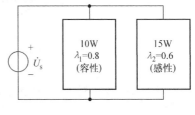

图 5-32　例 5-14 题图

$$\overline{S}_1 = (10 - j7.51)\,VA$$

同理由于 $\lambda_2 = 0.6$（感性），所以

$$\varphi_{Z2} > 0,\ S_2 = \frac{P_2}{\lambda_2} = \frac{15}{0.6}\,VA = 25\,VA$$

$$Q_2 = S_2 \sin\varphi_{Z2} = S_2 \sin(\arccos 0.6) = 25\sin 53.1°\,var = 20\,var$$

$$\overline{S}_2 = (15 + j20)\,VA$$

所以，该系统两个负载吸收的总复功率为

$$\overline{S} = \overline{S}_1 + \overline{S}_2 = (25 + j12.49)\,VA$$

思考：将本例中的总有功功率、总无功功率与两个负载各自的有功功率与无功功率进行对比，你能从中得到什么启示？

5.7.6 交流电路最大功率传输问题

负载电阻从具有内阻的直流电源获得最大功率的问题已在第 4 章中讨论过，本节将讨论在正弦稳态时负载从电源获得最大功率的条件。

图 5-33 所示为含源一端口网络的等效电路与负载阻抗相连接的交流电路示意图。负载获得最大功率的条件，取决于电路内何者为变量。

现假设给定 $Z_{eq} = R_{eq} + jX_{eq}$，设 $Z_L = R_L + jX_L$。负载阻抗 Z_L 的变化分为两种情况：①负载电阻及电抗均可独立的变化；②负载阻抗角固定而模值可改变。下面分别进行讨论。

1. 负载电阻及电抗均可独立变化情况下的最大功率传输

由图 5-33 可知，电路中的电流为

$$\dot{I} = \frac{\dot{U}_{oc}}{(R_{eq} + R_L) + j(X_{eq} + X_L)}$$

其有效值为

$$I = \frac{U_{oc}}{\sqrt{(R_{eq} + R_L)^2 + (X_{eq} + X_L)^2}}$$

则负载电阻吸收的功率为

$$P_L = \frac{U_{oc}^2}{(R_{eq} + R_L)^2 + (X_{eq} + X_L)^2} R_L$$

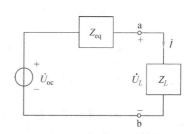

图 5-33　最大功率传输电路示意图

由于 X_L 只出现在分母中，对于任何 R_L 值来说，当 $X_L = -X_{eq}$ 时分母值为最小，满足这一条件时，功率为 $P_L = \dfrac{U_{oc}^2 R_L}{(R_{eq} + R_L)^2}$，所以，要使 P_L 获得最大值，应有 $\dfrac{\mathrm{d}P_L}{\mathrm{d}R_L} = 0$，即

$$U_{oc}^2 \frac{(R_{eq} + R_L)^2 - 2(R_{eq} + R_L)R_L}{(R_{eq} + R_L)^4} = 0$$

解得

$$R_L = R_{eq}$$

因此，在 R_L、X_L 均可变的情况下，负载获得最大功率的条件是 $X_L = -X_{eq}$ 且 $R_L = R_{eq}$，即

$$Z_L = Z_{eq}^* \tag{5-55}$$

这时负载获得的最大功率为

$$P_{max} = \frac{U_{oc}^2}{4R_{eq}} \tag{5-56}$$

满足这一条件时，称为最佳功率匹配，或共轭匹配。

当用诺顿等效电路时，负载获得最大功率的条件及最大功率值分别为

$$Y_L = Y_{eq}^* \tag{5-57}$$

$$P_{max} = \frac{(R_{eq}^2 + X_{eq}^2)}{4R_{eq}} I_{sc}^2 \tag{5-58}$$

2. 负载阻抗角固定而模值可变情况下的最大功率传输

在这种情况下，设负载阻抗为 $Z_L = |Z| \angle \varphi = |Z|\cos\varphi + j|Z|\sin\varphi$，此时

$$\dot{I} = \frac{\dot{U}_{oc}}{(R_{eq} + |Z|\cos\varphi) + j(X_{eq} + |Z|\sin\varphi)}$$

负载阻抗吸收的功率为

$$P_L = \frac{U_{oc}^2 |Z|\cos\varphi}{(R_{eq} + |Z|\cos\varphi)^2 + (X_{eq} + |Z|\sin\varphi)^2}$$

式中，$|Z|$为变量。

要使 $P_L(|Z|)$ 取得最大值，应有 $\mathrm{d}P_L/\mathrm{d}|Z| = 0$，经计算得

$$(R_{eq} + |Z|\cos\varphi)^2 + (X_{eq} + |Z|\sin\varphi)^2 - 2|Z|\cos\varphi(R_{eq} + |Z|\cos\varphi) - 2|Z|\sin\varphi(X_{eq} + |Z|\sin\varphi) = 0$$

则有

$$|Z| = \sqrt{R_{eq}^2 + X_{eq}^2} \tag{5-59}$$

式（5-59）即第二种情况下负载获得最大功率的条件。

特殊的，当负载为纯电阻时，即 $|Z_L| = R_L$，$\varphi = 0$ 时，负载获得最大功率的条件是

$$R_L = \sqrt{R_{eq}^2 + X_{eq}^2}$$

而不是 $R_L = R_{eq}$。注意不要照搬直流电路中的结论。

此外，还需要说明的是，如果负载阻抗角也可以调节，还能使负载得到更大一些的功率。显然，在这一情况下，负载所获得的最大功率并非为最佳匹配情况下的最大功率值。

例 5-15　电路如图 5-34a 所示，Z_L 的实部、虚部均可变，若使 Z_L 获得最大功率，Z_L 应取何值，最大功率是多少？

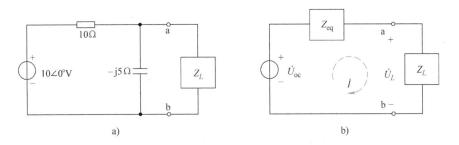

图 5-34　例 5-15 题图

解　首先求出 ab 端口左侧电路的戴维南等效电路，如图 5-34b。

$$\dot{U}_{oc} = \frac{-j5}{10 - j5} \times 10 \underline{/0°}\,V = \frac{50\underline{/-90°}}{11.18\underline{/-26.57°}}\,V = 4.47\underline{/-63.44°}\,V$$

$$Z_{eq} = \frac{-10 \times j5}{10 - j5}\,\Omega = 4.47\underline{/-63.44°}\,\Omega = (2 - j4)\,\Omega$$

本例题属于第一种情况，条件是共轭匹配，即负载 $Z_L = Z_{eq}^* = (2 + j4)\,\Omega$ 时，可获得最大功率。此时最大功率的值为

$$P_{max} = \frac{U_{oc}^2}{4R_{eq}} = \frac{4.47^2}{4 \times 2}\,W = 2.50\,W$$

5.8 正弦交流电路的无功补偿

由平均功率的计算公式 $P = UI\cos\varphi = UI\lambda$ 可知，对于用电设备（一般可用一端口网络表示），当其工作在额定功率、额定电压的情况下，功率因数 λ 越低，即 φ 越大，该设备所需要的工作电流就越大，而工作电流的增大势必增大线路损耗。另一方面，随着单个用电设备电流的增加，在一定容量下发电厂能够带的负荷就会减少。比如工业中用的感应电动机都是电感性负载，功率因数一般都比较低，带动这样的负荷，电源设备的利用率也较低，这些对于整个电网而言都是不经济的，需要进行合理调控。

为减少电源与负荷间徒劳往返的能量交换，减少线路损耗，必须提高系统的功率因数。工程上提高功率因数的方法有很多，比如在负荷端并联电容器、在重要负荷端并联无源或有源无功发生器等，其中在负荷两端并联大小适当的电容器是最简单、最实用的方法之一。

电容并联在用电设备两端不会影响设备的正常工作。电容本身不消耗有功功率，因而电源提供的平均功率不改变。但是并联电容后，电容的无功功率"补偿"了用电设备需要的无功功率，减少了电源的无功功率输出，从而提高了系统的功率因数，因此，这种方式工程上又称为无功补偿。

下面通过例题对并联电容补偿无功功率的原理及参数计算进行说明。

例 5-16 图 5-35a 所示电路外加 50Hz/380V 的正弦电压，感性负载的额定功率 $P_L = 30\text{kW}$，功率因数 $\lambda = 0.6$。若要使电路的功率因数提高为 $\lambda = 0.9$，在负载两端应该并接多大的电容器？此时电源提供的电流是多少？

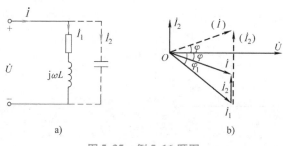

图 5-35 例 5-16 题图

解 设负载吸收的复功率为 $\overline{S}_L$，电容吸收的复功率为 $\overline{S}_C$，并联电容后电路吸收的复功率为 $\overline{S}$，则有 $\overline{S} = \overline{S}_L + \overline{S}_C$。

并联电容前，有

$$\lambda_1 = \cos\varphi_L = 0.6, \quad \varphi_L = 53.13°, P_L = 30\text{kW}, \quad Q_L = P_L\arctan\varphi_L = 40\text{kvar}$$

$$\overline{S}_L = P_L + jQ_L = (30 + j40)\text{kVA}$$

并联电容后要求 $\lambda = 0.9$，即 $\cos\varphi = 0.9$，$\varphi = \pm 25.84°$。由于并联电容后有功功率没有变，所以可以求得总的无功功率和复功率分别为

$$Q = P_L\arctan\varphi = \pm 14.53\text{kvar}$$

$$\overline{S} = P_L + jQ = (30 \pm j14.53)\text{kVA}$$

由功率守恒性可以求得电容的复功率为

$$\overline{S}_C = \overline{S} - \overline{S}_L = (30 \pm j14.53 - (30 + j40)) \text{kVA}$$

$$\overline{S}_C = -j25.47 \text{kVA} \quad \text{或} \quad \overline{S}_C = -j54.53 \text{kVA}$$

从经济的角度，取较小的电容为好，由式（5-53）可以计算得到电容器的大小应为

$$C = \frac{-Q_C}{\omega U^2} = \frac{25.47 \times 10^3}{314 \times 380^2} \text{F} = \frac{25470}{45341600} \text{F} = 561.74 \mu\text{F}$$

图 5-32b 为补偿关系的相量图，从图中可以看出，经补偿后电源电流由原来的 I_1 值减小到图中的 I 值。由直角三角形可以计算得到

$$I_1 = \frac{P_L}{U\cos\varphi_L} = \frac{30 \times 10^3}{380 \times 0.6} \text{A} = 131.58 \text{A}$$

$$I = \frac{P_L}{U\cos\varphi} = \frac{30 \times 10^3}{380 \times 0.9} \text{A} = 87.72 \text{A}$$

可见电源提供的电流大大降低。由此可以证明，并联电容后减少了电源的无功输出，提高了电源设备的利用率，也减少了线路上的损耗。

关于交流电路的无功补偿既是交流电路分析的一个重点内容，也是电气工程专业的一个重要研究方向。在今后的电力系统分析、电力系统自动化、电力系统继电保护等专业课程中还会有更多、更深入的分析。

5.9 正弦交流电路的频率特性和谐振现象

5.9.1 频率特性

为了便于对无源一端口网络进行进一步的研究，引入正弦稳态电路**网络函数**的概念，其定义为响应相量（某一支路电压或电流）与激励相量（端口所加电压源的电压或电流源的电流）之比。记为 $H(j\omega)$，即

$$H(j\omega) \stackrel{\text{def}}{=\!=\!=} \frac{\text{响应相量}}{\text{激励相量}} \tag{5-60}$$

当响应相量与激励相量属于同一端口时，则称为驱动点（Driving Point）函数，否则称为转移（Transfer）函数。前者又分为驱动点阻抗函数（激励为电流源时）和驱动点导纳函数（激励为电压源时），数值上等于输入阻抗和输入导纳。后者则根据响应和激励或同为电压或同为电流或一个为电压另一个为电流，可分为电压转移函数、电流转移函数、转移阻抗函数和转移导纳函数。

5.9.2 *RLC* 串联电路的选频特性

以图 5-36 所示的 *RLC* 串联电路为例，若以电压 $\dot{U}$ 为响应，以输入电流 $\dot{I}$ 为激励，则其网络函数为

$$H(j\omega) = \dot{U}/\dot{I} = R + j\omega L - j\frac{1}{\omega C}$$

从数值上看

$$H(j\omega) = Z(j\omega) = \frac{1}{Y(j\omega)}$$

$H(j\omega)$的极坐标形式为

$$H(j\omega) = |H(j\omega)| \underline{/\varphi(\omega)}$$

其模值$|H(j\omega)|$称为网络函数的**幅频特性**（Amplitude Frequency Characteristic），其辐角称为网络函数的**相频特性**（Phase Frequency Characteristic），网络函数的幅频特性和相频特性总称为频率特性。

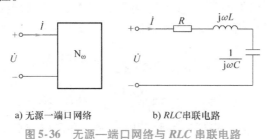

a) 无源一端口网络　　　　b) *RLC*串联电路

图5-36　无源一端口网络与 *RLC* 串联电路

RLC 串联电路中$|Z|$、$\varphi(\omega)$、$|Y|$的频率特性曲线分别如图5-37a、b、c所示。

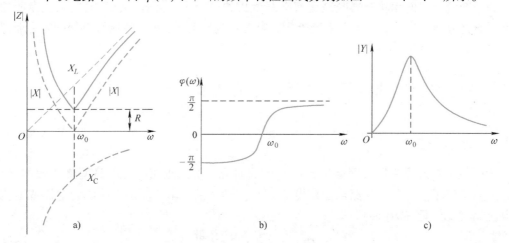

图5-37　*RLC* 串联电路的频率特性曲线

在电源电压给定的情况下，只有接近某个特定角频率ω_0附近频段内，特性曲线出现拐点，此区间电路的电流比较大，对应的电阻电压比较大，而偏离这一频段外（频率较低或频率较高时）输出会大大较低，甚至会迅速降低。

分析图5-37b阻抗的相频特性曲线可以看到：

当$\omega < \omega_0$时，阻抗角$\varphi < 0$，*RLC* 串联电路呈电容性，电流超前于电压φ；

当$\omega = \omega_0$时，阻抗角$\varphi = 0$，电路呈电阻性，电流与电压同相位；

当$\omega > \omega_0$时，阻抗角$\varphi > 0$，电路呈电感性，电流滞后于电压φ；

当$\omega \to 0$时，$\varphi \to -\pi/2$；$\omega \to \infty$时，$\varphi \to \pi/2$。

由此可见 *RLC* 串联电路是一个典型的选频电路。

类似的，还可以设计一些不同功能的选频电路，如图5-38所示。其中图5-38a电路的输出电压随着输入端电压信号频率的增加而降低，因此称之为低通滤波电路（也叫作高阻滤波电路），图5-38b则为高通滤波电路，图5-38c则为带通滤波电路，读者可根据本节给出的网络函数的概念及RLC串联电路的分析实例自行推导图5-38各电路的频率特性方程，分析其频率特性，并选择合适的仿真工具进行仿真验证。

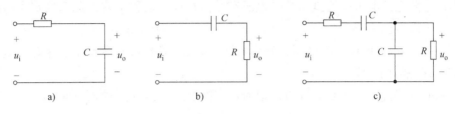

图5-38　无源选频网络

利用运算放大器等其他元器件还可以设计出有源滤波电路，提高滤波器性能。

5.9.3　RLC串联电路的谐振及其特性分析

谐振是正弦交流电路频率特性中的一个特例，是在其中某一个特定频率下发生的特殊现象。工程上既可以利用谐振实现一些特殊功能电路，也会由于偶然发生的谐振而造成损失，因此需要引起重视。

RLC串联电路的输入阻抗为

$$Z(j\omega) = R + j\left(\omega L - \frac{1}{\omega C}\right)$$

式中，电抗分量 $X(\omega) = \omega L - 1/(\omega C)$，显然感抗和容抗起互相抵消的作用。当 $\omega = \omega_0$ 时，出现 $X(\omega_0) = 0$，这时，阻抗角 $\varphi = 0$，端口上的电压与电流同相。工程上将电路的这种工作状态称为谐振，此时的电路处于频率特性的拐点，如图5-37c所示。

由于RLC为串联电路，所以称电路在这个频率下发生了串联谐振。串联谐振的条件为

$$\mathrm{Im}\left[Z(j\omega)\right] = 0 \tag{5-61}$$

即 $\omega_0 L - 1/(\omega_0 C) = 0$，此时

$$\omega_0 = \frac{1}{\sqrt{LC}} \tag{5-62}$$

$$f_0 = \frac{1}{2\pi\sqrt{LC}}$$

称 ω_0 和 f_0 分别为谐振角频率和谐振频率，它们是电路的固有频率，其数值由电路的结构和参数决定。

对于RLC串联电路，改变L或C的数值都能改变电路的固有频率，使电路在某一特定频率下发生谐振或者避免谐振。

1. RLC串联电路发生谐振时的特点

1）阻抗值为最小，即

$$Z(j\omega_0) = R + j\left(\omega_0 L - \frac{1}{\omega_0 C}\right) = R$$

2）在输入电压U不变的情况下，电流I和 U_R 为最大，即

$$I = \frac{U}{|Z|} = \frac{U}{R}$$

$$U_R = RI = U$$

谐振时电阻上的电压有效值与端口电压有效值相同，工程中常以此来判定串联谐振电路是否发生了谐振。

3）$\dot{U}_L + \dot{U}_C = 0$（所以串联谐振又称为电压谐振）。谐振时电感 L 和电容 C 两端的等效阻抗为零（LC 相当于短路）。

将谐振时的感抗值（也是容抗值）记为 ρ，称之为特性阻抗，单位为欧姆，即

$$\rho = \omega_0 L = \sqrt{\frac{L}{C}} \tag{5-63}$$

将特性阻抗与电阻之比记为 Q，有

$$Q = \frac{\rho}{R} = \frac{\omega_0 L}{R} = \frac{1}{\omega_0 CR} = \frac{1}{R}\sqrt{\frac{L}{C}} \tag{5-64}$$

式中，Q 称为串联谐振电路的品质因数（品质因数无量纲，与无功功率符号相同，注意区分）。

此时电感电压相量和电容电压相量分别为

$$\dot{U}_L = j\omega_0 L \dot{I} = j\omega_0 L \frac{U}{R} = j\frac{\omega_0 L}{R}\dot{U} = jQ\,\dot{U}$$

$$\dot{U}_C = -j\frac{1}{\omega_0 C}\dot{I} = -j\frac{U}{R\omega_0 C} = -j\frac{\omega_0 L}{R}\dot{U} = -jQ\,\dot{U}$$

即，谐振时电感电压、电容电压的大小是电源电压的 Q 倍。所以有

$$Q = \frac{U_L(\omega_0)}{U} = \frac{U_C(\omega_0)}{U} = \frac{\rho}{R} = \frac{\omega_0 L}{R} = \frac{1}{\omega_0 CR} = \frac{1}{R}\sqrt{\frac{L}{C}} \tag{5-65}$$

品质因数与特性阻抗一样，表面上是 RLC 串联电路谐振频率下的参数，但实际上与频率的大小无关，是由电路的三个元件参数决定的，因此称之为电路的固有参数或特征参数。

串联谐振时，$U_L = U_C$，如果 $Q > 1$，即 $R < \sqrt{\frac{L}{C}}$，则有 $U_L = U_C > U$。特别是当 $Q \gg 1$ 时，在谐振或接近谐振时，会在电感和电容两端出现远远高于外施电压 U 的高电压，称为过电压现象。

工程上可以利用谐振时电感两端的高电压作为大容量电源，比如感应加热器等。但是，有些情况也会因为过电压造成设备的损坏，如雷击造成的谐振过电压是变压器烧毁的最主要原因，在电力系统自动保护设计中应加以考虑。

4）谐振时，无功功率为零，功率因数 $\lambda = \cos\varphi = 1$。平均功率为

$$P(\omega_0) = UI\cos\varphi = UI = \frac{1}{2}U_m I_m$$

电感的无功功率为 $Q_L(\omega_0) = \omega_0 L I^2$，电容的无功功率为 $Q_C(\omega_0) = -\frac{1}{\omega_0 C}I^2$，总的无功功率为

$$Q_L(\omega_0) + Q_C(\omega_0) = 0$$

电路的复功率为

$$\overline{S} = P + jQ = P$$

由此可见，谐振时电路不从外部吸收无功功率，无功功率在电感与电容之间进行交换，即电路内部的电感与电容周期性地进行磁场能量与电场能量的交换，这一能量总和为

$$W(\omega_0) = \frac{1}{2}L\,i^2 + \frac{1}{2}Cu_C^2 \tag{5-66}$$

谐振时，电路的电流为 $i = \sqrt{2}\dfrac{U}{R}\cos\omega_0 t$，电容两端电压为 $u_C = \sqrt{2}QU\sin\omega_0 t$，又因为 $Q^2 = \dfrac{1}{R^2}\dfrac{L}{C}$，由式（5-66）得

$$W(\omega_0) = \frac{L}{R^2}U^2\cos^2\omega_0 t + CQ^2U^2\sin^2\omega_0 t = CQ^2U^2 = Q^2\left(\frac{1}{2}C\,U_m^2\right) = 常量$$

说明谐振时系统的总能量等于电容或电感中瞬时能量最大值的 Q^2 倍。要注意根据上下文或变量的单位区分无功功率 Q 与品质因数 Q。

2. 频率响应

RLC 串联谐振电路是一种具有频率选择功能的电路，它可以按频率选择所需要的信号，抑制和消除其他不需要的信号；利用谐振电路的频率特性还可以改变信号的波形。因此，研究谐振电路，不仅要讨论电路谐振时的特点，也要分析电路响应随频率变化的规律。

下面讨论频率特性与品质因数 Q 值的关系。

对于任意的 RLC 串联谐振电路都有

$$Z(j\omega) = R + j\left(\omega L - \frac{1}{\omega C}\right)$$

为实现坐标归一化，设 $\eta = \dfrac{\omega}{\omega_0}$，则有

$$Z(\eta) = R\left[1 + jQ\left(\eta - \frac{1}{\eta}\right)\right]$$

$$U_R(\eta) = \frac{U}{\sqrt{1 + Q^2\left(\eta - \dfrac{1}{\eta}\right)^2}}$$

因此以电阻电压为响应的网络函数可写为

$$H_R(\eta) = \frac{U_R(\eta)}{U} = \frac{1}{\sqrt{1 + Q^2\left(\eta - \dfrac{1}{\eta}\right)^2}} \tag{5-67}$$

在同一相对坐标 η 下，画出不同 Q 值的 $H_R(\eta)$ 的特性曲线如图 5-39 所示，称为电路的通用谐振曲线。从曲线图可以看出 Q 值对谐振曲线形状的影响，即 Q 值越大曲线的陡度越大。

串联谐振电路的频率响应具有明显的选择性能。在 $\eta = 1$（谐振点）时，曲线出现峰值，响应电压达到了最大值 $U_R = U$；当 $\eta < 1$ 或 $\eta > 1$（偏离谐振点）时，U_R 逐渐下降，随

$\eta \to 0$ 和 $\eta \to \infty$，$U_R \to 0$。

只有在谐振点附近的频率范围内，即 $\eta = 1 + \Delta\eta$，U_R 才有较大的输出幅度。电路的这种性能称为选择性。电路选择性的优劣取决于对非谐振频率输入信号的抑制能力，与品质因数有直接关系。

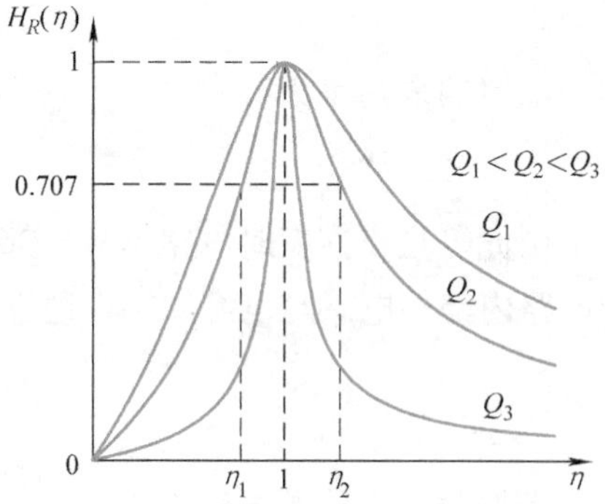

工程中为了定量地衡量选择性，常用 $H_R = 1/\sqrt{2} = 0.707$ 时对应的两个频率 ω_2 和 ω_1 之间的差加以说明，定义 $\omega_2 - \omega_1$ 为通频带，用 BW 表示，即

$$BW = \omega_2 - \omega_1$$

图 5-39　串联谐振电路的通用曲线

一般 $\omega_2 > \omega_0$，$\omega_1 < \omega_0$，分别称 ω_2 为上半功率角频率（或上 3 分贝角频率）、ω_1 为下半功率角频率（或下 3 分贝角频率）。

若 $H_R(\eta) = 1/\sqrt{2}$，则

$$\frac{1}{\sqrt{1 + Q^2 \left(\eta - \dfrac{1}{\eta}\right)^2}} = \frac{1}{\sqrt{2}}$$

$$Q^2 \left(\eta - \frac{1}{\eta}\right)^2 = 1$$

$$\eta^2 \mp \frac{1}{Q}\eta - 1 = 0$$

解得

$$\eta_1 = -\frac{1}{2Q} + \sqrt{\frac{1}{4Q^2} + 1}, \quad \eta_2 = \frac{1}{2Q} + \sqrt{\frac{1}{4Q^2} + 1}$$

所以

$$\eta_2 - \eta_1 = \frac{1}{Q}$$

$$\omega_2 - \omega_1 = \frac{\omega_0}{Q} = \frac{R}{L} = BW$$

$$Q = \frac{\omega_0}{\omega_2 - \omega_1} = \frac{\omega_0}{BW} \tag{5-68}$$

可见 Q 值越大，通频带越窄，选择性就好。

类似的，若以 $\dot{U}_C$、$\dot{U}_L$ 为输出，可以用相同的方法分析 $H_C(\eta)$、$H_L(\eta)$ 的频率特性。

$$H_C(\eta) = \frac{U_C(\eta)}{U} = \frac{U_R(\eta)}{U} \frac{1}{\omega CR} = \frac{U_R(\eta) Q}{U\eta} = \frac{Q}{\sqrt{\eta^2 + Q^2(\eta^2 - 1)^2}}$$

$$H_L(\eta) = \frac{U_L(\eta)}{U} = \frac{U_R(\eta)}{U} \frac{\omega L}{R} = \frac{U_R(\eta)}{U} Q\eta = \frac{Q}{\sqrt{\dfrac{1}{\eta^2} + Q^2\left(1 - \dfrac{1}{\eta^2}\right)^2}}$$

它们的曲线如图 5-40 所示。

从图中可见，当 $\omega = 0$ 时（对应图中 $\eta = 0$），容抗 $1/(\omega C) \to \infty$，因此电路中电阻电压与电感电压均为零，电源电压全部加在电容上，$U_C = U$ 分别对应曲线中 $H_L(\eta) = 0$、$H_C(\eta) = 1$。

当 $\omega \to \infty$ 时（对应图中 $\eta \to \infty$），感抗 $\omega L \to \infty$，电阻电压和电容电压趋于零，电感电压趋于电源电压。当 $\omega = \omega_0$ 时，电容电压和电感电压均高于电源电压。

当 $Q > 1/\sqrt{2} = 0.707$ 时，谐振曲线会出现峰值。$H_C(\eta)$ 的峰值频率为

$$\eta_1 = \sqrt{1 - \frac{1}{2Q^2}} < 1, \quad \omega_1 = \omega_0 \sqrt{1 - \frac{1}{2Q^2}} < \omega_0$$

此时，峰值为

$$H_{C\max} = \frac{Q}{\sqrt{1 - \frac{1}{4Q^2}}} > Q$$

$H_L(\eta)$ 的峰值频率为

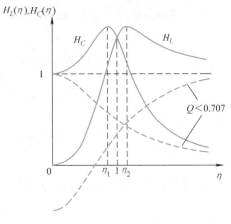

图 5-40　串联谐振电路中 $H_C(\eta)$、$H_L(\eta)$ 的频率特性

$$\eta_2 = \sqrt{\frac{2Q^2}{2Q^2 - 1}} > 1, \quad \omega_2 = \omega_0 \sqrt{\frac{2Q^2}{2Q^2 - 1}} > \omega_0$$

峰值为

$$H_{L\max} = \frac{Q}{\sqrt{1 - \frac{1}{4Q^2}}}$$

图 5-40 所示为两种不同 Q 值的特性曲线。由图可以看出，电容与电感具有相同的峰值，$H_{C\max} = H_{L\max}$，即 $U_{C\max} = U_{L\max}$。当 Q 值很大时，两峰值频率接近。而当 $Q < 0.707$ 时，二者都无峰值（图中虚线所示曲线）。

如果改变的是电路的参数 L 和 C，则谐振特性应另行分析。

例 5-17　试设计一 RLC 串联谐振电路，使得谐振频率为 $10^4 \mathrm{Hz}$，通频带为 $200\mathrm{Hz}$，串联电阻及负载电阻分别为 10Ω 和 20Ω。

解　电路中的总电阻为

$$R = (10 + 20)\Omega = 30\Omega$$

品质因数为

$$Q = \frac{\omega_0}{\omega_2 - \omega_1} = \frac{f_0}{f_2 - f_1} = \frac{f_0}{\mathrm{BW}} = \frac{10^4}{200} = 50$$

所需电感值

$$L = \frac{QR}{\omega_0} = \frac{50 \times 30}{2\pi \times 10^4}\mathrm{H} = 23.87\mathrm{mH}$$

所需电容值

$$C = \frac{1}{\omega_0 R Q} = \frac{1}{2\pi \times 10^4 \times 30 \times 50}\mathrm{pF} = 10610\mathrm{pF}$$

例 5-18　电路如图 5-41 所示，已知 $R_1 = 10\Omega$，$R_2 = 100\Omega$，$C = 10\mu\mathrm{F}$，电路发生谐振的角频率为 $\omega_0 = 10^3 \mathrm{rad/s}$，电源电压 $U_\mathrm{s} = 100\mathrm{V}$，试求电感 L 和节点 0 和 1 之间的电压 $\dot{U}_{10}$。

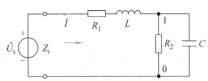

图 5-41　例 5-18 题图

解 注意此电路不能套用前面公式。其输入阻抗为

$$Z_i = R_1 + j\omega L + \frac{-j\dfrac{R_2}{\omega C}}{R_2 - j\dfrac{1}{\omega C}}$$

$$= R_1 + j\omega L + \frac{\dfrac{R_2}{(\omega C)^2}}{R_2^2 + \dfrac{1}{(\omega C)^2}} - j\frac{\dfrac{R_2^2}{\omega C}}{R_2^2 + \dfrac{1}{(\omega C)^2}}$$

由谐振定义，有 $\mathrm{Im}[Z(j\omega_0)] = 0$，得到

$$\mathrm{Im}[Z(j\omega_0)] = j\omega_0 L + \frac{-j\dfrac{R_2^2}{\omega_0 C}}{R_2^2 + \left(\dfrac{1}{\omega_0 C}\right)^2} = 0$$

代入数据即可以求得电感系数为

$$L = 50\,\mathrm{mH}$$

谐振时 $Z_i = (10 + 50)\,\Omega = 60\,\Omega$，$Z_{(R_2 /\!/ C)} = (50 - j50)\,\Omega$，所以有

$$\dot{I} = \frac{\dot{U}_s}{Z_i} = \frac{100\,\underline{/0°}}{60}\mathrm{A} = \frac{5}{3}\,\underline{/0°}\,\mathrm{A}$$

$$\dot{U}_{10} = \dot{I} \cdot Z_{(R_2 /\!/ C)} = \frac{5}{3}\,\underline{/0°}(50 - j50)\,\mathrm{V} = \frac{250}{3}\sqrt{2}\,\underline{/-45°}\,\mathrm{V}$$

本 章 小 结

正弦激励下交流电路的分析由于引入了相量分析法而简化了繁杂的三角函数计算过程，同时通过相量图可以把各个正弦量之间的大小和相位关系转换为几何问题，所以借助相量图分析正弦交流电路是一个非常重要的手段。前提是要熟悉掌握 RLC 三个基本电路元件在正弦激励下的特性，RLC 元件的电流电压关系的时域和相量模型见表 5-2。

表 5-2　RLC 元件的电流电压关系的时域和相量模型

元件	时域 VCR	频域相量模型与 VCR 和三要素	相量图
R	$u_R(t) = Ri_R(t)$	$\dot{U}_R = \dot{R}I_R$ (1) 同频率 (2) 同相位 (3) 电压与电流之比等于 R	
L	$u_L = L\dfrac{di_L}{dt}$	$\dot{U}_L = j\omega L\,\dot{I}_L$ (1) 同频率 (2) 电压超前于电流 90° (3) 电压与电流之比等于 ωL	
C	$u_C(t) = \dfrac{1}{C}\displaystyle\int_{-\infty}^{t} i_C(\xi)\mathrm{d}t$	$\dot{U}_C = \dfrac{1}{j\omega C}\dot{I}_C$ (1) 同频率 (2) 电压滞后于电流 90° (3) 电压与电流之比等于 $\dfrac{1}{\omega C}$	

正弦交流电路稳态分析的主要内容（详见小结导图）包括：

1) 正弦量及其三要素，相位差的概念；相量，相量模型，相量图等概念；电路定律的相量形式，元件 VCR 的相量形式，复阻抗和复导纳的串、并联。

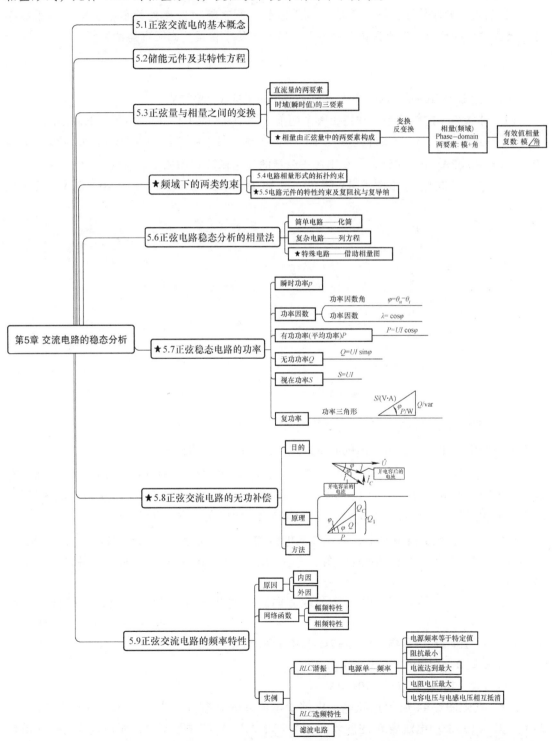

2）运用等效变换法、电路分析法、电路定理并辅助以相量图分析正弦稳态电路。

3）正弦稳态电路的平均功率、无功功率、视在功率和复功率；提高功率因数的意义和基本方法。

4）谐振、频率特性、特性阻抗、品质因数、通频带和选频性的概念；电路的谐振条件，谐振频率的计算，发生谐振时的电路的特点和处于谐振状态下电路的分析。

习 题 5

5-1   已知 $i = 10\cos(314t + 15°)$ A，$u = 220\cos(314t + 30°)$ V。

（1）求 u 与 i 的相位差，并指出哪个超前？哪个滞后？（2）画出 u 与 i 的波形图。

5-2   正弦量 u、i_1、i_2 的相量图如图 5-42 所示，且 $t = 0$ 时，$u = 110$V，$\theta_u = 30°$，$i_1 = 10$A，$i_2 = -5\sqrt{2}$A，$\theta_{i2} = 45°$。试写出各正弦量的三角函数式和相量表达式。

5-3 RL 串联电路如图 5-43 所示，已知 $R = 4\Omega$，$L = 2$H，$i_s = 10\cos2t$A。求 u_{ab}、u_{bc}、u_{ca}。

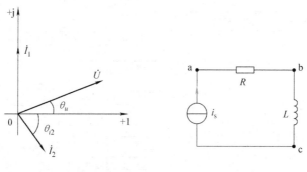

图 5-42 题 5-2 图   图 5-43 题 5-3 图

5-4   若已知两个同频率正弦电压的相量分别为 $\dot{U}_1 = 50\underline{/30°}$V，$\dot{U}_2 = -100\underline{/150°}$V，其频率 $f = 100$Hz。求：（1）u_1、u_2 的时域形式；（2）u_1 与 u_2 的相位差。

5-5   已知：$u_1 = 220\sqrt{2}\cos(314t - 120°)$V，$u_2 = 220\sqrt{2}\cos(314t + 30°)$V。（1）画出它们的波形图，求出它们的有效值、频率 f、和周期 T；（2）写出它们的相量并画出其相量图，求它们的相位差；（3）若电压 u_2 的参考方向与原方向反向，重新回答（1）、（2）。

5-6   已知正弦交流电路中，某元件的电流和电压分别为 $i = 5\sqrt{2}\cos314t$A，$u = -50\sqrt{2}\sin314t$V。（1）此元件是什么电路元件？（2）求元件的复阻抗。（3）求此元件储存能量的最大值。

5-7   某一元件的电压、电流（关联方向）分别为下述三种情况时，它可能是什么元件？

（1）$u = 10\cos(10t + 45°)$V，$i = 2\sin(10t + 135°)$A

（2）$u = 10\sin(100t)$V，$i = 2\cos(100t)$A

（3）$u = -10\cos t$V，$i = -10\sin t$A

5-8   已知图 5-44 所示正弦电流电路中电流表的读数分别为 A_1：5A；A_2：20A；A_3：25A。求：（1）图中电流表 A 的读数；（2）如果维持 A_1 的读数不变，而把电源的频率提高 1 倍，再求电流表 A 的读数。

5-9 图 5-45 所示电路中，$R = 4\Omega$，u 为 $\omega = 10^5\,\text{rad/s}$，$U = 10\,\text{mV}$ 的正弦交流电源，若电流表的读数为 $2\,\text{mA}$，问电容 C 为何值？

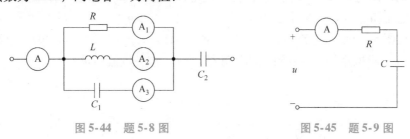

图 5-44 题 5-8 图　　　　　　图 5-45 题 5-9 图

5-10 在图 5-46 所示电路中，电压表 V、V_1、V_3 的读数分别为 10V、6V、6V。求：（1）电压表 V_2、V_4 的读数；（2）若电流有效值 $I = 0.1\text{A}$，求电路的复阻抗；（3）该电路为何性质的电路？

5-11 图 5-47 所示电路中，$Z_1 = (4 + j10)\Omega$、$Z_2 = (8 - j6)\Omega$、$Z_3 = j8.33\Omega$，电源电压相量 $\dot{U} = 60\underline{/0°}\text{V}$，求各支路电流相量，并画出电压和各电流相量图。

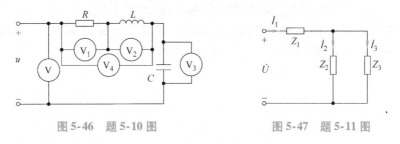

图 5-46 题 5-10 图　　　　　　图 5-47 题 5-11 图

5-12 试求图 5-48 所示各电路的输入阻抗 Z 和导纳 Y。

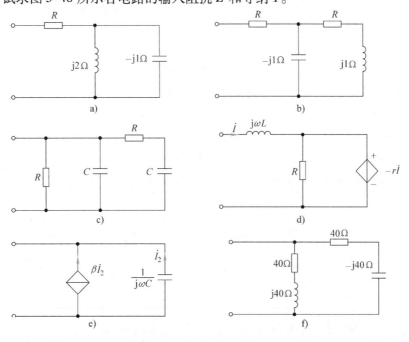

图 5-48 题 5-12 图

5-13　图 5-49 所示电路中，$R_1 = 2\Omega$，$X_{C_1} = -1\Omega$，$R_2 = 1\Omega$，$X_L = 2\Omega$，$X_{C_2} = -3\Omega$。（1）求电路的总阻抗；（2）该电路为何性质的电路？（3）若电源电压有效值 $U = 220\text{V}$，求电源供出的电流和电容 C_1 上的电压 U_1。

5-14　在图 5-50 所示电路中，$R_1 = 3\Omega$、$X_L = 4\Omega$、$R_2 = 8\Omega$、$X_C = -6\Omega$，电源电压有效值 $U = 1\text{V}$。（1）求电路的等效复阻抗和复导纳；（2）求各电流相量。

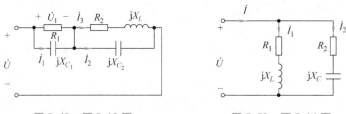

图 5-49　题 5-13 图　　　　　　　图 5-50　题 5-14 图

5-15　在图 5-51 所示电路中，已知 $u = 30\cos 2t\text{V}$，$i = 5\cos 2t\text{A}$，$L = 2\text{H}$，$R = 3\Omega$。求网络 N 内等效串联电路的元件参数值。

5-16　求图 5-51 中网络 N 内的等效并联电路的元件参数值。

5-17　图 5-52 所示电路中，已知 $U = 100\text{V}$，$R_2 = 6.5\Omega$，$R = 20\Omega$，当调节触点 c 使 $R_{ac} = 4\Omega$ 时，电压表的读数最小，其值为 30V，试求阻抗 Z。

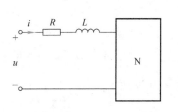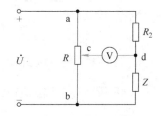

图 5-51　题 5-15、题 5-16 图　　　　图 5-52　题 5-17 图

5-18　图 5-53 中 N 为不含独立源的一端口，端口电压 u、电流 i 分别如下列各式所示。试求每一种情况下的输入阻抗 Z 和导纳 Y，并给出等效电路图（包括元件的参数）。

（1）$u = 200\cos(314t)\text{V}$，$i = 10\cos(314t)\text{A}$；

（2）$u = 10\cos(10t + 45°)\text{V}$，$i = 2\cos(10t - 90°)\text{A}$；

（3）$u = 100(\cos 2t + 60°)\text{V}$，$i = 5\cos(2t - 30°)\text{A}$。

5-19　图 5-54 电路中，$I_2 = 10\text{A}$，$U_s = 10/\sqrt{2}\text{V}$，求电压 $\dot{U}_s$ 和电流 $\dot{I}$，并画出电路的相量图。

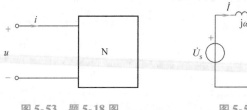

图 5-53　题 5-18 图　　　　　　　图 5-54　题 5-19 图

5-20　已知图 5-55 电路中 $Z_1 = (10 + j50)\,\Omega$、$Z_2 = (400 + j1000)\,\Omega$，如果要使 $\dot{I}_2$ 和 $\dot{U}_s$ 的相位差为 90°（正交），β 应等于多少？如果把图中 CCCS 换为可变电容 C，求 C 的值。

5-21　图 5-56 中 $Z_2 = j60\,\Omega$，各交流电压表的读数分别为：V，100V；V_1，171V；V_2，240V。求阻抗 Z_1。

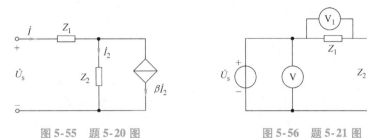

图 5-55　题 5-20 图　　　　　图 5-56　题 5-21 图

5-22　图 5-57 电路中，已知 $u = 220\sqrt{2}\cos(250t + 20°)\,\mathrm{V}$，$R = 110\,\Omega$，$C_1 = 20\,\mu\mathrm{F}$，$C_2 = 80\,\mu\mathrm{F}$，$L = 1\mathrm{H}$，求电路中各电流表的读数和电路的输入阻抗，画出电路的相量图。

5-23　图 5-58 电路中，当 S 闭合时，各表读数如下：V 表为 220V，A 表为 10A，W 表为 1000W；当 S 打开时，各表读数依次为 220V、12A 和 1600W。设 Z_1 为感性，求阻抗 Z_1 和 Z_2。

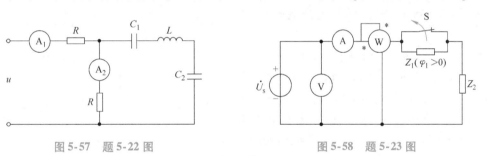

图 5-57　题 5-22 图　　　　　图 5-58　题 5-23 图

5-24　如果图 5-59 所示电路中，R 改变时电流 I 保持不变，L、C 应满足什么条件？

5-25　已知图 5-60 电路中的电压源为正弦量，$L = 1\mathrm{mH}$，$R_0 = 1\,\Omega$，$Z = (3 + j5)\,\Omega$。试求：（1）当 $I = 0\mathrm{A}$ 时，C 值为多少？（2）当条件（1）满足时，试证明输入阻抗为 R_0。

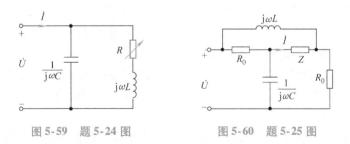

图 5-59　题 5-24 图　　　　　图 5-60　题 5-25 图

5-26　求图 5-61 所示一端口的戴维南（或诺顿）等效电路。

5-27　列出图 5-62 所示电路的回路电流方程和节点电压方程。已知 $u_s = 14.14\cos(2t)\,\mathrm{V}$，$i_s = 1.414\cos(2t + 30°)\,\mathrm{A}$。

5-28　设 $R_1 = R_2 = 1\mathrm{k}\Omega$，$C_1 = 1\,\mu\mathrm{F}$，$C_2 = 0.01\,\mu\mathrm{F}$。求图 5-63 所示电路的 $\dot{U}_2 / \dot{U}_1$。

5-29　已知某 RL 串联电路的电流 $i = 50\sqrt{2}\cos(314t + 20°)\,\mathrm{A}$，有功功率 $P = 8.8\mathrm{kW}$，无

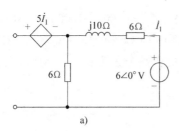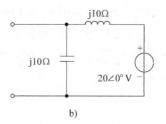

图 5-61　题 5-26 图

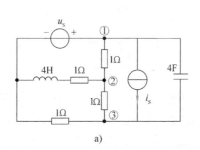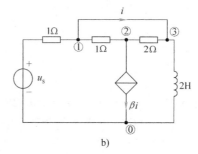

图 5-62　题 5-27 图

功功率 $Q = 6.6\text{kvar}$。求：（1）电源电压 u；（2）电路参数 R、L。

5-30　两个感性负载串联，其中一个负载的电阻 $R_1 = 5\Omega$，电感 $L_1 = 10.5\text{mH}$；另一个负载的电阻 $R_2 = 10\Omega$，电感 $L_2 = 100.7\text{mH}$。若电流 $I = 10\text{A}$，频率为 50Hz，试求：（1）各负载的电压 U_1、U_2 和电路总电压 U；（2）各负载消耗的功率 P_1、P_2 和电路的总有功功率 P；（3）各负载的视在功率 S_1、S_2 和电路的总视在功率 S；（4）各负载的功率因数 λ_1、λ_2 和电路的功率因数 λ。

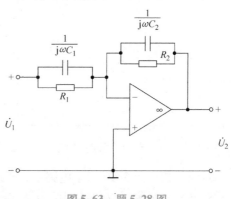

图 5-63　题 5-28 图

5-31　一个感性负载接在 50Hz、380V 的电源上，消耗的功率为 20kW，功率因数为 0.6。欲将电路的功率因数提高到 0.9，应并联多大电容？

5-32　欲用频率为 50Hz、额定电压为 220V、额定容量为 9.6kV·A 的正弦交流电源供电给额定功率为 4.5kW、额定电压为 220V、功率因数为 0.5 的感性负载。问：（1）该电源供出的电流是否超过其额定电流？（2）若将电路的功率因数提高到 0.9，应并联多大电容？

5-33　上题的电路并联电容后，再接入多少盏 220V、40W 的白炽灯才能充分发挥电源的能力？

5-34　用三表（电压表、电流表、功率表）法测线圈的参数 R、L 的电路，如图 5-64 所示。若三表的读数分别为 50V、1A、30W，已知电源频率为 50Hz，求线圈的参数 R、L。

5-35　图 5-65 所示 RLC 串联电路中，已知 $u = 50\sqrt{2}\cos 314t\text{V}$，调节电容 C 使电流 i 与 u 同相，且电流有效值 $I = 1\text{A}$，电感电压 $U_L = 60\text{V}$。求：（1）电路参数 R、C；（2）若改变电源频率为 100Hz，电路为何性质电路？

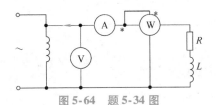

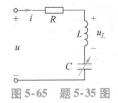

图 5-64 题 5-34 图   图 5-65 题 5-35 图

5-36 图 5-66 所示电路中 $R=2\Omega$，$\omega L=3\Omega$，$\omega C=3\mathrm{S}$，$\dot{U}_C=10\underline{/45°}\mathrm{V}$。求各元件的电压、电流和电源发出的复功率。

5-37 图 5-67 所示电路中，$R_1=1\Omega$，$C_1=10^3\mu\mathrm{F}$，$L_1=0.4\mathrm{mH}$，$R_2=2\Omega$，$\dot{U}_s=10\underline{/-45°}\mathrm{V}$，$\omega=10^3\mathrm{rad/s}$。求 Z_L（可任意变动）能获得的最大功率。

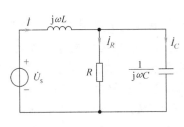

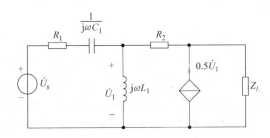

图 5-66 题 5-36 图   图 5-67 题 5-37 图

5-38 在图 5-68 所示电路中，$R=1\Omega$，$C=2\mu\mathrm{F}$，当电源频率为 500Hz 时电路发生谐振，谐振时电流为 0.1A。求：（1）L 及各支路电流有效值；（2）若电源频率改为 1000Hz，电路的有功功率为多少？此时电路为何性质电路？

5-39 图 5-69 所示正弦交流电路中，已知 $R=|X_L|=|X_C|$，且 $I=4\mathrm{A}$，求 i_1、i_2 的有效值。

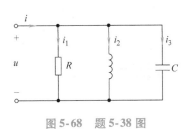

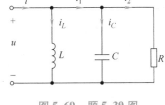

图 5-68 题 5-38 图   图 5-69 题 5-39 图

5-40 RLC 串联电路中的外施电压 $u=10\cos\omega t\mathrm{V}$，电路参数为 $R=50\Omega$，$L=5\mathrm{mH}$，$C=0.5\mathrm{F}$。试求：（1）谐振频率 f_0 和品质因数 Q；（2）谐振时各元件上电压的有效值；（3）绘制响应 u_R 的幅频特性曲线。

5-41 RLC 串联电路的谐振频率为 $1000/(2\pi)\mathrm{Hz}$，通频带为 $100/(2\pi)\mathrm{Hz}$，谐振阻抗为 100Ω，求电路参数 R、L、C。

5-42 RLC 串联电路的端电压 $u=10\sqrt{2}\cos(2500t+10°)\mathrm{V}$，当 $C=8\mu\mathrm{F}$ 时，电路中吸收的功率为最大，$P_{\max}=100\mathrm{W}$。（1）求电感 L 和 Q 值；（2）画出电路的相量图。

5-43 RLC 串联电路中，$R=10\Omega$，$L=1\mathrm{H}$，端电压为 100V，电流为 10A。如果将 RLC 改成并联接到同一电源上，电源的频率为 50Hz，求并联各支路的电流。

第6章
> Chapter 6

—≫

含耦合电感电路的分析

 本章导学

设备中包含两个及两个以上线圈时，各个线圈之间的励磁电流产生的磁场会相互影响，使得线圈中的电压与电流之间的对应关系（VCR）发生变化。最典型的电气设备就是各类电压互感器、电流互感器等。如何通过多个线圈的简化电路模型正确描述其元件约束方程，从而分析、求解含多个彼此相关的线圈的电路问题，是本章要重点解决的问题。

求解含耦合电感电路的关键是利用同名端列写电感元件VCR，所以一定要准确理解同名端概念及其应用。

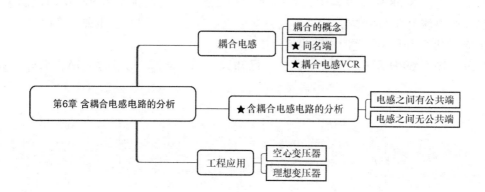

6.1 耦合电感

耦合电感（Coupled Inductor）是耦合线圈的电路模型。所谓耦合，在这里是指磁场的耦合，是载流线圈之间通过彼此的磁场相互联系的一种物理现象。一般情况下，耦合线圈由多个线圈组成。

为不失一般性，这里只讨论一对线圈的耦合情况。

图 6-1 即为一对载流耦合线圈。设两个线圈的自感系数分别为 L_1、L_2，匝数分别为 N_1、N_2。当各自通有电流 i_1 和 i_2 时（称 i_1、i_2 为励磁电流，或施感电流），其产生的磁通和彼此相交链的情况要根据两个线圈的绕向、相对位置和两个电流 i_1、i_2 的参考方向，按右手螺旋定则来确定。

设电流 i_1 在线圈 1 中产生的磁通为 Φ_{11}，称其为线圈 1 的自磁通，方向如图 6-1 所示。Φ_{11} 在穿过自身的线圈时，所产生的磁通链设为 Ψ_{11}，并称之为线圈 1 的自磁链。由于线圈 1 和线圈 2 离得较近，线圈 1 中的磁场的一部分或全部会与线圈 2 交链，设这部分磁场在线圈 2 中耦合产生的磁通为 Φ_{21}，相应的磁链为 Ψ_{21}，分别称之为励磁电流 i_1 在线圈 2 中产生的互磁通、互磁链。注意 Φ_{21}、Ψ_{21} 双下角标的顺序，其中第一个下角标数字代表该物理量所在线圈，第二个下角标数字代表产生该物理量的激励所在的线圈位置。

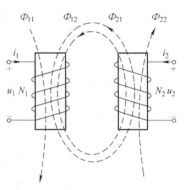

图 6-1 耦合线圈及其电压、电流与磁通

同样的道理，电流 i_2 会在线圈 2 中产生自磁通 Φ_{22}、自磁链 Ψ_{22}，并在线圈 1 中耦合产生互磁通 Φ_{12} 和互磁链 Ψ_{12}。显然这种互磁通、互磁链是彼此相互作用的最终结果，且二者相同，即 $\Phi_{12} = \Phi_{21}$、$\Psi_{12} = \Psi_{21}$。

工程实际上，两个线圈之间的耦合非常复杂，耦合产生的磁链及电压的大小与两个线圈的结构、尺寸、相互位置、周围介质等因素有关系。在简化分析中，将这种耦合近似认为是不变的常数，即所谓的理想化，假设互感磁链与励磁电流成正比，即定义

$$M_{21} = \frac{\Psi_{21}}{i_1}、M_{12} = \frac{\Psi_{12}}{i_2} \tag{6-1}$$

为两个线圈之间的互感系数，简称为互感（Mutual Inductance），单位为亨利（H）。显然 $M_{12} = M_{21}$，简写为 M。与线圈的自感系数相似，理想情况下，两个线圈之间的互感系数也与励磁电流大小无关，而与线圈本身的设计参数有关。但是，需要强调的是，两个线圈的互感系数还与两个线圈的相互位置密切相关，通过实验可以非常直观地进行验证。

综上，若两个线圈 1、2 彼此存在耦合，设各自的总磁通链分别为 Ψ_1、Ψ_2，则每个线圈中的总磁链等于其自磁链和互磁链两部分的代数和，有

$$\Psi_1 = \Psi_{11} \pm \Psi_{12}，\Psi_2 = \pm \Psi_{21} + \Psi_{22} \tag{6-2}$$

将自磁链、互磁链与励磁电流的对应关系代入，则有

$$\Psi_1 = L_1 i_1 \pm M i_2，\Psi_2 = \pm M i_1 + L_2 i_2 \tag{6-3}$$

可见，每个线圈中的总磁链与所有励磁电流有关。

M 前的 "$\pm$" 号说明磁耦合中互感与自感作用的两种可能性。"$+$" 号表示互感磁链与自感磁链方向一致，互感磁链对自感磁链起 "加强" 作用。"$-$" 号则相反，表示互感的彼此 "削弱" 作用。

若 i_1、i_2 为变动的电流，各线圈的电压、电流均采用关联参考方向，亦即沿线圈绕组电压降的参考方向与磁通的参考方向符合右手螺旋定则，则根据电磁感应定律可以写出**耦合电感元件的电压电流约束方程（VCR）**，即

$$u_1(t) = \frac{\mathrm{d}\Psi_1}{\mathrm{d}t} = L_1\frac{\mathrm{d}i_1}{\mathrm{d}t} \pm M\frac{\mathrm{d}i_2}{\mathrm{d}t}, \quad u_2(t) = \frac{\mathrm{d}\Psi_2}{\mathrm{d}t} = \pm M\frac{\mathrm{d}i_1}{\mathrm{d}t} + L_2\frac{\mathrm{d}i_2}{\mathrm{d}t} \tag{6-4}$$

式中，两个线圈的自感电压分别为

$$u_{11} = L_1\frac{\mathrm{d}i_1}{\mathrm{d}t}、u_{22} = L_2\frac{\mathrm{d}i_2}{\mathrm{d}t}$$

两个线圈之间的互感电压分别为

$$u_{12} = \pm M\frac{\mathrm{d}i_2}{\mathrm{d}t}、u_{21} = \pm M\frac{\mathrm{d}i_1}{\mathrm{d}t}$$

式中，u_{12} 是电流 i_2 在线圈 1 中产生的互感电压，u_{21} 是电流 i_1 在线圈 2 中产生的互感电压。所以，耦合电感的电压是自感电压和互感电压叠加的结果。这里互感电压也有两种可能的符号，取决于两线圈的相对位置、绕向和电流的参考方向。

1. 同名端的概念及其应用

实际工程中，线圈往往是密封的，从外部看不到线圈的真实绕向，可能也看不到线圈之间的相互位置，因此难以解决约束方程式（6-4）中正负号的判别问题。此外，在电路图中绘出线圈的绕向也很不方便。

为了便于反映互感的这种 "加强" 作用和简化图形表示，常采用**同名端**标记法。即对两个有耦合的线圈各取一个端子，当两个线圈中电流都流入该端子时，磁场是相互增强的，则将这样的两个端子标上相同的符号，如 "·" 号、"∗" 或其他方便识别的符号，并用箭头标注互感系数 M。由此，可将图 6-2a 所示的实际线圈用图 6-2b 的简化电路模型图等效代替。

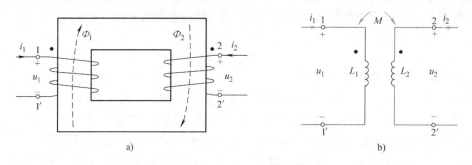

图 6-2　耦合电感与同名端

这种标有相同符号的两个端子称为同名端，如图 6-2b 中的端子 1、2 为一对同名端。而标注不同的两个端子称为异名端，如端子 1 与 2′ 或端子 1′ 与 2，都为异名端。

类似的，图中另一对不加 "·" 号的端子也是一对同名端，如 1′ 与 2′ 也是一对同名端。一般情况下如没有特指，提到的同名端都指加标注的两个端子。

借助同名端的概念就可以依据简化电路模型图列写耦合电感元件的 VCR 了。

以图 6-2b 为例，对应模型图中电压、电流的参考方向及其同名端的标注，无须查看实际线圈图 6-2a 就可以判断，当电流 i_1 由其同名端流入（即流入端子 1）时，该电流在另一线圈 2 内产生的互感电压的高电位端就在线圈 2 的同名端端子处（即端子 2 是其互感电压的高电位端）。反之，当电流 i_2 由其同名端流入（即流入端子 2）时，该电流在另一线圈 1 内产生的互感电压的高电位端就在线圈 1 的同名端端子处（即端子 1 是其互感电压的高电位端）。由此写出两个耦合线圈的电压方程为

$$u_1(t) = \frac{\mathrm{d}\Psi_1}{\mathrm{d}t} = L_1\frac{\mathrm{d}i_1}{\mathrm{d}t} + M\frac{\mathrm{d}i_2}{\mathrm{d}t}, \quad u_2(t) = \frac{\mathrm{d}\Psi_2}{\mathrm{d}t} = M\frac{\mathrm{d}i_1}{\mathrm{d}t} + L_2\frac{\mathrm{d}i_2}{\mathrm{d}t} \tag{6-5}$$

需要注意的是，耦合电感元件的 VCR 公式与两个电感元件各自电压、电流参考方向及同名端的位置都有关系，任何一个因素的改变都会影响方程中的正负号。显然，图 6-2b 所示的模型图对应的方程式（6-5）是最简单的，式中各项符号均为正。又将该模型图称为标准耦合电感模型图，建议读者尽量按照这种标准模型图给端口电压、电流指定参考方向。

如果端口电压、电流采用了非关联参考方向，则需注意自电压及互感电压都有可能带负号。例如有两个耦合电感，其同名端和电压电流参考方向如图 6-3 所示。

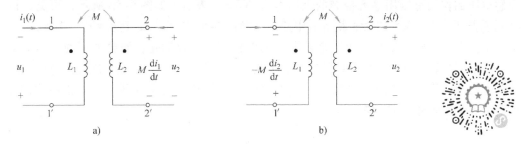

a)　　　　　　　　　　　　　　　　b)

图 6-3　电感电压与端口电压电流参考方向及同名端均有关

耦合电感的同名端与互感电压

当图 6-3a 中的线圈 1 通以电流 i_1 时，在线圈 2 中产生的电压为 $u_{22'} = M\mathrm{d}i_1/\mathrm{d}t$；当图 6-3b 中的线圈 2 通以电流 i_2 时，在线圈 1 中产生的电压为 $u_{1'1} = -M\mathrm{d}i_2/\mathrm{d}t$。

写出图 6-3 两个电感电压的完整表达式为

$$u_1(t) = \frac{\mathrm{d}\Psi_1}{\mathrm{d}t} = -L_1\frac{\mathrm{d}i_1}{\mathrm{d}t} - M\frac{\mathrm{d}i_2}{\mathrm{d}t}, \quad u_2(t) = \frac{\mathrm{d}\Psi_2}{\mathrm{d}t} = M\frac{\mathrm{d}i_1}{\mathrm{d}t} + L_2\frac{\mathrm{d}i_2}{\mathrm{d}t}$$

所以，建议读者在指定参考方向时尽量取关联参考方向，以最大限度地避免出错。

两个耦合线圈的同名端除了根据它们的绕向和相对位置判别外，也可以通过实验的方法确定，见下面例题。

例 6-1　电路如图 6-4 所示，试确定开关断开瞬间 22′间电压的真实极性。

解　设电流 i 及互感电压 u_M 的参考方向如图 6-4 所示，则根据同名端的含义可得 $u_M = M\mathrm{d}i/\mathrm{d}t$，当 S 断开瞬间，正值电流减小，$\mathrm{d}i/\mathrm{d}t < 0$，故知 $u_M < 0$，其极性与假设相反，即 2′为高电位端、2 为低电位端。

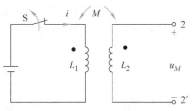

图 6-4　例 6-1 题图

根据上面例题分析，就可以利用直流电压源及一些简单设备对两个耦合线圈进行同名

端标注了。请读者自己完成实验方案的设计。

2. 多个线圈之间的耦合

由以上两个线圈的耦合分析可以进一步推广到多个线圈的耦合。当有两个以上互感彼此之间存在耦合时，同名端应当一对一对地加以标记。

每个耦合电感的电压亦为自感电压与互感电压两部分的叠加。

$$u_k = u_{kk} + \sum_{\substack{j=1 \\ j \neq k}}^{b} u_{kj} = \pm L_k \frac{\mathrm{d}i_k}{\mathrm{d}t} \pm \sum_{\substack{j=1 \\ j \neq k}}^{b} M_{kj} \frac{\mathrm{d}i_j}{\mathrm{d}t}$$

式中，自感电压 u_{kk} 与 i_k 为关联参考方向时，取 "+"；互感电压 u_{kj} 需要根据同名端以及指定的电流和电压的参考方向来判断正负号。

3. 耦合电感电路的受控源等效化简

在正弦稳态情况下，耦合电感的电压、电流方程可用相量形式表示。对应于图 6-5a 所示电路的参考方向及同名端，其相量 VCR 方程为

$$\dot{U}_1 = \mathrm{j}\omega L_1 \dot{I}_1 + \mathrm{j}\omega M \dot{I}_2$$

$$\dot{U}_2 = \mathrm{j}\omega M \dot{I}_1 + \mathrm{j}\omega L_2 \dot{I}_2$$

互感电压的作用可以用电流控制的电压源（CCVS）表示，如图 6-5b 所示，可见，该电路实现了去耦效应，又称之为去耦等效电路。注意图 6-5b 中不再加互感及同名端标记。

引入了同名端的概念之后，含有耦合电感的电路模型得以简化，而更主要的是，依据同名端，并根据指定的耦合电感元件的电压、电流参考方向，就可以正确写出每个电感的总电压与各个线圈励磁电流之间的关系式，从而对电路进行分析。这种借助受控源去耦的方法可以推广至多个电感存在耦合的情况。

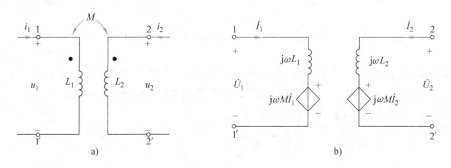

图 6-5　用 CCVS 表示的耦合电感电路等效模型图

4. 耦合系数

工程上为了定量地描述两个耦合线圈的耦合紧疏程度，把两个线圈的互感磁通链与自感磁通链比值的几何平均值定义为 **耦合系数**，记为 K，即

$$K \stackrel{\mathrm{def}}{=\!=} \sqrt{\frac{|\Psi_{12}||\Psi_{21}|}{|\Psi_{11}||\Psi_{22}|}}$$

由于 $\Psi_{11} = L_1 i_1$、$|\Psi_{12}| = M i_2$、$\Psi_{22} = L_2 i_2$、$|\Psi_{21}| = M i_1$，代入上式后有

$$K = \frac{M}{\sqrt{L_1 L_2}} \leq 1 \tag{6-6}$$

耦合系数 K 的大小与两个线圈的结构、相互位置以及周围磁介质有关。如果两个线圈靠得很近甚至密绕在一起（或线圈内插入用铁磁材料制成的芯子），则 K 值可能接近于 1；反之，如果线圈相隔很远，或者它们的轴线互相垂直，则 K 值就很小，甚至可能接近于零。由此可见，改变或调整线圈的相互位置可以改变耦合系数的大小，当 L_1、L_2 一定时，就相应地改变了互感 M 的大小。

有了本节给出的这些基本概念，就可以对含有耦合电感元件的电路进行分析了。

6.2　含耦合电感电路的计算

通常把电感之间的耦合分为两种情况：一种是电感元件之间存在磁的耦合但彼此没有电流的直接联系（如6.3节的变压器），这种情况一般是利用耦合的概念并结合同名端列写电感的电压电流关系方程式，如有必要用受控源模型进行等效代替；另外一种方式是耦合电感之间有公共端子连接在一起（称之为既有电的耦合又有磁的耦合），这种情况可以对电路进行简化，将耦合效应等效加在电感元件中。

下面分别以电感的串联和并联为例对第二种耦合进行讨论。

6.2.1　耦合电感的串联

图 6-6a、b 所示为两个有耦合的实际线圈的串联电路，其中 R_1、L_1、R_2、L_2 分别表示两个线圈的等效电阻和电感，M 为互感系数。图 6-6a 中电流是从两个电感的同名端流入（或流出），称为顺接串联，简称为**顺串**。图 6-6b 中电流对其中的一个电感是从同名端流入（流出），而对另一电感是从同名端流出（流入），称为反接串联，简称为**反串**。

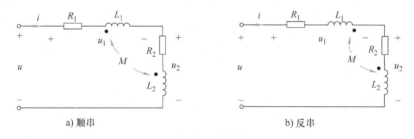

a) 顺串　　　　　　　　　　　　　　　b) 反串

图 6-6　耦合电感的串联及相量图

按照图中电流、电压的参考方向，根据 KVL，线圈的端电压 u_1 和 u_2 分别为

$$u_1 = R_1 i + L_1 \frac{\mathrm{d}i}{\mathrm{d}t} \pm M \frac{\mathrm{d}i}{\mathrm{d}t} = R_1 i + (L_1 \pm M)\frac{\mathrm{d}i}{\mathrm{d}t}$$

$$u_2 = R_2 i + L_2 \frac{\mathrm{d}i}{\mathrm{d}t} \pm M \frac{\mathrm{d}i}{\mathrm{d}t} = R_2 i + (L_2 \pm M)\frac{\mathrm{d}i}{\mathrm{d}t}$$

式中，"$\pm$" 号中，"$+$" 号对应顺串，"$-$" 号对应反串。总电压 u 为

$$u = u_1 + u_2 = (R_1 + R_2)i + (L_1 + L_2 \pm 2M)\frac{\mathrm{d}i}{\mathrm{d}t} \tag{6-7}$$

根据上述表达式画出图 6-6a、b 的等效电路分别如图 6-7a、b 所示。注意，这里两个线圈之间的同名端及耦合关系已经不再画出，称之为去耦等效电路模型。

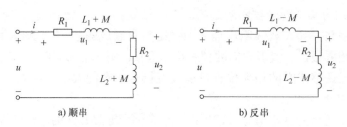

a) 顺串　　　　　　　　　　　b) 反串

图 6-7　耦合电感的串联去耦等效电路

对正弦稳态电路，应用相量法可得

$$\dot{U}_1 = (R_1 + j\omega L_1)\dot{I} \pm j\omega M\dot{I} = Z_1\dot{I} \pm Z_M\dot{I}$$

$$\dot{U}_2 = (R_2 + j\omega L_2)\dot{I} \pm j\omega M\dot{I} = Z_2\dot{I} \pm Z_M\dot{I}$$

$$\dot{U} = (R_1 + R_2)\dot{I} + j\omega(L_1 + L_2 \pm 2M)\dot{I} = Z\dot{I}$$

式中，$Z_M = j\omega M$ 称为互感阻抗；$Z_1 = R_1 + j\omega L_1$ 和 $Z_2 = R_2 + j\omega L_2$ 分别为两个耦合电感的自阻抗；$Z = (R_1 + R_2) + j\omega(L_1 + L_2 \pm 2M)$ 为两个耦合电感串联的等效阻抗。

故两个耦合电感串联的等效电感为

$$L_{eq} = L_1 + L_2 \pm 2M \tag{6-8}$$

耦合电感顺串和反串的相量图分别如图 6-8a、b 所示。

顺串时等效电感增强，反串时等效电感减小，这说明反串时互感降低了磁场的总电感的大小，互感的这种作用称为互感的"容性"效应。在一定的条件下，可能有一个电感小于互感 M，但总有

$$L_1 + L_2 \geq 2M$$

又因为 $M/\sqrt{L_1 L_2} \leq 1$，故

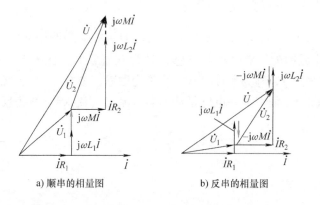

a) 顺串的相量图　　　　　b) 反串的相量图

图 6-8　耦合电感顺串和反串的相量图

$$M \leq \sqrt{L_1 L_2}$$

即两个线圈的互感系数 M 一定小于两个电感的几何平均值，也一定小于两电感的算术平均值。但是，无论是顺串还是反串，整个电路仍然是呈感性的。

6.2.2　耦合电感的并联

图 6-9a、b 所示为耦合电感的并联，其中图 6-9a 电路中同名端在同一侧，称为同侧并联，或者叫作同侧相连；图 6-9b 电路称为异侧并联，或者叫作异侧相连。

在正弦稳态情况下，按照图 6-9 中所示的电压、电流参考方向可写出方程：

$$\begin{cases} \dot{U} = Z_1\dot{I}_1 \pm Z_M\dot{I}_2 = (R_1 + j\omega L_1)\dot{I}_1 \pm j\omega M\dot{I}_2 \\ \dot{U} = Z_2\dot{I}_2 \pm Z_M\dot{I}_1 = (R_2 + j\omega L_2)\dot{I}_2 \pm j\omega M\dot{I}_1 \end{cases} \tag{6-9}$$

式（6-9）中 Z_M 前的"+"号对应同侧并联，"−"号对应异侧并联。根据方程组（6-9）可以推出两个耦合电感并联后的等效阻抗为

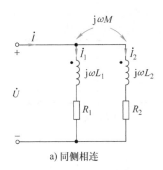
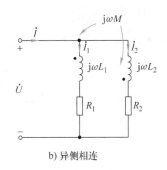

a) 同侧相连　　　　　　　b) 异侧相连

图 6-9　耦合电感的并联

$$Z_{eq} = \frac{\dot{U}}{\dot{I}} = \frac{Z_1 Z_2 - Z_M^2}{Z_1 + Z_2 \mp 2Z_M}$$

当 $R_1 = R_2 = 0$ 时

$$Z_{eq} = j\omega \frac{L_1 L_2 - M^2}{L_1 + L_2 \mp 2M}$$

所以耦合电感并联的等效电感为

$$L_{eq} = \frac{L_1 L_2 - M^2}{L_1 + L_2 \mp 2M}$$

很显然，这种耦合电感的等效化简规律性不强。

下面再看另外一种连接方式的化简。如图 6-10a 所示的电路（这里为了简化忽略了电阻），对于与并联类似的这种只有一个公共端子相连接的耦合电感，可以用三个电感组成的无互感的 T 形网络进行等效替换，如图 6-10b 所示，称其为去耦等效电路。

对于图 6-10a 所示的耦合电感，其端子的 VCR 为

$$\begin{cases} \dot{U}_1 = j\omega L_1 \dot{I}_1 + j\omega M \dot{I}_2 \\ \dot{U}_2 = j\omega M \dot{I}_1 + j\omega L_2 \dot{I}_2 \end{cases} \tag{6-10}$$

对于图 6-10b，由 KVL 可得

$$\begin{cases} \dot{U}_1 = (j\omega L_a + j\omega L_b)\dot{I}_1 + j\omega L_b \dot{I}_2 \\ \dot{U}_2 = j\omega L_b \dot{I}_1 + (j\omega L_b + j\omega L_c)\dot{I}_2 \end{cases} \tag{6-11}$$

按照等效的概念，将式（6-10）、式（6-11）中 $\dot{I}_1$、$\dot{I}_2$ 的系数对应相等，则可以得到满足等效的对应关系式应为

$$L_a = L_1 - M, \quad L_b = M, \quad L_c = L_2 - M \tag{6-12}$$

即在两个线圈电感中减去互感系数，在公共端对应的第三条支路中串一个数值为 M 的电感元件。将其概括为同侧相连时的去耦规则为"同侧减"。

若改变图 6-10a 中同名端的位置，则 M 前的符号也应改变，即在两个线圈电感中加上互感系数，在公共端对应的第三条支路中串一个数值为 $-M$ 的电感元件：

$$L_a = L_1 + M, \quad L_b = -M, \quad L_c = L_2 + M \tag{6-13}$$

得到异侧相连时的去耦规则为"异侧加"。

按照上述去耦规则，可以将图 6-9 所示的耦合电感的并联电路进行去耦，将原电路及其等效电路重新绘制，如图 6-11 所示。

a) 去耦之前　　b) 去耦之后

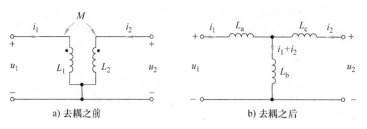

图 6-10　耦合电感的去耦等效电路

其中等效电感中 M 前的第一组符号对应同侧相连（同侧减），第二组符号对应异侧相连（异侧加），而第三条支路增加的电感则是“减变加”。

a) 同侧相连　　b) 异侧相连　　c) 去耦等效电路

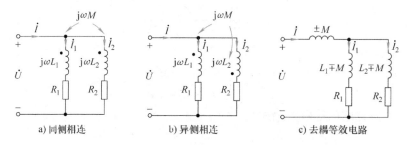

图 6-11　耦合电感并联连接情况下的去耦等效电路

事实上，耦合电感的串联也可以由该规则简化得到，只是无须增加第三条支路。

有了这种去耦等效方法，就可以非常方便地对简单含耦合电感电路进行分析计算了。

例 6-2　电路如图 6-12 所示，已知 $L_1=1\text{H}$，$L_2=2\text{H}$，$M=0.5\text{H}$，$R_1=R_2=1\text{k}\Omega$，正弦电压 $u_s=100\sqrt{2}\cos 200\pi t\text{V}$，试求电流 i 以及耦合系数 K。

解　耦合系数 $K=\dfrac{M}{\sqrt{L_1L_2}}=\dfrac{0.5}{\sqrt{1\times 2}}=0.35$，电压 u_s 的相量为 $\dot{U}_s=100\angle 0°\text{V}$

两耦合线圈为顺串，其等效阻抗为

$$
\begin{aligned}
Z_{eq}&=R_1+R_2+\text{j}\omega(L_1+L_2+2M)\\
&=[2000+\text{j}200\pi(3+1)]\Omega=(2000+\text{j}800\pi)\Omega\\
&=3211.94\angle 51.49°\Omega
\end{aligned}
$$

图 6-12　例 6-2 题图

电流为

$$\dot{I}=\frac{\dot{U}_s}{Z_{eq}}=31.13\angle -51.49°\text{mA}$$

$$i=31.13\cos(200\pi t-51.49°)\text{mA}$$

去耦法是分析有公共连接点的含耦合电感电路的有效方法之一，但并非总是最有效的方法，还需要根据具体问题具体分析，如下例。

例 6-3　图 6-13 所示的电路中，已知 $M=\mu L_1$，$R_1=1\text{k}\Omega$，$R_2=2\text{k}\Omega$，$L_1=2\text{H}$，$L_2=1.5\text{H}$，$\mu=0.5$，$\dot{U}_s=200\text{V}$。试用戴维南定理求电阻 R_2 中的电流，并求电源发出的复功率（$\omega=314\text{rad/s}$）。

解　（1）先对电阻 R_2 左侧电路化简，得到其戴维南等效电路。

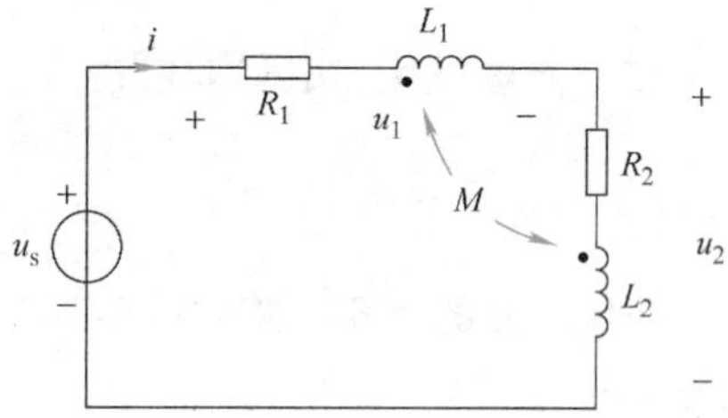

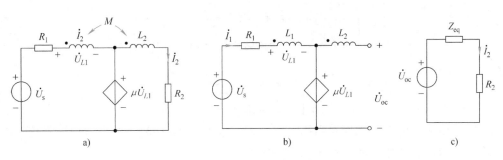

图 6-13 例 6-3 题图

将 R_2 断开，求端口的开路电压 $\dot{U}_{oc}$，如图 6-13b。注意，此时线圈 2 中没有电流，但是有通过线圈 1 中的电流耦合过来的感应电压。故

$$\dot{U}_{oc} = -j\omega M \dot{I}_1 + \mu \dot{U}_{L1} = -j\omega M \dot{I}_1 + \mu j\omega L_1 \dot{I}_1$$

代入已知数值 $M = \mu L_1$，可以得到此例的开路电压为零。

由图 6-13c 戴维南等效电路，无须计算其等效阻抗 Z_{eq}，即可得到

$$\dot{I}_2 = 0$$

（2）求电源发出的复功率。由图 6-13a（注意第一步结论），根据 KVL，可得

$$\dot{U}_s = (R_1 + j\omega L_1)\dot{I}_1 + \mu j\omega L_1 \dot{I}_1$$

$$\dot{I}_1 = \frac{\dot{U}_s}{R_1 + j\omega L_1(1+\mu)} = \frac{200\ \underline{/0^\circ}}{1374.14\ \underline{/43.30^\circ}}\mathrm{A} = 0.15\ \underline{/-43.30^\circ}\mathrm{A}$$

则电源提供的复功率为

$$\overline{S} = \dot{U}_s I_1^* = 200\ \underline{/0^\circ} \times 0.15\ \underline{/43.30^\circ}\mathrm{VA} = 30\ \underline{/43.30^\circ}\mathrm{VA}$$

6.3 空心变压器

变压器是电工电子技术中经常用到的器件，分为空心变压器和铁心变压器，其用来实现从一个电路向另一个电路传输能量或信号。空心变压器是由两个绕在非铁磁材料制成的芯柱上并且具有互感的线圈组成的，当忽略线圈磁场的漏磁时，其简化电路模型如图 6-14 所示。它与电源相连的线圈称为一次线圈，另一个线圈与负载相连作为输出，称之为二次线圈。空心变压器需要 R_1、L_1、R_2、L_2、M 五个参数来描述。图 6-14 中设负载为电阻与电感串联。

在正弦稳态情况下，根据图示电压、电流的参考方向和同名端，由 KVL 可写出一、二次回路的方程为

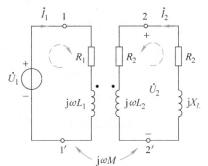

图 6-14 空心变压器的电路模型

$$\begin{cases} (R_1 + j\omega L_1)\dot{I}_1 + j\omega M \dot{I}_2 = \dot{U}_1 \\ j\omega M \dot{I}_1 + (R_2 + j\omega L_2 + R_L + jX_L)\dot{I}_2 = 0 \end{cases} \quad (6\text{-}14)$$

或写为

$$\begin{cases} Z_{11}\dot{I}_1 + Z_{12}\dot{I}_2 = \dot{U}_1 \\ Z_{21}\dot{I}_1 + Z_{22}\dot{I}_2 = 0 \end{cases} \quad (6\text{-}15)$$

式中，$Z_{11} = R_1 + j\omega L_1$ 为一次回路阻抗；$Z_{22} = R_2 + j\omega L_2 + R_L + jX_L$，为二次回路阻抗；$Z_{12} = Z_{21} = Z_M = j\omega M$，为互感阻抗。解方程组可得

$$\dot{I}_1 = \frac{\dot{U}_1}{Z_{11} - Z_M^2 Y_{22}} = \frac{\dot{U}_1}{Z_{11} + (\omega M)^2 Y_{22}} \quad (6\text{-}16)$$

$$\dot{I}_2 = \frac{-Z_M Y_{11} \dot{U}_1}{Z_{22} - Z_M^2 Y_{11}} = \frac{-Z_M Y_{11} \dot{U}_1}{Z_{22} + (\omega M)^2 Y_{11}} \quad (6\text{-}17)$$

式中，$Y_{11} = 1/Z_{11}$；$Y_{22} = 1/Z_{22}$。

显然，如果同名端的位置与图中不同，$Z_{12} = Z_{21} = -j\omega M$，在式（6-16）和式（6-17）中，$j\omega M$ 前应加负号。

对一次电流 $\dot{I}_1$ 来说，由于式中的 Z_M 以二次方的形式出现，不管 Z_M 的符号为正还是为负，算得的 $\dot{I}_1$ 都是一样的。但对于二次电流 $\dot{I}_2$ 却不同，随着 Z_M 符号的改变，$\dot{I}_2$ 的符号也改变。即如把变压器二次线圈接负载的两个端子对调，或是改变两线圈的相对绕向，流过负载的电流将反向180°。在电子电路中，若对变压器耦合电路的输出电流相位有所要求，应注意线圈的相对绕向和负载的接法。

由式（6-16）可求得从一次侧看进去的输入阻抗为

$$Z_i = \frac{\dot{U}_1}{\dot{I}_1} = Z_{11} + (\omega M)^2 Y_{22} \quad (6\text{-}18)$$

式中，$(\omega M)^2 Y_{22}$ 称为引入阻抗，或反映阻抗（Reflected Impedance），它是二次回路阻抗通过互感反映到一次侧的等效阻抗。引入阻抗的性质与 Z_{22} 相反，即 Z_{22} 为感性（容性）时引入阻抗为容性（感性）。

式（6-16）可以用图 6-15a 所示的

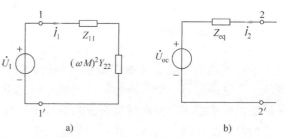

图 6-15   空心变压器的等效电路

等效电路表示，称为一次等效电路。同理，式（6-17）可以用图 6-15b 所示的等效电路表示，它是从二次侧看进去的等效电路。其中，

$$Z_{eq} = R_2 + j\omega L_2 + (\omega M)^2 Y_{11}, \quad \dot{U}_{oc} = j\omega M Y_{11} \dot{U}_1$$

关于空心变压器等效电路模型及其详细分析在电机学等课程中还会有更多介绍。

例 6-4   电路如图 6-16 所示，已知 $L_1 = 4H$，$L_2 = 1H$，$M = 0.5H$，$R_1 = 50\Omega$，$R_2 = 20\Omega$，$R_L = 100\Omega$，正弦电压 $u_s = 100\cos 314t\,V$，求一次、二次线圈的电流 $\dot{I}_1$、$\dot{I}_2$。

解   用反映阻抗的概念求解本题。

回路阻抗为

$$Z_{11} = R_1 + j\omega L_1 = (50 + j314 \times 4)\ \Omega = (50 + j1256)\ \Omega$$

$$Z_{22} = R_L + R_2 + j\omega L_2 = (120 + j314 \times 1)\ \Omega$$

$$= 336.15\ \underline{/69.08°}\ \Omega$$

反映阻抗为

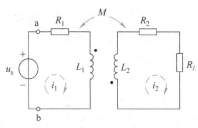

$$(\omega M)^2 Y_{22} = 314^2 \times 0.5^2 \times \frac{1}{Z_{22}}$$

$$= \frac{24649}{336.15\ \underline{/69.08°}}\ \Omega$$

$$= (26.18 - j68.5)\ \Omega$$

线圈电流为

图 6-16　空心变压器的等效电路

$$\dot{I}_1 = \frac{\dot{U}_s}{Z_{11} + (\omega M)^2 Y_{22}} = \frac{100\ \underline{/0°}}{50 + j1256 + 26.18 - j68.5}\ \text{mA} = 84.19\ \underline{/-86.33°}\ \text{mA}$$

$$\dot{I}_2 = \frac{-j\omega M \dot{I}_1}{Z_{22}} = \frac{-j314 \times 0.5 \times 84.19\ \underline{/-86.33°}}{336.15\ \underline{/69.08°}}\ \text{mA} = -39.32\ \underline{/-65.41°}\ \text{mA}$$

6.4　理想变压器

理想变压器是实际变压器的一种理想简化特例。其电路模型如图 6-17a 所示。N_1 和 N_2 分别为一次线圈和二次线圈的匝数，设匝数比 $n = N_1/N_2$，称为理想变压器的变比（Transformation Ratio），是一常数，它是理想变压器的唯一参数。

在图 6-17 所示同名端和电压、电流的参考方向下，一二次电压、电流满足下列关系式：

$$\begin{cases} u_1 = nu_2 \\ i_1 = -\dfrac{1}{n}i_2 \end{cases} \tag{6-19}$$

式（6-19）也称为理想变压器的电压、电流约束方程，即 VCR。由此关系式可以画出其等效电路之一，如图 6-17b 所示。

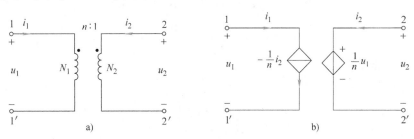

图 6-17　理想变压器的电路模型

与耦合电感类似，如果改变一二次电压、电流的参考方向或改变同名端的位置都可能改变理想变压器 VCR 方程中的正负号。如图 6-18 所示情况，其一二次电压、电流关系为

$$u_1 = -nu_2$$

$$i_1 = \frac{1}{n}i_2$$

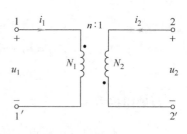

不论是对图 6-17 还是对图 6-18, 理想变压器在所有时刻 t, 有

$$u_1(t)i_1(t) + u_2(t)i_2(t) = 0$$

上式说明, 输入理想变压器的瞬时功率等于零, 所以它既不耗能也不储能, 它将能量由一次侧全部转换到二次侧并传输给负载。

图 6-18　理想变压器

理想变压器不仅有按变比变换电压、电流的性质, 同时还有阻抗变换的性质。在正弦稳态的情况下, 当理想变压器二次侧终端 $2-2'$ 接入阻抗 Z_L 时, 则变压器一次侧 $1-1'$ 的输入阻抗 Z_{in} 为

$$Z_{in} = \frac{\dot{U}_1}{\dot{I}_1} = n^2 Z_L \tag{6-20}$$

$n^2 Z_L$ 即为二次侧折合到一次侧的等效阻抗, 当二次侧分别接入元件 R、L、C 时, 折合到一次侧将为 n^2R、n^2L、C/n^2, 也就改变了元件的参数。

例 6-5　电路如图 6-19a 所示, 已知 $u_s = 10\sqrt{2}\cos 5t\,\mathrm{V}$, $R_1 = 1\Omega$, $R_2 = 50\Omega$。试求 u_2。

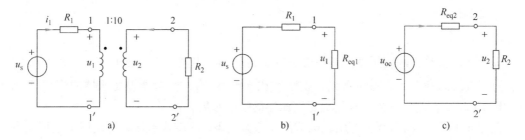

图 6-19　例 6-5 题图

解法一　如图 6-19b, 将二次电阻折合到一次电阻, 即

$$R_{eq1} = n^2 R_2 = (0.1)^2 50\Omega = 0.5\Omega$$

则

$$u_1 = \frac{u_s}{R_1 + R_{eq1}}R_{eq1} = \frac{0.5}{1 + 0.5}u_s = \frac{1}{3}u_s$$

$$u_2 = 10u_1 = \frac{10}{3}u_s = \frac{100}{3}\sqrt{2}\cos 5t\,\mathrm{V}$$

解法二　采用网孔法。

由图 6-19a 得

$$R_1 i_1 + u_1 = u_s$$

$$R_2 i_2 + u_2 = 0$$

根据理想变压器的 VCR 得

$$u_1 = \frac{1}{10}u_2$$

$$i_1 = -10i_2$$

联立以上四个式子可得

$$u_2 = 10\left(u_s - R_1 i_1\right) = 10\left(u_s + R_1 10 i_2\right) = 10\left(u_s - 10 R_1 \frac{u_2}{R_2}\right)$$

$$3u_2 = 10 u_s$$

$$u_2 = \frac{10}{3}u_s = \frac{100}{3}\sqrt{2}\cos 5t\,\text{V}$$

解法三 用戴维南定理。

将图 6-19a 中的 2 – 2′断开，则 $i_2 = 0$，因此

$$i_1 = 0$$

$$u_1 = u_s$$

开路电压为

$$u_{oc} = u_2 = 10 u_1 = 10 u_s$$

为求从 2 – 2′看进去的等效电阻，令 $u_s = 0$，则

$$R_{eq2} = \frac{R_1}{n^2} = \frac{R_1}{(0.1)^2} = 100\Omega$$

戴维南等效电路如图 6-19c，易得

$$u_2 = \frac{50}{50+100}u_{oc} = \frac{10}{3}u_s = \frac{100}{3}\sqrt{2}\cos 5t\,\text{V}$$

例 6-6 如图 6-20 所示，一内阻为 $R_s = 1200\Omega$，电压为 $U_s = 1.5\text{V}$ 的电源，向 $R_L = 300\Omega$ 的负载传输信号，求：

（1）若 R_L 直接与信号源相连接，求负载获得的功率。

（2）若电源经理想变压器与负载相连接，变比分别为 2、3，求负载获得的功率。

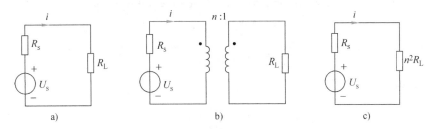

图 6-20 例 6-6 题图

解 （1）对图 6-20a 有

$$P_L = \left(\frac{U_s}{R_s + R_L}\right)^2 R_L = \left(\frac{1.5}{1500}\right)^2 \times 300\,\text{W} = 0.3\,\text{mW}$$

（2）对图 6-20b，负载电阻变换到一次侧，等效电路如图 6-20c，其等效电阻分别为

$$2^2 \times 300\Omega = 1200\Omega$$

$$3^2 \times 300\Omega = 2700\Omega$$

因理想变压器无功率损失，在两种变比情况下负载所获得的功率分别为

$$\left(\frac{1.5}{1200+1200}\right)^2 \times 1200\,\text{W} = 0.469\,\text{mW}$$

$$\left(\frac{1.5}{1200+2700}\right)^2 \times 2700\,\text{W} = 0.399\,\text{mW}$$

可见在变比为 2 时，阻抗匹配，负载获得的功率最大。

最后讨论如何实现理想变压器。

如同时满足下列三个条件，就可简化为理想变压器。

1）变压器本身无损耗。

2）耦合系数 $K=1$。

3）L_1、L_2、M 均为无穷大，但保持 $\sqrt{L_1/L_2}=n$ 不变，$n=N_1/N_2$。

如果变压器无损耗且全耦合时，$R_1=R_2=0$，$M=\sqrt{L_1L_2}$，则图 6-14 所示的变压器模型的电压、电流关系可改写为

$$
\begin{cases}
L_1\dfrac{di_1}{dt}+\sqrt{L_1L_2}\dfrac{di_2}{dt}=u_1 \\[3mm]
\sqrt{L_1L_2}\dfrac{di_1}{dt}+L_2\dfrac{di_2}{dt}=u_2
\end{cases}
$$

对第一式进行改写，有

$$
\frac{di_1}{dt}=\frac{u_1}{L_1}-\sqrt{\frac{L_2}{L_1}}\frac{di_2}{dt},\quad i_1=\frac{1}{L_1}\int u_1dt-\sqrt{\frac{L_2}{L_1}}i_2
$$

由于 $L_1\to\infty$ 且 $\sqrt{\dfrac{L_1}{L_2}}=n$，所以有

$$
i_1=-\frac{1}{n}i_2
$$

此外，由于是全耦合，所以有

$$
\varphi_{12}=\varphi_{22},\ \varphi_{21}=\varphi_{11},\ \varphi_1=\varphi_2=\varphi_{11}+\varphi_{22}=\varphi
$$
$$
\psi_1=N_1\phi,\ \psi_2=N_2\phi
$$
$$
u_1=\frac{d\psi_1}{dt}=N_1\frac{d\varphi}{dt},\ u_2=\frac{d\psi_2}{dt}=N_2\frac{d\varphi}{dt}
$$

由此可以得到

$$
\frac{u_1}{u_2}=\frac{N_1}{N_2}=n
$$

即

$$
u_1=nu_2
$$

在工程上常采用两方面的措施，使实际变压器的性能接近理想变压器。一是尽量采用具有高磁导率的铁磁材料作为铁心；二是尽量紧密耦合，使 K 接近于 1，并在保持变比不变的前提下，尽量增加一二次线圈的匝数。在集成电路中，理想变压器也可由电子器件设计组成，这里不进行过多阐述。

本 章 小 结

本章给出了对含耦合电感电路分析的两种处理方法，其中最基础的方法是借助同名端正确写出耦合电感元件的全电压与其电流之间的关系式，即耦合电感的 VCR。当准确描述出耦合电感的 VCR 后，电路的分析处理方法就与其他不含耦合情况的电路相似。

对于有公共连接节点的耦合电感，通常可以去耦等效简化分析。但是也需要根据具体

电路选择处理方法，复杂电路中受耦合电感之间的连接方式的限制，以及受电路分析目标的影响，有些电路无法采用去耦化简的方式处理，还应回归到最基础的分析模式下进行电路分析。

同名端的判定或根据同名端判断互感电压的方向是比较容易出错，但又非常关键的内容。在分析含有耦合电感的电路时，要特别注意以下几个问题：

1）一方面，互感电压的方向需要根据同名端和施感电流的方向判定，确定同名端与指定施感电流的参考方向均是必要条件；另一方面，也可根据互感电压的方向和施感电流的方向判定同名端，或是根据互感电压的方向和同名端判定施感电流的方向。

2）有耦合电感的电压包含自感电压和互感电压，求有耦合的电感电压时往往容易忽视互感电压的存在。

3）分析时为方便起见，通常取电感电流与自感电压为关联参考方向。

4）一般的二端元件被短路时，电压、电流均为0；有耦合的电感线圈被短路时，电压为0，但电流是否为0还要取决于产生其互感电压的施感电流是否为0。

5）对耦合电感较多的电路列回路电压方程时，容易遗漏互感电压或弄错正负。解决的方法是首先不考虑耦合列出回路方程，然后确定所有互感电压的大小和方向，最后把互感电压正确的补加在所属回路的方程中。

6）无论是空心变压器还是理想变压器，都是耦合电感电路的特例，其端口电压、电流约束方程的列写都与参考方向及同名端位置有关。

习 题 6

6-1 两耦合电感线圈的端钮分别为 $11'$ 和 $22'$。稳态电压 $u_{11'} = 10\cos 2\pi \times 10^3 t$V 施加于第一个线圈。当第二个线圈开路时，稳态电流 $i_{11'} = 0.1\sin 2\pi \times 10^3 t$A 及 $u_{22'} = -0.9\cos 2\pi \times 10^3 t$V。当第二个线圈短路时，稳态电流 $i_{22'} = 0.9\sin 2\pi \times 10^3 t$A。求 L_1、L_2、M 及耦合系数 K，并标出同名端。

6-2 图 6-21 所示电路中 $i_s(t) = \sin t$A，$u_s(t) = \cos t$V，试求每一元件的电压和电流。

6-3 图 6-22 所示电路中，耦合系数 $K = 0.5$，求输出电压的大小和相位。

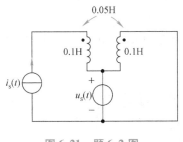

图 6-21 题 6-2 图

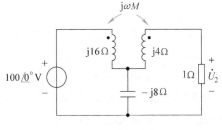

图 6-22 题 6-3 图

6-4 图 6-23 所示电路中，$R_1 = 1\text{k}\Omega$，$R_2 = 0.4\text{k}\Omega$，$R_L = 0.6\text{k}\Omega$，$L_1 = 1\text{H}$，$L_2 = 4\text{H}$，$K = 0.1$，$\dot{U}_s = 1000 \underline{/0°}$V，$\omega = 100\text{rad/s}$，求 $\dot{I}_2$。

6-5 求图 6-24 所示电路中的 $\dot{U}$。

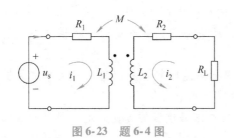

图 6-23　题 6-4 图

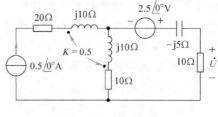

图 6-24　题 6-5 图

6-6　求图 6-25 所示各电路的输入阻抗。已知图 6-25a 中 $K=0.5$；图 6-25b 中 $K=0.9$。

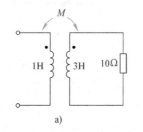
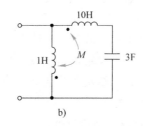

图 6-25　题 6-6 图

6-7　全耦合变压器如图 6-26 所示。求：（1）ab 端的戴维南等效电路；（2）若 ab 端短路，求短路电流。

6-8　电路如图 6-27 所示。已知 $R_1=R_2=1\Omega$，$\omega L_1=3\Omega$，$\omega L_2=2\Omega$，$\omega M=2\Omega$，$U_1=100\mathrm{V}$。求：（1）开关 S 断开和闭合时的电流；（2）S 闭合时各部分的复功率。

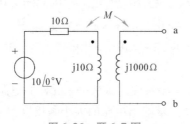

图 6-26　题 6-7 图

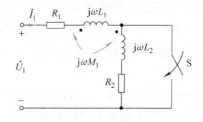

图 6-27　题 6-8 图

6-9　电路如图 6-28 所示，已知两个线圈的参数为 $R_1=R_2=100\Omega$，$L_1=3\mathrm{H}$，$L_2=10\mathrm{H}$，$M=5\mathrm{H}$，正弦电源的电压 $U=220\mathrm{V}$，$\omega=100\mathrm{rad/s}$。

（1）试求两个线圈端电压，并画出电路的相量图；

（2）证明两个耦合电感反接串联时不可能有 $L_1+L_2-2M\leqslant 0$；

（3）电路中串联多大的电容可使电路发生串联谐振；

（4）画出该电路的去耦等效电路。

6-10　列出图 6-29 所示电路的回路电流方程。

6-11　图 6-30 所示电路中的理想变压器由电流源激励，求输出电压 $\dot{U}_2$。

6-12　电路如图 6-31 所示，试确定理想变压器的变比 n，使 10Ω 的电阻能获得最大功率。

6-13　求图 6-32 所示电路中的阻抗 Z。已知电流表的读数为 $10\mathrm{A}$，正弦电压 $U=10\mathrm{V}$。

6-14 求图 6-33 中 4Ω 电阻的功率。

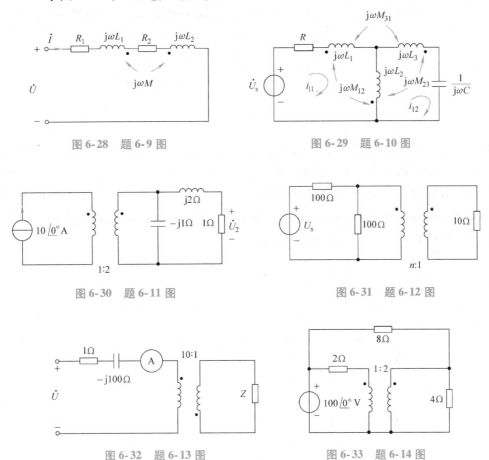

图 6-28 题 6-9 图　　　　图 6-29 题 6-10 图

图 6-30 题 6-11 图　　　　图 6-31 题 6-12 图

图 6-32 题 6-13 图　　　　图 6-33 题 6-14 图

6-15 图 6-34 所示电路中，参数 L_1、L_2、M、C 均已给定，当电源频率改变时，有无可能分别使 $\dot{I}_1 = 0\text{A}$ 及 $\dot{I}_2 = 0\text{A}$，如果可能，求使 $\dot{I}_1 = 0\text{A}$ 及 $\dot{I}_2 = 0\text{A}$ 的频率 f。

6-16 在图 6-35 所示电路中，调节 C_1 和 C_2 使一次侧和二次侧都达到谐振，试求：（1）C_1 和 C_2 之值；（2）输出电压 U_2 之值；（3）电路消耗的总功率。

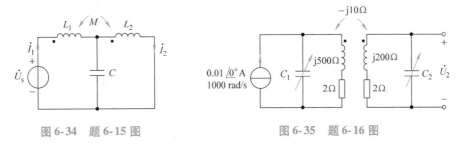

图 6-34 题 6-15 图　　　　图 6-35 题 6-16 图

6-17 图 6-36 所示正弦稳态电路中，$L_1 = L_2 = L_3 = 0.1\text{H}$，$M = 0.04\text{H}$，$R_1 = R_2 = 320\Omega$，$C = 5\mu\text{F}$，$\dot{U}_{AB} = 10 \big/ 0°\text{V}$，电源角频率 $\omega = 2 \times 10^3\text{rad/s}$。试求使 $C - L_4$ 发生谐振时 L_4 的值，并计算此时的 $\dot{U}_{ED}$ 及电路的平均功率。

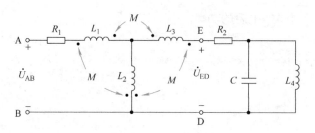

图 6-36 题 6-17 图

6-18 图 6-37 所示电路 n_1 及 n_2 各为多少时，R_2 才能获得最大功率，并求此最大功率。已知：$R_1 = 100\Omega$，$R_2 = 4\Omega$，$X_L = 20\Omega$，$X_C = 5\Omega$。

6-19 图 6-38 所示含有耦合电感的电路，$R_1 = R_2 = 4\Omega$，$L_1 = 5\text{mH}$，$L_2 = 8\text{mH}$，$M = 3\text{mH}$，$C = 50\mu\text{F}$，$\dot{U}_s = 100\,\underline{/0°}\,\text{V}$，电源角频率 $\omega = 2000\text{rad/s}$。试求：（1）电流 $\dot{I}_1$；（2）电压源发出的复功率；（3）电阻 R_2 消耗的平均功率。

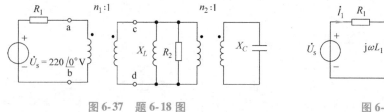

图 6-37 题 6-18 图   图 6-38 题 6-19 图

第7章
Chapter 7

三相电路的分析

 本章导学

　　三相电路电压、电流及其功率的分析是电气专业领域一个非常重要的部分，也是人们日常生产生活经常会接触到的问题。

　　本章主要介绍：三相电路的基本概念，三相电路中线与相的概念；线、相电压（电流）间的关系；简单三相电路的计算方法；三相电路的功率及测量方法。初步认识电力系统相关概念，为后续专业课学习奠定基础。

非对称三相电路的概念
及其对称分解

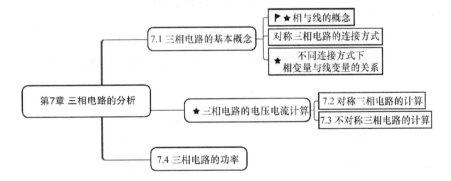

7.1 三相电路的基本概念

7.1.1 对称三相电源

目前我国乃至世界各国电力系统在发电、输电和配电方面大多采用三相制。三相制就是由三相电源供电的体系。而对称三相电源是由三个等幅值、同频率、相位依次相差 120° 的正弦电压源组成的。它们的电压分别为

$$u_A = \sqrt{2} U_P \cos \omega t$$

$$u_B = \sqrt{2} U_P \cos(\omega t - 120°)$$

$$u_C = \sqrt{2} U_P \cos(\omega t + 120°)$$

式中，U_P 为每相电源电压的有效值。三个电源依次称为 A 相、B 相和 C 相。三相电压相位依次落后 120° 的相序（次序）A、B、C 称为正序或顺序。与此相反，若相位依次超前 120°，即 B 超前于 A，C 超前于 B，这种相序称为负序或逆序。一般情况下默认为正序。若以 A 相电压 u_A 作为参考，则三相电压的相量形式写为

$$\dot{U}_A = U_P \underline{/0°}$$

$$\dot{U}_B = U_P \underline{/-120°} = \alpha^2 \dot{U}_A$$

$$\dot{U}_C = U_P \underline{/120°} = \alpha \dot{U}_A$$

式中，$\alpha = 1 \underline{/120°}$，称为相量因子。对称三相电压的时域波形和相量图，如图 7-1a、b 所示。

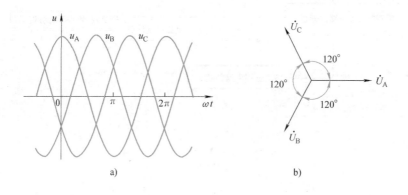

图 7-1 对称三相电压的时域波形及相量图

对称三相电压的瞬时值之和与相量之和均为零，这也是对称三相电源得以推广应用的重要原因，即

$$u_A + u_B + u_C = 0, \quad \dot{U}_A + \dot{U}_B + \dot{U}_C = 0$$

对称三相电源有两种连接方式，星形（Y）和三角形（△）联结，分别如图 7-2a、b 所示。

图 7-2a 是把三相电源的负极连接在一起，形成一个中（性）点 N，从三个正极端子引

出三条导线，这种连接方式的三相电源，简称星形或丫电源。从中点引出的导线称为中性线，从端点 A、B、C 引出的三根导线称为相线。相线之间的电压称为线电压，分别用 $\dot{U}_{AB}$、$\dot{U}_{BC}$、$\dot{U}_{CA}$ 表示。每一相电源的电压称为**相电压**，分别为 $\dot{U}_A$、$\dot{U}_B$、$\dot{U}_C$。相线中的电流称为线电流，分别为 $\dot{I}_A$、$\dot{I}_B$、$\dot{I}_C$。各相电源中的电流称为**相电流**。显然，在丫电源中线电流等于相电流。

图 7-2b 是把三相电源按正、负极依次连接成一个回路，再从端点 A、B、C 引出导线，称其为三角形或△电源。三角形电源的相、线电压，相、线电流的定义与丫电源相同。显然，三角形电源的相电压与线电压相等。

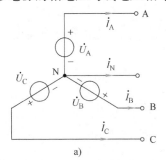 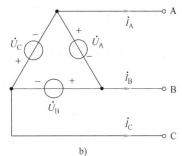

a)   b)

图 7-2 三相电源

7.1.2 三相电路的连接方式

三相电路的负载也是由三个阻抗连接成星形（丫）或三角形（△）组成的。当这三个阻抗相等时，称为对称三相负载。将对称三相电源与对称三相负载进行适当的连接就形成了对称三相电路。

根据三相电源与负载的不同连接方式可以组成丫 – 丫、丫 – △、△ – 丫、△ – △联结的各种三相电路。

如图 7-3a、b 所示分别为丫 – 丫$_0$ 和丫 – △联结。

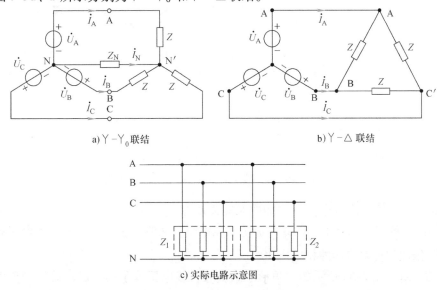

a) 丫 – 丫$_0$联结   b) 丫 – △ 联结

c) 实际电路示意图

图 7-3 对称三相电路

图 7-3a 的对称三相电路中，电源中性点 N 和负载中性点 N'用一条阻抗为 Z_N 的中性线连接起来，为了与一般 $\curlyvee$ – $\curlyvee$ 联结相区别，一般又写为 $\curlyvee$ – $\curlyvee_0$ 联结。这种 $\curlyvee$ – $\curlyvee_0$ 联结方式称为三相四线制，其他各种连接方式则为三相三线制。

图 7-3c 是多组负载与电力网络共连的三相实际电路示意图，其中各组负载并联于母线上。尽管实际负载在运行中不可能完全对称，但是在负载分配的设计中一般是要尽量平衡。

7.1.3　线电压（电流）与相电压（电流）的关系

无论是三相电源还是三相负载，对称情况下的相电压与线电压、相电流与线电流之间的关系都跟连接方式有关，讨论方法是一样的。

以图 7-4a 所示的电路负载端为例，可见对称星形联结，线电流等于相电流。根据电路结构，可推出线电压与相电压的关系为

$$\begin{cases} \dot{U}_{AB} = \dot{U}_A - \dot{U}_B = (1 - a^2)\dot{U}_A = \sqrt{3}\dot{U}_A \underline{/30°} \\ \dot{U}_{BC} = \dot{U}_B - \dot{U}_C = (1 - a^2)\dot{U}_B = \sqrt{3}\dot{U}_B \underline{/30°} \\ \dot{U}_{CA} = \dot{U}_C - \dot{U}_A = (1 - a^2)\dot{U}_C = \sqrt{3}\dot{U}_C \underline{/30°} \end{cases} \tag{7-1}$$

若设 $\dot{U}_A = U_P \underline{/0°}$，则 $\curlyvee$ 联结线电压与相电压的相量关系可以用图 7-4b 的相量图表示。

若以 A 相的相电压为基准，$\curlyvee$ 联结线电压与相电压可以写为

$$\begin{cases} \dot{U}_A = U_A \underline{/0°} \\ \dot{U}_B = \alpha^2 \dot{U}_A \\ \dot{U}_C = \alpha \dot{U}_A \end{cases} \quad \begin{cases} \dot{U}_{AB} = \sqrt{3}\dot{U}_A \underline{/30°} \\ \dot{U}_{BC} = \alpha^2 \dot{U}_{AB} \\ \dot{U}_{CA} = \alpha \dot{U}_{AB} \end{cases} \tag{7-2}$$

式 (7-2) 表明，对于对称三相电路，只要给出任意一个电压，就可以写出另外五个电压相应的表达式。对称情况下，相电流、线电流六个变量只有一个是独立的。

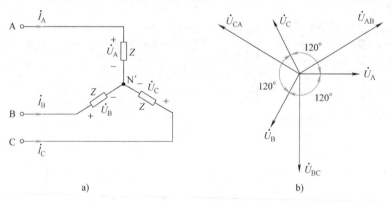

图 7-4　对称星形联结负载及相、线电压相量图

$\curlyvee$ 联结时相、线电压（电流）之间的对应关系为

$\curlyvee$ 联结的对称三相电路中：①线电流等于相电流，②线电压的有效值是相电压有效值的 $\sqrt{3}$ 倍，相位依次超前对应相的相电压 30°。

类似的，对于图 7-5a 所示的三角形联结负载，线电压等于相电压。设每相负载中的相

电流分别为 $\dot{I}_{AB}$、$\dot{I}_{BC}$、$\dot{I}_{CA}$，且为对称的，线电流为 $\dot{I}_A$、$\dot{I}_B$、$\dot{I}_C$。注意，三角形联结时双下角标变量代表相电流，单下角标变量代表线电流。由 KCL 得

$$\begin{cases} \dot{I}_A = \dot{I}_{AB} - \dot{I}_{CA} = (1-a)\dot{I}_{AB} = \sqrt{3}\dot{I}_{AB}\underline{/\!-30°} \\ \dot{I}_B = \dot{I}_{BC} - \dot{I}_{AB} = (1-a)\dot{I}_{BC} = \sqrt{3}\dot{I}_{BC}\underline{/\!-30°} \\ \dot{I}_C = \dot{I}_{CA} - \dot{I}_{BC} = (1-a)\dot{I}_{CA} = \sqrt{3}\dot{I}_{CA}\underline{/\!-30°} \end{cases} \quad (7-3)$$

三角形联结相、线电流的相量图如图 7-5b 所示。由于相电流是对称的，所以线电流也是对称的，即 $\dot{I}_A + \dot{I}_B + \dot{I}_C = 0$。只要求出一个线电流，其他两个可以依次得出。

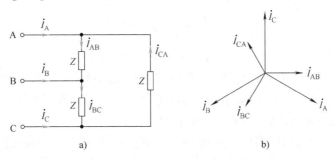

图 7-5 对称三角形联结负载及相、线电流相量图

三角形联结时相、线电压（电流）之间的对应关系为：

三角形联结的对称三相电路中：①线电压等于相电压；②线电流有效值是相电流有效值的 $\sqrt{3}$ 倍，相位依次滞后对应相的相电流 30°。

7.2 对称三相电路的计算

正弦激励下，对称三相电路的稳态计算仍然可以利用相量法进行分析，另外，在前面章节中所用的相量图解的分析法也可用于对称三相电路的分析。

下面以图 7-6a 所示的对称 $\curlyvee - \curlyvee$ 联结的三相电路为例进行分析。

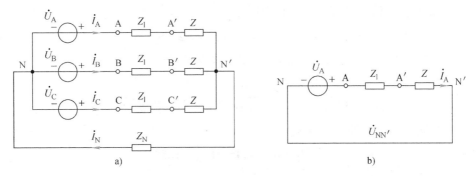

图 7-6 对称三相电路及其 A 相计算电路

图中 Z_1 为相线阻抗，Z_N 为中性线阻抗。应用节点分析法，设 N 为参考节点，可以写出节点电压方程为

$$\left(\frac{3}{Z+Z_1}+\frac{1}{Z_N}\right)\dot{U}_{N'N}=\frac{\dot{U}_A}{Z+Z_1}+\frac{\dot{U}_B}{Z+Z_1}+\frac{\dot{U}_C}{Z+Z_1}$$

由于 $\dot{U}_A+\dot{U}_B+\dot{U}_C=0$，所以可解得 $\dot{U}_{N'N}=0$，因此中性线电流 $\dot{I}_N=0$，各相电流等于线电流，分别为

$$\dot{I}_A=\frac{\dot{U}_A}{Z+Z_1}$$

$$\dot{I}_B=\frac{\dot{U}_B}{Z+Z_1}=a^2\dot{I}_A$$

$$\dot{I}_C=\frac{\dot{U}_C}{Z+Z_1}=a\dot{I}_A$$

$$\dot{I}_N=\dot{I}_A+\dot{I}_B+\dot{I}_C=0$$

此外，可以看到，无论中性线阻抗为何值（包括 $Z_N=0$ 或 ∞，即中性线断开），负载的中性点 N′ 与电源的中性点 N 之间的电压差恒为零。或者说，即便是 Y – Y 联结无中性线，只要是电源与负载均对称，$\dot{U}_{NN'}=0$ 总是成立的，即

对称 Y – Y 联结的三相电路中，负载中性点和电源中性点之间的电压恒为零。

两个中性点等电位，可以看作两个中性点之间存在着一条短路线，因此，各相独立，彼此无关，可以分别进行计算。再由上一节关于对称电路电压、电流相与线之间的对称关系，只需要将对称 Y – Y 联结的三相电路中的一相（一般取 A 相，称之为一相计算电路）抽出来构成一个简单回路进行计算即可，如图 7-6b 所示。求出该回路的相电压、相电流后，该相的线电压、线电流及其他两项的线电压、线电流、相电压、相电流都可依次按规律顺序得出，而无须各自重复计算。注意，在一相电路计算中，N – N′ 用短路线连接，与原三相电路中 Z_N 的取值无关。

对于其他两种连接方式的对称三相电路，可根据 Y – △ 等效变换关系，化为 Y – Y 联结的对称三相电路，再将其简化成一相电路进行计算。

例 7-1　对称三相电路如图 7-6 所示，已知 $Z_1=(6+j8)\Omega$，$Z=(4+j2)\Omega$，线电压 U_1 为 380V，求负载中各相电流和线电压。

解　因为线电压 $U_1=380$V，所以相电压为

$$U_P=U_1/\sqrt{3}=380/\sqrt{3}\text{V}=220\text{V}$$

设 $\dot{U}_A=220\,\underline{/0°}$V，则由图 7-6b 的 A 相计算电路可求得

$$\dot{I}_A=\frac{\dot{U}_A}{Z_1+Z}=\frac{220\,\underline{/0°}}{10+j10}\text{A}=15.56\,\underline{/-45°}\text{A}$$

由此可以直接写出另外两相电流为

$$\dot{I}_B=a^2\dot{I}_A=15.56\,\underline{/-165°}\text{A}$$

$$\dot{I}_C=a\dot{I}_A=15.56\,\underline{/75°}\text{A}$$

类似的，由图 7-6b 的 A 相计算电路可求得 A 相负载电压为

$$\dot{U}_{A'N'}=\dot{I}_AZ=[15.56\,\underline{/-45°}\times(4+j2)]\text{V}=69.59\,\underline{/-18.43°}\text{V}$$

由此相电压直接写出负载端的全部线电压为

$$\dot{U}_{A'B'} = \sqrt{3}\dot{U}_{A'N'} \underline{/30°} = 120.53 \underline{/11.57°}\text{V}$$

$$\dot{U}_{B'C'} = a^2\dot{U}_{A'B'} = 120.53 \underline{/-108.43°}\text{V}$$

$$\dot{U}_{C'A'} = a\dot{U}_{A'B'} = 120.53 \underline{/131.57°}\text{V}$$

例 7-2 图 7-7 所示对称三相电路中，电源的相电压为 220V，负载 $Z = (4 + j8.2)\,\Omega$，求相线阻抗 Z_1 分别为 0Ω 及 1Ω 时的负载相电压和相电流。

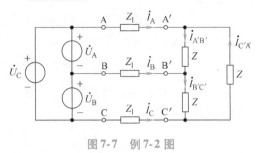

图 7-7 例 7-2 图

解 本例是 △ – △ 联结的三相电路。对于三角形联结的电源而言，电源的相电压就是线电压。

令 A 相电源的相电压为

$$\dot{U}_{AB} = 220 \underline{/0°}\text{V}$$

（1）$Z_1 = 0$ 时，此时负载直接与电源并联，因此负载相电压等于相应的电源相电压，即

$$\dot{U}_{A'B'} = 220 \underline{/0°}\text{V}, \quad \dot{U}_{B'C'} = 220 \underline{/-120°}\text{V}, \quad \dot{U}_{C'A'} = 220 \underline{/120°}\text{V}$$

所以，A 相负载相电流为

$$\dot{I}_{A'B'} = \frac{\dot{U}_{AB}}{Z} = \frac{220 \underline{/0°}}{4 + j8.2}\text{A} = 24.1 \underline{/-64°}\text{A}$$

根据负载相电流的对称性，即可直接写出另外两相负载的相电流分别为

$$\dot{I}_{B'C'} = 24.1 \underline{/176°}\text{A}$$

$$\dot{I}_{C'A'} = 24.1 \underline{/56°}\text{A}$$

（2）$Z_1 = 1\Omega$ 时，负载电压与电源电压不同。

将电路的 △ – △ 联结等效变换成 Y – Y 联结，则等效的 Y 联结负载 $Z_Y = (4 + j8.2)/3\,\Omega$，等效的 Y 联结三相电源 A 相的相电压为

$$\dot{U}_A = \frac{220}{\sqrt{3}} \underline{/-30°}\text{V}$$

即可得到与图 7-6b 类似的 A 相计算电路，由此可以求得

$$\dot{U}_{A'} = \dot{U}_A \frac{Z_Y}{Z_Y + Z_1} = \frac{220}{\sqrt{3}} \underline{/-30°} \times \frac{4/3 + j8.2/3}{(4/3 + j8.2/3) + 1}\text{V} = 107.96 \underline{/-15.5°}\text{V}$$

再由 Y 联结负载相电压与线电压的对应关系，得到实际 △ 负载的电压为

$$\dot{U}_{A'B'} = \sqrt{3}\dot{U}_{A'} \underline{/30°} = 186.99 \underline{/14.5°}\text{V}$$

再回到原电路，由欧姆定律计算得到原 △ 负载 A 相的相电流为

$$\dot{I}_{A'B'} = \frac{\dot{U}_{A'B'}}{Z} = 20.5 \underline{/-49.5°}\text{A}$$

最后，依次写出 B、C 相负载的相电压、相电流为

$$\dot{U}_{B'C'} = 186.99 \underline{/-105.5°}\text{V}, \quad \dot{U}_{C'A'} = 186.99 \underline{/134.5°}\text{V}$$

$$\dot{I}_{B'C'} = 20.5 \underline{/-169.5°}\text{A}, \quad \dot{I}_{C'A'} = 20.5 \underline{/70.5°}\text{A}$$

分析此例的计算结果，可以看到，由于此电路负载相对较小，电路中电流较大，电路中 1Ω 电阻的存在，使得负载电压由原来的 220V 降低到 187V。因此在实际用电的运行中应尽量采取措施降低线路消耗。

例 7-3 对称三相电路中，电源线电压 380V，负载 $Z = (40 + \text{j}82)\,\Omega$，相线阻抗 Z_1 为 1Ω。求负载分别连接成丫联结和△联结时，负载的相电压和相电流。

解 假设电源丫联结，令 A 相电源相电压为 $\dot{U}_A = 380/\sqrt{3}\,\underline{/0°}\text{V} = 220\,\underline{/0°}\text{V}$

(1) 负载丫联结时，电路为 丫 – 丫 联结，直接由 A 相计算电路可求得 A 相负载的相电流和相电压分别为

$$\dot{I}_{A'} = \frac{\dot{U}_A}{Z + Z_1} = \frac{220}{(40 + \text{j}82) + 1}\text{A} = 2.40\,\underline{/-63.43°}\text{A}$$

$$\dot{U}_{A'N'} = \dot{I}_{A'}Z = 218.94\,\underline{/-0.57°}\text{V}$$

再由对称性即可写出另外两相负载的相电流、相电压为

$$\dot{I}_B = 2.40\,\underline{/-183.43°}\text{A}, \quad \dot{I}_C = 2.40\,\underline{/56.57°}\text{A}$$

$$\dot{U}_{B'N'} = 218.94\,\underline{/-120.57°}\text{V}, \quad \dot{U}_{C'N'} = 218.94\,\underline{/119.43°}\text{V}$$

(2) 负载△联结时，与例 7-2 类似，将△联结负载等效变换成丫联结负载 $Z' = (40 + \text{j}82)/3\,\Omega$，得到等效的 丫 – 丫 联结，有

$$\dot{I}_{A'} = \frac{\dot{U}_A}{Z' + Z_1} = \frac{220}{(40 + \text{j}82)/3 + 1}\text{A} = 7.13\,\underline{/-62.33°}\text{A}$$

$$\dot{U}_{A'N'} = \dot{I}_{A'}Z' = 216.78\,\underline{/1.67°}\text{V}$$

由对称性得出实际△联结负载的 A 相电流和 A 相电压为

$$\dot{I}_{A'B'} = \left(\frac{\dot{I}_A}{\sqrt{3}}\right)\underline{/30°} = 4.12\,\underline{/-32.33°}\text{A}$$

$$\dot{U}_{A'B'} = \sqrt{3}\dot{U}_{A'N'}\underline{/30°} = 375.47\,\underline{/31.67°}\text{V}$$

再由对称性写出另外两相负载的相电流、相电压为

$$\dot{I}_{B'C'} = 4.12\,\underline{/-152.33°}\text{A}, \quad \dot{I}_{A'B'} = 4.12\,\underline{/87.67°}\text{A}$$

$$\dot{U}_{B'C'} = 375.47\,\underline{/-88.33°}\text{V}, \quad \dot{U}_{C'A'} = 375.47\,\underline{/151.67°}\text{V}$$

分析此例的计算结果，可以看到，电源不变的情况下，负载的数值不变，△联结时每一相的相电流、相电压都比丫联结时相电流大、相电压高。事实上，△联结时负载直接取用的 380V 线电压，获得的电压必然高、电流必然大。

此外，线路阻抗的存在，两种情况下负载电压也都比电源提供的电压低，分别由 220V 降为 218.94V，由 380V 降为 375.47V。

综上，如果三相电路是对称的，则无论是电源端还是负载端，相电压、线电压、相电流与线电流都是对称的，只要求出一相的电压和电流，就可依次得出其余各变量。但是，如果不是对称的，就必须每一相各自计算。

7.3 不对称三相电路的计算

三相电力系统是由三相电源、三相负载和三相输电线路三部分组成，只要有一部分不对称就称为不对称三相电路。

一般情况，电力系统的各种调控措施可以保障三相电源的电压是基本对称的，但是由于用电设备的运行是时时变化的，有些甚至是随机的，因此实际的三相电路不可能工作于对称状态。此外，由于线路发生短路、断路等故障，正常的三相电路就成为严重不对称电路。因此不对称三相电路的分析是必须要掌握的。

本节主要讨论由对称三相电源向不对称三相负载供电而形成的不对称三相电路的计算。图7-8a所示为Y–Y联结的不对称三相电路。

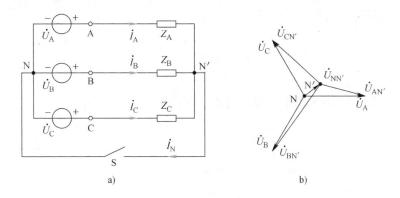

图7-8 Y–Y联结的不对称三相电路

设图7-8中开关是断开状态，以N点为参考节点，写出N′点相对N点的节点电压方程为

$$\dot{U}_{N'N} = \frac{\dfrac{\dot{U}_A}{Z_A} + \dfrac{\dot{U}_B}{Z_B} + \dfrac{\dot{U}_C}{Z_C}}{\dfrac{1}{Z_A} + \dfrac{1}{Z_B} + \dfrac{1}{Z_C}}$$

虽然电源是对称的，但由于负载不对称，一般 $\dot{U}_{NN'} \neq 0$，即N′点和N点电位不同了。此时负载电压与电源电压的相量关系如图7-8b所示，由图可见，N′点和N点不再重合，工程上称其为中性点位移，这将导致负载电压不对称。

当中性点位移较大时，会造成负载电压严重不对称，可能会使负载工作不正常，甚至损坏设备。另外，由于负载电压相互关联，每一相负载的变动都会对其他相造成影响。

因此工程中常采用三相四线制，在NN′间用一根阻抗趋于零的中性线连接，即强迫 $Z_N \approx 0$，由此迫使两个中性点之间等电位，即 $\dot{U}_{NN'} = 0$。这样尽管负载阻抗不对称也能保持负载相电压对称且彼此独立，这就克服了无中性线带来的缺点。

因此，在负载不对称的情况下中性线的存在是非常重要的。为了避免因中性线断路而造成负载相电压严重不对称，工程中必须确保中性线安装牢固，而且在中性线上不允许安装开关、熔断器等。

这种情况下，各相仍可单独计算。由于相电流不对称，一般情况下中性线电流不为

零。即

$$\dot{I}_N = \dot{I}_A + \dot{I}_B + \dot{I}_C \neq 0$$

例7-4　图7-9所示电路中，对称三相电源$u_{AB} = 380\sqrt{2}\cos(\omega t + 30°)$ V，负载为白炽灯组。分别对下列各种情况求线路电流及中性线电流：

（1）$Z_A = Z_B = Z_C = 5\Omega$；

（2）$Z_A = 5\Omega$，$Z_B = 10\Omega$，$Z_C = 20\Omega$；

（3）$Z_A = 5\Omega$，$Z_B = 10\Omega$，$Z_C = 20\Omega$，中性线断开。

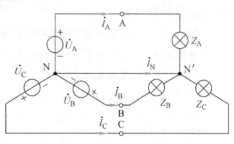

图7-9　例7-4题图

解　（1）负载对称，且为$\curlyvee - \curlyvee$联结。由已知可得电源相电压为

$$\dot{U}_A = 220 \underline{/0°}\,\text{V}$$

由于线路无损耗，负载电压就等于电源电压，故有

$$\dot{I}_A = \frac{\dot{U}_A}{Z_A} = \frac{220}{5}\text{A} = 44 \underline{/0°}\,\text{A}$$

由于负载对称，中性线电流为0A。写出另外两相电流，分别为

$$\dot{I}_B = 44 \underline{/-120°}\,\text{A} \quad \dot{I}_C = 44 \underline{/120°}\,\text{A}$$

（2）负载不对称，但是由于中性线的存在，电路中性点不会发生偏移。又由于忽略了线路阻抗，所以，每一相负载获得的电压都是电源电压，因此有

$$\dot{I}_A = \frac{\dot{U}_A}{Z_A} = \frac{220}{5}\text{A} = 44 \underline{/0°}\,\text{A}$$

$$\dot{I}_B = \frac{\dot{U}_B}{Z_B} = \frac{220 \underline{/-120°}}{10}\text{A} = 22 \underline{/-120°}\,\text{A}$$

$$\dot{I}_C = \frac{\dot{U}_C}{Z_C} = \frac{220 \underline{/120°}}{20}\text{A} = 11 \underline{/120°}\,\text{A}$$

中性线电流为

$$\dot{I}_N = -(\dot{I}_A + \dot{I}_B + \dot{I}_C) = -(44 + 22 \underline{/120°} + 11 \underline{/120°})\text{A} = 29 \underline{/19°}\,\text{A}$$

（3）负载不对称，由于中性线断开，$\dot{I}_N = 0$。此时电路中性点发生偏移，有

$$\dot{U}_{N'N} = \frac{\dfrac{\dot{U}_A}{Z_A} + \dfrac{\dot{U}_B}{Z_B} + \dfrac{\dot{U}_C}{Z_C}}{\dfrac{1}{Z_A} + \dfrac{1}{Z_B} + \dfrac{1}{Z_C}} = \frac{\dfrac{220}{5} + \dfrac{220 \underline{/-120°}}{10} + \dfrac{220 \underline{/120°}}{20}}{\dfrac{1}{5} + \dfrac{1}{10} + \dfrac{1}{20}}\text{V} = 85.3 \underline{/-19°}\,\text{V}$$

各相负载电压分别为

$$\dot{U}_{A'} = \dot{U}_A - \dot{U}_{N'N} = (220 - 85.3 \underline{/-19°})\text{V} = 144 \underline{/11°}\,\text{V}$$

$$\dot{U}_{B'} = \dot{U}_B - \dot{U}_{N'N} = (220 \underline{/-120°} - 85.3 \underline{/-19°})\text{V} = 249.4 \underline{/-139°}\,\text{V}$$

$$\dot{U}_{C'} = \dot{U}_C - \dot{U}_{N'N} = (220 \underline{/120°} - 85.3 \underline{/-19°})\text{V} = 288 \underline{/131°}\,\text{V}$$

最后求得各相电流为

$$\dot{I}_A = \frac{\dot{U}_{A'}}{Z_A} = \frac{144 \underline{/11°}}{5}A = 28.8 \underline{/11°}A$$

$$\dot{I}_B = \frac{\dot{U}_{B'}}{Z_B} = \frac{249 \underline{/-139°}}{10}A = 24.9 \underline{/-139°}A$$

$$\dot{I}_C = \frac{\dot{U}_{C'}}{Z_C} = \frac{288 \underline{/131°}}{20}A = 14.4 \underline{/131°}A$$

由此例可见，A 相白炽灯的电压由 220V 降到了 144V，C 相白炽灯的电压则由 220V 升到了 288V，两相白炽灯的亮度会明显不同，如果是其他用电设备就可能会不正常工作，甚至损毁。

例 **7-5**　以例 7-4 电路为例，试分别对如下各种情况进行故障分析。（1）A 相负载短路，中性线正常；（2）A 相负载短路，中性线断开；（3）A 相负载断路，中性线正常；（4）A 相负载断路，中性线断开。

解　（1）A 相短路，则 A 相电流会非常大，将 A 相的保护熔断。若此时中线正常，则 B、C 两相不受影响，相电压仍然是 220V，能够正常工作。

（2）若 A 相白炽灯发生短路且无中性线，则 B、C 两相直接与 380V 线电压相连接，其承受的电压大大超过其额定电压，这是很危险的，也是不允许的。

（3）若 A 相白炽灯损坏发生断路，此时由于有中性线存在，则 B、C 两相不受影响，相电压仍然是 220V，能够正常工作。

（4）若 A 相白炽灯损坏发生断路，此时无中性线，则 B、C 两相白炽灯相当于串联后与 380V 电压相连接。此时电路中的电流为

$$I = \frac{U_{BC}}{Z_B + Z_C} = \frac{380}{10 + 20}A = 12.7A$$

B、C 两相电压分别为

$$U_{B'} = Z_B I = 10 \times 12.7V = 127V$$

$$U_{C'} = Z_C I = 20 \times 12.7V = 254V$$

此例再次说明，保证三相电路中的中性线的畅通是非常重要的。

例 **7-6**　借鉴例 7-4，工程师设计了一种测定三相电源相序的仪器，称为相序指示器。把图 7-9 所示电路中 A 相负载阻抗换成一个电容，即 $Z_A = 1/(j\omega C)$，B 相、C 相连接上两个同功率的白炽灯，若使阻值 $R = 1/(\omega C)$，即 $Z_B = Z_C = R$，试根据两个白炽灯的亮度确定电源的相序。

解　仿照上例的分析过程，可得中性点电压 $\dot{U}_{N'N}$ 为

$$\dot{U}_{N'N} = \frac{j\omega C \dot{U}_A + \frac{1}{R}\dot{U}_B + \frac{1}{R}\dot{U}_C}{j\omega C + \frac{2}{R}}$$

令 $G = \frac{1}{R}$，$\dot{U}_A = U \underline{/0°}V$，则有

$$\dot{U}_{N'N} = \frac{j\omega C\,\dot{U}_A + Ga^2\dot{U}_A + Ga\,\dot{U}_A}{j\omega C + 2G} = \frac{j + a^2 + a}{j + 2}\dot{U}_A = (-0.2 + j0.6)\dot{U}_A = 0.63U\underline{/108.4°}\text{V}$$

B 相、C 相白炽灯承受的电压分别为

$$\dot{U}_{BN'} = \dot{U}_{BN} - \dot{U}_{N'N} = a^2\dot{U}_A - (-0.2 + j0.6)\dot{U}_A = 1.5U\underline{/-101.5°}\text{V}$$

$$\dot{U}_{CN'} = \dot{U}_{CN} - \dot{U}_{N'N} = a\,\dot{U}_A - (-0.2 + j0.6)\dot{U}_A = 0.4U\underline{/138°}\text{V}$$

所以有

$$U_{BN'} = 1.5U, \quad U_{CN'} = 0.4U$$

由此可以判断：若把接电容器的线路作为 A 相，则白炽灯较亮的一相为 B 相，白炽灯较暗的一相则是 C 相。

7.4　三相电路的功率

在三相电路中，三相负载所吸收的功率等于各相功率之和，即

$$P = P_A + P_B + P_C$$

在对称三相电路中，显然各相功率相等，且为

$$P_A = P_B = P_C = U_P I_P \cos\varphi_Z = P_P$$

因此，对称三相电路中总有功功率的计算公式为

$$P = 3U_P I_P \cos\varphi_Z \tag{7-4}$$

式中，U_P、I_P 分别为相电压、相电流；φ_Z 为相电压和相电流的相位差。

根据前面所讨论的三角形联结、星形联结各相与各线电压、电流的对称关系，三相负载所吸收的总功率的另一种表达方式为

$$P = \sqrt{3}U_l I_l \cos\varphi_Z \tag{7-5}$$

三相电路的瞬时功率也为三相负载瞬时功率之和，对称三相电路各相的瞬时功率分别为

$$p_A = u_A i_A = \sqrt{2}U_P\cos\omega t\,\sqrt{2}I_P\cos(\omega t - \varphi_Z) = U_P I_P[\cos\varphi_Z + \cos(2\omega t - \varphi_Z)]$$

$$p_B = u_B i_B = \sqrt{2}U_P\cos(\omega t - 120°)\sqrt{2}I_P\cos(\omega t - 120° - \varphi_Z)$$
$$= U_P I_P[\cos\varphi_Z + \cos(2\omega t - 240° - \varphi_Z)]$$

$$p_C = u_C i_C = \sqrt{2}U_P\cos(\omega t + 120°)\sqrt{2}I_P\cos(\omega t + 120° - \varphi_Z)$$
$$= U_P I_P[\cos\varphi_Z + \cos(2\omega t + 240° - \varphi_Z)]$$

p_A、p_B、p_C 中都含有一个交变分量，它们的振幅相等，相位上互差 240°，这三个交变分量相加等于零，所以

$$p_A + p_B + p_C = 3U_P I_P\cos\varphi_Z = 3P_P = P = \text{定值} \tag{7-6}$$

式（7-6）表明，对称三相电路的瞬时功率是定值，且等于其平均功率，这是对称三相电路的一个优越性能。如果三相负载是电动机，由于三相瞬时功率是定值，因而电动机的转矩是恒定的。而三相电动机转矩的瞬时值与总瞬时功率成正比，因此，虽然每相的电流是随时间变化的，但转矩却不是时大时小的，这也是三相电胜于单相电的一个特性。

三相功率的测量是一个实际工程问题，可以证明，在三相三线制电路中，不论对称与

否，可以使用两个功率表测量三相功率，即所谓的**二瓦计法**。

二瓦计法测量三相功率的连接方式之一如图 7-10 所示。两个功率表的电流线圈分别串入两相线中（图示为 A、B 两相线），它们的电压线圈的非电源端（即无 * 端）共同接到第三条相线上（图示 C 相线上）。二瓦计法中功率表的接线只触及相线，而与负载和电源的连接方式无关。

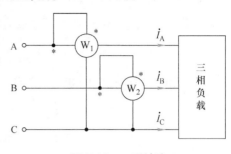

图 7-10 二瓦计法

可以证明，两个功率表读数的代数和为三相三线制中三相负载吸收的平均功率。

根据功率表的工作原理，并设其读数分别为 P_1、P_2，则

$$\begin{cases} P_1 = U_{AC}I_A\cos(\varphi_{\dot U_{AC}} - \varphi_{\dot I_A}) \\ P_2 = U_{BC}I_B\cos(\varphi_{\dot U_{BC}} - \varphi_{\dot I_B}) \end{cases} \tag{7-7}$$

$$P_1 = \mathrm{Re}[\dot U_{AC}\dot I_A^*]$$

$$P_2 = \mathrm{Re}[\dot U_{BC}\dot I_B^*]$$

$$P_1 + P_2 = \mathrm{Re}[\dot U_{AC}\dot I_A^* + \dot U_{BC}\dot I_B^*]$$

因为

$$\dot U_{AC} = \dot U_A - \dot U_C$$

$$\dot U_{BC} = \dot U_B - \dot U_C$$

$$\dot I_A^* + \dot I_B^* = -\dot I_C^*$$

所以将其代入功率计算式有

$$P_1 + P_2 = \mathrm{Re}[\dot U_A\dot I_A^* + \dot U_B\dot I_B^* + \dot U_C\dot I_C^*] = \mathrm{Re}[\bar S_A + \bar S_B + \bar S_C] = \mathrm{Re}[\bar S]$$

实际上，任意三相三线制电路都可由二瓦计法测量或计算其总的有功功率。

在对称三相制中，可以证明

$$\begin{cases} P_1 = \mathrm{Re}[\dot U_{AC}\dot I_A^*] = U_{AC}I_A\cos(\varphi_Z - 30°) \\ P_2 = \mathrm{Re}[\dot U_{BC}\dot I_B^*] = U_{BC}I_B\cos(\varphi_Z + 30°) \end{cases} \tag{7-8}$$

式中，φ_Z 为负载的阻抗角。

特殊情况下，两个功率表之一的读数可能为负值（例如 $\varphi_Z > 60°$），求总功率时该表的读数应取负值。用二瓦计法测量三相功率，一般来讲一个功率表的读数是没有意义的。

除对称情况外，非对称三相四线制一般不能用二瓦计法测量三相功率，这是因为一般情况下

$$\dot I_A + \dot I_B + \dot I_C \neq 0$$

例 7-7 如图 7-11 所示为一线电压为 380V 的对称三相电路，已知三相负载吸收的功率为 3kW，功率因数 $\lambda = \cos\varphi = 0.866$（感性）。求图中两个功率表的读数。

解 要求功率表的读数，只要求出与它们相关联的电压、电流相量即可。

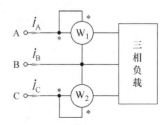

图 7-11 例 7-7 题图

由 $P = \sqrt{3}U_1 I_1 \cos\varphi_Z$，则有

$$I_1 = \frac{P}{\sqrt{3}U_1\cos\varphi_Z} = 5.263\text{A}$$

$$\varphi_Z = \arccos 0.866 = 30°$$

令 A 相电压 $\dot{U}_A = 220\underline{/0°}\text{V}$，则有

$$\dot{I}_A = 5.263\underline{/-30°}\text{A}$$

$$\dot{U}_{AB} = 380\underline{/30°}\text{V}$$

$$\dot{I}_C = a\dot{I}_A = 5.263\underline{/90°}\text{A}$$

$$\dot{U}_{CB} = -\dot{U}_{BC} = -a^2\dot{U}_{AB} = 380\underline{/90°}\text{V}$$

两功率表的读数分别为

$$P_1 = \text{Re}[\dot{U}_{AB}\dot{I}_A^*] = U_{AB}I_A\cos\varphi_1 = 380 \times 5.263 \times \cos 60°\text{W} = 999.97\text{W}$$

$$P_2 = \text{Re}[\dot{U}_{CB}\dot{I}_C^*] = U_{CB}I_C\cos\varphi_2 = 380 \times 5.263 \times \cos 0°\text{W} = 1999.97\text{W}$$

则总功率为

$$P_1 + P_2 = 3000\text{W}$$

例 7-8　对称三相电路如图 7-12a 所示。已知 $\dot{U}_A = 100\underline{/0°}\text{V}$，$\dot{U}_B = 100\underline{/-120°}\text{V}$，$\dot{U}_C = 100\underline{/120°}\text{V}$。求（1）线电流 $\dot{I}_A$、$\dot{I}_B$、$\dot{I}_C$，三相功率以及电流表 A、电压表 V 的读数；（2）要求与（1）相同，但负载改为 △ 联结，如图 7-12b 所示。

解　（1）根据 丫 – 丫 对称联结三相电路的特点 $\dot{U}_{N'N} = 0\text{V}$，则

$$\dot{I}_A = \frac{\dot{U}_A}{Z} = \frac{100\underline{/0°}}{10\underline{/45°}}\text{A} = 10\underline{/-45°}\text{A}$$

其他两相电流为

$$\dot{I}_B = a^2\dot{I}_A = 10\underline{/-165°}\text{A}$$

$$\dot{I}_C = a\dot{I}_A = 10\underline{/75°}\text{A}$$

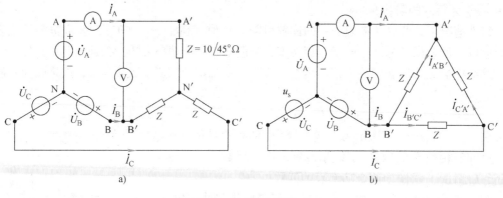

图 7-12　例 7-8 题图

三相功率为

$$P = 3U_\mathrm{P}I_\mathrm{P}\cos\varphi_\mathrm{Z} = 3 \times 100 \times 10\cos45°\mathrm{W} = 2121.32\mathrm{W}$$

电流表 A 的读数为 10A，电压表 V 的读数为线电压的有效值，即

$$U_\mathrm{V} = \sqrt{3} \times 100\mathrm{V} = 173.2\mathrm{V}$$

（2）负载为△联结，如图 7-12b 所示。此时线电压有效值为 $\sqrt{3} \times 100\mathrm{V} = 173.2\mathrm{V}$，则

$$\dot{I}_\mathrm{A'B'} = \frac{\dot{U}_\mathrm{A'B'}}{Z} = \frac{173.2\ \underline{/30°}}{10\ \underline{/45°}}\mathrm{A} = 17.32\ \underline{/-15°}\mathrm{A}$$

$$\dot{I}_\mathrm{B'C'} = a^2\dot{I}_\mathrm{A'B'} = 17.32\ \underline{/-135°}\ \mathrm{A}$$

$$\dot{I}_\mathrm{C'A'} = a\dot{I}_\mathrm{A'B'} = 17.32\ \underline{/105°}\ \mathrm{A}$$

根据三角形联结线电流与相电流的关系有

$$\dot{I}_\mathrm{A} = \sqrt{3}\dot{I}_\mathrm{A'B'}\underline{/-30°} = 30\ \underline{/-45°}\mathrm{A}$$

同理有

$$\dot{I}_\mathrm{B} = 30\ \underline{/-165°}\mathrm{A}, \quad \dot{I}_\mathrm{C} = 30\ \underline{/75°}\mathrm{A}$$

三相功率

$$P = \sqrt{3}U_\mathrm{l}I_\mathrm{l}\cos\varphi_\mathrm{Z} = 6363.96\mathrm{W}$$

电流表 A 的读数为 30A，电压表 V 的读数仍为 173V。

由本例可以看出，对称无中性线的三相电路中，把对称负载由丫改为△联结，其线电流为原来数值的 3 倍，功率为原来数值的 3 倍，相电压为原来数值的 $\sqrt{3}$ 倍，功率为原来数值的 3 倍。

本 章 小 结

三相负载中的相、线电压，相、线电流的定义为：相电压、相电流是指各相负载阻抗的电压、电流；三相负载的三个端子 A′、B′、C′ 向外引出的导线中的电流称为负载的线电流，任意两个端子之间的电压称为负载的线电压。

计算对称三相电路的电路变量，两个关键点如下：

1）准确理解与掌握三相电路的对称性特点，特别是丫联结、相电压的相量关系和△联结、相电流的相量关系。

2）根据三相电源及三相负载的等效变换化为单相电路的方法。

对称三相电路的对称性特点以及利用该特点推演出的计算电路变量的方法、计算功率的方法、测量功率的方法都是要求掌握的重要知识点。其中对称性特点的理解、功率测量和计算是难点内容。此外，利用对称性特点分析某些不对称三相电路，是工程问题中经常会遇到的实际问题。

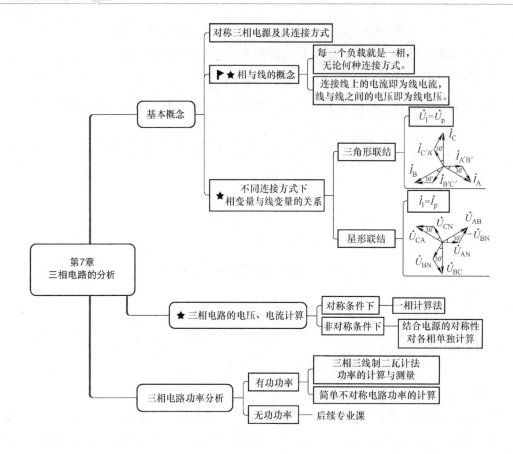

习 题 7

7-1 用线电压为380V的三相四线制电源给照明电路供电，白炽灯的额定值为220V、100W，若A、B相各接10盏，C相接20盏。

（1）求各相的相电流和线电流、中性线电流；

（2）画出电压、电流相量图。

7-2 一个三相电阻炉，每相近似为10Ω电阻，接在线电压为380V的三相四线制供电电路中。试分别求电炉接成丫和△时的线电流和消耗的功率。

7-3 额定功率为2.4kW、功率因数为0.6的三相对称感性负载，由线电压为380V的三相电源供电，负载接成丫。求：（1）负载的相电压；（2）负载的相电流和线电流；（3）各相负载的复阻抗。

7-4 △形接法的三相对称电路，已知线电压为380V，每相负载的电阻 $R = 24\Omega$、感抗 $X_L = 18\Omega$。求负载的线电流，并画出各线电压、线电流的相量图。

7-5 △形接法的三相对称感性负载，与 $f = 50\text{Hz}$、$U_1 = 380\text{V}$ 的三相电源相连接。今测得三相功率为20kW，线电流为38A。求：（1）每相负载的等效阻抗及参数 R、L；（2）若将此负载接成丫，求其线电流及消耗的功率。

7-6 线电压为380V的三相电路如图7-13所示，已知 $Z_1 = (10 + j10\sqrt{3})\Omega$，$Z_2 = Z_3 = 20\Omega$，$X_C = -20\sqrt{3}\Omega$。试求：（1）各相、线电流和中性线电流，标出各电流的参考方向；

（2）电源提供的视在功率和负载消耗的功率。

7-7 图 7-14 所示三相电路中，已知 $Z_1 = 22 \underline{/-60°}\ \Omega$，$Z_2 = 11 \underline{/0°}\ \Omega$，电源线电压为 380V。问：（1）各仪表的读数是多少？（2）两组负载共消耗多少功率？

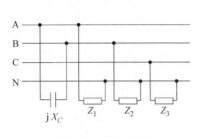

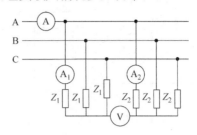

图 7-13 题 7-6 图   图 7-14 题 7-7 图

7-8 图 7-15 所示为对称的 丫 – 丫 三相电路，电源相电压为 220V，负载阻抗 $Z = (30 + j20)\Omega$。求：（1）图 7-15 中电流表的读数；（2）三相负载吸收的功率；（3）如果 A 相的负载阻抗等于零（其他不变），再求（1）（2）；（4）如果 A 相的负载开路，再求（1）（2）。

7-9 图 7-16 所示为对称的 丫 – △ 三相电路，$U_{AB} = 380V$，$Z = (27.5 + j47.64)\Omega$。

（1）图 7-16 中功率表的读数及其代数和有无意义？

（2）若开关 S 断开，再求（1）。

7-10 图 7-17 为对称三相电路，相序为 ABC，线电压为 380V，测得二瓦特表的读数分别为 $P_1 = 0W$，$P_2 = 1.65kW$，求负载阻抗的参数 R 和 X。

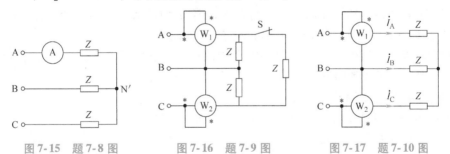

图 7-15 题 7-8 图   图 7-16 题 7-9 图   图 7-17 题 7-10 图

7-11 已知不对称三相四线制电路中的相线阻抗为零，对称电源端的线电压 $U_1 = 380V$，不对称的星形负载分别为 $Z_A = (3 + j2)\Omega$，$Z_B = (4 + j4)\Omega$，$Z_C = (2 + j1)\Omega$。

（1）求当中性线阻抗 $Z_N = (4 + j3)\Omega$ 时的中性点电压、线电流和负载吸收的总功率；

（2）当 $Z_N = 0$ 且 A 相开路时的线电流。如果无中性线（$Z_N = \infty$）又会怎样？

7-12 对称三相电路的负载相电压 $U_P = 230V$，负载阻抗 $Z = (12 + j16)\Omega$。试求：（1）负载星形联结时的线电流及吸收的总功率；（2）负载三角形联结时的线电流、相电流和吸收的总功率。

7-13 用二瓦计法测量对称三相电路的功率，如图 7-18 所示，试证：$Q = \sqrt{3}(P_1 - P_2)$，$\tan\varphi = \sqrt{3}(P_1 - P_2)/(P_1 + P_2)$，其中 φ 为阻抗角。

7-14 对称三相电路如图 7-19 所示，设电源线电流为 I，试求电源发出的总功率。

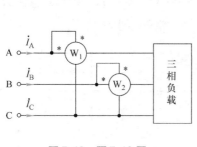

图 7-18　题 7-13 图

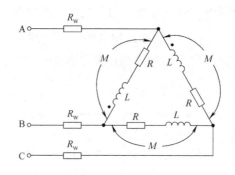

图 7-19　题 7-14 图

7-15　线电压 380V 的三相电路主线上接两组对称负载：一组是三角形联结的感性负载，每相的阻抗为 $Z_\triangle = 36.3 \underline{/37°}\ \Omega$；另一组是星形联结的电阻负载，每相电阻 $R = 10\Omega$。试求：（1）各组负载的相电流；（2）电源端母线电流；（3）电源提供的有功功率。

7-16　如图 7-20 对称三相电路中，感性负载为三角形联结。已知电源线电压 220V，电路正常工作时线路中的各相电流为 17.3A，三相总功率 $P = 4.5\text{kW}$。求：（1）每相负载的电阻和感抗；（2）若 C 与 A 之间的负载发生断路，各相电流及电源提供的总有功功率；（3）若 B 与 B′之间发生断路，各相电流及电源提供的总有功功率。

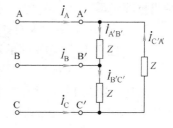

图 7-20　题 7-16 图

7-17　某大楼为荧光灯和白炽灯混合照明，需装 40W 荧光灯 210 盏（$\cos\varphi_1 = 0.5$），60W 白炽灯 90 盏（$\cos\varphi_2 = 1$），它们的额定电压都是 220V，由 380V/220V 的电网供电。试分配其负载并指出应如何接入电网。这种情况下，母线各路电流为多少？

7-18　某办公楼照明用电发生故障，第一层楼白炽灯正常，且亮度不变，第二层楼和第三层楼所有白炽灯都突然暗下来，并且第三层楼的白炽灯比第二层楼的白炽灯还暗些。

（1）画出该办公楼的供电线路图；

（2）分析故障原因。

7-19　如图 7-21 三相四线制电路中，△联结对称三相负载 $Z_1 = -\text{j}10\Omega$；Y联结对称三相负载 $Z_2 = (5 + \text{j}12)\Omega$，对称三相电源线电压

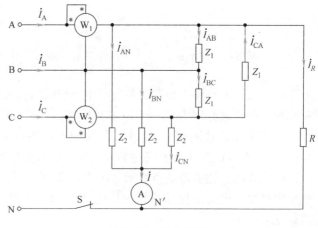

图 7-21　题 7-19 图

$U_l = 380\text{V}$，S 闭合时 R 吸收的功率为 24200W。求：（1）S 闭合时各表读数，电源线电流及所有负载吸收的功率；（2）S 断开时各表读数，电源线电流及功率表读数的意义。

第8章
> Chapter 8

非正弦周期电路的分析

 本 章 导 学

　　前面几章关于正弦稳态电路的分析，主要介绍了线性电路在一个正弦电源作用或多个同频率正弦电源同时作用下，电路各部分的稳态电压、电流，它们都是同频率的正弦量。但在工程实际中还存在着按非正弦规律变化的电源和信号，其中最典型的一类是周期性的非正弦函数。

　　数学家傅里叶证明：周期性的非正弦函数在一定条件下可以分解为常数与一系列不同频率的正弦周期函数的叠加。本章将讨论傅里叶变换在线性电路中的应用，即在非正弦、周期电源激励作用下，线性电路的稳态分析法——谐波分析法。此外对滤波器的概念和三相电路中的高次谐波进行简要介绍。

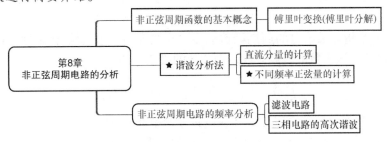

　　本章的重要思想是理解与掌握傅里叶变换这种数学工具在电路分析中的运用，为将来更复杂的工程实际电路分析奠定基础。重点要掌握谐波分析的方法及其时域叠加性。

8.1 非正弦周期函数及其傅里叶变换

对于一个时间函数 $f(t)$，若存在一个常数 T，使得

$$f(t) = f(t + kT)$$

式中，k 为整数，$k = 0，1，2\cdots$则称这样的函数为周期函数，且常数 T 为该周期函数 $f(t)$ 的周期。

显然，正弦函数是周期函数的特例。当一个线性电路中有几个不同频率的正弦电源同时作用时，电路中产生的电压、电流也是不同频率的正弦响应，可以证明，响应变量的和一定是非正弦的周期量。

图 8-1 所示的非正弦周期波形都是工程中常见的周期电压、电流的例子。

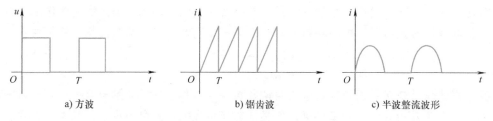

a) 方波　　　　　　　　　　b) 锯齿波　　　　　　　　　　c) 半波整流波形

图 8-1　非正弦周期电压、电流的波形

利用傅里叶变换，可以非常方便地分析、求解这类非正弦周期信号作用于线性电路产生的响应。

傅里叶变换是指如果给定的周期函数满足一定的条件（狄里赫利条件，详细内容请参考相关数学书籍），该函数就能展开成一个收敛的级数，即

$$f(t) = A_0 + \sum_{k=1}^{\infty} A_{km} \cos(k\omega t + \theta_k) \tag{8-1}$$

式中，第一项 A_0 称为 $f(t)$ 的恒定分量（在电路理论中称为直流分量）；第二项称为一次谐波（或基波）分量，其频率与 $f(t)$ 的频率相同；其他各项称为高次谐波分量，即 $2，3，\cdots，k$ 次谐波分量。

可见，傅里叶级数是由常数项和不同频率的三角函数构成的，因此，只要非正弦周期电压、电流信号能够进行傅里叶分解，就可以将其转换成直流信号和正弦信号的组合，利用线性电路的叠加性即可进行电路分析。

8.2 非正弦周期量的有效值、平均值、平均功率

8.2.1 有效值

在第 5 章曾经给出过任意周期量的有效值的定义为方均根值，即

$$F = \sqrt{\frac{1}{T} \int_0^T [f(t)]^2 dt}$$

假设一非正弦的周期电流 i 可以分解为傅里叶级数，即

$$i = I_0 + \sum_{k=1}^{\infty} I_{km}\cos(k\omega t + \theta_k)$$

将 i 代入有效值公式，则其有效值 I 为

$$I = \sqrt{\frac{1}{T}\int_0^T \left[I_0 + \sum_{k=1}^{\infty} I_{km}\cos(k\omega t + \theta_k)\right]^2 dt} \tag{8-2}$$

式（8-2）中方括号二次方展开后将得到下列四种类型的积分，其积分结果分别为

$$\frac{1}{T}\int_0^T I_0^2 dt = I_0^2$$

$$\frac{1}{T}\int_0^T I_{km}^2 \cos^2(k\omega t + \theta_k) dt = I_k^2$$

$$\frac{1}{T}\int_0^T 2I_0 \cos(k\omega t + \theta_k) dt = 0$$

$$\frac{1}{T}\int_0^T 2I_{km}\cos(k\omega t + \theta_k)I_{qm}\cos(q\omega t + \theta_q) dt = 0 \quad (k \neq q)$$

将以上四式代入式（8-2）可得电流 i 的有效值 I，即

$$I = \sqrt{I_0^2 + I_1^2 + I_2^2 + \cdots} = \sqrt{I_0^2 + \sum_{k=1}^{\infty} I_k^2} \tag{8-3}$$

式（8-3）表明，**非正弦周期电流的有效值等于其恒定分量的二次方与各次谐波有效值二次方之和的二次方根**。此结论可以推广用于其他任意非正弦周期量。

8.2.2 平均值

以周期电流为例，平均值的定义式为

$$I_{av} = \frac{1}{T}\int_0^T |i| dt \tag{8-4}$$

即非正弦周期电流的平均值等于其绝对值的平均值，按式（8-4）可求得正弦电流的平均值为

$$I_{av} = \frac{1}{T}\int_0^T |I_m\cos\omega t| dt = \frac{4I_m}{T}\int_0^{\frac{T}{4}}\cos(\omega t) dt = 0.637I_m = 0.898I$$

它相当于正弦电流经全波整流后的平均值。

对于同一非正弦周期电流，当用不同类型的仪表测量时，会得到不同的值。这是由各种仪表的设计原理决定的。例如，直流仪表（磁电系仪表）的偏转角 $\alpha \propto 1/T\int_0^t i dt$，所以用磁电系仪表测得的值将是电流的恒定分量。而电磁系仪表的偏转角 $\alpha \propto 1/T\int_0^T i^2 dt$，所以用电磁系仪表测得的值将是电流的有效值。另外，全波整流仪表的偏转角 $\alpha \propto 1/T\int_0^T |i| dt$，所以用其测量电流将得到电流的平均值。因此，测量非正弦周期电压、电流时要注意仪表的选择。

8.2.3 平均功率

设一端口网络（如图8-2所示）的非正弦周期电压、电流取关联参考方向，则其吸收

的瞬时功率为

$$p = ui = \left[U_0 + \sum_{k=1}^{\infty} U_{km}\cos(k\omega t + \theta_{u_k}) \right] \times \left[I_0 + \sum_{k=1}^{\infty} I_{km}\cos(k\omega t + \theta_{i_k}) \right]$$

其平均功率仍定义为

$$P = \frac{1}{T} \int_0^T p\mathrm{d}t$$

由三角函数积分的特点，上式中不同频率正弦电压与电流乘积的积分为零，同频率正弦电压、电流乘积的积分不为零，其第 k 次为

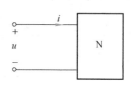

$$P_k = \frac{1}{2} U_{km} I_{km}\cos(\theta_{u_k} - \theta_{i_k}) = U_k I_k \cos\varphi_k$$

且直流分量电压、电流乘积的积分项为 $U_0 I_0$，所以平均功率 P 为

图 8-2   一端口网络

$$P = U_0 I_0 + U_1 I_1 \cos\varphi_1 + U_2 I_2 \cos\varphi_2 + \cdots + U_k I_k \cos\varphi_k$$

即

$$P = U_0 I_0 + \sum_{k=1}^{\infty} U_k I_k \cos\varphi_k \qquad (8\text{-}5)$$

式中， $U_k = U_{km}/\sqrt{2}$, $I_k = I_{km}/\sqrt{2}$, $\varphi_k = \theta_{u_k} - \theta_{i_k}$, $k = 1, 2, 3, \cdots$

即非正弦周期电流电路的平均功率等于恒定分量产生的功率和各次谐波分量产生的平均功率之和。

例 8-1   单口网络的端口电压、电流分别为

$$u = [50 + 50\cos(t + 30°) + 40\cos(2t + 60°) + 30\cos(3t + 45°)]\text{V}$$
$$i = [20 + 20\cos(t - 60°) + 15\cos(2t + 30°)]\text{A}$$

u, i 为关联参考方向，求单口网络吸收的平均功率。

解   根据式（8-5）有

$$P_0 = 50 \times 20\text{W} = 1000\text{W}$$

$$P_1 = \frac{50}{\sqrt{2}} \times \frac{20}{\sqrt{2}}\cos(30° + 60°)\text{W} = 0\text{W}$$

$$P_2 = \frac{40}{\sqrt{2}} \times \frac{15}{\sqrt{2}}\cos(60° - 30°)\text{W} = 259.8\text{W}$$

$$P_3 = 0\text{W}$$

所以 $$P = P_0 + P_1 + P_2 + P_3 = 1259.8\text{W}$$

8.3   非正弦周期电路的谐波分析法

由前述可知，非正弦的周期电压、电流可用傅里叶级数展开法分解成直流分量和各次谐波分量。

若将非正弦的周期激励作用于线性电路，根据叠加定理，可分别计算出在直流、基波和各次谐波分量作用下电路中产生的直流和与之同频率的正弦电流分量和电压分量，最后把所得的直流分量、各次谐波分量按时域形式叠加，就可以得到电路在非正弦周期激励作用下的

稳态电流和电压，这种分析方法称为谐波分析法。

它实质上是把非正弦周期电流电路的计算化为一系列正弦电流电路的计算，因此仍可以采用相量分析法，下面通过例题加以说明。

例 8-2　图 8-3 所示 RL 电路，已知 $R = 5\Omega$，$\omega_1 L = X_L^{(1)} = 5\Omega$，已知所加周期性方波电压傅里叶级数展开式为

$$u_s(t) = \frac{400}{\pi}\Big[\sin\omega t + \frac{1}{3}\sin3\omega t + \frac{1}{5}\sin5\omega t + \cdots\Big]$$

求稳态时的电感电压 u_L。

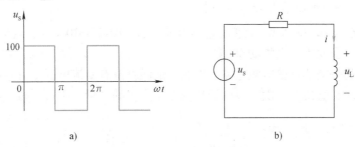

图 8-3　例 8-2 题图

解　将此方波电压作用于 RL 电路，即相当于把振幅分别为 $400/\pi$、$400/3\pi$、$400/5\pi$，频率分别为 ω，3ω，5ω，…的正弦电源同时串联作用于电路，分别求出每一个频率分量电源（正弦电源）作用下的瞬时电压 $u_L^{(1)}$，$u_L^{(3)}$，… 显然每一个电源作用仍可以用相量法，将各频率分量的瞬时值 $u_L^{(1)}$，$u_L^{(3)}$，…叠加，即可求出总的电感电压瞬时值 u_L。

由于电路比较简单，因此第 k 次谐波 $u_{Lm}^{(k)}$ 的相量（注意这里取了最大值相量）可由分压公式直接写出，即

$$\dot{U}_{Lm}^{(k)} = \frac{\mathrm{j}k\omega L}{R + \mathrm{j}k\omega L}\dot{U}_{sm}^{(k)}$$

代入相应已知量，并根据 k 的取值分别求出 $\dot{U}_{Lm}^{(1)}$，$\dot{U}_{Lm}^{(3)}$，$\dot{U}_{Lm}^{(5)}$，…由这些最大值响应相量即可对应写出各瞬时值 $u_L^{(1)}$，$u_L^{(3)}$，… 过程如下：

当 $k = 1$ 时

$$\dot{U}_{sm}^{(1)} = \frac{400}{\pi}\underline{/-90°}\,\mathrm{V}$$

$$Z_L^{(1)} = \mathrm{j}\omega L = \mathrm{j}5\,\Omega$$

$$\dot{U}_{Lm}^{(1)} = \frac{\mathrm{j}5}{5 + \mathrm{j}5}\frac{400}{\pi}\underline{/-90°}\,\mathrm{V} = 90.03\,\underline{/-45°}\,\mathrm{V}$$

$$u_L^{(1)} = 90.03\cos(\omega t - 45°)\,\mathrm{V}$$

当 $k = 3$ 时

$$\dot{U}_{sm}^{(3)} = \frac{400}{3\pi}\underline{/-90°}\,\mathrm{V}$$

$$\dot{U}_{Lm}^{(3)} = \frac{\mathrm{j}3\omega L}{R + \mathrm{j}3\omega L}\dot{U}_{sm}^{(3)} = \frac{\mathrm{j}15}{5 + \mathrm{j}15}\frac{400}{3\pi}\underline{/-90°}\,\mathrm{V} = 40.26\,\underline{/-71.57°}\,\mathrm{V}$$

$$u_L^{(3)} = 40.26\cos(3\omega t - 71.57°)\,\mathrm{V}$$

当 $k = 5$ 时

$$\dot{U}_{sm}^{(5)} = \frac{400}{5\pi} \big/ {-90°} \text{V}$$

$$\dot{U}_{Lm}^{(5)} = \frac{j5\omega L}{R + j5\omega L}\dot{U}_{sm}^{(5)} = \frac{j25}{5 + j25}\frac{400}{5\pi} \big/ {-90°}\text{V} = 24.97 \big/ {-78.69°} \text{ V}$$

$$u_L^{(5)} = 24.97\cos(5\omega t - 78.69°)\text{V}$$

叠加后可得电感电压瞬时值为

$$u_L = u_L^{(1)} + u_L^{(3)} + u_L^{(5)} + \cdots = [90.03\cos(\omega t - 45°) + 40.26\cos(3\omega t - 71.57°) +$$
$$24.97\cos(5\omega t - 78.69°) + \cdots]\text{V}$$

例8-3 电路如图 8-4a 所示，已知：$u_{s1} = 10\text{V}$，$u_{s2} = 10\sqrt{2}\cos 10t\text{V}$，$i_s = (5 + 20\sqrt{2}\cos 20t)\text{A}$，求电流源的端电压及发出的平均功率。

解 本题是另一类非正弦电流电路。电路中的激励源有直流电源也有正弦电源。根据叠加定理，可分别求出直流及各次谐波电源单独作用产生的分量，再进行时域相加。

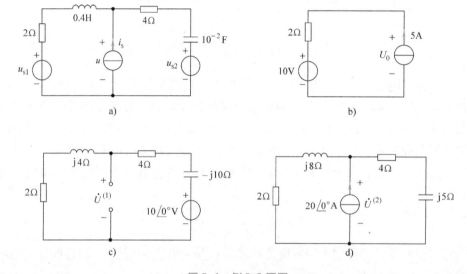

图 8-4 例 8-3 题图

当直流分量作用时，其等效电路如图 8-4b，此时电感相当于短路，电容相当于开路。

$$U_0 = (2 \times 5 + 10)\text{V} = 20\text{V}$$

当 $\omega = 10\text{rad/s}$ 的分量作用时（u_{s2} 作用），电压源 u_{s1} 及电流源 i_s 置零，如图 8-4c 所示，有

$$\dot{U}^{(1)} = \frac{2 + j4}{6 - j6}10 \big/ {0°}\text{V} = 5.27 \big/ {108.43°} \text{V}$$

$$u^{(1)}(t) = 5.27\sqrt{2}\cos(10t + 108.43°)\text{V}$$

当 $\omega = 20\text{rad/s}$ 的分量作用时（即电流源的二次谐波分量作用），等效电路如图 8-4d 所示，可得

$$\dot{U}^{(2)} = \frac{(2 + j8)(4 - j5)}{2 + 4 + j8 - j5}20 \big/ {0°}\text{V} = 157.5 \big/ {-1.95°} \text{V}$$

$$u^{(2)}(t) = 157.5\sqrt{2}\cos(20t - 1.95°)\text{V}$$

所以，电流源的端电压为

$$u(t) = U_0 + u^{(1)}(t) + u^{(2)}(t) = [20 + 5.27\sqrt{2}\cos(10t + 108.43°) + 157.5\sqrt{2}\cos(20t - 1.95°)]\,V$$

电源发出的平均功率为

$$P = P_0 + P_1 + P_2 = [20 \times 5 + 0 + 157.5 \times 20\cos(-1.95°)]\,W = (100 + 3148.19)\,W = 3248.19\,W$$

总结以上讨论，给出非正弦周期电流电路的计算步骤如下：

1）分解：把给定的非正弦周期性激励按傅里叶级数展开，分解成恒定分量和各次谐波分量。高次谐波取到哪一项为止，一般依工程所需精确度而定。

2）计算：分别计算电路在上述恒定分量和各次谐波分量单独作用下的响应。其中，求恒定分量的响应要用计算直流电路的方法，求解时把电容视为开路，把电感视为短路；对各次谐波分量可以用相量法求解，但要注意感抗、容抗与频率的关系，即

$$Z_L^{(k)} = jk\omega L = jkX_{L1}$$

$$Z_C^{(k)} = -j\frac{1}{k\omega C} = -j\frac{1}{k}X_{C1}$$

式中，X_{L1}、X_{C1}分别为电感、电容对基波的电抗。

3）叠加：把步骤2）计算出的时域结果进行叠加，从而求得所需全响应。应注意把表示不同频率正弦量的相量直接相加是没有任何意义的。

由于感抗和容抗对各次谐波的反应不同，工程上利用这种性质组成含有电感和电容的各种形式的电路，将其接在输入和输出之间，可以让某些所需频率分量顺利通过而抑制某些不需要的分量，这种电路称为滤波器。例如，前面介绍过的 *RC* 低通滤波器、由 *RLC* 串联组成的带通滤波器等。图 8-5 是一个典型的滤波器电路。

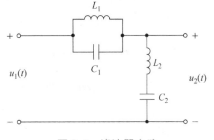

图 8-5 滤波器电路

设图 8-5 中 $u_1(t)$ 为非正弦周期电压，其中含有 3ω 及 7ω 的谐波分量。如果要求在输出电压 $u_2(t)$ 中不含有这两个谐波分量，则只要使

$$3\omega = \frac{1}{\sqrt{L_1 C_1}}, \quad 7\omega = \frac{1}{\sqrt{L_2 C_2}} \quad \text{或} \quad 7\omega = \frac{1}{\sqrt{L_1 C_1}}, \quad 3\omega = \frac{1}{\sqrt{L_2 C_2}}$$

即 $L_1 C_1$ 对 3ω 发生并联谐振，同时 $L_2 C_2$ 对 7ω 发生串联谐振；或 $L_1 C_1$ 对 7ω 发生并联谐振，同时 $L_2 C_2$ 对 3ω 发生串联谐振，就可以同时滤除这两个谐波分量。

实际滤波电路要复杂一些，而且需根据不同要求确定相应的电路结构及其元件值。

8.4 对称三相电路中的高次谐波

在三相电路中一般不希望出现高次谐波，但是三相发电机产生的三相电压波形或多或少与正弦波有差异，因此，实际的发电机中一般都会含有一定的谐波分量；此外，在三相变压器中因铁心饱和的影响，也会使电流和电压成为非正弦波，含有高次谐波分量；另外，随着现代电力电子技术的飞速发展，半导体及可控器件大量应用，大量非正弦周期信号越来越多。所以，在实际三相电路中电压、电流都可能含有高次谐波分量。

本节只对对称三相电路的高次谐波问题简要分析，更多、更复杂的工程实际问题会在相关专业课中详细讨论。

以三相对称非正弦周期电压为例，三个电压波形相同，只是在时间上依次滞后三分之一周期，可表示为

$$u_A = u(t), \quad u_B = u(t - \frac{T}{3}), \quad u_C = u(t - \frac{2T}{3})$$

由于发电机每相电压为奇谐波函数，所以进行傅里叶级数展开时只含各奇次谐波，因此各相电压展开为

$$\begin{cases} u_A = \sum_{k=1}^{\infty} \sqrt{2} U_k \cos(k\omega t + \theta_k) \\[2mm] u_B = \sum_{k=1}^{\infty} \sqrt{2} U_k \cos\left[k\omega(t - \frac{T}{3}) + \theta_k\right] \\[2mm] u_C = \sum_{k=1}^{\infty} \sqrt{2} U_k \cos\left[k\omega(t - \frac{2T}{3}) + \theta_k\right] \end{cases} \tag{8-6}$$

式中，k 为奇数，$k\omega T = k2\pi$，所以

$$\begin{cases} u_A = \sqrt{2} U_1 \cos(\omega t + \theta_1) + \sqrt{2} U_3 \cos(3\omega t + \theta_3) + \sqrt{2} U_5 \cos(5\omega t + \theta_5) + \\[1mm] \quad\quad \sqrt{2} U_7 \cos(7\omega t + \theta_7) + \cdots \\[2mm] u_B = \sqrt{2} U_1 \cos(\omega t + \theta_1 - \frac{2\pi}{3}) + \sqrt{2} U_3 \cos(3\omega t + \theta_3) + \sqrt{2} U_5 \cos(5\omega t + \theta_5 - \frac{4\pi}{3}) + \\[1mm] \quad\quad \sqrt{2} U_7 \cos(7\omega t + \theta_7 - \frac{2\pi}{3}) + \cdots \\[2mm] u_C = \sqrt{2} U_1 \cos(\omega t + \theta_1 - \frac{4\pi}{3}) + \sqrt{2} U_3 \cos(3\omega t + \theta_3) + \sqrt{2} U_5 \cos(5\omega t + \theta_5 - \frac{2\pi}{3}) + \\[1mm] \quad\quad \sqrt{2} U_7 \cos(7\omega t + \theta_7 - \frac{4\pi}{3}) + \cdots \end{cases} \tag{8-7}$$

由式（8-7）不难看出：u_A、u_B、u_C 中基波（以及 7 次、13 次、19 次谐波等）都是正序对称的三相电压，构成正序对称组，而 5 次（以及 11 次、17 次等）谐波构成负序对称组，3 次（以及 9 次、15 次等）谐波彼此相位相同且有效值相等，因而构成零序对称组。

总之，对称三相非正弦周期电压可分解为正序组、负序组和零序组三类对称谐波电压。以上分析对于对称三相非正弦周期电流也是有效的。

利用叠加定理分别计算各次谐波分量对三相电路的作用，正序组和负序组相电压的相位差都是120°，所以可按一般对称三相电路来分析，只需注意由于相序不同而引起的各相间相位差的不同。对于零序组要进行特殊处理。下面以丫－丫联结为例讨论相、线电压的关系。

图8-6 为丫－丫联结的对称三相电路，设电源相电压含有全部谐波分量，线电压仍为相应的相电压之差。

对于正序组和负序组谐波分量，其电源电压有效值仍为相电压有效值的 $\sqrt{3}$ 倍，即

$$U_{l1} = \sqrt{3} U_{P1}$$

$$U_{l5} = \sqrt{3} U_{P5}$$

$$U_{l7} = \sqrt{3} U_{P7}$$

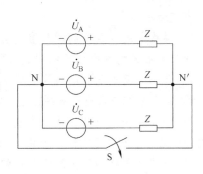

对于零序组谐波分量，由于各相电压幅值相等，且相位相同，两个零序相电压相减为零，故相电压中不含零序谐波分量。

$$U_l = \sqrt{U_{l1}^2 + U_{l5}^2 + U_{l7}^2 + \cdots} = \sqrt{3}\sqrt{U_{P1}^2 + U_{P5}^2 + U_{P7}^2 + \cdots}$$

而　　　$$U_P = \sqrt{U_{P1}^2 + U_{P3}^2 + U_{P5}^2 + U_{P7}^2 + \cdots}$$

所以　　　　　　　$$U_l < \sqrt{3} U_P$$

图 8-6　Y–Y 联结的对称三相电路

对于负载而言，若 NN′ 间无中性线，则线电流（即相电流）中没有零序谐波。这时电源与负载中性点间的电压不等于零，而等于零序组相电压。中性点间电压有效值为

$$U_{NN'} = \sqrt{U_{P3}^2 + U_{P9}^2 + \cdots}$$

由于负载中不含有 3 次、9 次等零序组谐波电流，所以相电压中也不含有这些谐波分量。负载端的线电压有效值仍为相电压的 $\sqrt{3}$ 倍。

若把中性线接上（闭合开关 S），负载相电压和相电流中都有零序谐波，同时中性线电流有效值应为一相零序谐波电流的 3 倍。

当对称三相电源接成三角形时，回路中正、负序组的电压之和为零；如电源相电压中存在零序谐波，例如三次谐波，则沿电源的三角形回路中三相电压之和不等于零，而等于相电压中三次谐波电压有效值的 3 倍。因而回路将有三次谐波的环形电流，其有效值为

$$I_3 = \frac{3U_{P3}}{3|Z_3|}$$

因为上述环流在阻抗上的电压与 $3k$（$k = 1, 3, 5, \cdots$）次谐波相电压之和为零，所以三角形电源端线电压中不存在三次谐波分量。其他零序谐波的情况也是这样，因此线电压中不含零序谐波，即

$$U_l = \sqrt{U_{P1}^2 + U_{P5}^2 + U_{P7}^2 + \cdots}$$

为了避免零序谐波环行电流，同时也为了得到较高的线电压，三相发电机一般不接成三角形，而是接成星形。

本 章 小 结

谐波分析法是非正弦周期电流电路的基本计算方法，要深刻理解和熟练掌握谐波分析法的基本概念及其分析方法。

分析非正弦周期电流电路时，要特别注意以下问题：

1）非正弦周期电流电路必须是线性电路，否则不能用叠加定理，还必须是处于稳定工作状态，否则不能用电阻电路和正弦稳态电路的分析方法去分析分电路。

2）分析前先要把全部激励的各个分量按照直流、基波和 k 次谐波分组，然后画出分电路。

3）直流分电路中，电容（电流为 0）相当于开路，电感（电压为 0）相当于短路；基波和 k 次谐波分电路中，感抗、容抗为 $k\omega L$、$\dfrac{1}{k\omega C}$（$k = 1, 2, 3\cdots$）。谐波次数越高，感抗越

大，容抗越小。

4）最终电压、电流的瞬时值是由各个分电路的时域响应分量叠加得到的。不同频率分电路的相量形式的响应是不能"叠加"的。

5）非正弦周期电流电路的平均功率是可以"叠加"的。

6）由于感抗与谐波次数成正比、容抗和谐波次数成反比，所以某部分电路工作在不同的频率下时可能会发生谐振。当有串联谐振发生时，该部分电路可能被"短路"；当有并联谐振发生时，该部分电路可能被"开路"。通常，有谐振现象发生时相应分电路的计算会变得简单。

7）有耦合电感和受控源的非正弦周期电流电路，要注意耦合电感和受控源要保留在分电路中。对于受控源，只有控制量为 0 时，才能去掉；对于耦合电感，自感、互感不仅与施感电流有关，还与谐波频率有关。

8）滤波电路就是利用感抗与频率成正比、容抗与频率成反比的特性实现对不同频率信号的阻、通处理。这里只是进行了初步介绍，关于滤波器的更多知识及其设计将在其他相关专业课中学习。

9）非正弦周期电源激励的三相电路中，$(6k+1)$ 次谐波分电路是正序对称三相电源；$(6k+3)$ 次谐波分电路是零序对称三相电源；$(6k+5)$ 次谐波分电路是负序对称三相电源。无论负载以任何方式连接，线电压中都不存在零序组分量；负载△形联结时，正序组、负序组回路电压为 0。负载丫形联结无中性线时，负载的相电压、相电流中不存在零序组分量，线电压是相电压的 $\sqrt{3}$ 倍；负载丫形联结有中性线时，中性线中只有零序组电流分量，负载相电压、相电流中存在全部的奇次谐波分量，线电压的有效值小于相电压有效值的 $\sqrt{3}$ 倍。

非正弦周期电流电路的题型模式一般包括两大类：

1）已知电路结构和参数计算有效值和功率，或者求交流电压表、电流表、功率表的读数。

2）已知交流电压电流表、功率表的读数或某些电压电流的时间函数表达式，求已知结构电路的参数或未知结构电路的等效参数。

在存在谐振现象、耦合现象、三相等非正弦电路处理的问题中，这种综合性的问题是非正弦周期电路分析的难点，也是工程实践中的常见问题，其他相关专业课中还会有更深入的讨论。

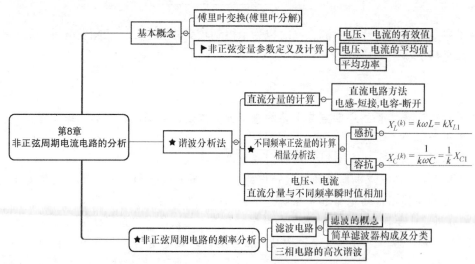

习　题　8

8-1　一非正弦周期电压为 $u(t) = [10 + 141.4\cos(\omega t + 30°) + 70.7\cos(2\omega t - 90°)]\text{V}$，求其有效值。

8-2　非正弦电压源的电压及其供出的电流分别为

$$u(t) = (30 + 15\cos\omega t + 20\cos3\omega t)\text{V}$$

$$i(t) = [20 + 7.65\cos(\omega t - 33.6°) + 1.04\cos(3\omega t + 8.9°)]\text{A}$$

求该电源供出的平均功率。

8-3　已知二端网络端钮电压、电流分别为 $u(t) = (5 + 14.14\cos t + 7.07\cos3t)\text{V}$ 和 $i(t) = [10\cos(t - 60°) + 2\cos(3t - 135°)]\text{A}$。求：（1）端钮电压的有效值；（2）端钮电流的有效值；（3）该二端网络吸收的平均功率。

8-4　图 8-7a 所示电路中，$L = 5\text{H}$，$C = 10\mu\text{F}$，负载电阻 $R = 2000\Omega$。激励信号的波形如图 8-7b 所示，其幅值 $U_{\text{m}} = 1\text{V}$，角频率 $\omega = 314\text{rad/s}$。试求响应 u_{o}。

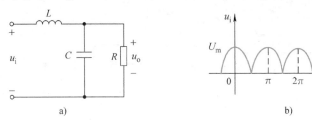

图 8-7　题 8-4 图

8-5　图 8-8 所示电路中，已知 $R_1 = 5\Omega$，$R_2 = 10\Omega$，$X_L = \omega L = 2\Omega$，$X_C = 1/\omega C = -15\Omega$，电压信号为 $u(t) = [10 + 141.4\cos\omega t + 70.7\cos(3\omega t + 30°)]\text{V}$，求各支路电流瞬时值及 R_1 支路的平均功率。

8-6　在图 8-9 所示的电路中，已知 $R = 10\Omega$，$1/\omega C = 90\Omega$，$\omega L = 10\Omega$，$u(t) = [100 + 150\cos\omega t + 100\cos(2\omega t - 90°)]\text{V}$，求图中电路各仪表的读数。

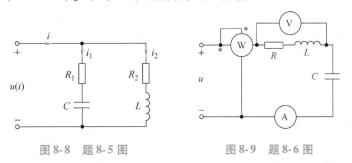

图 8-8　题 8-5 图　　　　　　图 8-9　题 8-6 图

8-7　如图 8-10 所示电路中，滤波器的输入电压 $u_{\text{i}} = (U_{\text{m}}^{(1)}\cos\omega t + U_{\text{m}}^{(3)}\cos3\omega t)\text{V}$，如 $L = 1\text{H}$，$\omega = 100\text{rad/s}$，要使输出电压 $u_{\text{o}} = U_{\text{m}}^{(1)}\cos\omega t\text{V}$，问 C_1、C_2 应如何选择？

8-8　图 8-11 所示电路中，$i_{\text{s}} = [5 + 10\cos(10t - 20°) - 5\sin(30t + 60°)]\text{A}$，$L_1 = L_2 = 2\text{H}$，$M = 0.5\text{H}$。求图中交流电表的读数和 u_2。

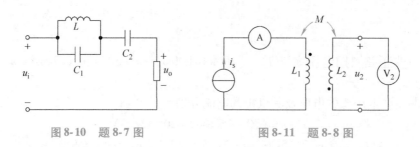

图 8-10 题 8-7 图   图 8-11 题 8-8 图

8-9 图 8-12 所示电路中，$u_{s1} = [1.5 + 5\sqrt{2}\sin(2t + 90°)]\text{V}$，电流源电流 $i_{s2} = 2\sin(1.5t)\text{A}$。求 u_R 及 u_{s1} 发出的功率。

8-10 图 8-13 所示电路中，当电源频率 $f = 1000/2\pi\text{Hz}$ 时，$U_2 = 0.8U_s$，若频率增大 1 倍，则 $U_2 = U_s$。

（1）若 $u_s(t) = (30 + 100\sqrt{2}\cos 1000t + 30\sqrt{2}\cos 2000t)\text{V}$，求 $u_2(t)$；

（2）若 $P = 150\text{W}$，求参数 R、L、C。

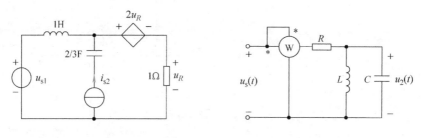

图 8-12 题 8-9 图   图 8-13 题 8-10 图

8-11 图 8-14 所示电路中，已知 $R = 1200\Omega$，$f = 50\text{Hz}$，$L = 1\text{H}$，$C = 4\mu\text{F}$，电压源的电压 $u(t) = \sqrt{2} \times 50\sin(\omega t + 30°)\text{V}$，电流源电流为 $i_s(t) = \sqrt{2} \times 100\sin(3\omega t + 60°)\text{mA}$，$\omega = 314\text{rad/s}$。求 u_R 的稳态解，写出 u_R 的瞬时值和有效值。

8-12 图 8-15 所示电路中，已知 $u_s = [6 + 10\sqrt{2}\sin 100t + 6\sqrt{2}\sin 200t]\text{V}$，$L_1 = L_2 = 4\text{H}$，$M = 1\text{H}$，$C = 25\mu\text{F}$，$R = 600\Omega$。求：（1）电阻电压的有效值 U_R；（2）电容电压的瞬时值 $u_C(t)$。

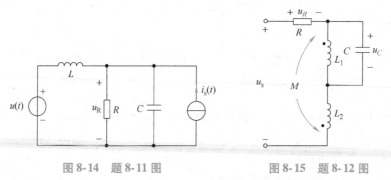

图 8-14 题 8-11 图   图 8-15 题 8-12 图

第9章
Chapter 9

线性电路动态过程的
时域分析

 本章导学

　　储能元件的电路因其电路方程是微分或积分方程而统称为动态电路。任意一个动态电路的常规工作状态都会经历

　　　　启动运行→短时的暂态→稳定运行→短时的暂态→停止运行

这样的过程。如果是复杂工作状况，也可能是

　　　　前一个稳态→短时的暂态→稳定运行→短时的暂态→后一个稳态

其中的稳定运行状态已经在本书的前面各个章节给出了分析方法，而中间的"暂态"过程就是本章及第十章要研究解决的问题。

　　本章介绍线性电路的时域分析方法，包括下述思维导图列出的主要内容。学习的重点在于对暂态电路基本概念的理解和掌握，这部分内容为解决工程实际问题奠定基础。利用过渡过程的原理可以设计很多工程实用的电路，如交直流电路中的各种变换电路，"电力电子技术"课程会深入学习。

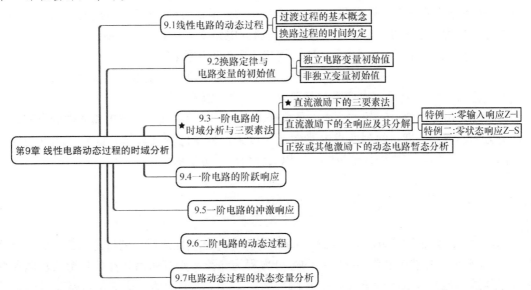

　　本章主要以直流激励和正弦激励为主讨论动态电路的暂态过程，复杂激励作用下电路的响应以及高阶动态电路方程的求解问题还可以利用拉普拉斯变换法分析，将在下一章进行介绍。

9.1 线性电路的动态过程

经过第 5 章的学习，我们知道储能元件电容、电感的电压和电流的约束关系是微分关系，因此当电路中含有电容元件和电感元件时，描述该电路的方程将是微分方程。储能元件又称为动态元件，这种含有储能元件的电路叫作动态电路。

对含有直流、交流电源的动态电路，若电路已经接通了相当长的时间，电路中各元件的工作状态已趋于稳定，则称电路达到了稳定状态，简称为稳态。在直流激励下电路稳态运行的过程中，电容相当于开路，电感相当于短路，电路方程简化为代数方程组。在交流电路的稳态运行中，利用相量的概念将问题归结为复数形式的代数方程组（前面第 5 ~ 第 8 章对动态电路的稳态分析进行了详细讨论）。如果电路发生某些变动，例如电路参数、电路结构、电源等（这些统称为换路），电路的原有状态就会被破坏，电路中的电容可能出现充电与放电现象，电感线圈可能出现磁化与去磁现象。储能元件上的电场或磁场能量所发生的变化一般都不可能瞬间完成，而必须经历一定的过程才能达到新的稳态。这种介于两种稳态之间的变化过程叫作**暂态过程**，又叫作过渡过程，简称为暂态或瞬态。

电路过渡过程的特性广泛地应用于通信、计算机、自动控制等工程实际中。同时，在电路的过渡过程中由于储能元件状态发生变化而使电路中可能出现过电压、过电流等特殊现象，在设计电气设备时必须予以考虑，以确保其安全运行。因此，对动态电路的暂态特性进行研究具有十分重要的理论意义和现实意义。

通常情况下，电路的暂态过程会发生在电路启动和电路结束运行两个时段，复杂电路中也会在运行过程中投入或切断某些设备，称为二次换路、三次换路等。在分析动态电路的暂态过程时，必须严格界定时间的概念。通常将零时刻作为换路的计时起点，记为 $t = 0$，用 $t = 0_-$ 表示换路前的最终时刻，用 $t = 0_+$ 表示换路后的最初时刻。$t = 0$ 时刻的电路变量一般可由换路前的稳态电路确定。本章的任务就是研究电路变量从 $t = 0_-$ 时刻到 $t = 0_+$ 时刻其量值所发生的变化，继而求出 $t > 0$ 后的变动规律。电路发生换路后，电路变量从 $t = 0_-$ 到 $t \to +\infty$ 整个时间段内的变化规律称为电路的暂态响应。如果电路中发生多次换路，可将第二次换路时刻记为 $t = t_0$，将第三次换路时刻记为 $t = t_1$ 等，依此类推。

分析动态电路过渡过程的方法之一是根据电路的两类约束建立描述电路的微分方程，求出微分方程的通解，即可得到所求电路变量在过渡过程中的变化规律，这种方法称为经典法。因为它是在时间域中进行分析的，所以又称为时域分析法。

9.2 换路定律与电路变量的初始值

用经典法求解常微分方程时，必须给定初始条件才能确定通解中的待定系数。假设电路在 $t = 0$ 时换路，若描述电路动态过程的微分方程为 n 阶，则其初始条件就是指所求电路变量（电压或电流）及其一阶至 $(n-1)$ 阶导数在 $t = 0_+$ 时刻的值，这就是电路变量的初始值。电路变量在 $t = 0_-$ 时刻的值一般都是给定的，或者可由换路前的稳态电路求得，而在换路的瞬间即从 $t = 0_-$ 到 $t = 0_+$，有些变量是连续变化的，有些变量则会发生跃变。

在第 5 章已经对电容、电感元件进行了详细讨论。

对线性电容，在任意时刻 t，它的电荷 q、电压 u_C 与电流 i_C 在关联参考方向下的关系为

$$q(t) = q(t_0) + \int_{t_0}^{t} i_C(\xi)\,\mathrm{d}\xi$$

$$u_C(t) = u_C(t_0) + \frac{1}{C}\int_{t_0}^{t} i_C(\xi)\,\mathrm{d}\xi$$

设 $t=0$ 时刻换路，令 $t_0=0_-$，$t=0_+$，则有

$$q(0_+) = q(0_-) + \int_{0_-}^{0_+} i_C(\xi)\,\mathrm{d}\xi$$

$$u_C(0_+) = u_C(0_-) + \frac{1}{C}\int_{0_-}^{0_+} i_C(\xi)\,\mathrm{d}\xi$$

从上面两式可以看出，如果换路瞬间电容电流 $i_C(t)$ 为有限值，则式中积分项将为零，于是有

$$q(0_+) = q(0_-) \tag{9-1}$$
$$u_C(0_+) = u_C(0_-) \tag{9-2}$$

这一结果说明，如果换路瞬间流经电容的电流为有限值，则电容上的电荷和电压在换路前后保持不变，即电容的电荷和电压在换路瞬间不发生跃变。

对线性电感可进行类似的分析，有

$$\psi_L(0_+) = \psi_L(0_-) + \int_{0_-}^{0_+} u_L(\xi)\,\mathrm{d}\xi$$

$$i_L(0_+) = i_L(0_-) + \frac{1}{L}\int_{0_-}^{0_+} u_L(\xi)\,\mathrm{d}\xi$$

从上面两式可以看出，如果换路瞬间电感电压 $u_L(t)$ 为有限值，则式中积分项将为零，于是有

$$\psi_L(0_+) = \psi_L(0_-) \tag{9-3}$$
$$i_L(0_+) = i_L(0_-) \tag{9-4}$$

这一结果说明，如果换路瞬间电感电压为有限值，则电感中的磁链和电感电流在换路瞬间不发生跃变。

式（9-1）~式（9-4）称为动态电路的换路定律。

换路瞬间电容电压和电感电流不能跃变是因为储能元件上的能量一般不能跃变。如果 u_C 和 i_L 跃变，则意味着电容中的电场能量和电感中的磁场能量发生跃变，而能量的跃变又意味着功率为无限大，这在一般情况下是不可能的。只有某些特定的条件下，如含有 C–E 回路⊖或 L–J 割集⊖的电路，u_C 和 i_L 才可能跃变。

由于电容电压 u_C 和电感电流 i_L 换路后的初始值与它们换路前的储能状态密切相关，因此称 u_C 和 i_L 为独立变量，称 $u_C(0_+)$ 和 $i_L(0_+)$ 为独立初始值。一般情况下，若换路后不出现 C–E 回路或 L–J 割集则 $u_C(0_+)$ 和 $i_L(0_+)$ 的值可由换路定律求出。

电路中除 u_C 和 i_L 以外的其他电压、电流（如电阻电压、电阻电流、电容电流、电感电压等）变量称为非独立初始值变量，相应的初始值称为非独立初始值。

⊖ C–E 回路是指由纯电容或由电容与无伴电压源构成的回路。

⊖ L–J 割集是指由纯电感或由电感与无伴电流源构成的广义节点。

非独立变量的初始值的计算，一般由换路定律及替代定理把电容用电压为 $u_C(0_+)$ 的电压源等效代替，把电感用电流为 $i_L(0_+)$ 的电流源等效代替，得到 **0₊ 时刻等效电路**，由该等效电路利用两类约束列方程求解。

例 9-1　在图 9-1a 所示的电路中，已知 $R = 40\Omega$，$R_1 = R_2 = 10\Omega$，$U_s = 50V$，$t = 0$ 时开关闭合。求 $u_C(0_+)$、$i_L(0_+)$、$i(0_+)$、$u_L(0_+)$ 和 $i_C(0_+)$。

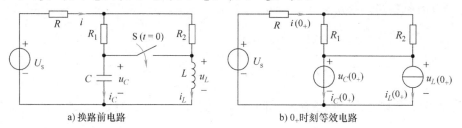

a) 换路前电路　　　　　　　　　　b) 0₊ 时刻等效电路

图 9-1　例 9-1 题图

解　换路前电路为稳定的直流电路，电容相当于开路，电感相当于短路，故有

$$u_C(0_-) = \frac{R_2}{R + R_2} U_s = \frac{10}{40 + 10} \times 50V = 10V$$

$$i_L(0_-) = \frac{U_s}{R + R_2} = \frac{50}{40 + 10}A = 1A$$

换路后 u_C 和 i_L 都不会跃变，所以

$$u_C(0_+) = u_C(0_-) = 10V$$

$$i_L(0_+) = i_L(0_-) = 1A$$

把电容用电压为 $u_C(0_+) = 10V$ 的电压源等效代替，把电感用电流为 $i_L(0_+) = 1A$ 的电流源等效代替，得到 0_+ 时刻的等效电路如图 9-2b 所示，对该电路列方程可求得

$$i(0_+) = \frac{U_s - u_C(0_+)}{R + \dfrac{R_1 R_2}{R_1 + R_2}} = \frac{50 - 10}{40 + 5}A = \frac{8}{9}A$$

$$u_L(0_+) = u_C(0_+) = 10V$$

$$i_C(0_+) = i(0_+) - i_L(0_+) = -\frac{1}{9}A$$

例 9-2　图 9-2a 所示的电路中，已知 $R = 10\Omega$，$R_1 = 2\Omega$，$U_s = 10V$，$C = 0.5F$，$L = 3H$，$t = 0$ 时将开关断开。求 $u_C(0_+)$、$i_L(0_+)$、$i_C(0_+)$、$u_L(0_+)$、$\dfrac{du_C}{dt}(0_+)$ 和 $\dfrac{di_L}{dt}(0_+)$。

解　换路前电路为稳定的直流电路，电容相当于开路，电感相当于短路，故有

$$u_C(0_-) = 0V, \quad i_C(0_-) = 0A$$

$$i_L(0_-) = \frac{U_s}{R} = 1A, \quad u_L(0_-) = 0V$$

将电容用数值为 $u_C(0_+) = 0V$ 的电压源替换，将电感用数值为 $i_L(0_+) = 1A$ 的电流源替换，可以得到 0_+ 时刻的等效电路如图 9-2b 所示，注意：零初始条件下的电容在换路瞬间相当于短路，零初始条件下的电感在换路瞬间相当于开路，这与直流稳态时恰好相反。

由等效电路图 9-2b 可以求得

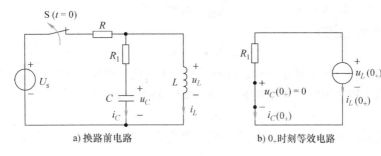

a) 换路前电路   b) 0_+时刻等效电路

图9-2 例9-2 题图

$$u_C(0_+) = u_C(0_-) = 0V$$

$$i_L(0_+) = i_L(0_-) = 1A$$

$$i_C(0_+) = -i_L(0_+) = -1A, \text{由 } i_C = C\frac{\mathrm{d}u_C}{\mathrm{d}t} \text{ 得} \frac{\mathrm{d}u_C}{\mathrm{d}t}(0_+) = \frac{i_C(0_+)}{C} = -2V/s$$

$$u_L(0_+) = -R_1 i_L(0_+) = -2V, \text{而 } u_L = L\frac{\mathrm{d}i_L}{\mathrm{d}t}, \text{故} \frac{\mathrm{d}i_L}{\mathrm{d}t}(0_+) = \frac{u_L(0_+)}{L} = -\frac{2}{3}A/s$$

从以上例题可以看出，非独立初始值变量在换路瞬间一般都可能发生跃变，只有独立变量 u_C 和 i_L 的初始值满足换路定律而连续。

9.3 一阶电路的时域分析与三要素法

如果动态电路的方程为一阶微分方程则称该电路为一阶电路。

激励在换路后的电路中任一元件、任一支路、任一回路等引起的电路变量的变化均称为电路的响应，而产生响应的源（激励）只有两种，一种是外加电源，另一种则是储能元件的初始储能。对于线性电路，动态响应是两种激励响应的叠加。

现以 RC 串联电路接通直流电源的电路响应为例来介绍暂态响应的时域分析方法。图9-3 所示电路中，假设开关动作前电容已由其他电路（图中未画出）充电至 U_0，即 $u_C(0_-) = U_0$，开关闭合后，根据 KVL 及元件 VCR 可列出方程，即

$$RC\frac{\mathrm{d}u_C}{\mathrm{d}t} + u_C = U_s \tag{9-5}$$

图9-3 一阶电路的时域分析

对线性时不变电路，式（9-5）是一个以电容电压 u_C 为未知量的一阶线性非齐次常微分方程。方程的通解 u_C 等于该方程的任一特解 u_{Cp}（Particular Solution）和与该方程相对应的齐次微分方程的通解 u_{Ch}（Homogeneous Solution）之和，即

$$u_C = u_{Cp} + u_{Ch}$$

式中，特解 u_{Cp} 的函数形式取决于电源，齐次微分方程的通解 u_{Ch} 的函数形式取决于电路参数。式（9-5）所对应的齐次微分方程的特征方程为

$$RC_p + 1 = 0$$

求解得到方程的特征根 $p = -\dfrac{1}{RC}$，因此该齐次微分方程的通解为

$$u_{Ch} = Ae^{pt}$$

即电路换路后的电容电压为

$$u_C = u_{Cp} + Ae^{pt}$$

根据电路的结构及物理概念可知，过渡过程结束后电容电压的数值应与电源电压数值相等，该时刻的值可以作为电容电压在 $t \to +\infty$ 时刻的特解，即

$$u_{Cp} = U_s$$

由已知的初始值 $u_C(0_+) = u_C(0_-) = U_0$，求得通解表达式中的待定系数 A，有

$$A = U_0 - U_s$$

最终求得电容电压的全响应为

$$u_C = u_{Cp} + u_{Ch} = U_s + (U_0 - U_s)e^{-\frac{t}{\tau}}, \quad t \geq 0 \tag{9-6}$$

式中，$\tau = RC$ 是特征根绝对值的倒数，定义为电路的时间常数。

按初始值 U_0 与电源电压 U_s 的大小分类，该电路的响应分别为充电过程（$U_0 < U_s$）、放电过程（$U_0 > U_s$）和无暂态过程（$U_0 = U_s$）三种情况，如图 9-4 所示。其中第二、第三种情况是第一种情况的特例，分析过程是相似的。为叙述方便，本节及后续章节类似电路的分析中均以充电过程进行表述。

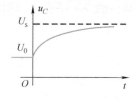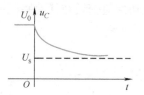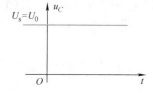

图 9-4 RC 电路的全响应

如果图 9-3 中的电容通过开关与任意线性有源二端网络连接后发生过渡过程，可以利用戴维南定理将电容以外的有源网络等效变换，也可以得到图 9-3 所示标准的 RC 充电电路，因此可将上述分析过程进行推广，只需要将时间常数及稳态值进行相应改变即可。

由式（9-6）电容电压计算得到电容电流为

$$i_C(t) = C\frac{du_C}{dt} = \frac{U_0 - U_s}{R}e^{-\frac{t}{\tau}}, \quad t > 0$$

可见，电容电流从换路前的 $i_C(0_-) = 0$ 在换路瞬间跃变到 $i_C(0_+) = \dfrac{U_0 - U_s}{R}$ 后，随着充电的过程，与电容电压一样按指数规律减小，直到充电结束降低到 0。可以证明：同一个线性电路中所有电路变量的暂态过程都是以相同的指数规律变化的。

将上述电容电压、电容电流过渡过程的通解表达式进行对照分析可以发现，RC 电路全响应的通解表达式可以直接利用初始值、稳态值、时间常数写出，而不必通过求解微分方程进行推导即可写出，结论如下：

对于直流电源激励的一阶线性动态电路，设响应的初始值为 $f(0_+)$，特解为稳态值 $f(\infty)$，时间常数为 τ，则全响应 $f(t)$ 可写为

$$f(t) = f(\infty) + [f(0_+) - f(\infty)]e^{-\frac{t}{\tau}}, t > 0 \tag{9-7}$$

只要求出 $f(0_+)$、$f(\infty)$ 和 τ 这三个要素，就可根据该三要素公式直接写出直流电源激

励下一阶电路的全响应，这种方法称为三要素法。

若动态电路在没有外加激励的情况下原有储能释放，则电路的暂态过程称为零输入响应（Zero-Input Response），若储能元件在没有初始储能的情况下由外加激励进行充电，则电路的过渡过程称为零状态响应（Zero-State Response）。显然，零输入响应和零状态响应都是电路全响应的特例，下面分别进行分析。

9.3.1 一阶电路的零输入响应

1. RC 电路的零输入响应

在图9-5所示电路中，设开关闭合前电容已充电到 $u_C = U_0$，现以开关动作时刻作为计时起点，令 $t = 0$，开关闭合后，电容通过电阻 R 放电。

由三要素公式得到 $t \geq 0$ 时电容电压的表达式为

$$u_C = u_C(\infty) + [u_C(0_+) - u_C(\infty)] e^{-\frac{t}{\tau}}$$

换路瞬间电容电流为有限值，所以

$$u_C(0_+) = u_C(0_-) = U_0$$

达到稳定以后电容能量全部释放，因此

$$u_C(\infty) = 0$$

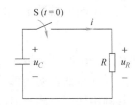

图 9-5 RC 电路的零输入响应

代入三要素公式，有

$$u_C = u_C(0_+) e^{-\frac{t}{RC}} = U_0 e^{-\frac{t}{\tau}}, \quad t \geq 0$$

式中，$\tau = RC$，电阻上的电压、电流分别为

$$u_R = u_C = U_0 e^{-\frac{t}{\tau}}, \ t > 0$$

$$i = -C \frac{\mathrm{d} u_C}{\mathrm{d} t} = \frac{U_0}{R} e^{-\frac{t}{\tau}}, \ t > 0$$

u_C、u_R 和 i 随时间的变化曲线如图9-6所示。

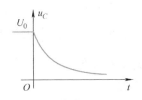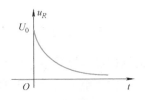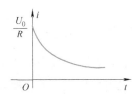

图 9-6 u_C、u_R 和 i 随时间变化的曲线

从上述分析可见，非独立变量 u_R、i 在 0 时刻都发生了跃变。

此外可以证明，非独立变量的响应都可以利用三要素公式直接计算，不必通过列写微分方程的方式推导。

2. 时间常数的物理意义

时间常数定义为 $\tau = RC$，当 R 的单位为欧姆（Ω），C 的单位为法拉（F）时，τ 的单位为秒（s）。为了说明时间常数的物理意义将电容电压在 $t = 0$，$t = \tau$，$t = 2\tau$，…时刻的值列于表9-1。

表 9-1 *n* 倍时间常数时刻对应的电容电压值

t	0	τ	2τ	3τ	4τ	5τ	...	∞
$u_C(t)$	U_0	$0.368U_0$	$0.135U_0$	$0.05U_0$	$0.018U_0$	$0.0067U_0$	...	0

在理论上要经过无限长时间 u_C 才能衰减到零值，但换路后经过 $3\tau \sim 5\tau$ 时间，响应已衰减到初始值的 $5\% \sim 0.67\%$，一般在工程上即认为暂态过程结束。

从表 9-1 还可看到，时间常数 τ 就是响应从初始值衰减到初值的 36.8% 所需的时间。事实上，在暂态过程中从任意时刻开始算起，经过一个时间常数 τ 后响应都会衰减 63.2%。例如在 $t = t_0$ 时，响应为

$$u_C(t_0) = U_0 \mathrm{e}^{-\frac{t_0}{\tau}}$$

经过一个时间常数 τ，即在 $t = t_0 + \tau$ 时，响应变化为

$$u_C(t_0 + \tau) = U_0 \mathrm{e}^{-\frac{t_0+\tau}{\tau}} = \mathrm{e}^{-1} U_0 \mathrm{e}^{-\frac{t_0}{\tau}} = 0.368 u_C(t_0)$$

即经过一个时间常数 τ 后，响应衰减了 63.2%，衰减到原值的 36.8%。可以证明，响应曲线上任一点的次切距都等于时间常数 τ，如图 9-7a 所示。工程上可用示波器观测 u_C 等曲线，并利用作图法测出时间常数 τ。

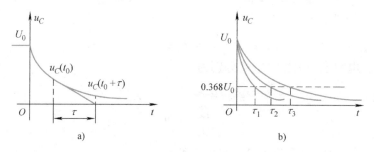

图 9-7 时间常数的物理意义

时间常数 τ 的大小决定了一阶电路暂态过程的进展速度，而 $p = -\dfrac{1}{RC} = -\dfrac{1}{\tau}$ 正是电路特征方程的特征根，它仅取决于电路的结构和电路参数，而与电路的初始值无关。因此电路响应的性状是电路所固有的，所以又称零输入响应为电路的固有响应。

τ 越小，响应衰减越快，暂态过程的时间越短。由 $\tau = RC$ 知，R、C 值越小，τ 越小。这在物理概念上是很容易理解的。当 U_0 一定时，C 越小，电容储存的初始能量就越少，同样条件下放电时间也就越短；R 越小，放电电流越大，同样条件下能量消耗越快。所以改变电路参数 R 或 C 都可控制暂态过程的快慢。图 9-7b 给出了不同 τ 值下的电容电压随时间的变化曲线。

在放电过程中，电容不断放出能量，电阻则不断地消耗能量，最后储存在电容中的电场能量全部被电阻吸收转换成热能，即

$$W_R = \int_0^{+\infty} i^2(t) R \mathrm{d}t = \int_0^{+\infty} \left(\frac{U_0}{R} \mathrm{e}^{-\frac{t}{RC}}\right)^2 R \mathrm{d}t = \frac{U_0^2}{R} \int_0^{+\infty} \mathrm{e}^{-\frac{2t}{RC}} \mathrm{d}t = \frac{1}{2} C U_0^2 = W_C$$

如果图 9-5 电路中电容通过无源一端口网络放电，则可将一端口网络用其等效电阻 R_{eq}

代替，时间常数变为 $\tau = R_{eq}C$，前面的结论仍然成立。

例9-3 图9-8a 所示电路中，$u_C(0) = 15V$，求 $t > 0$ 时的 u_C，u_x，i_x。

解 为了求电容的零输入响应 u_C 需要将电路图9-8a 变换为图9-8b 的标准 RC 电路，这只需要将电容两端的一端口网络化简即可。

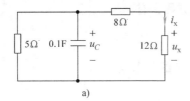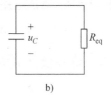

图9-8 例9-3 题图

对于此例，将电容元件拉出，剩余的一端口电路的等效电阻为

$$R_{eq} = \frac{(8+12) \times 5}{8+12+5}\Omega = 4\Omega$$

由等效电路图9-8b 可得

$$\tau = R_{eq}C = 0.4s$$

按照三要素公式可得电容电压为

$$u_C(t) = u_C(0)e^{-\frac{t}{\tau}} = 15e^{-\frac{t}{0.4}}V = 15e^{-2.5t}V, \quad t \geqslant 0$$

回到原电路图9-8a 利用分压公式即可求得 u_x 为

$$u_x(t) = \frac{12}{8+12}u_C(t) = 9e^{-2.5t}V, \quad t > 0$$

相应的有

$$i_x(t) = \frac{u_x(t)}{12} = 0.75e^{-2.5t}A, \quad t > 0$$

例9-4 一组 $80\mu F$ 的电容从 $3.5kV$ 的高压电网上切除，等效电路如图9-9所示。切除后，电容经自身漏电电阻 R_C 放电，现测得 $R_C = 40M\Omega$，试求电容电压下降到 $1kV$ 所需的时间。

解 设 $t = 0$ 时电容器从电网上切除，故有

$$u_C(0_+) = u_C(0_-) = 3500V$$

换路后，电容电压的表达式为

$$u_C = u_C(0_+)e^{-\frac{t}{R_C C}} = 3500e^{-\frac{t}{R_C C}}, \quad t \geqslant 0$$

设 $t = t_1$ 时电容电压下降到 $1000V$，则有

$$1000 = 3500e^{-\frac{t_1}{40 \times 10^6 \times 80 \times 10^{-6}}} = 3500e^{-\frac{t_1}{3200}}$$

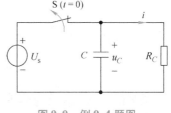

图9-9 例9-4 题图

解得

$$t_1 = -3200\ln\frac{1}{3.5}s \approx 4008s \approx 1.12h$$

由上面的计算结果可知，电容与电网断开 1.12h 后还保持高达 1000V 的电压。因此在检修具有大电容的电力设备之前，必须采取措施使设备充分地放电，以保证工作人员的人身安全。

3. *RL* 电路的零输入响应

图 9-10 所示电路中，电源为直流电压源，设开关动作前电路处于稳态，则电感中电流 $I_0 = \dfrac{U_s}{R_s} = i(0_-)$。在 $t=0$ 时刻将开关断开，电感线圈将通

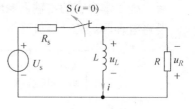

过电阻 R 释放磁场能量。对该电路由 KVL 列方程，有

$$L\frac{\mathrm{d}i}{\mathrm{d}t} + Ri = 0 \qquad (9\text{-}8)$$

图 9-10   *RL* 电路的零输入响应

式 (9-8) 为一阶齐次微分方程，其相应的特征方程为

$$Lp + R = 0$$

特征根为

$$p = -\frac{R}{L}$$

故微分方程式 (9-8) 的通解为

$$i = Ae^{pt} = Ae^{-\frac{R}{L}t}$$

因为换路瞬间电感电压为有限值，所以 $i(0_+) = i(0_-) = I_0$，以此代入上式可得

$$A = i(0_+) = I_0$$

电路暂态过程结束后，电感能量全部释放，$i_L(\infty) = 0$。因此得到 $t \geq 0$ 时电感电流为

$$i = i(0_+)e^{-\frac{R}{L}t} = I_0 e^{-\frac{R}{L}t}, t \geq 0 \qquad (9\text{-}9)$$

令 $\tau = \dfrac{L}{R}$，求得电路的其他响应分别为

$$u_R = Ri = RI_0 e^{-\frac{t}{\tau}}, \quad u_L = L\frac{\mathrm{d}i}{\mathrm{d}t} = -RI_0 e^{-\frac{t}{\tau}}, \qquad t > 0$$

式中，$\tau = L/R$ 称为 *RL* 电路的时间常数，它具有 *RC* 电路中 $\tau = RC$ 一样的物理意义。

图 9-11 分别为 i、u_L、u_R 随时间变化的曲线。

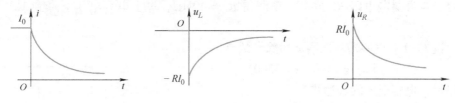

图 9-11 i、u_L、u_R 随时间变化的曲线

类似的，从上述响应曲线可以看到，该电路中非独立变量在换路瞬间都发生了跃变。在整个过渡过程中，储存在电感中的磁场能量全部被电阻吸收转换成热能。

对比式 (9-9) 与式 (9-7) 可见，*RL* 电路过渡过程的动态规律与三要素公式是一致的，为

$$i_L = i_L(\infty) + [i_L(0_+) - i_L(\infty)]e^{-\frac{t}{\tau}}$$

若图 9-10 电路中电感在换路后通过无源一端口网络放电，将一端口网络用其等效电阻 R_{eq} 代替，时间常数变为 $\tau = L/R_{eq}$，则前面的结论仍然成立。

例 9-5   图 9-12 所示电路中 $U_s = 30\text{V}$，$R = 4\Omega$，电压表内阻 $R_V = 5\text{k}\Omega$，$L = 0.4\text{H}$。求换

路后的电感电流 i_L 及换路瞬间电压表两端的电压 u_V。

解 开关断开前，电路为直流稳态，忽略电压表中的分流有

$$i_L(0_-) = \frac{U_s}{R} = 7.5\text{A}$$

$$i_L(0_+) = i_L(0_-) = 7.5\text{A}$$

换路后，电感通过电阻 R 及电压表释放能量，有

$$\tau = \frac{L}{R_{eq}} = \frac{L}{R + R_V} = 8 \times 10^{-5}\text{s}$$

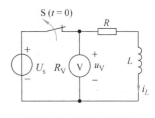

代入三要素公式可写出换路后的电感电流 i_L 及电压表两端的电压 u_V 分别为

$$i_L = i_L(0_+)\mathrm{e}^{-\frac{t}{\tau}} = 7.5\mathrm{e}^{-1.25 \times 10^4 t}\text{A}, \ t \geq 0$$

$$u_V = -R_V i_L = -3.75 \times 10^4 \mathrm{e}^{-1.25 \times 10^4 t}\text{V}, t > 0$$

图 9-12 例 9-5 题图

由上式可得

$$|u_V(0_+)| = 3.75 \times 10^4\text{V}$$

可见，换路瞬间电压表和负载要承受很高的电压，有可能会损坏电压表。此外，在断开开关的瞬间，这样高的电压会在开关两端造成空气击穿，引起强烈的电弧。因此，在切断大电感负载时必须采取必要的措施续流，以避免高电压的出现。

9.3.2 一阶电路的零状态响应

若换路前电路中的储能元件无初始储能，则电路处于零初始状态，响应单纯由外加电源激励提供，因此该暂态过程即为能量的建立过程。

1. RC 电路在直流电源激励下的零状态响应

图 9-13 所示的电路中，开关动作前电路处于稳态，换路后 $u_C(0_+) = u_C(0_-) = 0$，为零初始状态。

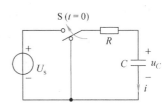

过渡过程结束后电容电压即为电压源电压，即

$$u_C(\infty) = U_s$$

代入三要素公式，有

图 9-13 RC 电路的零状态响应

$$u_C = u_C(\infty) + [u_C(0_+) - u_C(\infty)]\mathrm{e}^{-\frac{t}{\tau}}$$

$$u_C = U_s(1 - \mathrm{e}^{-\frac{t}{\tau}}), \ t \geq 0$$

电路中的电流为

$$i = C\frac{\mathrm{d}u_C}{\mathrm{d}t} = \frac{U_s}{R}\mathrm{e}^{-\frac{t}{\tau}}, \quad t > 0$$

电容电压与电流的波形如图 9-14 所示。可以看到，电容电压 u_C 由零逐渐充电至 U_s，而充电电流在换路瞬间由零跃变到 $\frac{U_s}{R}$，$t > 0$ 后再以相同的时间常数按指数规律逐渐衰减到零。在此过程中，电容不断充电，而电阻则不断地消耗能量，有

$$W_R = \int_0^{+\infty} i^2(t)R\mathrm{d}t = \int_0^{+\infty}\left(\frac{U_s}{R}\mathrm{e}^{-\frac{t}{RC}}\right)^2 R\mathrm{d}t = \frac{U_s^2}{R}\int_0^{+\infty}\mathrm{e}^{-\frac{2t}{RC}}\mathrm{d}t = \frac{1}{2}CU_s^2 = W_C$$

可见，不论电容 C 和电阻 R 的数值为多少，充电过程中电源提供的能量只有一半转变为电场能量储存在电容中，故其充电效率只有 50%。

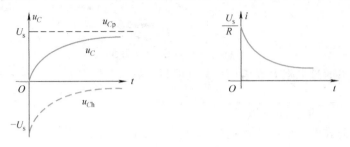

图 9-14 电容电压与电流的波形

例 9-6 如图 9-15 所示电路中 $R_1 = 1\Omega$，$R_2 = 4\Omega$，$R_3 = 1\Omega$，$R_4 = 5\Omega$，$I_s = 6A$，$C = 1\mu F$，在 $t < 0$ 时电路已稳定，$t = 0$ 时开关 S 由 1 端转向 2 端，求换路后的电容电压 u_C 和电流 $i_C(t)$。

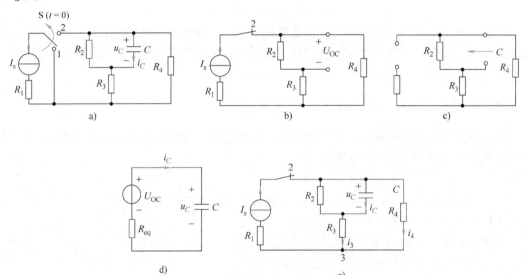

图 9-15 例 9-6 题图

解法一 在 $t < 0$ 时电路已稳定，电路初始储能为零，$u_C(0) = 0$，$t > 0$ 电路为零状态响应。移去电容元件电路如图 9-15b 所示，一端口的戴维南等效电压源的电压为

$$U_{OC} = \frac{R_4}{R_2 + R_3 + R_4} I_s \times R_2 = \frac{5}{4 + 1 + 5} \times 6 \times 4 V = 12V$$

将电流源移去后，如图 9-15c 所示电路，由电容两端看进去的输入电阻为

$$R_{eq} = \frac{(R_3 + R_4) \times R_2}{R_3 + R_4 + R_2} = \frac{(1 + 5) \times 4}{1 + 5 + 4} \Omega = 2.4\Omega$$

由戴维南等效电路图 9-15d 可得

$$\tau = R_{eq}C = 2.4 \times 10^{-6} s$$

$$u_C(\infty) = U_{OC} = 12V$$

按照三要素公式可得电容电压为

$$u_C(t) = u_C(\infty)(1 - e^{-\frac{t}{\tau}}) = 12 \times (1 - e^{-\frac{1}{2.4 \times 10^{-6}}t}) \text{V} \; , \; t \geq 0$$

再由电容元件的 VCR 得到电容电流为

$$i_C = C\frac{du_C}{dt} = 10^{-6} \times 12 \times \frac{1}{2.4 \times 10^{-6}} e^{-\frac{1}{2.4 \times 10^{-6}}t} \text{A} = 5e^{-\frac{1}{2.4 \times 10^{-6}}t} \text{A} \; , \qquad t > 0$$

解法二 由换路后的电路图 9-15e 列微分方程同样可求得响应 u_C。

$$i_3 = \frac{u_C}{R_2} + C\frac{du_C}{dt} = \frac{u_C}{4} + 10^{-6} \times \frac{du_C}{dt} \qquad \text{①}$$

$$i_4 = \frac{u_C + R_3 i_3}{R_4} = \frac{u_C}{5} + \frac{1}{5} \times \left(\frac{u_C}{4} + 10^{-6}\frac{du_C}{dt} \right) \qquad \text{②}$$

对节点 3 应用 KCL 列方程有

$$i_3 + i_4 = I_s = 6 \qquad \text{③}$$

将①、②代入③并整理得

$$2.4 \times 10^{-6}\frac{du_C}{dt} + u_C = 12 \qquad \text{④}$$

求解该微分方程④即可得到响应

$$u_C(t) = u_C(\infty)(1 - e^{-\frac{t}{\tau}}) = 12 \times (1 - e^{-\frac{1}{2.4 \times 10^{-6}}t}) \text{V}, t \geq 0$$

电容电流的计算方法与方法一相同，不再重复。

例 9-7 如图 9-16a 所示电路，$R_1 = 1\Omega$，$R_2 = 5\Omega$，$R_3 = 2\Omega$，$R_4 = 3.5\Omega$，$U_s = 16\text{V}$，$L = 20\text{H}$，在 $t < 0$ 时电路已稳定，$t = 0$ 时开关闭合，求换路后的 $i_L(t)$，$i(t)$ 和 u_L。

解 根据题意，$t < 0$ 时电路已稳定，电感中无存储能量，电流 $i_L(0) = 0$，$t > 0$ 电路为零状态响应。先将电感移去，计算开关闭合后电感两端的一端口戴维南等效电路。

开路电压为

$$U_{OC} = \frac{-U_s}{R_1 + R_2 + R_3} \times R_3 + U_s = \left(\frac{-16}{1+5+2} \times 2 + 16 \right) \text{V} = 12\text{V}$$

等效电阻为

$$R_{eq} = \frac{(R_1 + R_2)R_3}{R_1 + R_2 + R_3} + R_4 = \left[\frac{(1+5) \times 2}{1+5+2} + 3.5 \right]\Omega = 5\Omega$$

由戴维南等效电路图 9-16b 可得

$$\tau = \frac{L}{R_{eq}} = \frac{20}{5}\text{s} = 4\text{s}$$

$$i_L(\infty) = \frac{U_{OC}}{R_{eq}} = \frac{12}{5}\text{A} = 2.4\text{A}$$

代入三要素公式可得电感电流的零状态响应为

$$i_L(t) = i_L(\infty)(1 - e^{-\frac{t}{\tau}}) = 2.4 \times (1 - e^{-0.25t})\text{A}, t \geq 0$$

则

$$u_L = L\frac{di_L}{dt} = -20 \times 2.4 \times (-0.25)e^{-0.25t}\text{V} = 12e^{-0.25t}\text{V}, t > 0$$

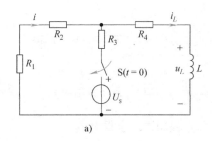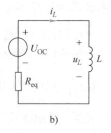

图 9-16　例 9-7 题图

回到原电路图 9-16a 可求得电流 $i(t)$ 为

$$i(t) = -\frac{R_4 i_L + U_L}{R_1 + R_2} = (-1.4 - 0.6e^{-0.25t})\,\text{A}, t > 0$$

2. RL 电路在正弦电源激励下电路的零状态响应

图 9-17 所示电路中,外施激励为正弦电压 $u_s = \sqrt{2}U\cos(\omega t + \varphi_u)$,其中 φ_u 为接通电路时电源电压的初相,它决定于电路的接通时刻,所以又称为接入相位或合闸角。接通后电路的方程为

$$L\frac{\mathrm{d}i_L}{\mathrm{d}t} + Ri_L = \sqrt{2}U\cos(\omega t + \varphi_u) \qquad (9\text{-}10)$$

与前面类似的分析可知,该方程的解为特解与相应齐次微分方程的通解之和,即

$$i_L = i_{Lp} + i_{Lh}$$

其中

$$i_{Lh} = Ae^{-\frac{R}{L}t}$$

为相应的齐次微分方程的通解,i_{Lp} 为非齐次微分方程的特解,是电路在换路后达到稳态时的稳态解。

由正弦稳态电路的相量法可求得 $t \to \infty$ 时电感电流的相量解为

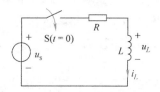

图 9-17　正弦激励下的 RL 电路

$$\dot{I} = \frac{\dot{U}_s}{R + \mathrm{j}\omega L} = \frac{U\angle\varphi_u}{\sqrt{R^2 + (\omega L)^2}\left|\arctan\dfrac{\omega L}{R}\right.} \overset{\text{def}}{=} I\;\underline{/\varphi_u - \theta}$$

式中,$I = \dfrac{U}{\sqrt{R^2 + (\omega L)^2}}$,$\theta = \arctan\dfrac{\omega L}{R}$,因此得到稳态后电感电流的时域表达式,即

$$i = \sqrt{2}I\cos(\omega t + \varphi_u - \theta) = i_{Lp}$$

于是微分方程式(9-10)的解为

$$i_L = \sqrt{2}I\cos(\omega t + \varphi_u - \theta) + Ae^{-\frac{R}{L}t}$$

代入初始值 $i(0_+) = i(0_-) = 0$,求得待定系数为 $A = -\sqrt{2}I\cos(\varphi_u - \theta)$ 从而得换路后的电感电流为

$$i_L = \sqrt{2}I\cos(\omega t + \varphi_u - \theta) - \sqrt{2}I\cos(\varphi_u - \theta)e^{-\frac{R}{L}t}, t \geqslant 0 \qquad (9\text{-}11)$$

由 $u_L = L\dfrac{\mathrm{d}i}{\mathrm{d}t}$ 可进一步求得电感上的电压(略)。

从电流表达式（9-11）可看出，外施激励为正弦电压时瞬态分量不仅与电路参数 R、L 有关，而且与电源电压的初相有关。

现讨论如下：

1）当开关闭合时，若有 $\varphi_u = \theta \pm \dfrac{\pi}{2}$，则 $A = -\sqrt{2}I\cos(\varphi_u - \theta) = 0$，有

$$i_L = \sqrt{2}I\cos\left(\omega t - \frac{\pi}{2}\right) = \sqrt{2}I\sin\omega t$$

此时，瞬态分量为零，电路将不发生暂态过程而直接进入稳定状态。

2）若开关闭合时 $\varphi_u = \theta$，则 $A = -\sqrt{2}I\cos(\varphi_u - \theta) = -\sqrt{2}I$，有

$$i_L = \sqrt{2}I\cos\omega t - \sqrt{2}I e^{-\frac{R}{L}t}$$

此时如果电路的时间常数比电源电压的周期大得多，即 $\tau \gg T$，则电流的瞬态分量将衰减得很慢，如图 9-18 所示。

这种情况下，在换路约半个周期时电流将达到最大值，其绝对值接近稳态电流幅值的 2 倍，这种现象称为过电流现象。如果在工程实际中发生这种状况，电路设备可能会因为过电流而损坏，因此在电路设计时必须对这种瞬间大电流加以防范。

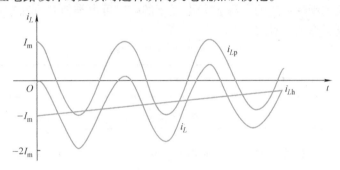

图 9-18 *RL* 串联电路在正弦电源激励下的零状态响应

9.3.3 一阶电路全响应的分解

一阶电路的全响应是在既有初始储能又有外加电源激励下的响应，或者说，全响应是由外加电源和初始条件共同作用而产生。因此说，零输入响应和零状态响应都是全响应的特例，而全响应一定是零输入响应和零状态响应的叠加。为方便讨论，将三要素公式重新列写为

$$f(t) = f(\infty) + [f(0_+) - f(\infty)] e^{-\frac{t}{\tau}}$$

分析三要素公式可见，响应的第一项是由外加电源强制建立起来的，称为响应的强制分量，第二项是由电路本身的结构和参数决定的，称为响应的固有分量，所以全响应可表示为

全响应 = 强制分量 + 固有分量

一般情况下电路的时间常数都是正的，因此固有分量将随着时间的推移而最终消失，电路达到新的稳态，此时又称固有分量为瞬态分量（或自由分量），强制分量为稳态分量，所以全响应又可表示为

全响应 = 稳态分量 + 瞬态分量

三要素公式还可改写成

$$f(t) = f(0_+) e^{-\frac{t}{\tau}} + f(\infty) \left[1 - e^{-\frac{t}{\tau}} \right]$$

可见，上式第一项即是由初始值单独激励下的零输入响应，而第二项即是外加电源单独激励时的零状态响应，这正是线性电路叠加性质的体现。所以全响应又可表示为

全响应 = （零输入响应）+（零状态响应）

前两种分解方式说明了电路暂态过程的物理实质，第三种分解方式则说明了初始状态和激励与响应之间的因果关系，只是不同的分解方法而已，电路的实际响应仍是全响应，是由初始值、特解和时间常数三个要素决定的。

此外，可以看到，零输入响应与初始值成正比，零状态响应与外加激励成正比。但是全响应的状态与激励和初始值不具有简单的比例关系。

在正弦电源激励下，$f(0_+)$ 与 τ 的含义同上，只有特解不同。正弦电源激励时特解 $f_p(t)$ 是时间的正弦函数，则全响应 $f(t)$ 可写为

$$f(t) = f_p(t) + \left[f(0_+) - f_p(0_+) \right] e^{-\frac{t}{\tau}} \tag{9-12}$$

式中，$f_p(0_+) = f_p(t) \big|_{t=0_+}$ 是稳态响应的初始值。

一阶电路在其他函数形式的电源 $g(t)$ 激励下的响应可由类似的方法求出。特解 $f_p(t)$ 与激励具有相似的函数形式，见表 9-2。

表 9-2　常见函数激励下一阶微分方程的特解

$g(t)$ 的形式	Kt	Kt^2	$Ke^{-bt} (b \neq \frac{1}{\tau})$	$Ke^{-bt} (b = \frac{1}{\tau})$
$f_p(t)$ 的形式	$A + Bt$	$A + Bt + Ct^2$	Ae^{-bt}	Ate^{-bt}

需要指出，对某一具体电路而言，所有响应的时间常数都是相同的。

一阶电路全响应分析方法小结：

对较复杂电路过渡过程的求解一般可按如下几种情况进行分析

1）当电路变量的初始值、特解和时间常数都比较容易确定时，可直接应用三要素法求过渡过程的响应。

2）由于电容电压 u_C 和电感电流 i_L 的初始值较其他非独立初始值容易确定，因此也可应用戴维南定理或诺顿定理把储能元件以外的一端口网络进行等效变换，利用三要素公式先求解 u_C 和 i_L，再由换路后的原电路求解其他电压和电流的响应。

3）如果是含运算放大器等元件的电路，也可对电路列微分方程，通过解微分方程确定特征根，再由初始条件求待定系数的方法，求解响应变量。

实际应用时，要视电路的具体情况选择不同的方法。

例 9-8　如图 9-19 所示电路中，开关 S 已闭合很久，在 $t = 0$ 时开关 S 断开，求 $t > 0$ 时电容电压 u_C 和电流 $i(t)$。

解　在 $t < 0$ 时电路已稳定，电容相当开路，如图 9-19b 所示。$u_C(0_-) = 10\text{V}$

因为电容电压不能跃变，故有 $u_C(0_+) = u_C(0_-) = 10\text{V}$

当 $t > 0$ 时，电路中开关已打开，10V 电压源与电路断开，电路如图 9-19c 所示，电容电压稳态值 $u_C(\infty)$ 为

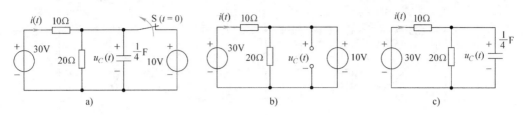

图 9-19 例 9-8 题图

$$u_C(\infty) = \frac{20}{10+20} \times 30\text{V} = 20\text{V}$$

电容两端戴维南等效电阻为

$$R_{\text{eq}} = \frac{10 \times 20}{10+20}\Omega = \frac{20}{3}\Omega$$

时间常数为

$$\tau = R_{\text{eq}}C = \frac{20}{3} \times \frac{1}{4}\text{s} = \frac{5}{3}\text{s}$$

因此

$$u_C(t) = u_C(\infty) + [u_C(0_+) - u_C(\infty)]\text{e}^{-\frac{t}{\tau}} = (20 - 10\text{e}^{-0.6t})\text{V}, t \geq 0$$

图 9-19c 所示电路中电流 $i(t)$ 等于通过 20Ω 电阻和电容的电流和，即

$$i = \frac{u_C}{20} + C\frac{\mathrm{d}u_C}{\mathrm{d}t} = [1 - 0.5\text{e}^{-0.6t} + 0.25 \times (-0.6) \times (-10)\text{e}^{-0.6t}]\text{A} = (1 + \text{e}^{-0.6t})\text{A}, t > 0$$

例 9-9 图 9-20a 所示电路中，已知 $i_s = 10\text{A}$，$R = 2\Omega$，$C = 0.5\mu\text{F}$，$g_m = 0.125\text{A/V}$，$u_C(0_-) = 2\text{V}$，若 $t = 0$ 时开关闭合，求 u_C、i_C 和 i_1。

解 先将电容以外的电路化简。把电容去掉，在端口加电压源 u_s，如图 9-20b 所示，根据 KCL 得

$$\begin{cases} i_2 = i - g_m u_1 \\ i_1 = i_s + i_2 \end{cases}$$

于是

$$i_1 = i_s + i - g_m u_1$$

由 KVL 列方程，有

$$\begin{cases} u_s = Ri_2 + u_1 \\ u_1 = Ri_1 \end{cases}$$

联立上述方程进行求解，得到

$$u_s = \frac{1 - Rg_m}{1 + Rg_m}Ri_s + \frac{2R}{1 + Rg_m}i = 12 + 3.2i$$

根据戴维南定理可知，其等效电压源电压及等效电阻分别为

$$u_{\text{oc}} = 12\text{V}, \quad R_{\text{eq}} = 3.2\Omega$$

得到等效电路如图 9-20c 所示。

由戴维南等效电路可求得电容电压的稳态值为 $u_C(\infty) = 12\text{V}$，电路的时间常数 $\tau = R_{\text{eq}}C = 3.2 \times 0.5 \times 10^{-6}\text{s} = 1.6 \times 10^{-6}\text{s}$，已知初始值 $u_C(0_+) = u_C(0_-) = 2\text{V}$，按照三要素法

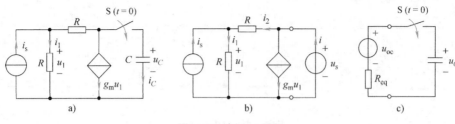

图 9-20 例 9-9 题图

可得电容电压为

$$u_C = u_C(\infty) + [u_C(0_+) - u_C(\infty)]e^{-\frac{t}{\tau}} = (12 - 10e^{-6.25 \times 10^5 t})V, t \geq 0$$

再由 $i_C = C\dfrac{du_C}{dt}$，求得电容电流为

$$i_C = C\frac{du_C}{dt} = 3.125e^{-6.25 \times 10^5 t}A, \quad t > 0$$

回到换路后的原电路图 9-20a，注意开关已闭合，对两个电阻分别列方程有

$$R(i_s - i_1) = R(g_m u_1 + i_C)$$
$$u_1 = R i_1$$

联立求解，得

$$i_1 = \frac{i_s - i_C}{1 + R g_m} = \frac{10 - 3.125 e^{-6.25 \times 10^5 t}}{1 + 2 \times 0.125}A = (8 - 2.5e^{-6.25 \times 10^5 t})A, t > 0$$

例 9-10　图 9-21 所示电路原已处于稳态，$t = 0$ 时开关闭合。已知 $u_{s2} = 8V$，$L = 1.2H$，$R_1 = R_2 = R_3 = 2\Omega$，求电压源 u_{s1} 分别为以下两种激励时的电感电流 i_L。

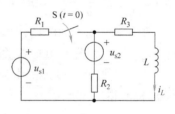

(1) $u_{s1} = 40V$；

(2) $u_{s1} = 10\sqrt{2}\cos(10t - 30°)V$。

解　换路前电路为直流稳态电路，所以

图 9-21　例 9-10 题图

$$i_L(0_-) = \frac{u_{s2}}{R_2 + R_3} = 2A$$

$$i_L(0_+) = i_L(0_-) = 2A$$

换路后电感两端的等效电阻为

$$R_{eq} = R_3 + \frac{R_1 R_2}{R_1 + R_2} = 3\Omega$$

所以时间常数为

$$\tau = \frac{L}{R_{eq}} = 0.4s$$

(1) 当 $u_{s1} = 40V$ 时，电感电流的稳态值可由节点法（此时电感相当于短路）求得为

$$i_L(\infty) = \frac{1}{R_3} \frac{\dfrac{u_{s1}}{R_1} + \dfrac{u_{s2}}{R_2}}{\dfrac{1}{R_1} + \dfrac{1}{R_2} + \dfrac{1}{R_3}} = 8A$$

由三要素法可得电感电流为

$$i_L = i_L(\infty) + [i_L(0_+) - i_L(\infty)]e^{-\frac{t}{\tau}} = (8 - 6e^{-2.5t})\text{A}, t \geqslant 0$$

（2）$u_{s1} = 10\sqrt{2}\cos(10t - 30°)\,\text{V}$ 时，电感电流的稳态值可由叠加原理求得

当直流电压源 u_{s2} 单独作用时，稳态解为

$$i_L^{(1)} = \frac{R_1}{R_1 + R_3} \frac{u_{s2}}{R_2 + \dfrac{R_1 R_3}{R_1 + R_3}} = 1.33\,\text{A}$$

当正弦电压源 u_{s1} 单独作用时，稳态解可用相量法求得为

$$\dot{I}_L^{(2)} = \frac{\dot{U}_{s1}}{R_1 + \dfrac{R_2(R_3 + j\omega L)}{R_2 + R_3 + j\omega L}} \frac{R_2}{R_2 + R_3 + j\omega L} = 0.4\underline{/106°}\,\text{A}$$

即

$$i_L^{(2)}(t) = 0.4\sqrt{2}\cos(10t - 106°)\,\text{A}$$

因此，两个电源共同作用产生的稳态解为

$$i_{Lp}(t) = i_L^{(1)} + i_L^{(2)} = [1.33 + 0.4\sqrt{2}\cos(10t - 106°)]\,\text{A}$$

将 $t = 0_+$ 代入，求得初始值为

$$i_{Lp}(0_+) = [1.33 + 0.4\sqrt{2}\cos(10t - 106°)\,|_{t=0}]\,\text{A} = 1.18\,\text{A}$$

最后代入三要素公式，求得电感电流为

$$i_L(t) = i_{Lp}(t) + [i_L(0_+) - i_{Lp}(0_+)]e^{-\frac{t}{\tau}} = [1.33 + 0.4\sqrt{2}\cos(10t - 106°) + 0.82e^{-2.5t}]\,\text{A}, t \geqslant 0$$

9.4　一阶电路的阶跃响应

电路的激励除了直流激励和正弦激励之外，常见的还有另外两种奇异函数，即阶跃函数和冲激函数。本节和9.5节将分别讨论这两种函数的定义、性质及作用于动态电路时引起的响应。

单位阶跃函数用 $\varepsilon(t)$ 表示，它定义为

$$\varepsilon(t) = \begin{cases} 0 & t \leqslant 0_- \\ 1 & t \geqslant 0_+ \end{cases} \tag{9-13}$$

波形如图9-22a所示。可见它在（0_-，0_+）时域内发生了跃变。

若单位阶跃函数的阶跃点不在 $t = 0$ 处，而在 $t = t_0$ 处，如图9-22b所示，则称它为延迟的单位阶跃函数，用 $\varepsilon(t - t_0)$ 表示为

$$\varepsilon(t - t_0) = \begin{cases} 0 & t \leqslant t_{0_-} \\ 1 & t \geqslant t_{0_+} \end{cases} \tag{9-14}$$

阶跃函数可以作为开关的数学模型，所以有时也称为开关函数。如把电路在 $t = t_0$ 时刻与一个电流为2A的直流电流源接通，则此外施电流就可写作 $2\varepsilon(t - t_0)\,\text{A}$。

单位阶跃函数还可用来"起始"任意一个函数 $f(t)$。例如对于线性函数 $f(t) = Kt$（K 为常数），$f(t)$、$f(t)\varepsilon(t)$、$f(t)\varepsilon(t - t_0)$、$f(t - t_0)\varepsilon(t - t_0)$ 则分别具有不同的含义，如图9-23所示。

电路单位阶跃函数激励的零状态响应称为单位阶跃响应，记为 $s(t)$。

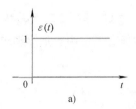 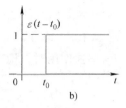

图9-22　单位阶跃函数和延迟单位阶跃函数

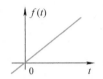 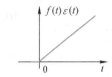 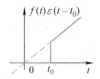 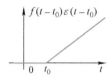

图9-23　单位阶跃函数的起始作用

若已知电路的 $s(t)$，则该电路在恒定激励 $u_s(t) = U_0\varepsilon(t)$［或 $i_s(t) = I_0\varepsilon(t)$］下的零状态响应即为 $U_0 s(t)$［或 $I_0 s(t)$］。

实际应用中常利用阶跃函数和延迟阶跃函数对分段函数进行分解，再利用齐性定理和叠加原理进行求解。

例9-11　设 RL 串联电路由图 9-24a 所示波形的电压源 $u_s(t)$ 激励，试求零状态响应 $i(t)$。

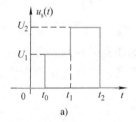 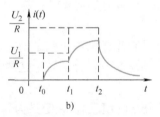

图9-24　例9-11题图

解　根据阶跃函数的定义，把输入电压表示为
$$u_s(t) = U_1\varepsilon(t - t_0) + (U_2 - U_1)\varepsilon(t - t_1) - U_2\varepsilon(t - t_2)$$

电路的时间常数 $\tau = \dfrac{L}{R}$，当 $U_1\varepsilon(t - t_0)$ 单独作用于电路时，产生的零状态响应为
$$i^{(1)} = \frac{U_1}{R}\left(1 - \mathrm{e}^{-\frac{t - t_0}{\tau}}\right)\varepsilon(t - t_0)$$

当 $(U_2 - U_1)\varepsilon(t - t_1)$ 单独作用于电路时，产生的零状态响应为
$$i^{(2)} = \frac{U_2 - U_1}{R}\left(1 - \mathrm{e}^{-\frac{t - t_1}{\tau}}\right)\varepsilon(t - t_1)$$

当 $-U_2\varepsilon(t - t_2)$ 单独作用于电路时产生的零状态响应为
$$i^{(3)} = -\frac{U_2}{R}\left(1 - \mathrm{e}^{-\frac{t - t_2}{\tau}}\right)\varepsilon(t - t_2)$$

由叠加原理即可得到所要求的响应为

$$i = i^{(1)} + i^{(2)} + i^{(3)} = \frac{U_1}{R}(1 - e^{-\frac{t-t_0}{\tau}})\varepsilon(t-t_0) +$$

$$\frac{U_2 - U_1}{R}(1 - e^{-\frac{t-t_1}{\tau}})\varepsilon(t-t_1) - \frac{U_2}{R}(1 - e^{-\frac{t-t_2}{\tau}})\varepsilon(t-t_2)$$

波形如图 9-24b 所示。

9.5　一阶电路的冲激响应

9.5.1　冲激函数的定义及性质

单位冲激函数用 $\delta(t)$ 表示，它定义为

$$\begin{cases} \delta(t) = 0 \begin{cases} t \leqslant 0_- \\ t \geqslant 0_+ \end{cases} \\ \int_{-\infty}^{+\infty} \delta(t)\,\mathrm{d}t = 1 \end{cases} \tag{9-15}$$

单位冲激函数可以看作是单位脉冲函数的极限情况。图 9-25a 为一个单位矩形脉冲函数 $p(t)$ 的波形。它的高为 $1/\Delta$，宽为 Δ，当脉冲宽度 $\Delta \rightarrow 0$ 时，可以得到一个宽度趋于零、幅度趋于无限大而面积始终保持为 1 的脉冲，这就是单位冲激函数 $\delta(t)$，记作

$$\delta(t) = \lim_{\Delta \rightarrow 0} p(t)$$

单位冲激函数的波形如图 9-25b 所示，箭头旁注明 "1"。图 9-25c 表示强度为 K 的冲激函数。类似的，可以把发生在 $t = t_0$ 时刻的单位冲激函数写为 $\delta(t - t_0)$；用 $K\delta(t - t_0)$ 表示强度为 K、发生在 $t = t_0$ 时刻的冲激函数。

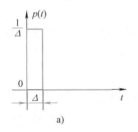 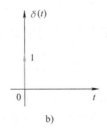 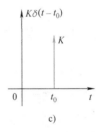

图 9-25　冲激函数

冲激函数的性质如下：

1）单位冲激函数 $\delta(t)$ 对时间的积分等于单位阶跃函数 $\varepsilon(t)$，即

$$\int_{-\infty}^{t} \delta(\xi)\,\mathrm{d}\xi = \varepsilon(t) \tag{9-16}$$

反之，阶跃函数 $\varepsilon(t)$ 对时间的一阶导数等于冲激函数 $\delta(t)$，即

$$\frac{\mathrm{d}\varepsilon(t)}{\mathrm{d}t} = \delta(t) \tag{9-17}$$

2）单位冲激函数具有 "筛分性质"。对于任意一个在 $t = 0$ 和 $t = t_0$ 时连续的函数 $f(t)$，都有

$$\int_{-\infty}^{+\infty} f(t)\delta(t)\mathrm{d}t = f(0) \tag{9-18}$$

$$\int_{-\infty}^{+\infty} f(t)\delta(t-t_0)\mathrm{d}t = f(t_0) \tag{9-19}$$

可见冲激函数有把一个函数在某一时刻"筛"出来的本领，所以称单位冲激函数具有"筛分性质"。

9.5.2 冲激响应

当把一个单位冲激电流 $\delta_i(t)$（单位为安培）加到初始电压为零的电容 C 上时，电容电压为

$$u_C = \frac{1}{C}\int_{0_-}^{0_+}\delta_i(t)\mathrm{d}t = \frac{1}{C}$$

可见

$$q(0_-) = Cu_C(0_-) = 0$$
$$q(0_+) = Cu_C(0_+) = 1$$

即单位冲激电流在 0_- 到 0_+ 的瞬时把 1 库仑的电荷转移到电容上，使得电容电压从零跃变为 $\frac{1}{C}$，即电容由原来的零初始状态 $u_C(0_-) = 0$ 转变到非零初始状态 $u_C(0_+) = \frac{1}{C}$。

同理，当把一个单位冲激电压 $\delta_u(t)$（单位为伏特）加到初始电流为零的电感 L 上时，电感电流为

$$i_L = \frac{1}{L}\int_{0_-}^{0_+}\delta_u(t)\mathrm{d}t = \frac{1}{L}$$

有

$$\psi(0_-) = Li_L(0_-) = 0$$
$$\psi(0_+) = Li_L(0_+) = 1$$

即单位冲激电压在 0_- 到 0_+ 的瞬时在电感中建立了 $\frac{1}{L}$ 安的电流，使电感由原来的零初始状态 $i_L(0_-) = 0$ 跃变到非零初始状态 $i_L(0_+) = \frac{1}{L}$。

$t > 0_+$ 后，冲激函数为零，但 $u_C(0_+)$ 和 $i_L(0_+)$ 不为零，所以电路的响应相当于换路瞬间由冲激函数建立起来的非零初始状态引起的零输入响应。因此，一阶电路冲激响应的求解关键在于计算在冲激函数作用下的储能元件的初始值 $u_C(0_+)$ 或 $i_L(0_+)$。

电路对于单位冲激函数激励的零状态响应称为单位冲激响应，记为 $h(t)$。下面就以图 9-26 所示电路为例讨论其响应。

根据 KCL 有

$$C\frac{\mathrm{d}u_C}{\mathrm{d}t} + \frac{u_C}{R} = \delta_i(t)$$

而 $u_C(0_-) = 0$。

为了求 $u_C(0_+)$ 的值，对上式两边从 0_- 到 0_+ 求积分，得

$$\int_{0_-}^{0_+} C\frac{\mathrm{d}u_C}{\mathrm{d}t}\mathrm{d}t + \int_{0_-}^{0_+}\frac{u_C}{R}\mathrm{d}t = \int_{0_-}^{0_+}\delta_i(t)\mathrm{d}t$$

若 u_C 为冲激函数，则 $\mathrm{d}u_C/\mathrm{d}t$ 将为冲激函数的一阶导数，这样 KCL 方程将不能成立，因此 u_C 只能是有限值，于是第二积分项为零，从而可得

$$C[u_C(0_+) - u_C(0_-)] = 1$$

故

$$u_C(0_+) = \frac{1}{C} + u_C(0_-) = \frac{1}{C}$$

于是便可得到 $t > 0_+$ 时电路的单位冲激响应，即

$$u_C = u_C(0_+)\mathrm{e}^{-\frac{t}{RC}} = \frac{1}{C}\mathrm{e}^{-\frac{t}{RC}}$$

式中，$\tau = RC$ 为给定电路的时间常数。

利用阶跃函数将该冲激响应写作

$$u_C = \frac{1}{C}\mathrm{e}^{-\frac{t}{RC}}\varepsilon(t)$$

由此可进一步求出电容电流

$$i_C = C\frac{\mathrm{d}u_C}{\mathrm{d}t} = \mathrm{e}^{-\frac{t}{RC}}\delta(t) - \frac{1}{RC}\mathrm{e}^{-\frac{t}{RC}}\varepsilon(t)$$

$$= \delta(t) - \frac{1}{RC}\mathrm{e}^{-\frac{t}{RC}}\varepsilon(t)$$

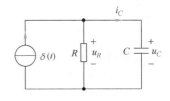

图 9-26　RC 电路的冲激响应

图 9-27 画出了 u_C 和 i_C 的变化曲线。其中电容电流在 $t = 0$ 时有一个冲激电流，正是该电流使电容电压在此瞬间由零跃变到 $1/C$。

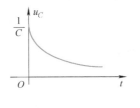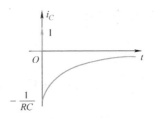

图 9-27　u_C 和 i_C 的变化曲线

由于阶跃函数 $\varepsilon(t)$ 和冲激函数 $\delta(t)$ 之间具有微分和积分的关系，可以证明，线性电路中单位阶跃响应 $s(t)$ 和单位冲激响应 $h(t)$ 之间也具有相似的关系：

$$h(t) = \frac{\mathrm{d}s(t)}{\mathrm{d}t} \tag{9-20}$$

$$s(t) = \int_{-\infty}^{t} h(\xi)\,\mathrm{d}\xi \tag{9-21}$$

有了以上关系，就可以先求出电路的单位阶跃响应，然后将其对时间求导，便可得到所求的单位冲激响应。事实上，阶跃函数 $\varepsilon(t)$ 和冲激函数 $\delta(t)$ 之间具有的这种微分和积分的关系可以推广到线性电路中任一激励与响应中，即

当已知某一激励函数 $f(t)$ 的零状态响应 $r(t)$ 时，若激励变为 $f(t)$ 的微分（或积分）函数时，其响应也将是 $r(t)$ 的微分（或积分）函数。

例 9-12　求图 9-28 所示电路的冲激响应 i_L。

解法一

$t < 0$ 时，由于 $\delta(t) = 0$，故 $i_L(0_-) = 0$。

$t = 0$ 时，由 KVL 有

$$L\frac{di_L}{dt} + Ri_L = \delta(t)$$

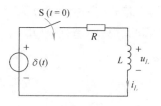

图 9-28　例 9-12 题图

对上式两边从 0_- 到 0_+ 求积分，得

$$\int_{0_-}^{0_+} L\frac{di_L}{dt}dt + \int_{0_-}^{0_+} Ri_L dt = \int_{0_-}^{0_+} \delta(t)dt$$

由于 i_L 为有限值，有

$$L[i_L(0_+) - i_L(0_-)] = 1$$

故

$$i_L(0_+) = \frac{1}{L} + i_L(0_-) = \frac{1}{L}$$

所求响应为

$$i_L = \frac{1}{L}e^{-\frac{R}{L}t}\varepsilon(t)$$

解法二　先求 i_L 的单位阶跃响应，再利用阶跃响应与冲激响应之间的微分关系求解。当激励为单位阶跃函数时，因为

$$i_L(0_+) = i_L(0_-) = 0$$

$$i_L(\infty) = \frac{1}{R}$$

故 i_L 的单位阶跃响应为

$$s(t) = \frac{1}{R}(1 - e^{-\frac{R}{L}t})\varepsilon(t)$$

再由 $h(t) = \dfrac{ds(t)}{dt}$ 便可求得其单位冲激响应为

$$i_L = \frac{ds(t)}{dt} = \frac{1}{R}(1 - e^{-\frac{R}{L}t})\delta(t) + \frac{1}{L}e^{-\frac{R}{L}t}\varepsilon(t) = \frac{1}{L}e^{-\frac{R}{L}t}\varepsilon(t)$$

由以上分析可见，电路的输入为冲激函数时，电容电压和电感电流会发生跃变。此外，前面讲过，当换路后出现 C - E 回路或 L - J 割集时，电路状态也可能发生跃变，这种情况下，一般可先利用 KCL、KVL 及电荷守恒或磁链守恒求出电容电压或电感电流的跃变值，然后再进一步分析电路的动态过程。

例 9-13　已知 $U_s = 24V$，$R = 2\Omega$，$R_1 = 3\Omega$，$R_2 = 6\Omega$，$L_1 = 0.5H$，$L_2 = 2H$。$t = 0$ 时打开开关，电路如图 9-29 所示。求 $t > 0$ 时的 i_1、i_2、u_1 并画出它们的波形。

解　换路前，电感电流分别为

$$i_1(0_-) = \frac{U_s}{R + \dfrac{R_1 R_2}{R_1 + R_2}}\frac{R_2}{R_1 + R_2} = \frac{24}{2 + 2} \times \frac{2}{3}A = 4A$$

$$i_2(0_-) = \frac{U_s}{R + \dfrac{R_1 R_2}{R_1 + R_2}}\frac{R_1}{R_1 + R_2} = \frac{24}{2 + 2} \times \frac{1}{3}A = 2A$$

换路后,由 KCL 有

$$i_1(0_+) + i_2(0_+) = 0 \qquad ①$$

因为 $i_1(0_-) \neq i_2(0_-) \neq 0$,可见在 $t=0$ 时两电感电流均发生了跃变,由磁链守恒原理可以得到换路前后两个电感构成的回路中的磁链平衡方程式为

$$L_1 i_1(0_-) - L_2 i_2(0_-) = L_1 i_1(0_+) - L_2 i_2(0_+) \qquad ②$$

联立方程①、②并代入数据,可解得

$$i_1(0_+) = -0.8\mathrm{A}$$

$$i_2(0_+) = 0.8\mathrm{A}$$

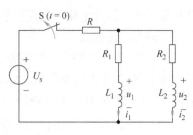

图 9-29 例 9-13 题图

换路后电路的时间常数为

$$\tau = \frac{L_{\mathrm{eq}}}{R_{\mathrm{eq}}} = \frac{L_1 + L_2}{R_1 + R_2} = \frac{5}{18}\mathrm{s}$$

故电感电流分别为

$$i_1 = i_1(0_+)\mathrm{e}^{-\frac{t}{\tau}} = -0.8\mathrm{e}^{-3.6t}\mathrm{A}, t > 0$$

$$i_2 = i_2(0_+)\mathrm{e}^{-\frac{t}{\tau}} = 0.8\mathrm{e}^{-3.6t}\mathrm{A}, \ t > 0$$

写成整个时间轴上的表达式则分别为

$$i_1 = \{4 + [-4 - 0.8\mathrm{e}^{-3.6t}]\varepsilon(t)\}\mathrm{A}$$

$$i_2 = \{2 + [-2 + 0.8\mathrm{e}^{-3.6t}]\varepsilon(t)\}\mathrm{A}$$

根据电感元件电压与电流的 VCR,求得电感 L_1 上的电压为

$$u_1 = L_1 \frac{\mathrm{d}i_1}{\mathrm{d}t} = 0.5\{[-4 - 0.8\mathrm{e}^{-9t}]\delta(t) + [(-0.8)(-3.6)\mathrm{e}^{-3.6t}]\varepsilon(t)\}\mathrm{V}$$

$$= 0.5\{[-4.8\delta(t) + 2.88\mathrm{e}^{-3.6t}]\varepsilon(t)\}\mathrm{V}$$

$$= [-2.4\delta(t) + 1.44\mathrm{e}^{-3.6t}\varepsilon(t)]\mathrm{V}$$

i_1、i_2、u_1 随时间变化的波形如图 9-30 所示,从图中可以清楚地看出各电路变量在换路前、后及换路时刻的变化。

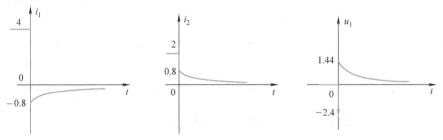

图 9-30 i_1、i_2、u_1 随时间变化的波形

9.6 二阶电路的动态过程

用二阶微分方程描述的电路称为二阶电路。与一阶电路类似,二阶电路的全响应也可以分解为零输入响应和零状态响应的叠加,其中零输入响应只含固有响应项,其函数形式取决于电路的结构与参数,即二阶微分方程的特征根。对不同的电路,特征根可能是实数、虚数

或共轭复数，因此电路的动态过程将呈现不同的变化规律。下面以 *RLC* 串联电路的零输入响应为例加以讨论。

图 9-31 所示电路中，电容原已充电至 $u_C(0_-) = U_0$，开关在 $t = 0$ 时闭合（为简单起见，设电感电流的初始值为零）。根据 KVL 及元件的 VCR 列出电路方程为

$$u_L + u_R - u_C = L\frac{\mathrm{d}i}{\mathrm{d}t} + Ri - u_C = 0$$

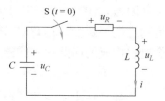

图 9-31　*RLC* 串联电路

将 $i = -C\dfrac{\mathrm{d}u_C}{\mathrm{d}t}$ 代入上式中求得 u_C 满足的微分方程为

$$\frac{\mathrm{d}^2 u_C}{\mathrm{d}t^2} + \frac{R}{L}\frac{\mathrm{d}u_C}{\mathrm{d}t} + \frac{1}{LC}u_C = 0 \tag{9-22}$$

上述微分方程的两个初始值可求得为

$$u_C(0_+) = u_C(0_-) = U_0$$

$$\frac{\mathrm{d}u_C}{\mathrm{d}t}\bigg|_{t=0_+} = -\frac{1}{C}i(0_+) = -\frac{1}{C}i(0_-) = 0$$

此齐次微分方程的特征方程及特征根为

$$p^2 + \frac{R}{L}p + \frac{1}{LC} = 0$$

$$p_{1,2} = -\frac{R}{2L} \pm \sqrt{\left(\frac{R}{2L}\right)^2 - \frac{1}{LC}}$$

齐次微分方程的通解为

$$u_C = A_1 \mathrm{e}^{p_1 t} + A_2 \mathrm{e}^{p_2 t} \tag{9-23}$$

特征根 p_1 和 p_2 是由电路参数决定的，可能出现下列三种情况：

1）两个不相等的负实数。

2）一对实部为负的共轭复数。

3）一对相等的负实数。

下面分别加以讨论。

1. 特征根为不相等的负实数，电路为非振荡放电过程

当 $R > 2\sqrt{\dfrac{L}{C}}$ 时，p_1 和 p_2 是两个不相等的负实数，此时电容电压以指数规律衰减，响应式（9-23）中待定系数 A_1 和 A_2 可由初始条件确定如下：

$$u_C(0_+) = A_1 + A_2 = U_0$$

$$\frac{\mathrm{d}u_C}{\mathrm{d}t}\bigg|_{t=0_+} = A_1 p_1 + A_2 p_2 = 0$$

得

$$A_1 = \frac{p_2}{p_2 - p_1}U_0$$

$$A_2 = \frac{-p_1}{p_2 - p_1}U_0$$

将 A_1 和 A_2 代入式（9-23）求得响应为

$$u_C = \frac{U_0}{p_2 - p_1}(p_2 e^{p_1 t} - p_1 e^{p_2 t})$$

继而可求得电流和电感电压分别为

$$i = -C\frac{\mathrm{d}u_C}{\mathrm{d}t} = -\frac{U_0}{L(p_2 - p_1)}(e^{p_1 t} - e^{p_2 t})$$

$$u_L = L\frac{\mathrm{d}i}{\mathrm{d}t} = -\frac{U_0}{p_2 - p_1}(p_1 e^{p_1 t} - p_2 e^{p_2 t})$$

以上推导中利用了 $p_1 p_2 = \dfrac{1}{LC}$ 的关系。

图 9-32 画出了 u_C、i、u_L 随时间变化的曲线。从图中可以看出，在整个过程中电容一直释放所储存的电能，因此称为非振荡放电，又称为过阻尼放电。放电电流从零开始增大，至 $t = t_m$ 时达到最大，然后逐渐减小最后趋于零。

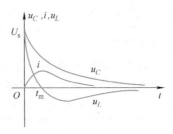

t_m 可由 $\dfrac{\mathrm{d}i}{\mathrm{d}t} = 0$ 求得为

$$t_m = \frac{\ln(p_2/p_1)}{p_1 - p_2}$$

图 9-32　u_C、i、u_L 的变化曲线

$t = t_m$ 正是电感电压过零的时刻；$t < t_m$ 时，电感吸收能量，建立磁场；$t > t_m$ 时，电感释放能量，磁场逐渐减弱最后趋于消失。

2. 特征根是一对实部为负的共轭复数，电路为振荡放电过程

当 $R < 2\sqrt{\dfrac{L}{C}}$ 时，特征根 p_1 和 p_2 是一对共轭复数。

令 $p_{1,2} = -\alpha \pm j\omega$，其中 $\alpha = \dfrac{R}{2L}$，$\omega^2 = \dfrac{1}{LC} - (\dfrac{R}{2L})^2$，由图 9-33

可知 $\omega_0 = \sqrt{\alpha^2 + \omega^2}$，$\beta = \arctan\dfrac{\omega}{\alpha}$，$\alpha = \omega_0\cos\beta$，$\omega = \omega_0\sin\beta$，根据

图 9-33　特征根与谐振角频率的对应关系

欧拉方程 $e^{j\beta} = \cos\beta + j\sin\beta$ 可进一步求得

$$p_1 = -\omega_0 e^{-j\beta}$$
$$p_2 = -\omega_0 e^{j\beta}$$

由前面的分析可得

$$
\begin{aligned}
u_C &= \frac{U_0}{p_2 - p_1}(p_2 e^{p_1 t} - p_1 e^{p_2 t}) \\
&= \frac{U_0}{-j2\omega}\big[-\omega_0 e^{j\beta} e^{(-\alpha + j\beta)t} + \omega_0 e^{-j\beta} e^{(-\alpha - j\beta)t}\big] \\
&= \frac{U_0 \omega_0}{\omega} e^{-\alpha t}\left[\frac{e^{j(\omega t + \beta)} - e^{-j(\omega t + \beta)}}{j2}\right] \\
&= \frac{U_0 \omega_0}{\omega} e^{-\alpha t}\sin(\omega t + \beta)
\end{aligned}
$$

继而可求得电流和电感电压分别为

$$i = -C\frac{\mathrm{d}u_C}{\mathrm{d}t} = \frac{U_0}{\omega L} e^{-\alpha t}\sin\omega t$$

$$u_L = L\frac{\mathrm{d}i}{\mathrm{d}t} = -\frac{U_0\omega_0}{\omega}\mathrm{e}^{-\alpha t}\sin(\omega t - \beta)$$

可见，在整个过渡过程中 u_C、i、u_L 周期性地改变方向，呈现衰减振荡的状态，即电容和电感周期性地交换能量，电阻则始终消耗能量，电容上原有的电能最终全部转化为热能消耗掉。u_C、i、u_L 的波形如图 9-34 所示，这种振荡称为衰减振荡或阻尼振荡。其中 $\alpha = \dfrac{R}{2L}$ 称为衰减系数，$\omega = \sqrt{\dfrac{1}{LC} - \left(\dfrac{R}{2L}\right)^2}$ 为振荡角频率。

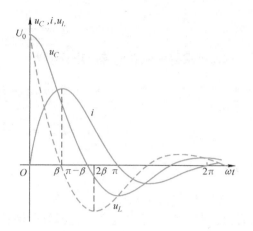

图 9-34　u_C、i、u_L 的波形

表 9-3 列出了换路后第一个 1/2 周期内元件之间能量转换、吸收的情况。

表 9-3　RLC 串联电路振荡放电时，第一个 1/2 周期内元件之间能量的交换

	$0 < \omega t < \beta$	$\beta < \omega t < \pi - \beta$	$\pi - \beta < \omega t < \pi$
电容	释放	释放	吸收
电感	吸收	释放	释放
电阻	消耗	消耗	消耗

特殊地，当 $R = 0$ 时，$\alpha = \dfrac{R}{2L} = 0$，$\omega = \omega_0$，在这种情况下，特征根 p_1 和 p_2 是一对纯虚数，这时可求得 u_C、i、u_L 分别为

$$u_C = U_0\cos\omega_0 t$$

$$i = \frac{U_0}{\omega_0 L}\sin\omega_0 t = \frac{U_0}{\sqrt{\dfrac{L}{C}}}\sin\omega_0 t$$

$$u_L = U_0\cos\omega_0 t = u_C$$

由于回路中无电阻，因此电压与电流均为不衰减的正弦量，称为无阻尼自由振荡。电容上原有的能量在电容和电感之间相互转换，而总能量不减少，即为等幅振荡。

3. 特征根为一对相等的负实数，电路为临界状态

当 $R = 2\sqrt{\dfrac{L}{C}}$ 时，特征方程存在二重根，$p_1 = p_2 = -\dfrac{R}{2L} \overset{\text{def}}{=\!=\!=} -\alpha$，此时微分方程的通解为

$$u_C = (A_1 + A_2 t)\mathrm{e}^{-\alpha t}$$

根据初始条件可求得

$$A_1 = U_0$$

$$A_2 = \alpha U_0$$

所以

$$u_C = U_0(1 + \alpha t)e^{-\alpha t}$$

$$i = -C\frac{du_C}{dt} = \frac{U_0}{L}te^{-\alpha t}$$

$$u_L = L\frac{di}{dt} = U_0(1 - \alpha t)e^{-\alpha t}$$

可以看出特征根为一对相等的负实数时动态电路的响应与特征根为一对不相等的负实数时的响应类似，即 u_C、i、u_L 具有非振荡的性质，二者的波形相似。由于这种过渡过程刚好介于振荡与非振荡之间，因此称之为临界状态。

如果二阶电路特征根的实部为大于零的值，电容电压则会按指数规律增长。利用负阻抗变换器搭建了一个 RLC 串联实验电路，分别进行实测与仿真，验证了这一过程，如图 9-35 所示。

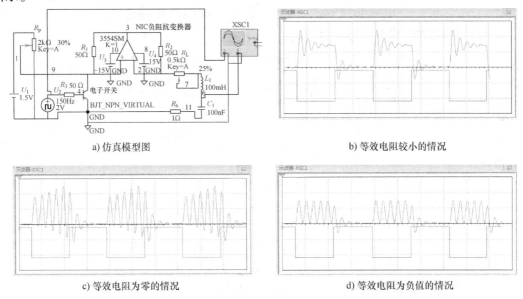

a) 仿真模型图　　　　　　　　　　b) 等效电阻较小的情况

c) 等效电阻为零的情况　　　　　　d) 等效电阻为负值的情况

图 9-35　RLC 串联实验电路及仿真

以上讨论了 RLC 串联电路在 $u_C(0_-) = U_0$，$i_L(0_-) = 0$ 的特定初始条件下的零输入响应，尽管电路响应的形式与初始条件无关，但积分常数的确定却与初始条件有关。因此当初始条件改变时积分常数也需相应地改变。

此外，如果要求计算在外加电源作用下的零状态响应或全响应，则既要计算强制分量，又要计算自由分量，其强制分量由外加激励决定，自由分量与零输入响应的形式一样，仍取决于电路的结构与参数。二阶电路的阶跃响应和冲激响应也可仿照一阶电路的方法进行类似分析。

例 9-14　在图 9-36 所示电路中，已知 $U_s = 40V$，$R = R_s = 10\Omega$，$L = 2mH$，$C = 20\mu F$，换路前电路处于稳态。求换路后的电容电压 u_C。

解　换路前电路已达稳态，电容相当于开路，电感相当于短路，所以

$$i_L(0_-) = \frac{U_s}{R + R_s} = \frac{40}{10 + 10}A = 2A$$

$$u_C(0_-) = Ri_L(0_-) = 20V$$

换路后的 *RLC* 串联电路中

$$\alpha = \frac{R}{2L} = \frac{10}{2 \times 2 \times 10^{-3}} = 2500\text{s}^{-1}$$

$$\omega_0^2 = \frac{1}{LC} = \frac{1}{2 \times 10^{-3} \times 2 \times 10^{-5}} = 2.5 \times 10^7 \text{s}^{-2}$$

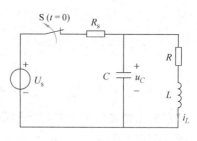

图 9-36 例 9-14 题图

因为 $\alpha < \omega_0$，由前面的分析可见换路后电路的二阶微分方程的特征根为一对共轭复数，所以电路为衰减振荡型，且

$$\omega = \sqrt{\frac{1}{LC} - \left(\frac{R}{2L}\right)^2} = \sqrt{2.5 \times 10^7 - 2500^2} = 4330\text{s}^{-1}$$

电容电压的通解可以写为

$$u_C = A\mathrm{e}^{-\alpha t}\sin(\omega t + \theta) = A\mathrm{e}^{-2500t}\sin(4330t + \theta)$$

利用初始条件确定待定系数，有

$$\begin{cases} u_C(0_+) = u_C(0_-) = 20\text{V} \\ \dfrac{\mathrm{d}u_C}{\mathrm{d}t}\bigg|_{t=0_+} = -\dfrac{1}{C}i_L(0_+) = -\dfrac{1}{C}i_L(0_-) = -10^5\text{V/s} \end{cases}$$

$$\begin{cases} A\sin\theta = 20 \\ -2500A\sin\theta + 4330A\cos\theta = -10^5 \end{cases}$$

解得

$$\begin{cases} A = 23.13 \\ \theta = 120.17° \end{cases}$$

于是所求响应为

$$u_C = 23.13\mathrm{e}^{-2500t}\sin(4330t + 120.17°)\text{V}, \quad t \geq 0$$

例 9-15 图 9-37 所示电路中，$R = 20\Omega$，$L = 0.1\text{H}$，$C = 20\mu\text{F}$。分别求电感电流的单位阶跃响应 $s(t)$ 和单位冲激响应 $h(t)$。

解 设 $u_s = \varepsilon(t)\text{V}$，由 KCL 和 KVL，有

$$i = i_C + i_L = C\frac{\mathrm{d}u_C}{\mathrm{d}t} + i_L$$

$$u_s = u_C + Ri$$

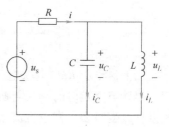

图 9-37 例 9-15 题图

$$u_C = u_L = L\frac{\mathrm{d}i_L}{\mathrm{d}t}$$

整理上述方程可求得 i_L 满足的二阶微分方程为

$$\frac{\mathrm{d}^2 i_L}{\mathrm{d}t^2} + \frac{1}{RC}\frac{\mathrm{d}i_L}{\mathrm{d}t} + \frac{1}{LC}i_L = \frac{1}{RLC}u_s$$

即

$$\frac{\mathrm{d}^2 i_L}{\mathrm{d}t^2} + 2500\frac{\mathrm{d}i_L}{\mathrm{d}t} + 5 \times 10^5 i_L = 2.5 \times 10^4$$

上述微分方程为二阶非齐次微分方程，其一般解为特解 i_{Lp} 与相应的齐次微分方程的通

解 i_{Lh} 的叠加，即

$$i_L = i_{Lp} + i_{Lh}$$

其中

$$i_{Lp} = 0.05\,\mathrm{A}$$

相应的齐次微分方程的特征方程及其根为

$$p^2 + 2500p + 5 \times 10^5 = 0$$
$$p_1 \approx -219$$
$$p_2 \approx -2280$$

所以齐次方程的解为

$$i_{Lh} = A_1 \mathrm{e}^{-219t} + A_2 \mathrm{e}^{-2280t}$$

所求二阶非齐次微分方程的通解为

$$i_L = i_{Lp} + i_{Lh} = 0.05 + A_1 \mathrm{e}^{-219t} + A_2 \mathrm{e}^{-2280t}$$

零状态电路的初始条件为

$$i_L(0_+) = i_L(0_-) = 0$$

$$\left. \frac{\mathrm{d}i_L}{\mathrm{d}t} \right|_{t=0_+} = \frac{1}{L} u_L(0_+) = \frac{1}{L} u_C(0_+) = 0$$

代入通解表达式中可得

$$i_L(0_+) = 0.05 + A_1 + A_2 = 0$$

$$\left. \frac{\mathrm{d}i_L}{\mathrm{d}t} \right|_{t=0_+} = -219A_1 - 2280A_2 = 0$$

解得待定系数为

$$A_1 \approx -0.055$$

$$A_2 \approx 0.005$$

最终求得电感电流的阶跃响应为

$$s(t) = i_L = (0.05 - 0.055\mathrm{e}^{-219t} + 0.005\mathrm{e}^{-2280t})\varepsilon(t)\,\mathrm{A}$$

再由冲激响应与阶跃响应之间的微分关系，得到电感电流的单位冲激响应为

$$h(t) = \frac{\mathrm{d}s(t)}{\mathrm{d}t} = (12\mathrm{e}^{-219t} - 11.4\mathrm{e}^{-2280t})\varepsilon(t)\,\mathrm{A}$$

9.7　电路动态过程的状态变量分析

当电路中含有多个动态元件时，电路方程将是高阶微分方程。在电路理论中常引用"状态变量"作为分析电路动态过程的独立变量，将一元高阶微分方程转化为状态变量的多元一阶微分方程组，利用数值计算分析电路的动态过程。

能完整、准确地描述动态电路时域性状的最少变量称为电路的状态变量。独立的电容电压（或电容电荷）和电感电流（或电感磁链）就是电路的状态变量。对状态变量列出的一阶微分方程组称为状态方程。如果已知状态变量在换路时的初始值，并且已知换路时的激励，就能唯一地确定换路后电路的全部性状。这种利用状态变量分析动态电路的方法称为状态变量分析法，该方法在近代控制理论中得到了广泛应用。

下面以图 9-38 所示电路为例来说明状态变量的分析方法。在时域分析中以电容电压 u_C 为变量的电路方程为

$$\frac{\mathrm{d}^2 u_C}{\mathrm{d}t^2} + \frac{R}{L}\frac{\mathrm{d}u_C}{\mathrm{d}t} + \frac{1}{LC}u_C = \frac{u_s}{LC}$$

用于确定积分常数的初始条件是 $u_C(0_+)$ 和 $\left.\dfrac{\mathrm{d}u_C}{\mathrm{d}t}\right|_{0_+}$。

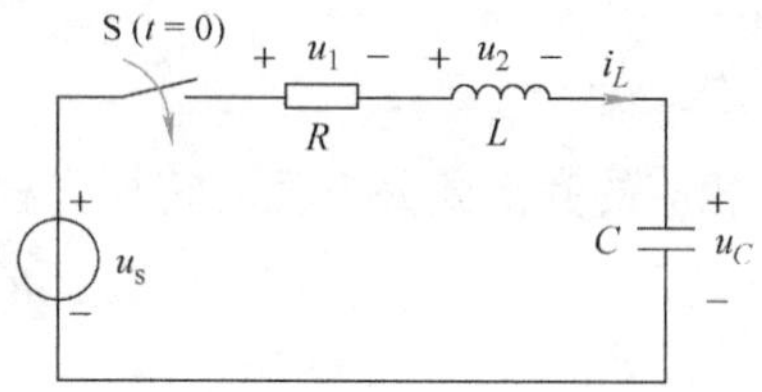

现在以电容电压 u_C 和电感电流 i_L 作为状态变量重列上述电路的方程，则有

图 9-38　状态变量法分析示例

$$C\frac{\mathrm{d}u_C}{\mathrm{d}t} = i_L$$

$$L\frac{\mathrm{d}i_L}{\mathrm{d}t} = u_s - Ri_L - u_C$$

将上述方程改写可得

$$\frac{\mathrm{d}u_C}{\mathrm{d}t} = \frac{1}{C}i_L$$

$$\frac{\mathrm{d}i_L}{\mathrm{d}t} = -\frac{1}{L}u_C - \frac{R}{L}i_L + \frac{1}{L}u_s$$

写成矩阵形式，则有

$$\begin{bmatrix} \dfrac{\mathrm{d}u_C}{\mathrm{d}t} \\ \dfrac{\mathrm{d}i_L}{\mathrm{d}t} \end{bmatrix} = \begin{bmatrix} 0 & \dfrac{1}{C} \\ -\dfrac{1}{L} & -\dfrac{R}{L} \end{bmatrix} \begin{bmatrix} u_C \\ i_L \end{bmatrix} + \begin{bmatrix} 0 \\ \dfrac{1}{L} \end{bmatrix} u_s$$

这是一组以 u_C 和 i_L 为变量的一阶微分方程组，只需 $u_C(0_+)$ 和 $i_L(0_+)$ 即可确定积分常数，该方程即为描写图示电路动态过程的状态方程。

推广到一般情况可以得到 标准形式的状态方程 为

$$\dot{X} = AX + BV \tag{9-24}$$

其中

$$X = \begin{bmatrix} u_{C1} & u_{C2} & \cdots & i_{L1} & i_{L2} & \cdots \end{bmatrix}^T$$

称为状态变量列向量或状态向量，$\dot{X}$ 表示状态变量的一阶导数，即

$$\dot{X} = \begin{bmatrix} \dfrac{\mathrm{d}u_{C1}}{\mathrm{d}t} & \dfrac{\mathrm{d}u_{C1}}{\mathrm{d}t} & \cdots & \dfrac{\mathrm{d}i_{L1}}{\mathrm{d}t} & \dfrac{\mathrm{d}i_{L2}}{\mathrm{d}t} & \cdots \end{bmatrix}^T$$

而

$$V = \begin{bmatrix} u_{s1} & u_{s2} & \cdots & i_{s1} & i_{s2} & \cdots \end{bmatrix}^T$$

称为输入列向量。

设电路具有 n 个状态变量，m 个独立电源，则 $\dot{X}$ 和 X 均为 n 阶列向量，A 为 $n \times n$ 方阵，V 为 m 阶列向量，B 为 $n \times m$ 矩阵。A 与 D 均由电路的结构和参数决定。

实际应用中往往还需要求解其他电压或电流，这时可用状态变量和激励结合电路的 KCL、KVL 和 VCR 进行线性描述。如上例中若以电阻电压 u_1 和电感电压 u_2 为未知量，一般称为 输出变量，由电路图可求得

$$u_1 = Ri_L$$

$$u_2 = -u_C + Ri_L + u_s$$

写成矩阵形式为

$$\begin{bmatrix} u_1 \\ u_2 \end{bmatrix} = \begin{bmatrix} 0 & R \\ -1 & R \end{bmatrix} \begin{bmatrix} u_C \\ i_L \end{bmatrix} + \begin{bmatrix} 0 \\ 1 \end{bmatrix} \boldsymbol{u}_s$$

此式即为关于输出变量 u_1、u_2 的代数方程组, 称为输出方程。

标准形式的输出方程为

$$\boldsymbol{Y} = \boldsymbol{CX} + \boldsymbol{DV} \tag{9-25}$$

其中

$$\boldsymbol{Y} = \begin{bmatrix} u_1 & u_2 & \cdots & i_1 & i_2 & \cdots \end{bmatrix}^{\mathrm{T}}$$

为输出变量列向量, $\boldsymbol{C}$、$\boldsymbol{D}$ 为仅与电路的结构和参数有关的系数矩阵。

总结以上分析可得状态变量分析法的一般步骤为

1) 选择一组独立的状态变量, 通常取独立的电容电压和电感电流。

2) 列写状态方程 (直观法):

① 对只含一个独立电容的节点或广义节点由 KCL 列相应的电流方程 (应包括尽可能少的非状态变量);

状态方程的 5 步直观列写方法

② 对只含一个独立电感的回路由 KVL 列写电压方程 (应包括尽可能少的非状态变量);

③ 消去①、②所列的方程中出现的非状态变量: 对不含独立电容的节点或广义节点由 KCL 列方程; 对不含独立电感的回路由 KVL 列方程。

3) 求解状态方程得到状态变量的解。

4) 列输出方程并由步骤 3) 中得到的状态变量求解输出变量。

例 9-16 用直观法列出图 9-39 所示电路标准形式的状态方程。

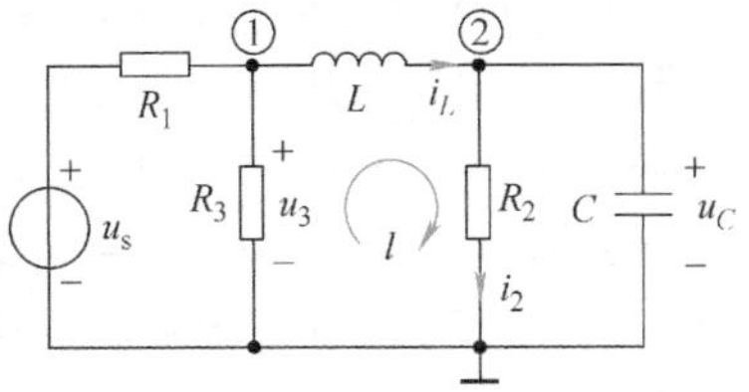

解 选 u_C 和 i_L 为状态变量, 对节点②由 KCL 列方程为

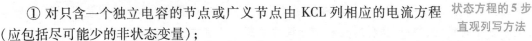

$$C \frac{\mathrm{d}u_C}{\mathrm{d}t} = i_L - i_2 \tag{a}$$

对回路 l 由 KVL 列方程有

图 9-39 例 9-16 题图

$$L \frac{\mathrm{d}i_L}{\mathrm{d}t} = -R_2 i_2 + u_3 \tag{b}$$

其中 i_2、u_3 为非状态变量。由图 9-39 中电阻 R_2 与电容 C 的并联电路可求得

$$i_2 = \frac{1}{R_2} u_C$$

对非状态变量 u_3 所在的节点①由 KCL 列方程 (将电感支路等效为电流为 i_L 的电流源), 有

$$\left(\frac{1}{R_1} + \frac{1}{R_3} \right) u_s = \frac{u_s}{R_1} - i_L$$

解得

$$u_3 = -\frac{R_1 R_3}{R_1 + R_3} i_L + \frac{R_3}{R_1 + R_3} u_s$$

将上述求得的非状态变量 i_2、u_3 代入方程式（a）、（b），整理成矩阵形式，即可得到标准形式的状态方程为

$$
\begin{bmatrix} \dfrac{\mathrm{d}u_C}{\mathrm{d}t} \\[3mm] \dfrac{\mathrm{d}i_L}{\mathrm{d}t} \end{bmatrix} = \begin{bmatrix} -\dfrac{1}{R_2 C} & \dfrac{1}{C} \\[3mm] -\dfrac{1}{L} & -\dfrac{R_1 R_3}{L(R_1 + R_3)} \end{bmatrix} \begin{bmatrix} u_C \\[2mm] i_L \end{bmatrix} + \begin{bmatrix} 0 \\[3mm] \dfrac{R_3}{L(R_1 + R_3)} \end{bmatrix} u_s
$$

对于复杂电路状态方程的系统列写方法，利用拓扑学中特有树的概念更为方便。此外，状态方程的求解通常采用数值解法，如欧拉法、龙格－库塔法等。更多相关知识请参阅电网络等相关书籍。

本 章 小 结

1. 本章的重点内容

动态电路及其分析中的基本概念、电路初始值的确定；一阶电路三要素法、一阶电路微分方程的建立与求解；电路定理在动态电路分析中的应用；具有正弦输入的一阶电路的零状态响应；阶跃函数（响应）与冲激函数（响应）的定义、性质，二者的对应关系；二阶电路微分方程的建立、响应类型的判断、方程的求解；状态方程的直观编写方法。

2. 动态电路的时域分析方法

1）一阶电路的三要素法：利用初始值、时间常数、稳态值（特解）直接写出一阶电路的响应。注意电路定律、定理如叠加、替代、戴维南等定理在动态电路分析中的应用。

2）列微分方程求解法：列出变量的微分方程，利用数学中解微分方程的方法先求相应齐次微分方程的通解，再求其特解，最后由初始条件确定通解中的待定系数。

3）利用状态方程求解法：选定独立状态变量、列状态方程，再由状态方程求响应。

3. 一阶电路常见题型及分析方法

题型 1——给定电路结构及其元件参数，求初始值。

先求独立初始值变量——电容电压 $u_C(0_+)$ 与电感电流 $i_L(0_+)$，画出 $t = 0_+$ 时刻的等效电路，再求其他非独立初始值变量的初始值。

题型 2——给定电路结构及其元件参数，求响应。

该题型一般既可采用三要素法分析，也可采用列微分方程求解的方法分析。

题型 2A——只含一个储能元件。

若电路结构简单且不含受控源，则直接求三要素，若结构较复杂或含受控源，则应利用戴维南定理将储能元件以外的电路化简再求三要素。

题型 2B——含多个储能元件，电容电压或电感电流无跃变。

将多个电感或电容等效为一个，电路仍简化为一阶电路。

将电路拆分为若干个独立的一阶电路分别求解。

题型 2C——含多个储能元件，且电容电压或电感电流跃变。

利用电荷守恒或磁链守恒求电容电压或电感电流的跃变值。

题型 3——网络结构或参数未知，给出若干激励下的响应，求某种外加激励或外加负载情况下电路的响应——黑箱问题。

利用一阶电路基本概念，结合输入电阻的计算、电路定理、网络函数的概念、单位阶跃

响应与单位冲激响应之间的关系等进行综合分析求解。

4. 二阶电路动态过程

二阶电路的基本概念、零输入响应、零状态响应及全响应的暂态分析与一阶电路类似，重点在于齐次微分方程的通解形式。以电容电压为例分如下四种情况进行总结：

（1）特征根为不相等的负实数，电路响应为非振荡情况，即

$$u_C(t) = A_1 e^{-p_1 t} + A_2 e^{-p_2 t}$$

（2）特征根为相等的负实数，电路响应为临界振荡情况，即

$$u_C(t) = (A_1 + A_2 t) e^{-\alpha_1 t}$$

（3）特征根为两个共轭复数，电路响应为振荡情况，设特征根为 $p_{1,2} = -\alpha \pm j\omega_d$，则

$$u_C(t) = A e^{-\alpha t} \cos(\omega_d t + \theta)$$

（4）特征根为虚数，电路响应为无阻尼情况，即

$$u_C(t) = A \cos(\omega_0 t + \theta)$$

习　题　9

9-1 电路如图 9-40 所示，$t = 0$ 时开关闭合，求初始值 $u_C(0_+)$、$i_L(0_+)$、$u_1(0_+)$、$u_L(0_+)$ 及 $i_C(0_+)$。

9-2 电路如图 9-41 所示，开关未动作前电路处于稳态，$t = 0$ 时开关断开，求 $u_C(0_+)$、$i_L(0_+)$、$\left.\dfrac{\mathrm{d}u_C}{\mathrm{d}t}\right|_{0_+}$、$\left.\dfrac{\mathrm{d}i_L}{\mathrm{d}t}\right|_{0_+}$ 和 $\left.\dfrac{\mathrm{d}i_R}{\mathrm{d}t}\right|_{0_+}$。

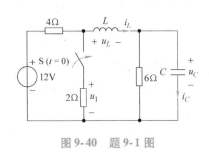

图 9-40　题 9-1 图

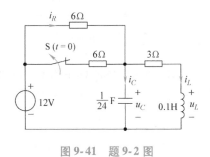

图 9-41　题 9-2 图

9-3 图 9-42 所示各电路中开关 S 在 $t = 0$ 时动作，试求各电容元件在 $t = 0_+$ 时刻的电压和电流，其中图 9-42b 中的 $e(t) = 100\sin\left(\omega t + \dfrac{\pi}{3}\right)\mathrm{V}$，$u_C(0_-) = 20\mathrm{V}$。

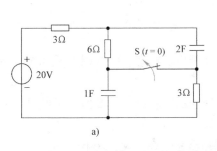

a)

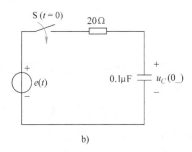

b)

图 9-42　题 9-3 图

9-4　如图 9-43 所示电路，开关 S 原在位置 1 已久，$t=0$ 时合向位置 2，求 $u_C(t)$ 和 $i(t)$。

9-5　图 9-44 所示电路中开关 S 闭合前，电容电压 u_C 为零。开关 S 在 $t=0$ 时闭合，求 $t>0$ 时的 $u_C(t)$ 和 $i_C(t)$。

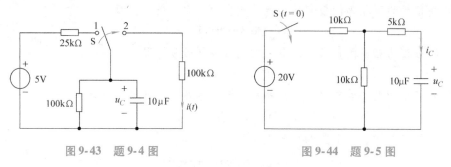

图 9-43　题 9-4 图　　　　　图 9-44　题 9-5 图

9-6　图 9-45 所示电路，$t<0$ 时处于稳态，$t=0$ 时换路，求 $t>0$ 时的全响应 u。

9-7　图 9-46 所示电路，$t<0$ 时处于稳态，$t=0$ 时开关闭合，求 $t>0$ 时的全响应 i。

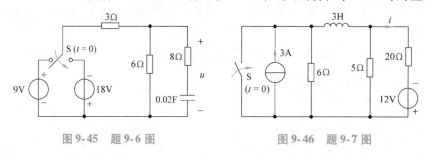

图 9-45　题 9-6 图　　　　　图 9-46　题 9-7 图

9-8　图 9-47 所示电路原处于稳态，$t=0$ 时开关 S 闭合，求 $t>0$ 时的电容电压 u_C。

9-9　图 9-48 所示电路原处于稳态，开关 S 在 $t=0$ 时打开，求 $t>0$ 时的电压 u。

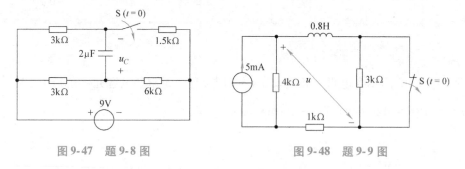

图 9-47　题 9-8 图　　　　　图 9-48　题 9-9 图

9-10　图 9-49 所示电路开关 S 闭合前电路处于稳定状态，$t=0$ 时开关闭合，求 $t>0$ 时的电流 i_L 和 i。

9-11　图 9-50 所示电路开关 S 闭合时电路处于稳定状态，$t=0$ 时开关断开，求 $t>0$ 时的 u_C、i_C 和 i_L。

9-12　图 9-51 所示电路原处于稳态，$t=0$ 开关 S 闭合，求 $t>0$ 时的 u_C。

9-13　图 9-52 所示电路中 $t=0$ 时开关 S 闭合，求 i_L 和电压源发出的功率。

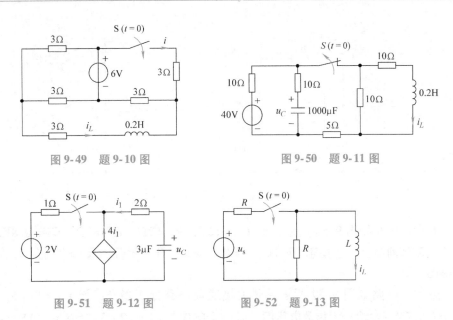

图 9-49　题 9-10 图　　　　　　　　图 9-50　题 9-11 图

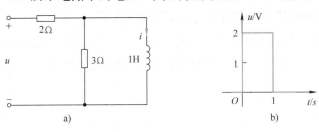

图 9-51　题 9-12 图　　　　　　　　图 9-52　题 9-13 图

9-14　图 9-53a 所示电路中的电压 $u(t)$ 的波形如图 9-53b 所示，试求电流 $i(t)$。

图 9-53　题 9-14 图

9-15　图 9-54 所示电路中电容原未充电，求当 i_s 给定为下列情况时的 u_C 和 i_C：（1）$i_s = 25\varepsilon(t)$ mA；（2）$i_s = \delta(t)$ mA。

9-16　图 9-55 所示电路中电源 $u_s = [50\varepsilon(t) + 2\delta(t)]$ V，求 $t > 0$ 时的电感电流 $i(t)$。

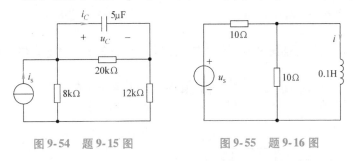

图 9-54　题 9-15 图　　　　　　　　图 9-55　题 9-16 图

9-17　图 9-56 所示电路中含有理想运算放大器，已知 $u_{in} = 5\varepsilon(t)$ V，试求零状态响应 $u_C(t)$。

9-18　求图 9-57 所示含理想运算放大器电路的阶跃响应 $i_0(t)$。

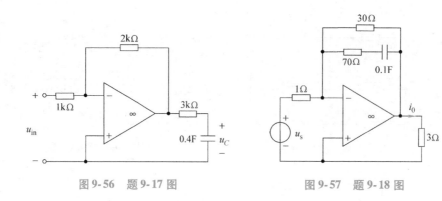

图 9-56 题 9-17 图   图 9-57 题 9-18 图

9-19 电路如图 9-58 所示，设 $U_s = 12V$，$R_1 = 3\Omega$，$R_2 = 6\Omega$，$C_1 = 0.8F$，$C_2 = 0.2F$。开关未动作前电路处于稳态，$u_2(0-) = 0$，$t = 0$ 时开关闭合，求 $t > 0$ 时的 u_1 及 u_2 并画出其波形图。

9-20 电路如图 9-59 所示，开关接通前电路处于稳态。设 $u_{s1} = U_{s1}$ 为直流电压源，$u_{s2} = U_{s2}e^{-2t}$（$t \geqslant 0$）为指数电压源，u_C 的全响应为 $u_C = (2 + 3e^{-2t} + 5e^{-t})V(t \geqslant 0)$。

（1）求 u_C 的零输入响应 $u_C^{(1)}$；

（2）求 u_{s1} 及 u_{s2} 单独作用时的零状态响应 $u_C^{(2)}$ 和 $u_C^{(3)}$。

9-21 图 9-60 所示电路 $t = 0$ 时开关 S 闭合，若 $u_s = 20V$，则全响应 $u = (20 - 6e^{-10t})V$（$t \geqslant 0$）；若 $u_s = 30\cos10tV$，则全响应 $u = [16.16\sqrt{2}\cos(10t - 23.20°) - 3e^{-10t}]V$（$t \geqslant 0$），求电路的零输入响应 u。

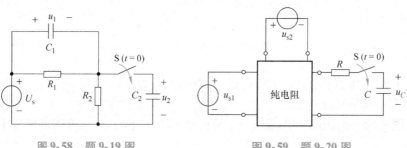

图 9-58 题 9-19 图   图 9-59 题 9-20 图

9-22 RC 串联电路外加图 9-61 所示方波激励，求证在稳态时电容电压的最大值和最小值分别为 $u_{C\max} = \dfrac{U_s}{1 + e^{-\frac{T}{\tau}}}$，$u_{C\min} = \dfrac{U_s e^{-\frac{T}{\tau}}}{1 + e^{-\frac{T}{\tau}}}$，其中 $\tau = RC$ 且 $\tau > \dfrac{T}{8}$。

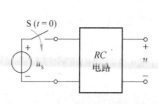 

图 9-60 题 9-21 图   图 9-61 题 9-22 图

9-23 图9-62所示电路中电源为单位冲激函数，求电流 $i(t)$。

9-24 图9-63所示电路中，$u_C(0)=1\mathrm{V}$，电源电压为 $u_s(t)=30\cos 2\pi\times 10^3 t\varepsilon(t)\mathrm{V}$，求 $t\geqslant 0$ 时的电流 $i(t)$。如果能够控制电源电压的初相 φ_u，那么，是否存在这样一个 φ_u 值，使得输入 $30\cos(2\pi\times 10^3 t+\varphi_u)$ 不形成任何瞬态？如果存在，则合适的 φ_u 值为多少？

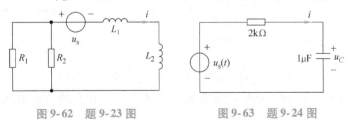

图9-62 题9-23图　　　　　图9-63 题9-24图

9-25 图9-64所示电路中 $u_C(0_-)=1\mathrm{V}$，$i_L(0_-)=2\mathrm{A}$，电源为单位阶跃函数，试求 $t\geqslant 0$ 时的输出电压响应 $u(t)$。

9-26 图9-65所示电路中，$R=20\mathrm{k\Omega}$，$C=10\mathrm{\mu F}$，$u_C(0)=-5\mathrm{V}$，电流源 $i(t)=5\times 10^{-3}t\varepsilon(t)\mathrm{A}$，求 $t\geqslant 0$ 时的电容电压 $u_C(t)$、电源发出的功率 $p(t)$ 以及储存于电路中的能量 $w(t)$。

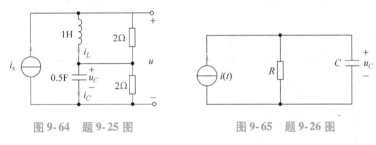

图9-64 题9-25图　　　　　图9-65 题9-26图

9-27 图9-66所示电路中 $R=3\Omega$，$L=6\mathrm{mH}$，$C=1\mathrm{\mu F}$，$U_o=12\mathrm{V}$，电路已达到稳态。设开关S在 $t=0$ 时断开，试求 u_L。

9-28 图9-67所示电路在开关断开之前已达稳态，$t=0$ 时开关S断开，求 $t\geqslant 0$ 时的电容电压 u_C。

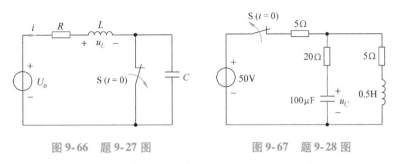

图9-66 题9-27图　　　　　图9-67 题9-28图

9-29 试写出图9-68所示电路中电压 u_C 的微分方程及其初始条件，已知 $u_C(0_-)=U_0$，$i_L(0_-)=I_0$。

9-30 设电路对一个单位冲激电流的零状态响应 $h(t)$ 如图9-69所示，试计算并画出对于单位阶跃输入的零状态响应 $s(t)$。

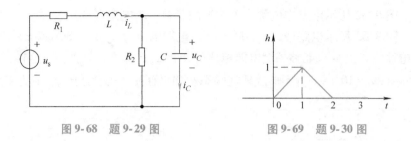

图 9-68　题 9-29 图　　　　图 9-69　题 9-30 图

9-31　电路如图 9-70 所示，列出以 u_C 和 i_L 为变量的状态方程。

9-32　列出图 9-71 所示电路的状态方程。若选节点①和②的节点电压为输出量，写出其输出方程。

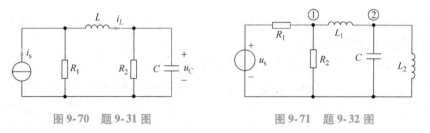

图 9-70　题 9-31 图　　　　图 9-71　题 9-32 图

9-33　列出图 9-72 所示电路状态方程。

9-34　列出图 9-73 所示电路状态方程和以 u_1 和 u_2 为输出变量的输出方程。

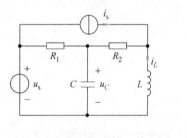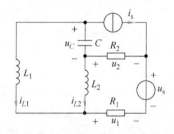

图 9-72　题 9-33 图　　　　图 9-73　题 9-34 图

第 10 章
> Chapter 10

─»

线性电路动态过程的
复频域分析

 本 章 导 学

前面提到过电路分析的两个重要分析方法是分解法与变换法。

在第 5、6、7 章，通过引入相量法把正弦稳态电路的求解问题从时域变换到频域，将复杂的三角函数方程巧妙地变换为复数代数方程，简化了电路的计算。

在第 8 章，利用傅里叶变换将非正弦周期电流电路转化为直流电路与一系列不同频率的正弦周期电路，再利用相量法和叠加原理进行分析，同样获得了满意的结果，由此可以体会到数学方法在电路理论分析中的重要作用。

随着电路中储能元件的增多，电路微分方程的阶次也随之升高。除了一阶、二阶以外，更高阶的微分方程的通解及其待定系数的确定会更加困难。为了解决高阶微分方程求解的难题，法国的天文学家、数学家拉普拉斯（Laplace）给出了一种非常实用的方法，电气工程师们将其引用到电路暂态分析中，同时结合电路问题总结出了建立复频域电路模型并且分析计算的方法，称之为拉普拉斯变换法或拉普拉斯运算法，同时发现该方法不仅仅能够得到电路的暂态响应，也能够得到电路的稳态响应。

这一章将简要回顾与总结拉普拉斯变换与反变换的概念（如果已经在数学课程中学过拉普拉斯变换相关知识则可跳过 10.1 节），重点给出动态电路问题的求解由时域变换到复频域的直接建立运算电路模型的过程，为后续更复杂的工程实际问题的解决提供方法、奠定基础。

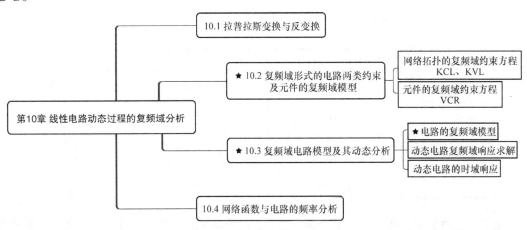

10.1　拉普拉斯变换与反变换

一个定义在 $[0，+\infty)$ 区间的函数 $f(t)$，它的拉普拉斯变换式 $F(s)$ 定义为

$$F(s) = \int_{0_-}^{+\infty} f(t)e^{-st}dt \qquad (10\text{-}1)$$

式中，$s = \sigma + j\omega$ 为复数，$F(s)$ 称为 $f(t)$ 的象函数，$f(t)$ 称为 $F(s)$ 的原函数。

拉普拉斯变换简称为拉氏变换，该变换把一个时间域的函数 $f(t)$ 变换为复频域（又称 S 域）内的复变函数 $F(s)$，变量 s 称为复频率。式中拉普拉斯变换的积分从 $t=0_-$ 开始，因此可以计入 $t=0$ 时 $f(t)$ 可能包含的冲激，从而给计算存在冲激函数电压和电流的电路带来方便。

由 $F(s)$ 到 $f(t)$ 的变换称为拉普拉斯反变换，定义为

$$f(t) = \frac{1}{2\pi j}\int_{c-j\infty}^{c+j\infty} F(s)e^{st}ds \qquad (10\text{-}2)$$

式中，c 为正的有限常数。

通常用符号 $\mathscr{L}$ 表示对方括号里的时域函数（一般用小写字母表示）进行拉普拉斯变换，用符号 $\mathscr{L}^{-1}$ 表示对方括号里的复变函数（用相应的大写字母表示）进行拉普拉斯反变换。

分析线性动态电路时常用到的一些拉普拉斯变换性质如下：

设 $f(t)$、$f_1(t)$ 和 $f_2(t)$ 是任意的时间函数，相应的 $F(s)$、$F_1(s)$ 和 $F_2(s)$ 分别为它们的象函数，a、b 是任意实常数，则有

（1）线性性质　$\mathscr{L}[af_1(t) + bf_2(t)] = a\mathscr{L}[f_1(t)] + b\mathscr{L}[f_2(t)] = aF_1(s) + bF_2(s)$

（2）微分性质　$\mathscr{L}\left[\dfrac{df(t)}{dt}\right] = sF(s) - f(0_-)$

（3）积分性质　$\mathscr{L}\left[\displaystyle\int_{0_-}^{t} f(\xi)d\xi\right] = \dfrac{F(s)}{s}$

（4）延迟性质　$\mathscr{L}[f(t-t_0)\varepsilon(t-t_0)] = e^{-st_0}F(s)$

（5）位移性质　$\mathscr{L}[e^{at}f(t)] = F(s-a) \quad \{\operatorname{Re}(s-a) > 0\}$

表 10-1 列出了电路分析中常用函数的拉普拉斯变换。

表 10-1　常用时间函数的象函数

原函数 $f(t)$	象函数 $F(s)$	原函数 $f(t)$	象函数 $F(s)$
$A\delta(t)$	A	$\sin(\omega t + \varphi)$	$\dfrac{s\sin\varphi + \omega\cos\varphi}{s^2 + \omega^2}$
$A\varepsilon(t)$	$\dfrac{A}{s}$	$\cos(\omega t + \varphi)$	$\dfrac{s\cos\varphi - \omega\sin\varphi}{s^2 + \omega^2}$
$\dfrac{1}{n!}t^n$	$\dfrac{1}{s^{n+1}}$	$e^{-at}\sin\omega t$	$\dfrac{\omega}{(s+a)^2 + \omega^2}$
$\dfrac{1}{n!}t^n e^{-at}$	$\dfrac{1}{(s+a)^{n+1}}$	$e^{-at}\cos\omega t$	$\dfrac{s+a}{(s+a)^2 + \omega^2}$

电路响应的象函数通常可表示为两个实系数的变量 s 的多项式之比，即 s 的一个有理分式，即

$$F(s) = \frac{N(s)}{D(s)} = \frac{a_0 s^m + a_1 s^{m-1} + \cdots + a_m}{b_0 s^n + b_1 s^{n-1} + \cdots + b_n} \tag{10-3}$$

式中，m 和 n 为正整数，且 $n \geqslant m$（电路分析中通常不出现 $n < m$ 的情况）。

把 $F(s)$ 分解成若干简单项之和，而这些简单项的拉普拉斯反变换可从拉普拉斯变换表中查找，这种方法称为部分分式展开法，或称为分解定理。

若 $n = m$，则可把 $F(s)$ 化为常数项 A 与真分式 $\dfrac{N_0(s)}{D(s)}$ 之和，即

$$F(s) = A + \frac{N_0(s)}{D(s)}$$

用部分分式展开真分式时，需要对分母多项式 $D(s)$ 进行因式分解，求出 $D(s) = 0$ 的根。其根可以是单根、共轭复根和重根几种情况，下面分别讨论三种情况下反变换的求解方法。

（1）单根

设 $D(s) = 0$ 有 n 个单根 p_1，p_2，$\cdots$，p_n，则可将 $F(s)$ 展开为

$$F(s) = \frac{K_1}{s - p_1} + \frac{K_2}{s - p_2} + \cdots + \frac{K_n}{s - p_n} = \sum_{i=1}^{n} \frac{K_i}{s - p_i} \tag{10-4}$$

式中，K_1，K_2，$\cdots$，K_n 为待定系数。

可以证明待定系数计算公式为

$$K_i = \lim_{s \to p_i} (s - p_i) F(s) \quad i = 1, 2, \cdots, n \tag{10-5}$$

或

$$K_i = \left. \frac{N(s)}{D'(s)} \right|_{s = p_i} \quad i = 1, 2, \cdots, n \tag{10-6}$$

最终求得原函数为

$$f(t) = \mathscr{L}^{-1}[F(s)] = \sum_{i=1}^{n} K_i \mathrm{e}^{p_i t} \tag{10-7}$$

（2）共轭复根

设 $D(s) = 0$ 有共轭复根 $p_1 = \alpha + \mathrm{j}\omega$，$p_2 = \alpha - \mathrm{j}\omega$，由相同的计算方法可以得到

$$K_1 = \left[(s - \alpha - \mathrm{j}\omega) F(s) \right]_{s = \alpha + \mathrm{j}\omega} = \left. \frac{N(s)}{D'(s)} \right|_{s = \alpha + \mathrm{j}\omega} \tag{10-8a}$$

$$K_2 = \left[(s - \alpha + \mathrm{j}\omega) F(s) \right]_{s = \alpha - \mathrm{j}\omega} = \left. \frac{N(s)}{D'(s)} \right|_{s = \alpha - \mathrm{j}\omega} \tag{10-8b}$$

由于 $F(s)$ 是实系数多项式之比，故 K_1、K_2 为共轭复数。设 $K_1 = |K_1| \mathrm{e}^{\mathrm{j}\theta_1}$，有 $K_2 = |K_1| \mathrm{e}^{-\mathrm{j}\theta_1}$，则相应的原函数为

$$f(t) = 2 |K_1| \mathrm{e}^{\alpha t} \cos(\omega t + \theta_1) \tag{10-9}$$

（3）重根

设 $D(s) = 0$ 具有一个 m 次重根 p_1，其余 p_2，p_3，$\cdots$，p_{n-m+1} 为单根，则有

$$F(s) = \frac{K_{11}}{(s - p_1)^m} + \frac{K_{12}}{(s - p_1)^{m-1}} + \cdots + \frac{K_{1m}}{s - p_1} + \sum_{i=2}^{n-m+1} \frac{K_i}{s - p_i} \tag{10-10}$$

其中单根对应的待定系数 $K_i [i = 2, 3, \cdots, (n - m + 1)]$ 与前面的计算方法相同。

由类似的方法可推导出

$$K_{1j} = \frac{1}{(j-1)!} \frac{d^{j-1}}{ds^{j-1}} [(s-p_1)^m F(s)]_{s=p_1}, j=1,2,\cdots,m \qquad (10\text{-}11)$$

则相应的原函数为

$$f(t) = \left[\frac{K_{11}}{(m-1)!} t^{m-1} + \frac{K_{12}}{(m-2)!} t^{m-2} + \cdots + K_{1m} \right] e^{p_1 t} + \sum_{i=2}^{n-m+1} K_i e^{p_i t} \qquad (10\text{-}12)$$

在电路简化模型分析中遇到的电路变量的响应通常都可以利用上述方法求得响应的反变换，从而得到电路的时域响应。

例 10-1 已知 $F(s) = \frac{s+1}{s^3 + 2s^2 + 2s}$，求它的原函数 $f(t)$。

解 可以求得象函数的分母多项式 $D(s) = s^3 + 2s^2 + 2s = 0$ 的根为 $p_1 = 0$，$p_2 = -1 + j$，$p_3 = -1 - j$，因此 $F(s)$ 的展开式可写为

$$F(s) = \frac{K_1}{s-p_1} + \frac{K_2}{s-p_2} + \frac{K_3}{s-p_3}$$

由 $D'(s) = 3s^2 + 4s + 2$ 得

$$K_1 = \frac{s+1}{3s^2 + 4s + 2} \bigg|_{s=0} = 0.5$$

$$K_2 = \frac{s+1}{3s^2 + 4s + 2} \bigg|_{s=-1+j} = 0.25\sqrt{2} \underline{/-135°} = K_3^*$$

所以原函数为

$$f(t) = 0.5 + 0.5\sqrt{2} e^{-t} \cos(t - 135°)$$

例 10-2 求 $F(s) = \frac{1}{(s+1)^3 s^2}$ 的原函数 $f(t)$。

解 令 $D(s) = (s+1)^3 s^2 = 0$，有 $p_1 = -1$ 为三重根，$p_2 = 0$ 为二重根，$F(s)$ 的展开式可写为

$$F(s) = \frac{K_{13}}{s+1} + \frac{K_{12}}{(s+1)^2} + \frac{K_{11}}{(s+1)^3} + \frac{K_{22}}{s} + \frac{K_{21}}{s^2}$$

以 $(s+1)^3$ 乘以 $F(s)$ 得

$$(s+1)^3 F(s) = \frac{1}{(s+1)^3 s^2} (s+1)^3 = \frac{1}{s^2}$$

应用式 (10-11)，得

$$K_{11} = \frac{1}{s^2} \bigg|_{s=-1} = 1$$

$$K_{12} = \frac{d}{ds} \frac{1}{s^2} \bigg|_{s=-1} = \frac{-2}{s^3} \bigg|_{s=-1} = 2$$

$$K_{13} = \frac{1}{2} \frac{d^2}{ds^2} \frac{1}{s^2} \bigg|_{s=-1} = \frac{1}{2} \frac{d}{ds} \frac{-2}{s^3} \bigg|_{s=-1} = 3$$

类似的，以 s^2 乘以 $F(s)$ 得

$$s^2 F(s) = s^2 \frac{1}{(s+1)^3 s^2} = \frac{1}{(s+1)^3}$$

应用式（10-11）得

$$K_{21} = \frac{1}{(s+1)^3}\bigg|_{s=0} = 1$$

$$K_{22} = \frac{\mathrm{d}}{\mathrm{d}s}\frac{1}{(s+1)^3}\bigg|_{s=0} = \frac{-3}{(s+1)^2}\bigg|_{s=0} = -3$$

所以有

$$F(s) = \frac{3}{s+1} + \frac{2}{(s+1)^2} + \frac{1}{(s+1)^3} + \frac{-3}{s} + \frac{1}{s^2}$$

相应的原函数为

$$f(t) = 3\mathrm{e}^{-t} + 2t\mathrm{e}^{-t} + \frac{1}{2}t^2\mathrm{e}^{-t} - 3 + t$$

10.2　复频域形式的电路两类约束及元件复频域模型

当电路中电压、电流等时间函数均以其复频域形式的象函数表示时，电路的基本定律和元件的电压电流关系也有与之相对应的复频域形式。

1. 基尔霍夫定律的复频域形式

时域中，对任一节点有 $\sum i = 0$，对任一回路有 $\sum u = 0$，对两式取拉普拉斯变换并利用其线性性质可得

$$\sum I(s) = 0 \tag{10-13}$$

$$\sum U(s) = 0 \tag{10-14}$$

2. 电路元件电压、电流关系的复频域形式及其元件模型

对图 10-1a 所示的线性电阻，其时域的电压电流关系为 $u_R(t) = Ri_R(t)$，取拉普拉斯变换并利用其线性性质可得

$$U_R(s) = RI_R(s) \tag{10-15}$$

由此关系式可画出电阻 R 的复频域形式的电路模型如图 10-1b 所示。

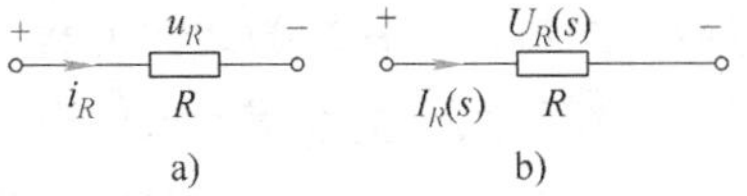

对图 10-2a 所示的线性电感，其时域的电压、

电流关系为 $u_L(t) = L\dfrac{\mathrm{d}i_L}{\mathrm{d}t}$，取拉普拉斯变换并利用

其微分性质可得

图 10-1　电阻的复频域形式电路模型

$$U_L(s) = sLI_L(s) - Li_L(0_-) \tag{10-16}$$

式中，sL 具有电阻的量纲，称为运算感抗，$Li_L(0_-)$ 表示电感中初始电流（初始储能）对电路响应的激励，称为附加电源。它是一个电压源，此附加电压源的正极性端与电感电流的流出端总是一致的，实际应用时可根据 $i_L(0_-)$ 的方向判断附加电压源的极性。图 10-2b 是按式（10-16）画出的电感元件复频域形式的电路模型。

类似的，对图 10-3a 所示的线性电容，有 $u_C(t) = u_C(0_-) + \dfrac{1}{C}\displaystyle\int_{0_-}^{t} i(\xi)\,\mathrm{d}\xi$，取拉普拉斯

变换并利用其积分性质可得

$$U_C(s) = \frac{1}{sC}I_C(s) + \frac{u_C(0_-)}{s} \qquad (10\text{-}17)$$

式中，$\dfrac{1}{sC}$ 也具有电阻的量纲，称为运算容抗，$\dfrac{u_C(0_-)}{s}$ 表示电容中初始电压（初始储能）对电路响应的激励，也称为附加电压源，该电压源的方向与电容电压初始值方向相同。

图 10-3b 是按式（10-17）画出的电容元件复频域形式的电路模型。

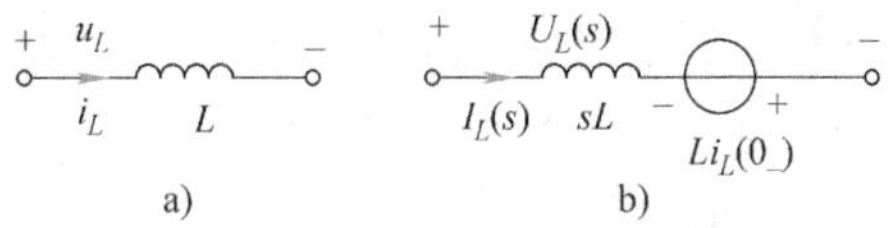

图 10-2　电感的复频域形式电路模型 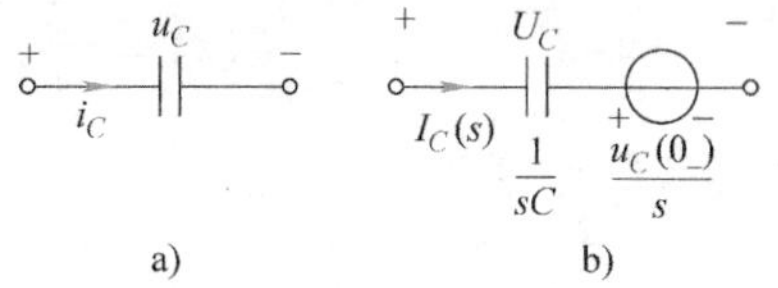　　　　　图 10-3　电容的复频域形式电路模型

实际应用中也可根据需要将上述电感、电容的附加电压源等效为附加电流源形式（图略）。

对两个耦合电感，运算电路中应加入互感引起的附加电源。对图 10-4a，有

$$\begin{cases} u_1 = L_1 \dfrac{\mathrm{d}i_1}{\mathrm{d}t} + M \dfrac{\mathrm{d}i_2}{\mathrm{d}t} \\[2mm] u_2 = L_2 \dfrac{\mathrm{d}i_2}{\mathrm{d}t} + M \dfrac{\mathrm{d}i_1}{\mathrm{d}t} \end{cases}$$

取拉普拉斯变换并利用其微分性质可得

$$\begin{cases} U_1(s) = sL_1 I_1(s) - L_1 i_1(0_-) + sM I_2(s) - M i_2(0_-) \\ U_2(s) = sL_2 I_2(s) - L_2 i_2(0_-) + sM I_1(s) - M i_1(0_-) \end{cases} \qquad (10\text{-}18)$$

式中，sM 为互感运算阻抗；$M i_1(0_-)$ 和 $M i_2(0_-)$ 表示由互感电流的初始值引起的附加电压源，其方向由互感电流的方向和同名端共同决定；$L_1 i_1(0_-)$ 和 $L_2 i_2(0_-)$ 是由自感电流初始值引起的附加电压源，其方向由线圈各自的电流方向决定。复频域电路模型如图 10-4b 所示。

对其他线性非储能元件，如各种受控源、理想变压器、回转器、理想运放等，由于它们在时域中的特性方程均为线性方程，因此只要把特性方程中的电压、电流用相应的象函数代替即可得到各元件复频域形式的电路方程，从而得到相应的复频域电路模型。

对外加的独立电源，其时间函数一般都是给定的，只需对其取拉普拉斯变换即可得到它的复频域形式的电源激励，并得到相应的复频域形式电路模型。

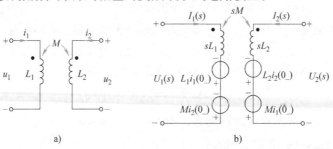

图 10-4　耦合电感的复频域形式电路模型

10.3 复频域电路模型及其动态分析

将电路中所有变量均用其象函数表示，将所有元件均用其复频域模型表示，而它们相互连接的关系不变，即电路的结构不变，所得的电路称为原电路的复频域等效电路，称为复频域电路模型，一般又称为运算电路。

特殊情况下，储能元件的初始值为零时，所有储能元件的附加电源不存在，此时运算电路与正弦稳态电路分析中的相量电路的连接方式相同，因此以象函数形式的电路变量列写的复频域电路方程与相同方法列写的稳态电路相量方程一定是相似的。

推广到一般情况下，把电路中的非零初始条件等效成附加电源后，电路方程的运算形式仍与相量方程类似（当然，相量方程与运算方程的意义不同），因此稳态电路相量法中各种计算线性电路的方法和定理（如阻抗的串并联、阻抗及电源的等效变换、节点法、回路法、叠加定理、戴维南定理等）都可应用于运算电路的复频域分析。

利用拉普拉斯变换分析线性动态电路的具体步骤可概括如下：

1）由换路前电路的状态求出各电容电压和电感电流在 $t=0_-$ 时刻的值。

复频域分析方法与步骤

2）画出相应的运算电路图（注意附加电源的大小及极性、注意电源的变换）。

3）利用线性电路的分析方法由运算电路求出待求量的复频域象函数。

4）利用拉普拉斯反变换求出待求量的原函数，即可得到电路的时域动态响应。

例 10-3 图 10-5a 电路原处于稳态，$u_C(0_-)=0\text{V}$，$U_s=10\text{V}$，$R_1=R_2=1\Omega$，$C=1\text{F}$，$L=1\text{H}$，试用运算法求电流 $i(t)$。

解 由于换路前电路已处于稳态，所以电感电流 $i(0_-)=\dfrac{U_s}{R_1+R_2}=5\text{A}$。该电路的运算电路如图 10-5b 所示。

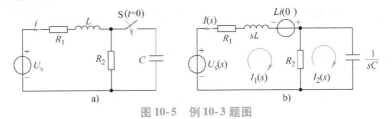

图 10-5　例 10-3 题图

应用回路法，得

$$(R_1+R_2+sL)I_1(s)-R_2I_2(s)=\frac{U_s}{s}+L\,i(0_-)$$

$$-R_2I_1(s)+\left(R_2+\frac{1}{sC}\right)I_2(s)=0$$

代入已知数据，有

$$(2+s)I_1(s)-I_2(s)=\frac{10}{s}+5$$

$$-I_1(s)+\left(1+\frac{1}{s}\right)I_2(s)=0$$

解得电流响应的象函数为

$$I_1(s) = \frac{5}{s} + \frac{5}{s^2 + 2s + 2}$$

对上式求拉普拉斯反变换，即可得到电感电流的时域解，即

$$i(t) = i_1(t) = \mathscr{L}^{-1}[I_1(s)] = (5 + 5e^{-t}\sin t)\,\text{A}\ ,\ t > 0$$

可见该电路的动态过程是一个衰减振荡过程，即换路后电流经过一个衰减振荡的过渡过程后才能达到新的稳态。

例 10-4   图 10-6a 电路原处于稳态，电源为正弦激励 $u_s(t) = 100\cos 2t\,\text{V}$，$R = 4\Omega$，$L = 5\text{H}$，$C = 0.05\text{F}$，求开关闭合后的电流 $i(t)$。

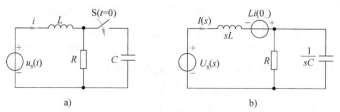

图 10-6   例 10-4 题图

解   开关闭合前电路处于正弦稳态，因此可用相量法求换路前电感电流的初始值。由已知得 $\dot{U}_s = 50\sqrt{2}\underline{/0°}\,\text{V}$，所以

$$\dot{I} = \frac{\dot{U}_s}{R + j\omega L} = \frac{50\sqrt{2}}{4 + j10}\,\text{A} = 6.56\,\underline{/-68.2°}\,\text{A}$$

$$i(t) = 6.56\sqrt{2}\cos(2t - 68.2°)\,\text{A}$$

因此换路前电感电流的初始值为

$$i(0_-) = 6.56\sqrt{2}\cos(-68.2°) = 3.44\text{A}$$

画出相应的运算电路如图 10-6b 所示，其中电压源象函数为 $U_s(s) = \dfrac{100s}{s^2 + 4}$，电感的附加电压源为 $Li(0_-) = 17.2$。

RC 并联与 L 串联后的运算阻抗为

$$Z(s) = sL + \frac{R \times \dfrac{1}{sC}}{R + \dfrac{1}{sC}} = \frac{RCLs^2 + Ls + R}{RCs + 1} = \frac{5(s^2 + 5s + 4)}{s + 5}$$

故电流象函数 $I(s)$ 为

$$I(s) = \frac{U_s(s) + Li(0_-)}{Z(s)} = \left(\frac{100s}{s^2 + 4} + 17.2\right)\left[\frac{s + 5}{5 \times (s^2 + 5s + 4)}\right]$$

$$= \frac{(s + 5)[17.2(s^2 + 4) + 100s]}{5 \times (s + 1)(s + 4)(s^2 + 4)}$$

求拉普拉斯反变换得到电流的时域响应为

$$i(t) = [5.39\cos(2t - 62.8°) - 0.747e^{-t} + 0.187e^{-4t}]\text{A}\,, t > 0$$

或写成全时域表达式为

$$i(t) = \{3.44 + [5.39\cos(2t - 62.8°) - 0.747e^{-t} + 0.187e^{-4t} - 3.77]\varepsilon(t)\}\text{A}$$

由此例可以看出，用运算法求解正弦交流电路的过渡过程时，不仅可以省去由初始条件确定积分常数的过程，而且其正弦稳态分量也可一并得出。

例 10-5 图 10-7a 电路原处于稳态，$t = 0$ 时开关断开。已知 $U_s = 16\text{V}$，$L_1 = 0.2\text{H}$，$L_2 = 0.6\text{H}$，$M = 0.1\text{H}$，$R_1 = 4\Omega$，$R_2 = 6\Omega$，试求电流 $i_1(t)$ 和电压 $u_1(t)$。

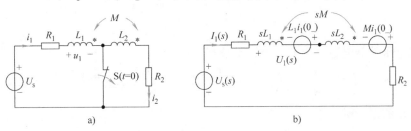

图 10-7 例 10-5 题图

解 由图 10-7a 求得直流激励下两个电感电流初始值分别为

$$i_1(0_-) = \frac{U_s}{R_1} = 4\text{A}$$

$$i_2(0_-) = 0\text{A}$$

画运算电路如图 10-7b 所示。其中附加电源（注意极性）分别为

$$L_1 i_1(0_-) = 0.8$$

$$M i_1(0_-) = 0.4$$

由图 10-7b 列方程（注意耦合电感电压的存在）求得

$$I_1(s) = I_2(s) = \frac{U_s(s) + L_1 i_1(0_-) + M i_1(0_-)}{s(L_1 + L_2 + 2M) + R_1 + R_2} = \frac{\frac{16}{s} + 1.2}{s + 10} = \frac{1.6}{s} + \frac{-0.4}{s + 10}$$

$$U_1(s) = sL_1 I_1(s) + sM I_2(s) - L_1 i_1(0_-) = -0.44 + \frac{1.2}{s + 10}$$

由拉普拉斯反变换得到所求的电流、电压的时域响应分别为

$$i_1(t) = \mathscr{L}^{-1}[I_1(s)] = [1.6 - 0.4e^{-10t}]\text{A}, t > 0$$

$$u_1(t) = \mathscr{L}^{-1}[U_1(s)] = [-0.44\delta(t) + 1.2e^{-10t}]\text{V}, t > 0$$

由上面结果可知，$i_1(0_+) = 1.2\text{A} \neq i_1(0_-)$，$i_2(0_+) = 1.2\text{A} \neq i_2(0_-)$，可见电路中两个电感的电流在换路时刻发生了跃变。由于运算分析中已将 $t = 0_-$ 时刻的值作为附加电源考虑了进去，所以在计算过程中就无须再考虑电流是否发生了跃变。可见，在处理跃变问题时，复频域分析要比时域分析有一定的优越性。

例 10-6 图 10-8a 所示电路原已处于稳态，$t = 0$ 时开关闭合。已知 u_{s1} 为指数电压，$u_{s1} = e^{-4t}\text{V}$，u_{s2} 为直流电压，$u_{s2} = 5\text{V}$，$R_1 = R_2 = 5\Omega$，$C = 1\text{F}$，试求换路后的电压 $u_C(t)$。

解 由图 10-8a 求得电容电压初始值为 $u_C(0_-) = u_{s2} = 5\text{V}$，可得电容复频域模型对应的附加电压源为 $\frac{u_C(0_-)}{s} = \frac{5}{s}$。两个电源的象函数分别为 $U_{s1}(s) = \frac{1}{s+4}$，$U_{s2}(s) = \frac{5}{s}$。

画出与图 10-8a 对应的运算电路如图 10-8b 所示。应用节点法，设⓪点为参考节点，则

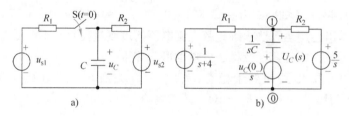

图 10-8 例 10-6 题图

①点的节点电压就是电容电压 $U_C(s)$，于是有

$$\left(\frac{1}{R_1} + \frac{1}{R_2} + sC\right)U_C(s) = \frac{U_{s1}(s)}{R_1} + \frac{U_{s2}(s)}{R_2} + sC\frac{u_C(0_-)}{s}$$

代入已知数据，得

$$\left(\frac{2}{5} + s\right)U_C(s) = \frac{1}{5(s+4)} + \frac{1}{s} + 5$$

$$U_C(s) = \frac{25s^2 + 106s + 20}{s(s+4)(5s+2)}$$

求拉普拉斯反变换得到时域的电容电压为

$$u_C(t) = (2.5 - 0.056e^{-4t} - 12.8e^{-0.4t})\,\text{V}, t > 0$$

分析上述结果可知，式中第二项与 u_{s1} 具有相同的指数规律，是由 u_{s1} 引起的强迫响应，第三项则是由电路本身引起的固有响应。

从本例可以看出，复频域分析法处理这种任意函数形式的激励也是很方便的。

最后需要指出，用复频域分析法求解电路的动态过程虽较经典的时域分析法有一定的优点，但随着电路中储能元件的增多，拉普拉斯反变换的计算难度也会随之增加。另外，时域分析法的物理概念比较明确，复频域分析法求解电路则相对比较抽象。

10.4 网络函数与电路的频率分析

10.4.1 网络函数的定义及性质

电路在单一的独立电源 $e(t)$ 激励下，其零状态响应 $r(t)$ 的象函数 $R(s)$ 与激励 $e(t)$ 的象函数 $E(s)$ 之比定义为该电路的网络函数 $H(s)$，即

$$H(s) \stackrel{\text{def}}{=\!=} \frac{R(s)}{E(s)} \tag{10-19}$$

激励源所在的端口称为驱动点。如果响应也在驱动点上，则网络函数称为驱动点函数，否则称为转移函数。激励一般是独立电压源或独立电流源，而响应可以是电路中任意两点之间的电压或任一支路的电流，故网络函数可能是驱动点阻抗或驱动点导纳，也可能是转移阻抗、转移导纳、电压转移函数或电流转移函数（统称为转移函数）。

当激励为单位冲激函数时，$e(t) = \delta(t)$，$E(s) = 1$，则单位冲激响应 $h(t)$ 的象函数为

$$R(s) = H(s)E(s) = H(s)$$

可见网络函数 $H(s)$ 在数值上就是单位冲激响应 $h(t)$ 的象函数，即

$$H(s) = \mathscr{L}[h(t)] \tag{10-20}$$

反之，单位冲激响应 $h(t)$ 则为网络函数 $H(s)$ 的原函数，即

$$h(t) = \mathscr{L}^{-1}[H(s)] \tag{10-21}$$

在动态电路分析中可以利用网络函数求解冲激响应及任意激励源作用下的响应。

网络函数在自动控制理论中又被称之为传递函数，是描述控制系统输入输出关系的重要模型，在其他专业课中还会有更多机会深入学习。

例 10-7 图 10-9a 电路中激励为 $i_s(t) = \delta(t)$，求电感电压 $u_L(t)$。

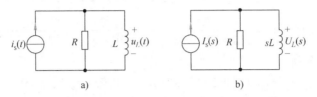

图 10-9　例 10-7 题图

解 画出图 10-9a 电路的运算电路如图 10-9b 所示。由于电感电压也是电流源两端的电压，所以说响应与激励在同一端口，因此网络函数就是驱动点阻抗，即

$$H(s) = \frac{R(s)}{E(s)} = \frac{U_L(s)}{I_s(s)} = Z(s) = \frac{RsL}{R + sL} = R - \frac{\dfrac{R^2}{L}}{s + \dfrac{R}{L}}$$

电感电压 $u_L(t)$ 就是冲激响应 $h(t)$，因此

$$u_L(t) = h(t) = \mathscr{L}^{-1}[H(s)] = \left[R\delta(t) - \frac{R^2}{L} e^{-\frac{R}{L}t} \varepsilon(t) \right] \text{V}$$

例 10-8 图 10-10 电路中 $R_1 = 1\Omega$，$R_2 = 2\Omega$，$L = 1\text{H}$，$C = 1\text{F}$，$\alpha = 0.25$，已知电感、电容的初始储能均为零，分别求出如下激励时的响应 $i_2(t)$。

（1）$u_s(t) = \delta(t)\text{V}$。

（2）$u_s(t) = 2e^{-3t}\varepsilon(t)\text{V}$。

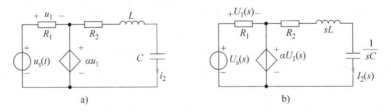

图 10-10　例 10-8 题图

解 对图 10-10b 所示运算电路的两个网孔由 KVL 列方程为

$$U_1(s) = U_s(s) - \alpha U_1(s)$$

$$\left(R_2 + sL + \frac{1}{sC} \right) I_2(s) = \alpha U_1(s)$$

代入数据并化简得

$$I_2(s) = \frac{s}{5(s+1)^2} U_s(s)$$

由此求得转移导纳函数为

$$H(s) = \frac{I_2(s)}{U_s(s)} = \frac{s}{5(s+1)^2} = -\frac{1}{5(s+1)^2} + \frac{1}{5(s+1)}$$

所以当激励为 $u_s(t) = \delta(t)$ 时的冲激响应为

$$i_2(t) = h(t) = \mathscr{L}^{-1}[H(s)] = \left(\frac{1}{5}e^{-t} - \frac{1}{5}te^{-t}\right)A, \; t > 0$$

当激励为 $u_s(t) = 2e^{-3t}\varepsilon(t)$ 时 $U_s(s) = \dfrac{2}{s+3}$，响应的象函数为

$$I_2(s) = H(s)U_s(s) = \frac{2s}{5(s+3)(s+1)^2} = -\frac{3}{10(s+3)} + \frac{3}{10(s+1)} - \frac{1}{5(s+1)^2}$$

电感电流瞬时值为

$$i_2(t) = (-0.3e^{-3t} + 0.3e^{-t} - 0.2te^{-t})A, \; t > 0$$

分析上述结果可知，响应的第一项中的指数项对应于外加激励 $U_s(s)$ 的分母为零的根，因此第一项与外加激励具有相同的函数形式，是响应的强制分量，而第二、三项中的指数项对应于网络函数 $H(s)$ 的分母为零的根（称之为网络函数的极点），所以第二、三项是响应的固有分量或瞬态分量。由此可见网络函数的极点即决定了电路冲激响应的特性，也就是任意激励下电路响应的固有分量或瞬态分量。

10.4.2　网络函数的极点与电路动态响应的关系

网络函数的一般表达式可写为

$$H(s) = \frac{N(s)}{D(s)} = \frac{a_0 s^m + a_1 s^{m-1} + \cdots + a_m}{b_0 s^n + b_1 s^{n-1} + \cdots + b_n} = H_0 \frac{(s-z_1)(s-z_2)\cdots(s-z_m)}{(s-p_1)(s-p_2)\cdots(s-p_n)}$$

$$= H_0 \frac{\displaystyle\prod_{i=1}^{m}(s-z_i)}{\displaystyle\prod_{j=1}^{n}(s-p_j)} \tag{10-22}$$

式中，H_0 为一常数；z_1，z_2，$\cdots$，z_m 是 $N(s) = 0$ 的根，称为网络函数的零点；p_1，p_2，$\cdots$，p_n 是 $D(s) = 0$ 的根，称为网络函数的极点，又称为网络的自然频率。

以复数 s 的实部 σ 为横轴，虚部 $j\omega$ 为纵轴做出复频率平面，简称为复平面或 s 平面。在复平面上把 $H(s)$ 的零点用"o"表示，极点用"×"表示，就可得到网络函数的零、极点分布图，简称为网络函数的零极点图。

若网络函数为真分式且分母具有单根，则网络的冲激响应为

$$h(t) = \mathscr{L}^{-1}[H(s)] = \mathscr{L}^{-1}\left[\sum_{j=1}^{n} \frac{K_j}{s-p_j}\right] = \sum_{j=1}^{n} K_j e^{p_j t} \tag{10-23}$$

从式（10-23）可以看出，冲激响应的性质取决于网络函数的极点在复平面上的位置。一般分为如下三种情况，如图 10-11 所示：

1）极点为实数位于实轴时，对应的冲激响应是衰减（$p_i < 0$）的指数函数或增长（$p_i > 0$）的指数函数，衰减或增长的速度随 $|p_j|$ 的增大而加快。特殊地，当极点位于原点（$p_j = 0$）时响应为阶跃函数。

2）极点为一对共轭复数，位于左半平面（$\sigma < 0$）时，对应的冲激响应是按指数规律衰

减的正弦量；位于右半平面（$\sigma>0$）时，对应的冲激响应是按指数规律增长的正弦量。极点距离虚轴越远，即 $|\sigma|$ 越大，衰减或增长的越快。

3）极点为一对虚数，位于虚轴时，对应的冲激响应是等幅的正弦函数。

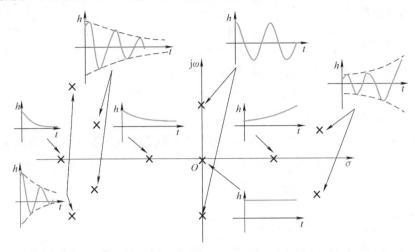

图 10-11　网络函数的极点在复平面上的位置与冲激响应的对应关系

由图 10-11 可见，只有极点为负实数或实部为负的复数时电路的冲激响应即固有响应才是衰减型的，即随着时间的增加，过渡过程趋于结束，电路最终达到稳态，否则电路为不稳定的。由网络函数的极点在复平面上的位置即可确定电路任意激励下响应的固有分量的性质。

例 10-9　某网络函数 $H(s)$ 的零极点分布如图 10-12 所示，且已知 $H(0)=8$，求该网络的网络函数。

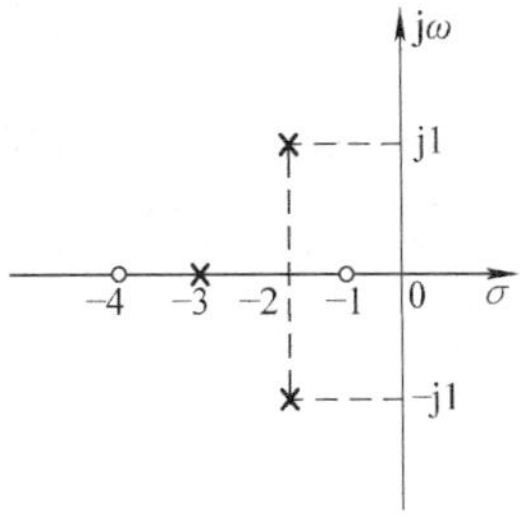

解　由零极点图可知，此网络有两个零点 $z_1=-1$，$z_2=-4$，三个极点 $p_1=-3$，$p_2=-2+j1$，$p_3=-2-j1$。因此，设网络函数为

$$H(s)=H_0\frac{(s+1)(s+4)}{(s+3)(s+2-j1)(s+2+j1)}$$

由于 $H(0)=8$，将 $s=0$ 代入上式，有

$$H(0)=8=H_0\frac{(0+1)(0+4)}{(0+3)(0+2-j1)(0+2+j1)}$$

$$H(0)=8=\frac{4}{15}H_0$$

图 10-12　例 10-9 题图

求得 $H_0=30$，故网络函数为

$$H(s)=30\frac{s^2+5s+4}{s^3+7s^2+17s+15}$$

例 10-10　电路如图 10-13 所示，其中 N 为线性定常网络，已知单位阶跃响应为 $y(t)=\left(\dfrac{5}{6}-\dfrac{3}{2}e^{-2t}+\dfrac{2}{3}e^{-3t}\right)\mathrm{V}$，求 $y(0)=3\mathrm{V}$，$y'(0)=5\mathrm{V/s}$，且 $e(t)=6\varepsilon(t)\mathrm{V}$ 时的全响应。

解　由已知的单位阶跃响应及齐性定理可以求出 $e(t)=6\varepsilon(t)$ 时的零状态响应为

$$y^{(1)}(t) = 6y(t) = (5 - 9e^{-2t} + 4e^{-3t})\,\text{V}$$

由单位阶跃响应可知冲激响应为

$$h(t) = y'(t) = (3e^{-2t} - 2e^{-3t})\,\text{V}$$

相应的网络函数为

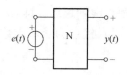

图 10-13   例 10-10 题图

$$H(s) = \frac{3}{s+2} - \frac{2}{s+3} = \frac{s+5}{(s+2)(s+3)}$$

其极点分别为 -2 和 -3，因此零输入响应响应分量必为 e^{-2t} 和 e^{-3t} 的函数，设为 $y^{(2)}(t) = K_1 e^{-2t} + K_2 e^{-3t}$，则有全响应

$$y(t) = y^{(1)}(t) + y^{(2)}(t) = 5 - 9e^{-2t} + 4e^{-3t} + K_1 e^{-2t} + K_2 e^{-3t}$$

代入初始值 $y(0) = 3\text{V}$，$y'(0) = 5\text{V/s}$，可求得系数 $K_1 = 8$，$K_2 = -5$，所求全响应为

$$y(t) = (5 - 9e^{-2t} + 4e^{-3t} + 8e^{-2t} - 5e^{-3t})\,\text{V}$$
$$= (5 - e^{-2t} - e^{-3t})\,\text{V}$$

10.4.3   零点、极点与频率响应

如果将网络函数 $H(s)$ 中的变量 s 换成 $\text{j}\omega$，则可得到正弦激励下的网络函数 $H(\text{j}\omega)$，即

$$H(\text{j}\omega) = \frac{R(\text{j}\omega)}{E(\text{j}\omega)} \tag{10-24}$$

分析 $H(\text{j}\omega)$ 随 ω 的变化情况就可以预见相应的转移函数或驱动点函数在正弦稳态情况下随 ω 的变化的特性，称之为频率响应。

对于某一固定角频率 ω，$H(\text{j}\omega)$ 通常是一个复数，可以表示为

$$H(\text{j}\omega) = |H(\text{j}\omega)|\,e^{\text{j}\varphi} = |H(\text{j}\omega)|\,\underline{/\varphi(\text{j}\omega)} \tag{10-25}$$

式中，$|H(\text{j}\omega)|$ 为网络函数在频率 ω 处的模值，而 $\varphi(\text{j}\omega) = \arg[H(\text{j}\omega)]$ 为相应的相位。

根据式（10-22），有

$$H(\text{j}\omega) = H_0 \frac{\displaystyle\prod_{i=1}^{m}(\text{j}\omega - z_i)}{\displaystyle\prod_{j=1}^{n}(\text{j}\omega - p_j)}$$

于是有

$$|H(\text{j}\omega)| = H_0 \frac{\displaystyle\prod_{i=1}^{m}|(\text{j}\omega - z_i)|}{\displaystyle\prod_{j=1}^{n}|(\text{j}\omega - p_j)|}$$

$$[H(\text{j}\omega)] = \sum_{i=1}^{m} \arg(\text{j}\omega - z_i) - \sum_{j=1}^{n} \arg(\text{j}\omega - p_j)$$

当已知网络函数的极点和零点时，即可由上面两个式子分别计算网络函数的幅频特性和相频特性，二者统称为频率响应，相关内容在第 5 章正弦稳态电路的频率响应部分有过介绍，这里不再赘述。也可以在 s 平面上用作图的方法定性地画出频率响应。频率响应在信号的分析与处理以及自动控制系统中会有应用及更深入的讨论。

本 章 小 结

在线性电路动态过程的分析中，利用拉普拉斯变换求解电路响应的方法，称为电路的复频域分析法，也称为运算法。

用拉普拉斯变换分析电路的动态过程，通常有两种考虑，一种是先列出电路时域的微分方程，然后对方程进行拉普拉斯变换求解相应响应的象函数，再利用拉普拉斯反变换求出时域响应；另一种是建立电路的运算模型，然后用相应的电路分析方法求解响应的象函数，应用拉普拉斯反变换求出时域响应。通常在已知电路结构的情况下都是采用第二种思路，当电路的运算模型建立后，分析直流电路时的方法和定理，在形式上完全可以运用于运算模型。该方法的分析过程如图 10-14 所示。

图 10-14 运算法的分析过程图

运算法分析线性电路的动态过程是本章重点之一：

该方法的关键在于正确画出电路的复频域模型图、求出响应的象函数并利用分解定理进行拉普拉斯反变换得到响应的时域解。

电路处于零状态时，电路的复频域模型（运算模型）在形式上与相量模型基本相同。对于这种电路的复频域分析法与相量法相似，很容易掌握。但电路在非零状态下，需要考虑换路前电感电流的初始值 $i_L(0_-)$ 和电容电压的初始值 $u_C(0_-)$ 所引起的附加电源。尽管拓扑结构（组合支路作为抽象的支路）上没有变化，但会致使电路模型变得复杂一些，给计算带来一定的难度。

网络函数定义、性质、计算方法及应用是本章重点之二：

网络函数是控制理论中的一个很重要的概念，通过该函数可以分析激励的改变对响应的影响。

通过网络函数的零、极点分布，可以更直观得到电路时域响应的性质和频率特性，还可以计算其他函数激励下的零状态响应。

习 题 10

10-1 图 10-15 所示电路开关 S 断开时电路已稳定，当 $t=0$ 时闭合开关 S，试画出电路的复频域等效电路。

10-2 图 10-16 所示电路开关 S 断开时电路已稳定。当 $t=0$ 时闭合开关 S，试画出电路的复频域等效电路。

10-3 图 10-17 所示电路原处于零状态，$t=0$ 时开关闭合，求电流 i_L。

10-4 图 10-18 所示电路开关断开前处于稳态，求开关断开后的 i_1、i_2、u_1 及 u_2。

10-5 电路如图 10-19 所示，已知 $i_L(0_-)=0$，求开关闭合后的电感电压 $u_L(t)$。

10-6 图 10-20 所示电路中开关断开前已达稳态，求开关断开后的电容电压 u_{C1} 和 u_{C2}。

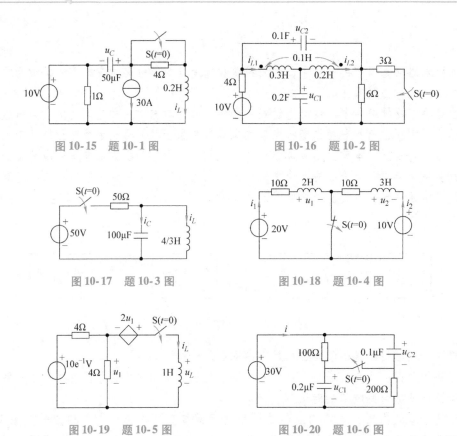

图 10-15　题 10-1 图　　　　　图 10-16　题 10-2 图

图 10-17　题 10-3 图　　　　　图 10-18　题 10-4 图

图 10-19　题 10-5 图　　　　　图 10-20　题 10-6 图

10-7　设图 10-21 所示电路电感电压的零状态响应象函数为 $U_L(s)$，试求电源电压 $U_s(s)$。

10-8　图 10-22 所示电路开关接通前处于稳态，已知 $R_1 = 2\Omega$，$R_2 = R_3 = 4\Omega$，$L_1 = 5/6H$，$C = 0.2F$，$U_1 = 1V$，$U_2 = 2V$。求开关接通后的电容电压 u_C。

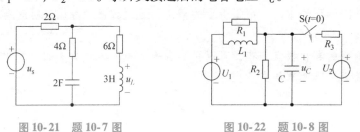

图 10-21　题 10-7 图　　　　　图 10-22　题 10-8 图

10-9　图 10-23 所示电路开关接通前处于稳态，已知 $R_1 = R_2 = 1\Omega$，$L_1 = L_2 = 0.1H$，$M = 0.05H$，$U_s = 1V$。求开关闭合后的零状态响应 i_1 和 i_2。

10-10　图 10-24 所示电路原处于稳态，已知 $R_1 = 30\Omega$，$R_2 = 10\Omega$，$L = 0.1H$，$C = 10^{-3}F$，$U_s = 200V$，$u_C(0_-) = 100V$。求开关闭合后的电感电流 i_L。

10-11　图 10-25 所示电路原处于稳态，已知 $R_1 = R_2 = R_3 = 3\Omega$，$C_1 = C_2 = 2F$，$U_{s1} = U_{s2} = 6V$。求开关闭合后的电压 u_{C1} 和 u_{C2}。

10-12　图 10-26 所示电路原处于零状态，已知 $u_s = 5\varepsilon(t)V$。求电压 u_1。

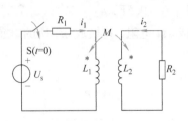

图10-23 题10-9图

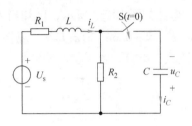

图10-24 题10-10图

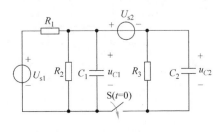

图10-25 题10-11图

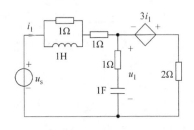

图10-26 题10-12图

10-13 图10-27所示电路原处于稳态,已知 $R_1 = 4\Omega$, $R_2 = 6\Omega$, $L_1 = 0.2\mathrm{H}$, $L_2 = 0.6\mathrm{H}$, $M = 0.1\mathrm{H}$, $U_\mathrm{s} = 20\mathrm{V}$。求开关断开后的 i_1 和 u_1。

10-14 图10-28所示电路原处于稳态,求开关断开后的电压 u 和电流 i_{L1}、i_{L2}并画出波形。

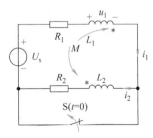

图10-27 题10-13图

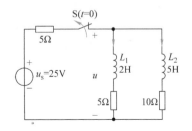

图10-28 题10-14图

10-15 图10-29所示电路原处于稳态,$t=0$ 时开关由位置1掷向位置2,求电流 i。

10-16 已知图10-30所示电路中的 $R_1 = 1\Omega$, $R_2 = 1.5\Omega$, u_s、i_s 为单位阶跃函数。当a、b端接一个 $R_3 = 3\Omega$ 的电阻时,全响应 $i = (2 + 2\mathrm{e}^{-50t})\varepsilon(t)\,\mathrm{A}$。现将a、b端改接 $L = 0.25\mathrm{H}$ 的零状态电感,求此时的端口电压 u_{ab}。

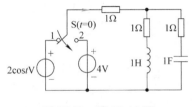

图10-29 题10-15图

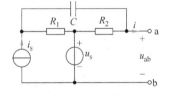

图10-30 题10-16图

10-17 求图10-31所示电路的网络函数 $H(s) = U(s)/U_\mathrm{s}(s)$ 及其单位冲激响应 $h(t)$。

10-18 电路如图 10-32 所示,已知当 $R = 2\Omega$,$C = 0.5\mathrm{F}$,$u_\mathrm{s} = \mathrm{e}^{-3t}\varepsilon(t)\mathrm{V}$ 时的零状态响应 $u = (-0.1\mathrm{e}^{-0.5t} + 0.6\mathrm{e}^{-3t})\varepsilon(t)\mathrm{V}$。现将 R 换成 1Ω 电阻,C 换成 $0.5\mathrm{H}$ 的电感,u_s 换成单位冲激电压源 $u_\mathrm{s} = \delta(t)$,求零状态响应 u。

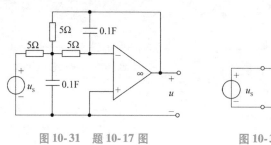
图 10-31 题 10-17 图

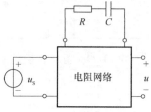
图 10-32 题 10-18 图

第 11 章
> Chapter 11

二端口网络

 本 章 导 学

大多数的二端口网络都是一些具有特定功能的特殊电器件，或者很多元器件组合而成的特定网络，从电路分析的角度看，可以将其视作与电阻、电容、电感、电源等电路元件相似的另一类电路元件。只不过电阻等元件是二端元件，二端口网络是一类特殊的四端"元件"，或者称之为广义的元件。

事实上前面已经熟悉的受控源的电路模型、变压器的电路模型、负阻抗变换器的电路模型等都是二端口网络的典型代表。对这些元器件的特征方程的表征都是基于各自元器件的特点而给出的，这一章将对其进行统一的、规范性的数学建模。

既然二端口网络是一类元件，因此，首先仿照二端元件的处理方法，确定二端口网络的端口 VCR，然后讨论二端口在网络中的应用。明确了这一点，本章的问题就迎刃而解了。

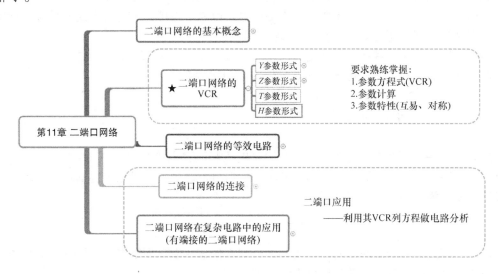

11.1 二端口网络的基本概念

在网络的分析中，有时并不需要求解出每一个支路（或元件）的电压和电流，而只需要得到网络某一特定支路对网络外加信号激励的响应电压和电流，并且往往只关心该网络特定支路对网络所受激励的响应，而不管网络其他部分的工作状态如何。求解这样的网络在电工、电子、电讯的工程实际中常会遇到。

变压器是典型的二端口网络模型的工程实例。对应用变压器的用户而言，只需分析其输入/输出端之间的电压和电流，而无须对变压器内部参数进行计算；再比如，各类电子电路中的某些中间处理电路，如晶体管放大电路，只需分析其输入/输出信号之间的关系而不关心其具体电路结构及元器件参数；对于前面介绍过的滤波电路，实际的滤波电路结构各种各样，用户也只关心其发送端与接收端之间的频率特性关系，而不去讨论网络内部的工作性状。

此外，随着科学技术的发展，许多由复杂电路组成的器件在制作后都是封闭起来的，只留一定数目的端钮与外电路连接，对于这类电路就只能从它们的端钮处进行测量与分析，根据测量和计算分析得到的电压与电流来描述网络的特性，所以本章着重研究网络外部端钮电路变量的特性。

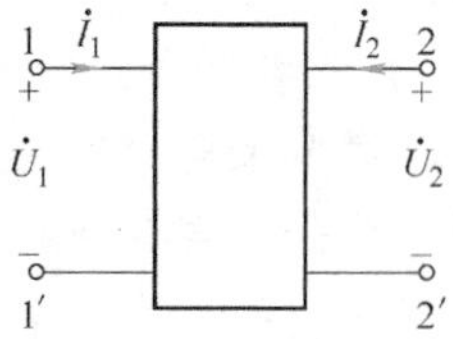

首先来回顾一下二端口网络的概念。标准的二端口网络的电路符号如图 11-1 所示，按照惯例，规定端口 1 - 1′ 与 2 - 2′ 上的电压与电流一律取与网络关联的参考方向，且端钮 1、2 为电压的正极性端。

图 11-1　二端口网络

在本书的第 1 章的第 1.3 节给出了端口条件，当端子 1 与 1′ 流入、流出同一个电流，端子 2 与 2′ 流入、流出同一个电流时，四端网络可看作二端口网络。

显然，任意一个二端网络又叫作一端口网络。电阻、电感、电容等电路元件是最简单的一端口网络。类似的还有 $2n$ 端网络和 n 端网络。

本章只讨论二端口网络，且规定其内部不含独立电源，所有元件（电阻、电感、电容、受控源、变压器等）都是线性的，储能元件为零初始状态。

11.2 二端口网络的参数

描述一个一端口网络电特性的参数是端口电压和端口电流。对于图 11-2 所示的一端口网络来说，通过计算或实测，已知端口电压、端口电流之后，就可以求得其端口网络的阻抗或导纳，表示为

$$Z = \frac{\dot{U}}{\dot{I}} \quad \text{或} \quad Y = \frac{\dot{I}}{\dot{U}} \tag{11-1}$$

反之，若已知一端口网络的阻抗或导纳，则不论该一端口网络与什么样的电路相连，其端口电压和端口电流都必定满足约束方程，即

$$\dot{U} = Z\dot{I} \quad \text{（以电流 } \dot{I} \text{ 为已知量）} \tag{11-2a}$$

或

$$\dot{I} = Y\dot{U} \text{（以电压 } \dot{U} \text{ 为已知量）} \tag{11-2b}$$

而表征二端口网络的电特性参数为两个端口的电压和电流，这四个物理量也应满足一定的约束方程。类似的，以二端口的四个网络变量中的任意两个作为已知量，则另外两个网络

变量所满足的约束方程应有六个。对于这六种情况，采用六种不同的二端口网络参数来建立电路方程加以描述。下面假设按正弦稳态情况考虑，应用相量法对其中的四种主要参数加以分析。

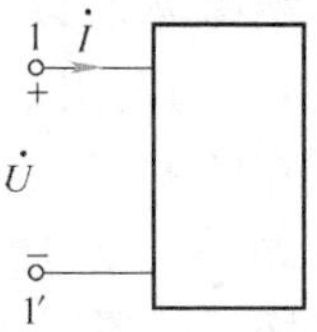

图11-2　一端口网络

11.2.1　*Y*参数（短路导纳参数）

假设两个端口的电压 $\dot{U}_1$、$\dot{U}_2$ 已知，由替代定理，可设 $\dot{U}_1$、$\dot{U}_2$ 分别为端口所加的电压源。由于所讨论的二端口网络是线性无源的，根据叠加原理，$\dot{I}_1$、$\dot{I}_2$ 应分别等于两个独立电压源单独作用时产生的电流之和，即

$$\begin{cases} \dot{I}_1 = Y_{11}\dot{U}_1 + Y_{12}\dot{U}_2 \\ \dot{I}_2 = Y_{21}\dot{U}_1 + Y_{22}\dot{U}_2 \end{cases} \tag{11-3}$$

式（11-3）还可以写成如下的矩阵形式，即

$$\begin{bmatrix} \dot{I}_1 \\ \dot{I}_2 \end{bmatrix} = \begin{bmatrix} Y_{11} & Y_{12} \\ Y_{21} & Y_{22} \end{bmatrix} \begin{bmatrix} \dot{U}_1 \\ \dot{U}_2 \end{bmatrix} = \boldsymbol{Y} \begin{bmatrix} \dot{U}_1 \\ \dot{U}_2 \end{bmatrix} \tag{11-4}$$

其中

$$\boldsymbol{Y} \stackrel{\text{def}}{=\!=\!=} \begin{bmatrix} Y_{11} & Y_{12} \\ Y_{21} & Y_{22} \end{bmatrix}$$

叫作二端口的 **Y 参数矩阵**，Y_{11}、Y_{12}、Y_{21}、Y_{22} 称为二端口的 Y 参数，显然 Y 参数具有导纳的量纲。与一端口网络的导纳相似，Y 参数仅与网络的结构、元件的参数、激励的频率有关，而与端口电压（激励）无关，因此可以用 Y 参数来描述二端口网络的特性。

图 11-3 所示为一二端口网络，该网络的 Y 参数可由计算或实测求得，规定如下：

$$Y_{11} = \left.\frac{\dot{I}_1}{\dot{U}_1}\right|_{\dot{U}_2=0} \qquad \text{端口 } 2-2' \text{ 短路时，端口 } 1-1' \text{ 处的驱动点导纳}$$

$$Y_{21} = \left.\frac{\dot{I}_2}{\dot{U}_1}\right|_{\dot{U}_2=0} \qquad \text{端口 } 2-2' \text{ 短路时，端口 } 2-2' \text{ 与端口 } 1-1' \text{ 之间的转移导纳}$$

$$Y_{12} = \left.\frac{\dot{I}_1}{\dot{U}_2}\right|_{\dot{U}_1=0} \qquad \text{端口 } 1-1' \text{ 短路时，端口 } 1-1' \text{ 与端口 } 2-2' \text{ 之间的转移导纳}$$

$$Y_{22} = \left.\frac{\dot{I}_2}{\dot{U}_2}\right|_{\dot{U}_1=0} \qquad \text{端口 } 1-1' \text{ 短路时，端口 } 2-2' \text{ 处的驱动点导纳}$$

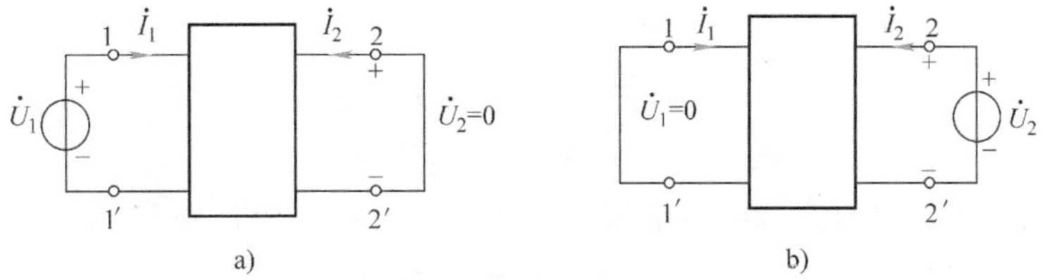

图11-3　Y参数的计算或测定

可见，Y 参数是在其中一个端口短路的情况下计算或实测得到的，所以 Y 参数又称为短

路导纳参数。以上各式同时说明了 Y 参数的物理意义。当求得 Y 参数后，就可利用式 (11-3) 写出二端口网络参数之间的约束方程。必须强调指出，无论是计算还是实测，都必须在图 11-1 所示的端口标准参考方向下进行，否则应做相应修正。

如果二端口网络具有互易性，则由互易定理可知 $Y_{12} = Y_{21}$，称该二端口网络为互易二端口网络。一般既无独立源也无受控源的线性二端口网络都是互易网络。

如果二端口网络的两个端口 $1-1'$ 与 $2-2'$ 互换位置后，其相应端口的电压和电流均不改变，也就是说，从任一端口看进去，它的电气特性都是一样的，这种二端口称为电气对称的二端口，简称为对称二端口，此时有 $Y_{11} = Y_{22}$。若二端口网络的电路连接方式和元件性质及参数的大小均具有对称性，则称为结构对称二端口。结构上对称的二端口一定是（电气）对称二端口，反过来则不一定成立。

互易二端口网络只有三个 Y 参数是独立的，对称二端口网络同时也是互易的，因此，对称二端口网络只有两个 Y 参数是独立的。

例 11-1　求图 11-4a 所示二端口网络的 Y 参数。

解法一　用两个端口分别短路的方法计算 Y 参数

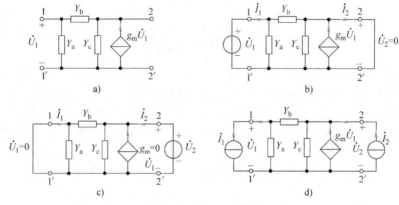

图 11-4　例 11-1 题图

把端口 $2-2'$ 短路，在 $1-1'$ 端口加电压 $\dot{U}_1$，如图 11-4b 所示，有

$$\dot{I}_1 = \dot{U}_1(Y_a + Y_b)$$
$$\dot{I}_2 = -\dot{U}_1 Y_b - g_m \dot{U}_1$$

于是可得

$$Y_{11} = \left. \frac{\dot{I}_1}{\dot{U}_1} \right|_{\dot{U}_2 = 0} = Y_a + Y_b$$

$$Y_{21} = \left. \frac{\dot{I}_2}{\dot{U}_1} \right|_{\dot{U}_2 = 0} = -Y_b - g_m$$

同理，把端口 $1-1'$ 短路，在 $2-2'$ 端口加电压 $\dot{U}_2$，如图 11-4c 所示，有

$$\dot{I}_1 = -Y_b \dot{U}_2$$
$$\dot{I}_2 = (Y_b + Y_c) \dot{U}_2 \quad （此时受控源电流等于零）$$

所以有

$$Y_{12} = \frac{\dot{I}_1}{\dot{U}_2}\bigg|_{\dot{U}_1=0} = -Y_b$$

$$Y_{22} = \frac{\dot{I}_2}{\dot{U}_2}\bigg|_{\dot{U}_1=0} = Y_b + Y_c$$

由于含有受控源，所以 $Y_{12} \neq Y_{21}$。

解法二 用节点法列方程计算 Y 参数

如图 11-4d 所示，在端口 1–1′和端口 2–2′分别加电流源 $\dot{I}_1$、$\dot{I}_2$，以 1′点为参考节点，1、2 节点的节点电压即为端口电压，节点电压方程为

$$\begin{cases} (Y_a + Y_b)\dot{U}_1 - Y_b\dot{U}_2 = \dot{I}_1 \\ -Y_b\dot{U}_1 + (Y_b + Y_c)\dot{U}_2 = \dot{I}_2 + g_m\dot{U}_1 \end{cases}$$

整理得

$$\begin{cases} (Y_a + Y_b)\dot{U}_1 - Y_b\dot{U}_2 = \dot{I}_1 \\ -(Y_b + g_m)\dot{U}_1 + (Y_b + Y_c)\dot{U}_2 = \dot{I}_2 \end{cases}$$

于是有

$$Y_{11} = Y_a + Y_b \qquad Y_{12} = -Y_b$$
$$Y_{21} = -Y_b - g_m \qquad Y_{22} = Y_b + Y_c$$

例 11-2 求图 11-5 所示二端口网络的 Y 参数。

解 由图可得

$$i_1 = \frac{u_1}{R_1}$$

$$i_2 = \frac{u_2}{R_2} + \frac{u_2 - u_4}{R_4}$$

对节点 3 应用 KCL，有

$$\frac{u_1}{R_1} + \frac{u_2}{R_2} + \frac{u_4}{R_3} = 0$$

即

$$u_4 = -\frac{R_3}{R_1}u_1 - \frac{R_3}{R_2}u_2$$

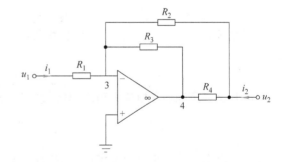

图 11-5 例 11-2 题图

将上式代入 i_2 表达式，得

$$i_2 = \frac{R_3}{R_1 R_4}u_1 + \left(\frac{R_3}{R_2 R_4} + \frac{1}{R_2} + \frac{1}{R_4}\right)u_2$$

所求 Y 参数为

$$Y = \begin{bmatrix} \dfrac{1}{R_1} & 0 \\[2mm] \dfrac{R_3}{R_1 R_4} & \dfrac{R_3}{R_2 R_4} + \dfrac{1}{R_2} + \dfrac{1}{R_4} \end{bmatrix}$$

例 **11-3** 已知图 11-6a 所示二端口网络的 Y 参数为 $Y = \begin{bmatrix} 2 & 3 \\ 4 & 7 \end{bmatrix}$ S，求端口 $2-2'$ 两端的戴维南等效电路。

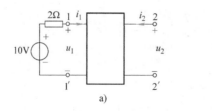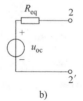

图 11-6 例 11-3 题图

解 二端口网络的端口变量所满足的 Y 参数约束方程为

$$i_1 = 2u_1 + 3u_2 \qquad ①$$
$$i_2 = 4u_1 + 7u_2 \qquad ②$$

端口 $1-1'$ 与电压源和电阻的串联支路相连，其支路的约束方程为

$$u_1 = 10 - 2i_1 \qquad ③$$

当端口 $2-2'$ 开路时

$$i_2 = 0 \qquad ④$$

联立求解①~④四个方程即可求得端口 $2-2'$ 的开路电压为

$$u_{oc} = u_2 = -\frac{40}{11} \text{V}$$

当端口 $2-2'$ 短路时

$$u_2 = 0 \qquad ⑤$$

联立求解①、②、③、⑤四个方程则可求得端口 $2-2'$ 的短路电流（方向由 2 指向 $2'$）为

$$i_{sc} = -i_2 = -8 \text{A}$$

由开路电压和短路电流即可求得等效电阻为

$$R_{eq} = \frac{u_{oc}}{i_{sc}} = \frac{5}{11} \Omega$$

根据以上计算结果画出戴维南等效电路如图 11-6b 所示。

例 **11-4** 二端口网络如图 11-7 所示。当外加激励为 $u_1(t) = \delta(t) \text{V}$，$u_2(t) = 0$ 时，响应分别为 $i_1^{(1)} = \delta(t) \text{A}$，$i_2^{(1)} = \varepsilon(t) \text{A}$；当外加激励为 $u_1(t) = 0$，$u_2(t) = \varepsilon(t) \text{V}$ 时，响应分别为 $i_1^{(2)} = (1 - e^{-t}) \varepsilon(t) \text{A}$，$i_2^{(2)} = 0.5(1 - e^{-2t}) \varepsilon(t) \text{A}$；求激励为 $u_1(t) = e^{-3t} \varepsilon(t) \text{V}$，$u_2(t) = \delta(t) \text{V}$ 时的响应 $i_1(t)$ 与 $i_2(t)$。

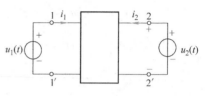

图 11-7 例 11-4 题图

解 题中所给的两组已知条件 $u_1(t) = 0$，$u_2(t) = 0$ 分别对应端口 $1-1'$ 和 $2-2'$ 短路的情况，由此可相应地求出二端口网络的 Y 参数。

由运算法将已知条件的时域函数转换为复频域的象函数，有：

端口 $2-2'$ 短路时

$$U_1(s) = 1, U_2(s) = 0, I_1^{(1)}(s) = 1, I_2^{(1)}(s) = \frac{1}{s}$$

端口 $1-1'$ 短路时

$$U_1(s) = 0, U_2(s) = \frac{1}{s}, I_1^{(2)}(s) = \frac{1}{s(s+1)}1, I_2^{(2)}(s) = \frac{1}{s(s+2)}$$

所以

$$Y_{11} = \left.\frac{I_1^{(1)}(s)}{U_1(s)}\right|_{U_2(s)=0} = 1, \qquad Y_{21} = \left.\frac{I_2^{(1)}(s)}{U_1(s)}\right|_{U_2(s)=0} = \frac{1}{s}$$

$$Y_{12} = \left.\frac{I_1^{(2)}(s)}{U_2(s)}\right|_{U_1(s)=0} = \frac{1}{s+1}, \qquad Y_{22} = \left.\frac{I_2^{(2)}(s)}{U_2(s)}\right|_{U_1(s)=0} = \frac{1}{s+2}$$

当激励为 $u_1(t) = e^{-3t}\varepsilon(t)\text{V}, u_2(t) = \delta(t)\text{V}$, 即 $U_1(s) = \frac{1}{s+3}, U_2(s) = 1$ 时, 响应的象函数即可由相应的 Y 参数方程求得为

$$I_1(s) = Y_{11}U_1(s) + Y_{12}U_2(s) = \frac{1}{s+3} + \frac{1}{s+1}$$

$$I_2(s) = Y_{21}U_1(s) + Y_{22}U_2(s) = \frac{1}{s}\frac{1}{s+3} + \frac{1}{s+2} = \frac{1}{3s} + \frac{1}{s+2} - \frac{1}{3(s+3)}$$

求拉普拉斯反变换即可得到端口电流的时域解为

$$i_1(t) = (e^{-t} + e^{-3t})\varepsilon(t)\text{A}$$

$$i_2(t) = \left(\frac{1}{3} + e^{-2t} - \frac{1}{3}e^{-3t}\right)\varepsilon(t)\text{A}$$

由上述例题可见, 二端口网络的参数及其方程的应用是相当广泛的, 只有充分理解其基本概念, 才能灵活运用。

11.2.2 Z 参数 (开路阻抗参数)

设两个端口的电流 $\dot{I}_1$、$\dot{I}_2$ 已知, 由替代定理, 设 $\dot{I}_1$、$\dot{I}_2$ 分别为端口所加的电流源, 根据叠加原理, $\dot{U}_1$、$\dot{U}_2$ 应分别等于两个独立电流源单独作用时产生的电压之和, 即

$$\begin{cases} \dot{U}_1 = Z_{11}\dot{I}_1 + Z_{12}\dot{I}_2 \\ \dot{U}_2 = Z_{21}\dot{I}_1 + Z_{22}\dot{I}_2 \end{cases} \tag{11-5}$$

写成矩阵形式为

$$\begin{bmatrix} \dot{U}_1 \\ \dot{U}_2 \end{bmatrix} = \begin{bmatrix} Z_{11} & Z_{12} \\ Z_{21} & Z_{22} \end{bmatrix} \begin{bmatrix} \dot{I}_1 \\ \dot{I}_2 \end{bmatrix} = \mathbf{Z}\begin{bmatrix} \dot{I}_1 \\ \dot{I}_2 \end{bmatrix} \tag{11-6}$$

其中

$$\mathbf{Z} \xlongequal{\text{def}} \begin{bmatrix} Z_{11} & Z_{12} \\ Z_{21} & Z_{22} \end{bmatrix}$$

上式叫作二端口的 $\mathbf{Z}$ 参数矩阵, Z_{11}、Z_{12}、Z_{21}、Z_{22} 称为二端口的 Z 参数, Z 参数具有阻抗的量纲。与 Y 参数一样, Z 参数也用来描述二端口网络的特性。

Z 参数可由图 11-8 所示的方法计算或实测求得，有

$$Z_{11} = \frac{\dot{U}_1}{\dot{I}_1}\bigg|_{\dot{I}_2=0} \quad \text{端口 } 2-2' \text{开路时，端口 } 1-1' \text{处的驱动点阻抗}$$

$$Z_{21} = \frac{\dot{U}_2}{\dot{I}_1}\bigg|_{\dot{I}_2=0} \quad \text{端口 } 2-2' \text{开路时，端口 } 2-2' \text{与端口 } 1-1' \text{之间的转移阻抗}$$

$$Z_{12} = \frac{\dot{U}_1}{\dot{I}_2}\bigg|_{\dot{I}_1=0} \quad \text{端口 } 1-1' \text{开路时，端口 } 1-1' \text{与端口 } 2-2' \text{之间的转移阻抗}$$

$$Z_{22} = \frac{\dot{U}_2}{\dot{I}_2}\bigg|_{\dot{I}_1=0} \quad \text{端口 } 1-1' \text{开路时，端口 } 2-2' \text{处的驱动点阻抗}$$

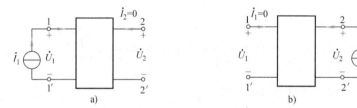

图 11-8 Z 参数的计算或测定

Z 参数是在一个端口开路的情况下计算或实测得到的，所以又称为开路阻抗参数。对互易二端口网络有 $Z_{12} = Z_{21}$，对于对称二端口，则有 $Z_{11} = Z_{22}$。互易二端口网络只有三个 Z 参数是独立的，对称二端口网络则只有两个 Z 参数是独立的。

一端口网络的阻抗 Z 与导纳 Y 互为倒数。对比式（11-4）与式（11-6）可以看出，$\boldsymbol{Z}$ 参数矩阵与 $\boldsymbol{Y}$ 参数矩阵互为逆矩阵，即

$$\boldsymbol{Z} = \boldsymbol{Y}^{-1} \quad \text{或} \quad \boldsymbol{Y} = \boldsymbol{Z}^{-1}$$

即

$$\begin{bmatrix} Z_{11} & Z_{12} \\ Z_{21} & Z_{22} \end{bmatrix} = \frac{1}{\Delta_y} \begin{bmatrix} Y_{22} & -Y_{12} \\ -Y_{21} & Y_{11} \end{bmatrix} \quad (\Delta_y \neq 0)$$

式中，$\Delta_y = Y_{11}Y_{22} - Y_{12}Y_{21}$。当已知 Y 参数时即可由上式求出 Z 参数。

11.2.3 $\boldsymbol{T}$ 参数（传输参数）

在许多工程实际问题中，设计者往往希望找到一个端口的电压、电流与另一个端口的电压、电流之间的直接关系，如放大器、滤波器、变压器的输出与输入之间的关系，传输线的始端与终端之间的关系等。这种情况下仍然使用 Y 参数和 Z 参数就不太方便了，而采用传输参数则更为便利。

设已知端口 $2-2'$ 的电压 $\dot{U}_2$ 和电流 $\dot{I}_2$，由叠加原理同样可写出端口 $1-1'$ 的电压 $\dot{U}_1$ 和电流 $\dot{I}_1$ 分别为（注意 $\dot{I}_2$ 前面的负号）

$$\begin{cases} \dot{U}_1 = A\dot{U}_2 + B(-\dot{I}_2) \\ \dot{I}_1 = C\dot{U}_2 + D(-\dot{I}_2) \end{cases} \qquad (11\text{-}7)$$

写成矩阵形式为

$$\begin{bmatrix} \dot{U}_1 \\ \dot{I}_1 \end{bmatrix} = \begin{bmatrix} A & B \\ C & D \end{bmatrix} \begin{bmatrix} \dot{U}_2 \\ -\dot{I}_2 \end{bmatrix} = \boldsymbol{T} \begin{bmatrix} \dot{U}_2 \\ -\dot{I}_2 \end{bmatrix} \qquad (11\text{-}8)$$

其中

$$\boldsymbol{T} \stackrel{\text{def}}{=\!=} \begin{bmatrix} A & B \\ C & D \end{bmatrix}$$

叫作二端口的 **T** 参数矩阵,A、B、C、D 称为二端口的 T 参数。T 参数又称传输参数,或转移参数,可由图 11-9 所示的方法计算或实测求得。

$$A = \left. \frac{\dot{U}_1}{\dot{U}_2} \right|_{i_2=0} \qquad 端口 2 - 2'开路时,端口 1 - 1'与端口 2 - 2'的转移电压比$$

$$B = \left. \frac{\dot{U}_1}{-\dot{I}_2} \right|_{\dot{U}_2=0} \qquad 端口 2 - 2'短路时的转移阻抗$$

$$C = \left. \frac{\dot{I}_1}{\dot{U}_2} \right|_{i_2=0} \qquad 端口 2 - 2'开路时的转移导纳$$

$$D = \left. \frac{\dot{I}_1}{-\dot{I}_2} \right|_{\dot{U}_2=0} \qquad 端口 2 - 2'短路时,端口 1 - 1'与端口 2 - 2'的转移电流比$$

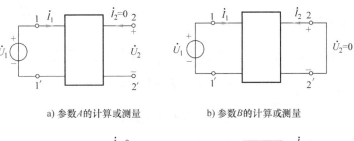

a) 参数A的计算或测量　　　　　　b) 参数B的计算或测量

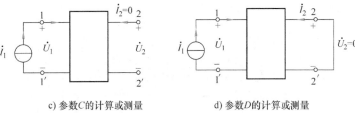

c) 参数C的计算或测量　　　　　　d) 参数D的计算或测量

图 11-9　T 参数的计算或测量

把 Y 参数方程式(11-3)重新整理并与 T 参数方程式(11-7)相对照,有

$$\begin{cases} \dot I_1 = Y_{11}\dot U_1 + Y_{12}\dot U_2 \\ \dot I_2 = Y_{21}\dot U_1 + Y_{22}\dot U_2 \end{cases} \Rightarrow \begin{cases} \dot I_1 = Y_{11}\dot U_1 + Y_{12}\dot U_2 \\ \dot U_1 = -\dfrac{Y_{22}}{Y_{21}}\dot U_2 + \dfrac{1}{Y_{21}}\dot I_2 \end{cases} （当 Y_{21}\neq 0 时）$$

$$\Rightarrow \begin{cases} \dot I_1 = Y_{11}\left(-\dfrac{Y_{22}}{Y_{21}}\dot U_2 + \dfrac{1}{Y_{21}}\dot I_2 \right) + Y_{12}\dot U_2 \\ \dot U_1 = -\dfrac{Y_{22}}{Y_{21}}\dot U_2 + \dfrac{1}{Y_{21}}\dot I_2 \end{cases}$$

$$\Rightarrow \begin{cases} \dot U_1 = -\dfrac{Y_{22}}{Y_{21}}\dot U_2 + \dfrac{1}{Y_{21}}\dot I_2 \\ \dot I_1 = \left(Y_{12} - \dfrac{Y_{11}Y_{22}}{Y_{21}} \right)\dot U_2 + \dfrac{Y_{11}}{Y_{21}}\dot I_2 \end{cases}$$

$$\Rightarrow \begin{cases} \dot U_1 = A\dot U_2 + B(-\dot I_2) \\ \dot I_1 = C\dot U_2 + D(-\dot I_2) \end{cases}$$

这里

$$A = -\frac{Y_{22}}{Y_{21}}, \qquad B = -\frac{1}{Y_{21}}, \qquad C = Y_{12} - \frac{Y_{11}Y_{22}}{Y_{21}}, \qquad D = -\frac{Y_{11}}{Y_{21}}$$

这个过程说明同一个二端口各参数之间是可以互相转换的。此外，利用 Y 参数的互易与对称性还可以推出 T 参数的互易、对称条件。

对于互易二端口网络（$Y_{12} = Y_{21}$），A、B、C、D 四个参数中也只有三个是独立的，因为

$$AD - BC = \left(-\frac{Y_{22}}{Y_{21}} \right)\left(-\frac{Y_{11}}{Y_{21}} \right) - \left(-\frac{1}{Y_{21}} \right)\left(Y_{12} - \frac{Y_{11}Y_{22}}{Y_{21}} \right) = \frac{Y_{12}}{Y_{21}} = 1$$

对于对称二端口网络（$Y_{11} = Y_{22}$），还将有 $A = D$。

11.2.4 *H* 参数（混合参数）

在电子技术领域中经常采用 H 参数描述晶体管的等效电路模型。H 参数的方程为

$$\begin{cases} \dot U_1 = H_{11}\dot I_1 + H_{12}\dot U_2 \\ \dot I_2 = H_{21}\dot I_1 + H_{22}\dot U_2 \end{cases} \tag{11-9}$$

写成矩阵形式为

$$\begin{bmatrix} \dot U_1 \\ \dot I_2 \end{bmatrix} = \begin{bmatrix} H_{11} & H_{12} \\ H_{21} & H_{22} \end{bmatrix}\begin{bmatrix} \dot I_1 \\ \dot U_2 \end{bmatrix} = \boldsymbol H\begin{bmatrix} \dot I_1 \\ \dot U_2 \end{bmatrix} \tag{11-10}$$

其中

$$\boldsymbol H \overset{\text{def}}{=\!=} \begin{bmatrix} H_{11} & H_{12} \\ H_{21} & H_{22} \end{bmatrix}$$

混合参数实例

叫作二端口的 **H** 参数矩阵，H_{11}、H_{12}、H_{21}、H_{22} 称为二端口的 H 参数。

H 参数可由图 11-10 所示的方法计算或实测求得，即

$$H_{11} = \left.\frac{\dot{U}_1}{\dot{I}_1}\right|_{\dot{U}_2=0} \qquad \text{端口 } 2-2' \text{短路时，端口 } 1-1' \text{处的驱动点阻抗}$$

$$H_{21} = \left.\frac{\dot{I}_2}{\dot{I}_1}\right|_{\dot{U}_2=0} \qquad \text{端口 } 2-2' \text{短路时，端口 } 2-2' \text{与端口 } 1-1' \text{之间的电流转移函数}$$

$$H_{12} = \left.\frac{\dot{U}_1}{\dot{U}_2}\right|_{\dot{I}_1=0} \qquad \text{端口 } 1-1' \text{开路时，端口 } 1-1' \text{与端口 } 2-2' \text{之间的电压转移函数}$$

$$H_{22} = \left.\frac{\dot{I}_2}{\dot{U}_2}\right|_{\dot{I}_1=0} \qquad \text{端口 } 1-1' \text{开路时，端口 } 2-2' \text{处的驱动点导纳}$$

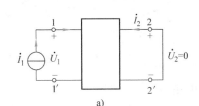 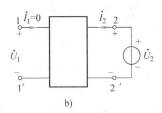

图 11-10 H 参数的计算或测量

H 参数的量纲不止一种，它包括具有阻抗、导纳的量纲和无量纲的电流比值与电压比值，所以称为混合参数。

可以证明，对于互易二端口有 $H_{12} = -H_{21}$，对于对称二端口，则有 $H_{11}H_{22} - H_{12}H_{21} = 1$。

四种参数表示的二端口的互易性与对称性条件归纳如表 11-1 所示。注意，对称二端口同时也是互易的，反之则不一定。

表 11-1 二端口的互易性与对称性条件

	Z 参数	Y 参数	H 参数	T 参数
互易性条件	$Z_{12} = Z_{21}$	$Y_{12} = Y_{21}$	$H_{12} = -H_{21}$	$AD - BC = 1$
对称性条件	$Z_{12} = Z_{21}$	$Y_{12} = Y_{21}$	$H_{12} = -H_{21}$	$AD - BC = 1$
	$Z_{11} = Z_{22}$	$Y_{11} = Y_{22}$	$H_{11}H_{22} - H_{12}H_{21} = 1$	$A = D$

根据上述参数的推导过程可以看出各参数之间均可相互转换。当然，在理论分析与工程实际当中，并非每个二端口网络都同时存在这四种参数，如理想变压器的 Y 参数和 Z 参数就不存在。

例 11-5 求图 11-11 所示二端口网络的 H 参数。

解 对回路 l_1 和 l_2 列回路方程有

$$(R_1 + R_3)\dot{I}_1 + R_3\dot{I}_2 = \dot{U}_1 \qquad ①$$

$$R_3\dot{I}_1 + (R_2 + R_3)\dot{I}_2 = \dot{U}_2 + R_2 g_m \dot{U}_{R_1} \qquad ②$$

将受控源的控制电压 $\dot{U}_{R_1} = R_1\dot{I}_1$ 代入②式并整理有

$$(R_2 + R_3)\dot{I}_2 = (R_1 R_2 g_m - R_3)\dot{I}_1 + \dot{U}_2$$

即

$$\dot{I}_2 = \frac{R_1 R_2 g_m - R_3}{R_2 + R_3}\dot{I}_1 + \frac{1}{R_2 + R_3}\dot{U}_2 \qquad ③$$

将 $\dot{I}_2$ 代入①式，有

$$\dot{U}_1 = \frac{R_1 R_2 + R_1 R_3 + R_2 R_3 + R_1 R_2 R_3 g_m}{R_2 + R_3}\dot{I}_1 + \frac{R_3}{R_2 + R_3}\dot{U}_2 \qquad ④$$

将③、④两个表达式与 H 参数定义式（11-9）对照，即可得 H 参数分别为

$$H_{11} = \frac{R_1 R_2 + R_1 R_3 + R_2 R_3 + R_1 R_2 R_3 g_m}{R_2 + R_3}$$

$$H_{12} = \frac{R_3}{R_2 + R_3}$$

$$H_{21} = \frac{R_1 R_2 g_m - R_3}{R_2 + R_3}$$

$$H_{22} = \frac{1}{R_2 + R_3}$$

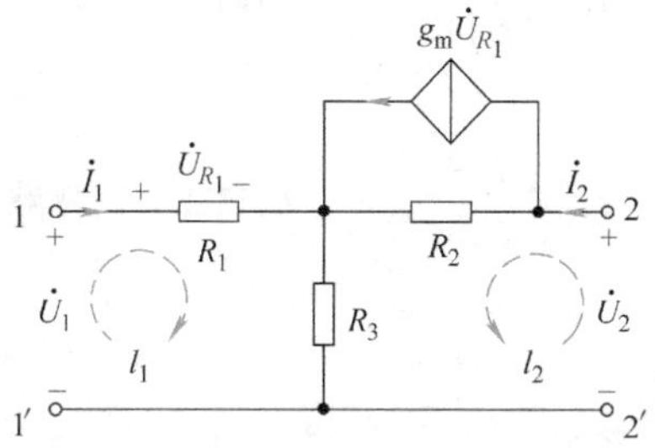

此例除按题中所示方法外，还可先由方程①、②
求出 Z 参数，然后再查表 11-1，由 Z 参数换算出相应
的 H 参数（略）。很容易可以判断，该二端口网络既不对称也不互易。

图 11-11　例 11-5 题图

11.3　二端口网络的等效电路

互易二端口网络的各种参数中都只有三个是独立的，因此其最简等效电路只需要由三个
电路元件组成。由三个电路元件组成的二端口网络只有 T 形和∏形两种，如图 11-12 所示。
写出 T 形和∏形等效电路相应的参数方程，再与给出的网络参数一一对应，即可确定等效
电路中三个电路元件的数值。

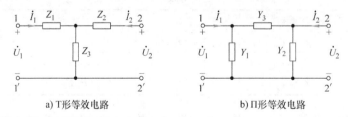

a) T形等效电路　　　　　　　　　b) ∏形等效电路

图 11-12　二端口网络的等效电路

当二端口网络含有受控源时，通常是非互易的二端口，它的四个参数彼此独立，因此其
等效电路中也相应地含有受控源。设给定二端口的 Z 参数，且 $Z_{12} \neq Z_{21}$，则式（11-5）可
改写为

$$\dot{U}_1 = Z_{11}\dot{I}_1 + Z_{12}\dot{I}_2$$

$$\dot{U}_2 = Z_{21}\dot{I}_1 + Z_{22}\dot{I}_2 = Z_{12}\dot{I}_1 + Z_{22}\dot{I}_2 + (Z_{21} - Z_{12})\dot{I}_1$$

上述第二个方程右端的最后一项可以看作一个 CCVS，由此可以构造其等效电路如图 11-13 所示。

只要给定非互易二端口的四种参数之一，就可仿照例 11-6 得到如图 11-13 所示的 T 形等效电路。

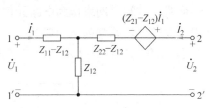

图 11-13 含受控源的二端口
网络的等效电路

例 11-6 已知二端口网络的 **T** 参数矩阵为 $\boldsymbol{T} = \begin{bmatrix} A & B \\ C & D \end{bmatrix} = \begin{bmatrix} 3 & 7 \\ 2 & 5 \end{bmatrix}$，试求其相应的 T 形等效电路中三个元件的参数。

解 由已知的 **T** 参数矩阵可知 $AD - BC = 15 - 14 = 1$，因此该二端口网络是互易二端口网络，可以等效成图 11-12a 所示的 T 形网络。对应于等效电路，其网孔电流方程为

$$\dot{U}_1 = (Z_1 + Z_3)\dot{I}_1 + Z_3\dot{I}_2 \tag{①}$$

$$\dot{U}_2 = Z_3\dot{I}_1 + (Z_2 + Z_3)\dot{I}_2 \tag{②}$$

由式②可得

$$\dot{I}_1 = \frac{1}{Z_3}\dot{U}_2 - \frac{Z_2 + Z_3}{Z_3}\dot{I}_2$$

代入式①，有

$$\dot{U}_1 = \frac{Z_1 + Z_3}{Z_3}\dot{U}_2 - \frac{(Z_1 + Z_3)(Z_2 + Z_3)}{Z_3}\dot{I}_2 + Z_3\dot{I}_2$$

将上述两个表达式与题目给定的 T 参数式对比，可得

$$A = \frac{Z_1 + Z_3}{Z_3} = 3$$

$$B = \frac{(Z_1 + Z_3)(Z_2 + Z_3)}{Z_3} - Z_3 = 7$$

$$C = \frac{1}{Z_3} = 2$$

$$D = \frac{Z_2 + Z_3}{Z_3} = 5$$

于是，解得 T 形等效电路中三个元件的阻抗值分别为

$$Z_1 = 1\Omega$$

$$Z_2 = 2\Omega$$

$$Z_3 = 0.5\Omega$$

11.4 具有端接的二端口网络的电路分析

11.4.1 具有端接的二端口网络电路分析

当二端口网络与其他二端元件相连构成复杂网络（称为有端接的二端口网络）时，只需要将二端口看作普通电路元件列出其端口 VCR 方程，再根据电路结构，运用电路的基础

分析方法或定理列出相应的方程，即可对电路进行分析。

而且，二端口网络作为电路元件的一类，完全可以应用于任何直流、交流稳态、动态电路中，总的处理原则都是相似的。

例 11-7 求图 11-14a 所示二端网络的端口输入阻抗。

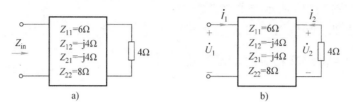

图 11-14 例 11-7 题图

解 由题目给出的二端口阻抗参数可以判断，该电路为正弦稳态电路的一个复合二端网络，只需要按照二端网络输入阻抗的定义结合二端口的阻抗参数列方程即可。注意这里"二端网络"与"二端口网络"的差别。

第一步，先标出二端口标准参考方向如图 11-14b 所示，再由已知条件列出其 Z 参数方程，此时先忽略 4Ω 负载电阻的存在，有

$$\dot{U}_1 = 6\dot{I}_1 - j4\dot{I}_2 \qquad ①$$
$$\dot{U}_2 = -j4\dot{I}_1 + 8\dot{I}_2 \qquad ②$$

第二步，再针对二端口的端口 2 外接的 4Ω 电阻元件列方程，类似的，此时忽略二端口的存在，由电阻元件的 VCR 可列方程

$$\dot{U}_2 = -4\dot{I}_2 \qquad ③$$

注意：端口电压 $\dot{U}_2$ 与端口电流 $\dot{I}_2$ 相对于电阻元件而言是非关联参考方向，因此式③表达式中有一个"－"，经常被漏掉。

最后，由任意二端网络输入阻抗的定义式有

$$Z_{in} = \frac{\dot{U}_1}{\dot{I}_1} \qquad ④$$

将式③代入式②可求得 $\dot{I}_2 = \dot{I}_1/3$，再代入式①、④，即可求得整个二端网络的输入阻抗为

$$Z_{in} = \frac{\dot{U}_1}{\dot{I}_1} = \left(6 - j\frac{4}{3}\right)\Omega$$

显然，本例中二端口网络的已知参数矩阵如果换成另外三种形式的二端口参数，题目的分析计算过程都是相似的。

11.4.2 二端口网络的转移函数

当二端口网络与激励源和负载相连时，根据二端口所满足的参数方程及端口外网络的参数方程，即可确定二端口的四个端口变量及网络中的各种转移函数。用运算法分析时则对应各种形式的网络函数，应用不同的二端口参数得到的转移函数或网络函数的形式也将不同。

二端口所接激励源网络的戴维南等效电路参数设为 $U_s(s)$ 和 Z_s，负载阻抗为 Z_L，如图 11-15 所示。

设已知二端口的 Z 参数，其参数方程为

$$U_1(s) = Z_{11}(s)I_1(s) + Z_{12}(s)I_2(s)$$
$$U_2(s) = Z_{21}(s)I_1(s) + Z_{22}(s)I_2(s)$$

激励源支路满足的约束方程为

$$U_1(s) = U_s(s) - Z_s I_1(s)$$

负载支路满足的约束方程为

$$U_2(s) = -Z_L I_2(s)$$

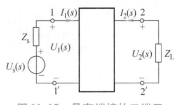

图 11-15 具有端接的二端口

将以上方程合并，并写成矩阵形式有

$$
\begin{bmatrix}
1 & 0 & Z_s & 0 \\
1 & 0 & -Z_{11} & -Z_{12} \\
0 & 1 & -Z_{21} & -Z_{22} \\
0 & 1 & 0 & Z_L
\end{bmatrix}
\begin{bmatrix}
U_1(s) \\
U_2(s) \\
I_1(s) \\
I_2(s)
\end{bmatrix}
=
\begin{bmatrix}
U_s(s) \\
0 \\
0 \\
0
\end{bmatrix}
\tag{11-11}
$$

解上述矩阵方程，就可得到各种转移函数或网络函数。如电压转移函数为（推导过程由读者自己完成）

$$\frac{U_2(s)}{U_s(s)} = \frac{Z_{21}(s)Z_L}{Z_{11}(s)Z_{22}(s) - Z_{12}(s)Z_{21}(s) + Z_s[Z_{22}(s) + Z_L] + Z_{11}(s)Z_L}$$

$$\frac{U_2(s)}{U_1(s)} = \frac{Z_{21}(s)Z_L}{Z_{11}(s)[Z_L + Z_{22}(s)] - Z_{12}(s)Z_{21}(s)}$$

二端口常为完成某些功能起着耦合其两端电路的作用，如滤波器、比例器、电压跟随器等。这些功能一般可通过转移函数描述，反之，也可根据转移函数确定二端口内部元件的连接方式及元件值，即所谓的电路设计或电路综合。

11.5 二端口网络的连接

在网络分析中，常把一个复杂的网络分解成若干个较简单的二端口网络的组合，再进行逐一分析。在进行网络综合时，也常将复杂的网络分解为若干部分，分别设计后再连接起来，这就是二端口网络的连接。本节讨论有关二端口的连接方式及其特性。

1. 二端口网络的连接方式

二端口网络可以按照许多种方式相互连接，常用的有级联（链联）、串联和并联三种，分别如图 11-16a、b、c 所示。

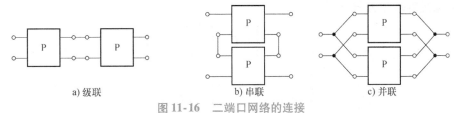

a) 级联　　　　　　　　b) 串联　　　　　　　　c) 并联

图 11-16 二端口网络的连接

2. 二端口网络连接的有效性

在本章的开始就强调过，只有满足端口条件的四端网络才构成二端口网络。因此多个二端口网络串联或并联在一起后，必须仍然满足端口条件才能作为复合二端口网络，否则连接后的网络就不能作为二端口网络而只能视为普通四端网络。

图 11-17 给出了检查端口条件是否成立的计算或测量方法，其正确性可用叠加原理加以证明。

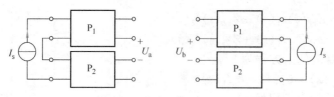

a) 若 $U_a = U_b = 0$，则串联有效

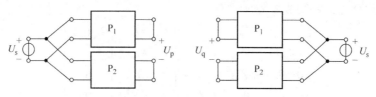

b) 若 $U_p = U_q = 0$，则并联有效

图 11-17　二端口网络连接有效性判断

经上述检查，如果网络不满足端口条件，可在任一端口插入一个变比为 1 的理想变压器来强制端口条件成立，以保证端口的有效连接。

3. 复合二端口网络的特性参数

如图 11-18 所示，两个无源二端口网络 P_1 和 P_2 按级联方式连接后即构成一个复合二端口网络。

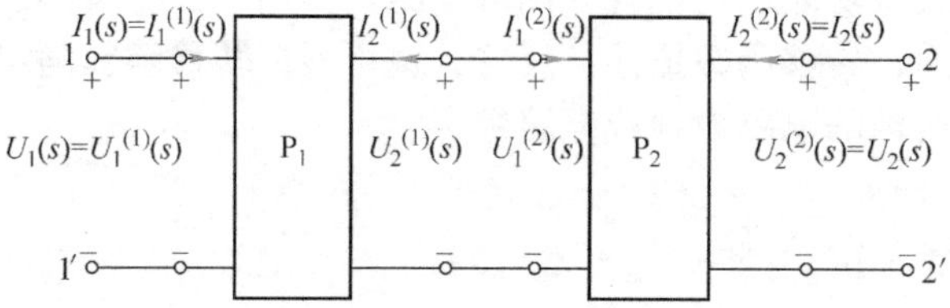

图 11-18　二端口的级联

设二端口网络 P_1 和 P_2 的 T 参数分别为

$$T^{(1)} = \begin{bmatrix} A^{(1)} & B^{(1)} \\ C^{(1)} & D^{(1)} \end{bmatrix}$$

$$T^{(2)} = \begin{bmatrix} A^{(2)} & B^{(2)} \\ C^{(2)} & D^{(2)} \end{bmatrix}$$

它们满足的端口方程分别为

$$\begin{bmatrix} U_1^{(1)}(s) \\ I_1^{(1)}(s) \end{bmatrix} = T^{(1)} \begin{bmatrix} U_2^{(1)}(s) \\ -I_2^{(1)}(s) \end{bmatrix}$$

$$\begin{bmatrix} U_1^{(2)}(s) \\ I_1^{(2)}(s) \end{bmatrix} = T^{(2)} \begin{bmatrix} U_2^{(2)}(s) \\ -I_2^{(2)}(s) \end{bmatrix}$$

因为

$$U_1(s) = U_1^{(1)}(s), \ U_2^{(1)}(s) = U_1^{(2)}(s), \ U_2^{(2)}(s) = U_2(s)$$
$$I_1(s) = I_1^{(1)}(s), \ I_2^{(1)}(s) = -I_1^{(2)}(s), \ I_2^{(2)}(s) = I_2(s)$$

所以

$$\begin{bmatrix} U_1(s) \\ I_1(s) \end{bmatrix} = \begin{bmatrix} U_1^{(1)}(s) \\ I_1^{(1)}(s) \end{bmatrix} = \boldsymbol{T}^{(1)} \begin{bmatrix} U_2^{(1)}(s) \\ -I_2^{(1)}(s) \end{bmatrix}$$

$$= \boldsymbol{T}^{(1)} \begin{bmatrix} U_1^{(2)}(s) \\ I_1^{(2)}(s) \end{bmatrix} = \boldsymbol{T}^{(1)} \boldsymbol{T}^{(2)} \begin{bmatrix} U_2^{(2)}(s) \\ -I_2^{(2)}(s) \end{bmatrix}$$

$$= \boldsymbol{T}^{(1)} \boldsymbol{T}^{(2)} \begin{bmatrix} U_2(s) \\ -I_2(s) \end{bmatrix} = \boldsymbol{T} \begin{bmatrix} U_2(s) \\ -I_2(s) \end{bmatrix}$$

式中，$\boldsymbol{T}$ 为复合二端口网络的等效 T 参数，它等于二端口网络 P_1 和 P_2 的 $\boldsymbol{T}$ 参数矩阵的乘积，即

$$\boldsymbol{T} = \boldsymbol{T}^{(1)} \boldsymbol{T}^{(2)} = \begin{bmatrix} A^{(1)}A^{(2)} + B^{(1)}C^{(2)} & A^{(1)}B^{(2)} + B^{(1)}D^{(2)} \\ C^{(1)}A^{(2)} + D^{(1)}C^{(2)} & C^{(1)}B^{(2)} + D^{(1)}D^{(2)} \end{bmatrix} \tag{11-12}$$

利用类似的方法也可以得到二端口网络 P_1 和 P_2 串联后复合二端口网络的 Z 参数为

$$Z = Z^{(1)} + Z^{(2)} \tag{11-13}$$

二端口网络 P_1 和 P_2 并联后复合二端口的 Y 参数为

$$Y = Y^{(1)} + Y^{(2)} \tag{11-14}$$

式 (11-13)、式 (11-14) 的证明由读者自己完成。

本 章 小 结

无源二端口网络是一类特殊的网络，当我们将其视为一种特殊元件时，就是复杂网络中的一个单元。因此对于这部分内容，应借助二端网络与多端网络的对比明确二端口网络的概念，掌握二端口网络的端口 VCR 的四种参数表示及其应用。

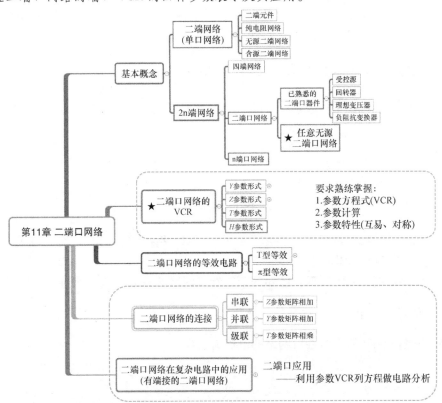

需要特别说明以下几点：

1）二端口网络作为电路的一类特殊"元件"可以应用在直流、交流稳态、暂态等电路中。

2）Y、Z、T、H 参数方程均是在关联参考方向下描述二端口网络四个端口变量的约束关系方程组。但是，有些二端口网络的某种参数方程是不存在的。

3）Y、Z、T、H 参数可用定义式、列方程等方法求得，还可以根据替代定理和叠加定理求得。对于同一个二端口网络而言，如果各自参数都存在，则其任意两个参数方程之间都是等价的，也是可以互相推导出来的，即两两参数矩阵之间的各个元素是可以互相表示的。

4）二端口网络的互易性和对称性用不同参数方程表示时对应不同的条件，表 11-1 给出了相应的公式。

5）当两个端口均有端接时（即二端口网络在复杂电路中），由外接电路还可以再确定两个关于四个端口变量的 VCR 约束方程，从而，二端口的四个端口变量可以唯一确定。特殊的是，当一个端口有端接（开路、短路或接任意外电路）时，相当于确定了关于四个端口变量的三个方程，从而，可以得到另一端口的 VCR 方程，乃至戴维南等效电路。

习 题 11

11-1 求图 11-19 所示二端口网络的 H 参数矩阵。

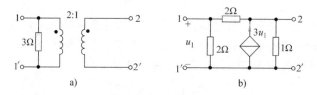

图 11-19 题 11-1 图

11-2 求图 11-20 所示二端口网络的 Y 参数矩阵。

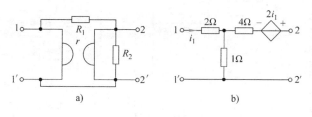

图 11-20 题 11-2 图

11-3 已知某二端口网络的 Z 参数为：$Z_{11} = 2\Omega$，$Z_{12} = Z_{21} = 3\Omega$，$Z_{22} = 4\Omega$，输出端并接 5Ω 的电阻，求输入电阻。

11-4 电路如图 11-21 所示，已知两个二端口网络的参数相同，为 $A = 1.5$，$B = 2.5\Omega$，$C = 0.05\text{S}$，$D = 2/3$，求电压增益 $\dfrac{u_0}{u_s}$。

11-5 求图 11-22 所示二端口网络的电流 $\dot{I}_1$、$\dot{I}_2$。

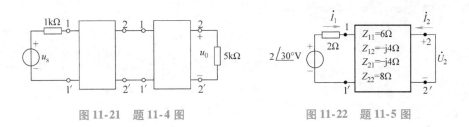

图 11-21 题 11-4 图　　　　　　图 11-22 题 11-5 图

11-6　图 11-23 所示二端口网络的戴维南等效电路。

11-7　已知图 11-24 所示电路中二端口网络 N′ 的 H 参数为 $h_{11} = 500\Omega$，$h_{12} = 10^{-4}$，$h_{21} = 50$，$h_{22} = 2 \times 10^{-5}S$，求整个网络 N 的 H 参数。

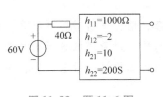

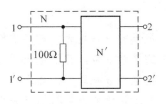

图 11-23 题 11-6 图　　　　　　图 11-24 题 11-7 图

11-8　图 11-25 所示电路中 N 为一互易电阻网络，当 1–1′端电压为 50V 时，测得 2–2′端短路电流为 1A；如在 2–2′端加 200V 的电压而 1–1′端短路，试求此短路电流。

11-9　图 11-26 所示为一 RC 梯形电路，求：（1）该网络的 T 参数；（2）计算在电压相量 $\dot{U}_2$ 落后于 $\dot{U}_1$ 180°时的角频率并确定在该角频率下 $\dfrac{\dot{U}_2}{\dot{U}_1}$ 的比值。

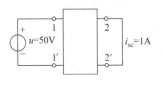

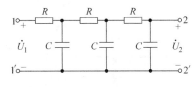

图 11-25 题 11-8 图　　　　　　图 11-26 题 11-9 图

11-10　求图 11-27 所示二端口网络的 Y 参数。

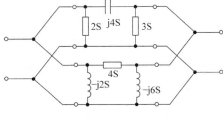

图 11-27 题 11-10 图

第 12 章

> Chapter 12

电路方程的矩阵形式

 本 章 导 学

　　随着电路规模的日益增大和电路结构的日趋复杂，用计算机进行网络分析和网络设计是科学技术发展的必然趋势。为了适应现代化计算的需要，对系统的分析首先必须将电网络画成拓扑图形，把电路方程写成矩阵形式，然后再利用计算机进行数值计算，得到网络分析所需结果，最终实现网络的计算机辅助分析。

　　本章以节点电压法为例介绍矩阵形式电路方程的系统建立方法。节点法的分析思路如思维导图所示，很容易推广到回路法、割集分析法等网络分析中。

　　对于矩阵形式方程的建立，建议读者从编写计算机程序的角度思考、理解、分析。

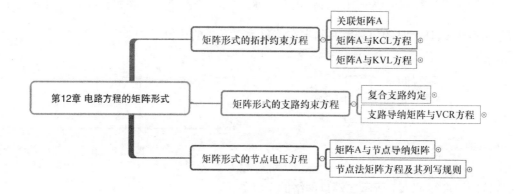

12.1　矩阵形式的拓扑约束方程

第3章介绍的各种电路方程分析法都是基于两类约束推导得到的。对于节点法，首先要用系统方法建立起支路与节点的约束关系，然后推出矩阵形式的拓扑约束方程。

12.1.1　关联矩阵的定义

关联矩阵用来描述支路与节点之间的关联性。有向图 G 中，支路与节点之间的相互关系为：如果支路 k 与节点 j 相连，则称支路 k 与节点 j 相关联；否则，称支路 k 与节点 j 不相关联。

用关联矩阵 $\boldsymbol{A}_a$ 表示支路与节点的关联关系，其中矩阵的行代表节点，列代表支路。$\boldsymbol{A}_a$ 的第 j 行第 k 列元素用 a_{jk} 表示，j 为节点序号，k 为支路序号，a_{jk} 描述有向图的第 k 条支路与第 j 个节点的关联关系。根据支路与节点的关联情况，对 a_{jk} 定义如下：

$a_{jk} = 0$，表示支路 k 与节点 j 不相关联。

$a_{jk} = 1$，表示支路 k 与节点 j 相关联，且支路 k 的方向背离节点 j。

$a_{jk} = -1$，表示支路 k 与节点 j 相关联，且支路 k 的方向指向节点 j。

例如，图 12-1 所示有向图，其关联矩阵是

$$\boldsymbol{A}_a = \begin{array}{c} \\ ① \\ ② \\ ③ \\ ④ \end{array} \begin{array}{cccccc} 1 & 2 & 3 & 4 & 5 & 6 \\ \left[\begin{array}{cccccc} 1 & 0 & 0 & -1 & 0 & 1 \\ -1 & -1 & 1 & 0 & 0 & 0 \\ 0 & 1 & 0 & 0 & -1 & -1 \\ 0 & 0 & -1 & 1 & 1 & 0 \end{array}\right] \end{array}$$

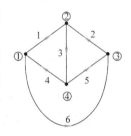

图 12-1　关联矩阵

一个 n 个节点 b 条支路的电路，其关联矩阵是 $n \times b$ 阶矩阵。因为一条支路必然仅与两个节点相关联，支路的方向必是背离其中一个节点指向另外一个节点的，所以关联矩阵 $\boldsymbol{A}_a$ 的每一列元素只有两个非 0 元素，其中一个是 1，另一个是 -1。若把 $\boldsymbol{A}_a$ 的各行相加，就得到一行全为 0 的元素，因此 $\boldsymbol{A}_a$ 的各行不是彼此独立的，$\boldsymbol{A}_a$ 的任一行必能从其他 $(n-1)$ 行导出。

常用降阶关联矩阵 $\boldsymbol{A}$ 表示支路与独立节点的关联关系。一个 n 个节点 b 条支路有向图的关联矩阵是 $(n-1) \times b$ 阶矩阵。从关联矩阵 $\boldsymbol{A}_a$ 中取对应于独立节点的 $(n-1)$ 行组成的矩阵为降阶关联矩阵 $\boldsymbol{A}$（以后常用此矩阵，后文简称关联矩阵）。图 12-1 所示的有向图，若选节点④为参考节点，降阶关联矩阵为

$$\boldsymbol{A} = \begin{array}{c} \\ ① \\ ② \\ ③ \end{array} \begin{array}{cccccc} 1 & 2 & 3 & 4 & 5 & 6 \\ \left[\begin{array}{cccccc} 1 & 0 & 0 & -1 & 0 & 1 \\ -1 & -1 & 1 & 0 & 0 & 0 \\ 0 & 1 & 0 & 0 & -1 & -1 \end{array}\right] \end{array}$$

降阶关联矩阵 $\boldsymbol{A}$ 只考虑独立节点与支路的关联关系，因此连在参考节点上的支路只与

一个独立节点相关联，矩阵 A 中对应于这样的支路的列只有一个非零元素。

一个有向图的参考节点不同，降阶关联矩阵 A 也不同。图 12-1 所示的有向图，若分别选节点③、②、①为参考节点，降阶关联矩阵分别为

$$
A = \begin{array}{c} \\ ① \\ ② \\ ④ \end{array}
\begin{array}{cccccc}
1 & 2 & 3 & 4 & 5 & 6 \\
\end{array}
\left[\begin{array}{cccccc}
1 & 0 & 0 & -1 & 0 & 1 \\
-1 & -1 & 1 & 0 & 0 & 0 \\
0 & 0 & -1 & 1 & 1 & 0
\end{array}\right]
$$

$$
A = \begin{array}{c} \\ ① \\ ③ \\ ④ \end{array}
\begin{array}{cccccc}
1 & 2 & 3 & 4 & 5 & 6 \\
\end{array}
\left[\begin{array}{cccccc}
1 & 0 & 0 & -1 & 0 & 1 \\
0 & 1 & 0 & 0 & -1 & -1 \\
0 & 0 & -1 & 1 & 1 & 0
\end{array}\right]
$$

$$
A = \begin{array}{c} \\ ② \\ ③ \\ ④ \end{array}
\begin{array}{cccccc}
1 & 2 & 3 & 4 & 5 & 6 \\
\end{array}
\left[\begin{array}{cccccc}
-1 & -1 & 1 & 0 & 0 & 0 \\
0 & 1 & 0 & 0 & -1 & -1 \\
0 & 0 & -1 & 1 & 1 & 0
\end{array}\right]
$$

显然，关联矩阵 A_a 不是满秩矩阵，而关联矩阵 A 是满秩矩阵。前者的各行不是相对独立的，而后者的各行是相对独立的，因此它们的秩是相等的。

一个 n 个节点、b 条支路的有向图，独立节点数为 $n-1$，有

$$
\mathrm{rank}(A_a) = \mathrm{rank}(A) = n-1
$$

12.1.2　关联矩阵与 KCL、KVL 方程

对于任何一个有向图，都可以用基尔霍夫定律来描述其电流约束关系和电压约束关系，所列电流约束方程称为 KCL 方程，电压约束方程称为 KVL 方程。一个 KCL 方程描述的是各支路电流与某个节点相关联的电流约束关系，一个 KVL 方程描述的是某个回路中各支路电压的关系。有了关联矩阵的定义，就可以建立起矩阵 A 与 KCL 方程和 KVL 方程的对应关系。

1. 用矩阵 A 表示的基尔霍夫电流定律的矩阵形式

在图 12-2 所示的有向图中，若选节点④为参考节点，关联矩阵 A 为

$$
A = \begin{array}{c} \\ ① \\ ② \\ ③ \end{array}
\begin{array}{ccccccc}
1 & 2 & 3 & 4 & 5 & 6 & 7 \\
\end{array}
\left[\begin{array}{ccccccc}
1 & 1 & 1 & 0 & 0 & 0 & 0 \\
0 & 0 & -1 & 1 & 1 & 0 & 0 \\
0 & 0 & 0 & 0 & -1 & -1 & 1
\end{array}\right]
$$

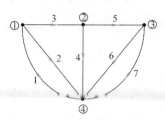

图 12-2　KCL 和 KVL 方程的
矩阵形式

对独立节点列出的 KCL 方程为

节点①: $\qquad\qquad\qquad i_1 + i_2 + i_3 = 0$

节点②: $\qquad\qquad\qquad -i_3 + i_4 + i_5 = 0$

节点③: $\qquad\qquad\qquad -i_5 - i_6 + i_7 = 0$

写成矩阵形式为

$$\begin{bmatrix} 1 & 1 & 1 & 0 & 0 & 0 & 0 \\ 0 & 0 & -1 & 1 & 1 & 0 & 0 \\ 0 & 0 & 0 & 0 & -1 & -1 & 1 \end{bmatrix} \begin{bmatrix} i_1 & i_2 & i_3 & i_4 & i_5 & i_6 & i_7 \end{bmatrix}^{\mathrm{T}} = 0$$

可见,对独立节点由 KCL 列出的方程组中,支路电流列向量 $\begin{bmatrix} i_1 & i_2 & i_3 & i_4 & i_5 & i_6 & i_7 \end{bmatrix}^{\mathrm{T}}$ 的系数矩阵就是关联矩阵 A。用 i 表示支路电流列向量,上式还可以简写成

$$Ai = 0 \qquad\qquad (12\text{-}1)$$

式(12-1)是用关联矩阵 A 表示的 KCL 方程的矩阵形式,可推广到任意 n 个节点 b 条支路的电路。

2. 用矩阵 A 表示的基尔霍夫电压定律的矩阵形式

支路电压可以用独立节点电压表示,图 12-2 有向图的支路电压用独立节点电压 u_{n1}、u_{n2} 和 u_{n3} 表示为

$$u_1 = u_{n1}, \qquad u_2 = u_{n1}, \qquad u_3 = u_{n1} - u_{n2}, \qquad u_4 = u_{n2}, \qquad u_5 = u_{n2} - u_{n3}, \qquad u_6 = -u_{n3}, \qquad u_7 = u_{n3}$$

写成矩阵形式为

$$\begin{bmatrix} u_1 \\ u_2 \\ u_3 \\ u_4 \\ u_5 \\ u_6 \\ u_7 \end{bmatrix} = \begin{bmatrix} 1 & 0 & 0 \\ 1 & 0 & 0 \\ 1 & -1 & 0 \\ 0 & 1 & 0 \\ 0 & 1 & -1 \\ 0 & 0 & -1 \\ 0 & 0 & 1 \end{bmatrix} \begin{bmatrix} u_{n1} \\ u_{n2} \\ u_{n3} \end{bmatrix}$$

上式中,独立节点电压列向量 $u_n = \begin{bmatrix} u_{n1} & u_{n2} & u_{n3} \end{bmatrix}^{\mathrm{T}}$ 的系数矩阵是关联矩阵 A 的转置矩阵 A^{T}。也就是说支路电压列向量 $u = \begin{bmatrix} u_1 & u_2 & u_3 & u_4 & u_5 & u_6 & u_7 \end{bmatrix}^{\mathrm{T}}$ 可以用独立节点电压列向量 u_n 和关联矩阵 A 表示。上式还可简写成

$$u = A^{\mathrm{T}} u_n \qquad\qquad (12\text{-}2)$$

式(12-2)是用关联矩阵 A 表示的 KVL 方程的矩阵形式,可推广到任意 n 个节点 b 条支路的电路。

12.2　矩阵形式的支路 VCR 方程

电路中，各支路的电压和电流的约束关系简称为 VCR，用支路方程来描述。本节介绍标准复合支路、支路方程的矩阵形式、支路阻抗矩阵和支路导纳矩阵。

1. 标准复合支路的规定

有向图中的支路代表电路中某个元件或某些元件组合。画有向图时，一般把一个元件看作一条支路，可以把电压源和电阻或阻抗串联的复合支路看成一条支路，也可以把电流源和电导或导纳并联的复合支路看成一条支路。事实上，有向图中的支路所代表的那部分电路的结构和内容是非常灵活的，它可以简单到代表一个元件，也可以复杂到代表一个二端网络。

为了便于列写支路方程的矩阵形式，需对支路的内容和结构有所规定。本章规定：最复杂的支路含有 5 个元件，包括独立电压源、独立电流源、受控电压源、受控电流源和电阻（或阻抗）。5 个元件按照图 12-3a 的方式连接，独立电压源的方向与支路电压的方向相反，独立电流源的方向与支路电流的方向相反，受控电压源的方向与支路电压的方向相同，受控电流源的方向与支路电流的方向相同。图 12-3a 中所示支路为标准复合支路。为了便于分析，本章还规定，控制量只能是电阻或阻抗上的电压或电流，控制量所在支路中不再含有受控源。控制量所在的支路最复杂的情形如图 12-3a 所示，图 12-3b 中所示支路为标准控制支路。

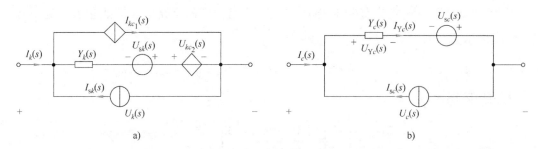

图 12-3　标准复合支路

图 12-3 中各符号的含义如下：

1）k、c、c_1、c_2 为第 k、c、c_1、c_2 条支路。

2）$Y_k(s)$、$Z_k(s)$ 为第 k 条支路的运算导纳、运算阻抗。

3）$Y_c(s)$、$Z_c(s)$ 为第 c 条支路的运算导纳、运算阻抗。

4）$U_k(s)$、$I_k(s)$ 为第 k 条支路的电压象函数、电流象函数。

5）$U_c(s)$、$I_c(s)$ 为第 c 条支路的电压象函数、电流象函数。

6）$U_{sk}(s)$、$I_{sk}(s)$ 为第 k 条支路中独立电压源的电压象函数、独立电流源的电流象函数。

7）$U_{sc}(s)$、$I_{sc}(s)$ 为第 c 条支路中独立电压源的电压象函数、独立电流源的电流象函数。

8）$U_{kc_2}(s)$、$I_{kc_1}(s)$ 为第 k 条支路中受控电压源的电压象函数、受控电流源的电流象函数。

标准复合支路对支路包含元件的个数和类型、元件的连接方式以及相关变量的参考方向均作了详细的规定，后文所说的支路，最复杂的情形是标准复合支路，最简单情形是一个元件，还可以是 2 个、3 个或 4 个元件组合而成的复合支路。

2. 标准复合支路矩阵形式的支路 VCR 方程

图 12-3a 所示标准复合支路的电压形式和电流形式的支路方程分别为

$$U_k(s) + U_{sk}(s) = Z_k(s)\left[I_k(s) + I_{sk}(s) - I_{kc_1}(s)\right] + U_{kc_2}(s) \tag{12-3}$$

$$I_k(s) + I_{sk}(s) = Y_k(s)\left[U_k(s) + U_{sk}(s) - U_{kc_2}(s)\right] + I_{kc_1}(s) \tag{12-4}$$

图 12-3b 所示标准控制支路的电压形式和电流形式的支路方程分别为

$$U_c(s) + U_{sc}(s) = Z_c(s)\left[I_c(s) + I_{sc}(s)\right] \tag{12-5}$$

$$I_c(s) + I_{sc}(s) = Y_c(s)\left[U_c(s) + U_{sc}(s)\right] \tag{12-6}$$

当受控电流源为 VCCS 时，控制量为 U_{Yc_1}，VCCS 的电流为 $g_{kc_1}U_{Yc_1}$，有

$$I_{kc_1} = g_{kc_1}U_{Yc_1} = g_{kc_1}\left[U_{c_1}(s) + U_{sc_1}(s)\right] \tag{12-7}$$

当受控电流源为 CCCS 时，控制量为 I_{Yc_1}，CCCS 的电流为 $\alpha_{kc_1}I_{Yc_1}$，有

$$I_{kc_1} = \alpha_{kc_1}I_{Yc_1} = \alpha_{kc_1}\left[I_{c_1}(s) + I_{sc_1}(s)\right] \tag{12-8}$$

当受控电压源为 VCVS 时，控制量为 U_{Yc_2}，VCVS 的电压为 $\beta_{kc_2}U_{Yc_2}$，有

$$U_{Yc_2} = \beta_{kc_2}U_{Yc_2} = \beta_{kc_2}\left[U_{c_2}(s) + U_{sc_2}(s)\right] \tag{12-9}$$

当受控电压源为 CCVS 时，控制量为 U_{Yc_2}，CCVS 的电压为 $r_{kc_2}I_{Yc_2}$，有

$$U_{Yc_2} = r_{kc_2}I_{Yc_2} = r_{kc_2}\left[I_{c_2}(s) + I_{sc_2}(s)\right] \tag{12-10}$$

由式（12-5）~ 式（12-10）可见：

1）受控电流源的电流 I_{kc_1} 与 $U_{c_1}(s) + U_{sc_1}(s)$ 和 $I_{c_1}(s) + I_{sc_1}(s)$ 成正比关系。

2）受控电压源的电压 U_{kc_2} 与 $U_{c_2}(s) + U_{sc_2}(s)$ 和 $I_{c_2}(s) + I_{sc_2}(s)$ 成正比关系。

将这种关系代入式（12-7）和式（12-8），则分别有：

1）$U_k(s) + U_{sk}(s)$ 能用 $I_k(s) + I_{sk}(s)$、控制量 $I_{c_1}(s) + I_{sc_1}(s)$ 以及 $I_{c_2}(s) + I_{sc_2}(s)$ 线性表示。

2）$I_k(s) + I_{sk}(s)$ 能用 $U_k(s) + U_{sk}(s)$、控制量 $U_{c_1}(s) + U_{sc_1}(s)$ 以及 $U_{c_2}(s) + U_{sc_2}(s)$ 线性表示。

因此，一个 b 条支路的电路的 b 个电压形式的支路方程可写成

$$U_1(s) + U_{s1}(s) = Z_{11}(s)\left[I_1(s) + I_{s1}(s)\right] + Z_{12}(s)\left[I_2(s) + I_{s2}(s)\right] + \cdots + Z_{1b}(s)\left[I_b(s) + I_{sb}(s)\right]$$

$$U_2(s) + U_{s2}(s) = Z_{21}(s)\left[I_1(s) + I_{s1}(s)\right] + Z_{22}(s)\left[I_2(s) + I_{s2}(s)\right] + \cdots + Z_{2b}(s)\left[I_b(s) + I_{sb}(s)\right]$$

$$\vdots$$

$$U_b(s) + U_{sb}(s) = Z_{b1}(s)\left[I_1(s) + I_{s1}(s)\right] + Z_{b2}(s)\left[I_2(s) + I_{s2}(s)\right] + \cdots + Z_{bb}(s)\left[I_b(s) + I_{sb}(s)\right]$$

式中，Z_{ij} 为电阻量纲的运算阻抗系数。这组支路方程写成矩阵形式为

$$\begin{bmatrix} U_1(s) + U_{s1}(s) \\ U_2(s) + U_{s2}(s) \\ \vdots \\ U_b(s) + U_{sb}(s) \end{bmatrix} = \begin{bmatrix} Z_{11}(s) & Z_{12}(s) & \cdots & Z_{1b}(s) \\ Z_{21}(s) & Z_{22}(s) & \cdots & Z_{2b}(s) \\ \vdots & \vdots & & \vdots \\ Z_{b1}(s) & Z_{b2}(s) & \cdots & Z_{bb}(s) \end{bmatrix} \begin{bmatrix} I_1(s) + I_{s1}(s) \\ I_2(s) + I_{s2}(s) \\ \vdots \\ I_b(s) + I_{sb}(s) \end{bmatrix} \tag{12-11}$$

同理可得一个 b 条支路的电路电流形式的支路方程写成矩阵形式为

$$\begin{bmatrix} I_1(s)+I_{s1}(s) \\ I_2(s)+I_{s2}(s) \\ \vdots \\ I_b(s)+I_{sb}(s) \end{bmatrix} = \begin{bmatrix} Y_{11}(s) & Y_{12}(s) & \cdots & Y_{1b}(s) \\ Y_{21}(s) & Y_{22}(s) & \cdots & Y_{2b}(s) \\ \vdots & \vdots & & \vdots \\ Y_{b1}(s) & Y_{b2}(s) & \cdots & Y_{bb}(s) \end{bmatrix} \begin{bmatrix} U_1(s)+U_{s1}(s) \\ U_2(s)+U_{s2}(s) \\ \vdots \\ U_b(s)+U_{sb}(s) \end{bmatrix} \tag{12-12}$$

式中，Y_{ij} 为电导量纲的运算导纳系数。

为了便于描述，令

$I(s)=\begin{bmatrix} I_1(s) & I_2(s) & \cdots & I_b(s) \end{bmatrix}^{\mathrm{T}}$ 为支路电流列向量。

$U(s)=\begin{bmatrix} U_1(s) & U_2(s) & \cdots & U_b(s) \end{bmatrix}^{\mathrm{T}}$ 为支路电压列向量。

$I_s(s)=\begin{bmatrix} I_{s1}(s) & I_{s2}(s) & \cdots & I_{sb}(s) \end{bmatrix}^{\mathrm{T}}$ 为支路独立电流源的电流列向量。

$U_s(s)=\begin{bmatrix} U_{s1}(s) & U_{s2}(s) & \cdots & U_{sb}(s) \end{bmatrix}^{\mathrm{T}}$ 为支路独立电压源的电压列向量。

$$Z(s)=\begin{bmatrix} Z_{11}(s) & Z_{12}(s) & \cdots & Z_{1b}(s) \\ Z_{21}(s) & Z_{22}(s) & \cdots & Z_{2b}(s) \\ \vdots & \vdots & \ddots & \vdots \\ Z_{b1}(s) & Z_{b2}(s) & \cdots & Z_{bb}(s) \end{bmatrix}$$ 为支路阻抗矩阵，是一个 b 阶方阵。

$$Y(s)=\begin{bmatrix} Y_{11}(s) & Y_{12}(s) & \cdots & Y_{1b}(s) \\ Y_{21}(s) & Y_{22}(s) & \cdots & Y_{2b}(s) \\ \vdots & \vdots & \ddots & \vdots \\ Y_{b1}(s) & Y_{b2}(s) & \cdots & Y_{bb}(s) \end{bmatrix}$$ 为支路导纳矩阵，是一个 b 阶方阵。

则式（12-11）和式（12-12）所示的支路方程可分别写成

$$U(s)=Z(s)\big[I(s)+I_s(s)\big]-U_s(s) \tag{12-13}$$

$$I(s)=Y(s)\big[U(s)+U_s(s)\big]-I_s(s) \tag{12-14}$$

对于正弦稳态电路，用支路阻抗矩阵表示的支路方程矩阵形式的频域表达式为

$$\dot{U}=Z(\dot{I}+\dot{I}_s)-\dot{U}_s \tag{12-15}$$

用支路阻抗矩阵表示的支路方程矩阵形式的频域表达式为

$$\dot{I}=Y(\dot{U}+\dot{U}_s)-\dot{I}_s \tag{12-16}$$

式（12-13）和式（12-14）所示矩阵形式的支路方程中，支路电压列向量 $U(s)$ 和支路电流列向量 $I(s)$ 为未知变量，故列写方程的关键在于 $U_s(s)$、$I_s(s)$、$Z(s)$ 和 $Y(s)$。

独立电压源列向量 $U_s(s)$ 和独立电流源列向量 $I_s(s)$ 按照标准复合支路列写。第 k 条支路不存在独立电压源（电流源）时，$U_s(s)(I_s(s))$ 的第 k 个元素取 0；第 k 条支路有独立电压源（电流源）存在时，若其方向与标准复合支路的规定一致，即与第 k 条支路的方向相反，则该独立电压源（电流源）的值为 $U_s(s)(I_s(s))$ 的第 k 个元素；否则，该独立电压源（电流源）的负值为 $U_s(s)[I_s(s)]$ 的第 k 个元素。

$Z(s)$ 和 $Y(s)$ 的列写相对复杂一些，仅就以下 4 种情况讨论：

（1）无受控源无耦合电感的电路

当电路中无受控源且电感间无耦合时，不考虑独立源时各个支路的支路方程均为用支路电压与支路电流的正比例关系方程，因此支路阻抗矩阵 $Z(s)$ 和支路导纳矩阵 $Y(s)$ 都是对角

阵，主对角线元素分别为相应支路的阻抗和导纳，其余元素均为 0 元素，即

$$\boldsymbol{Z}(s) = \mathrm{diag}[\, Z_1(s), \quad Z_2(s), \quad \cdots, \quad Z_b(s)\,]$$

$$\boldsymbol{Y}(s) = \mathrm{diag}[\, Y_1(s), \quad Y_2(s), \quad \cdots, \quad Y_b(s)\,]$$

（2）有受控源无耦合电感的电路

当电路中有受控源时，受控源所在的第 i 条支路的电压（电流）不仅与本条支路的电流（电压）线性相关，还与控制量所在的第 j 条支路的电压或电流线性相关，使得矩阵 $\boldsymbol{Z}(s)$ 和 $\boldsymbol{Y}(s)$ 的第 i 行第 j 列元素非 0，矩阵 $\boldsymbol{Z}(s)$ 和 $\boldsymbol{Y}(s)$ 不再是对角阵。

可以列写受控源所在支路的电压形式的支路方程确定 $\boldsymbol{Z}(s)$ 的非 0 元素 $Z_{ii}(s)$ 和 $Z_{ij}(s)$，列写受控源所在支路的电流形式的支路方程确定 $\boldsymbol{Y}(s)$ 的非 0 元素 $Y_{ii}(s)$ 和 $Y_{ij}(s)$。根据支路方程，受控源的存在与否不会影响矩阵 $\boldsymbol{Z}(s)$ 和矩阵 $\boldsymbol{Y}(s)$ 主对角线元素，每个受控源对应于矩阵 $\boldsymbol{Z}(s)$ 非主对角线上的一个非 0 元素 $Z_{ij}(s)$ 和矩阵 $\boldsymbol{Y}(s)$ 非主对角线上的一个非 0 元素 $Y_{ij}(s)$。

受控源所在支路序号和控制量所在支路序号分别决定着非 0 元素的行和列，而非 0 元素的大小与受控源的类型、方向及控制系数有关。

（3）无受控源有耦合电感的电路

当电路中无受控源但电感间有耦合时，矩阵 $\boldsymbol{Z}(s)$ 和 $\boldsymbol{Y}(s)$ 是关于主对角线对称的矩阵。当 i、j 支路间有耦合时，可以列写 i、j 支路的电压形式的支路方程确定 $\boldsymbol{Z}(s)$ 的 i、j 行元素，列写 i、j 支路的电流形式的支路方程确定 $\boldsymbol{Y}(s)$ 的 i、j 行元素。由于互感电压相当于 CCVS，故比较容易写出电压形式的支路方程，容易得到支路阻抗矩阵 $\boldsymbol{Z}(s)$。

当 i、j 支路间有耦合时，主对角线元素 $Z_{ii}(s) = sL_i$，$Z_{jj}(s) = sL_j$，非主对角线元素 $Z_{ij}(s) = Z_{ji}(s) = \pm sM$。可见耦合电感的存在与否也不会影响 $\boldsymbol{Z}(s)$ 主对角线的元素。当电路中有耦合电感时，可以不考虑耦合先写出 $\boldsymbol{Z}(s)$ 主对角线元素，再根据互感电压的方向确定 $\boldsymbol{Z}(s)$ 的非主对角线上的非 0 元素 $Z_{ij}(s)$ 及 $Z_{ji}(s)$ 是 sM 还是 $-sM$。

列写有耦合电感电路的支路导纳矩阵 $\boldsymbol{Y}(s)$ 的方法与列写 $\boldsymbol{Z}(s)$ 的方法基本类似，但主对角线元素 $Y_{ii}(s)$ 与 $Y_{jj}(s)$ 与互感 M 有关，需要根据相应耦合电感支路的电流形式的支路方程予以确定。也可以对 $\boldsymbol{Z}(s)$ 的子矩阵 $\begin{bmatrix} sL_i & \pm sM \\ \pm sM & sL_j \end{bmatrix}$ 求逆，有

$$\begin{bmatrix} Y_{ii}(s) & Y_{ij}(s) \\ Y_{ji}(s) & Y_{jj}(s) \end{bmatrix} = \begin{bmatrix} sL_i & \pm sM \\ \pm sM & sL_j \end{bmatrix}^{-1} = \begin{bmatrix} \dfrac{L_j}{s(L_iL_j - M_2)} & \dfrac{\mp M}{s(L_iL_j - M_2)} \\ \dfrac{\mp M}{s(L_iL_j - M_2)} & \dfrac{L_i}{s(L_iL_j - M_2)} \end{bmatrix}$$

（4）有无伴电压源和无伴电流源的电路

当电路中有无伴电流源支路时，式（12-7）所示支路方程无法写出，从而支路阻抗矩阵不存在。但支路导纳矩阵是存在的，无伴电流源支路的导纳按 0 计算。

当电路中有无伴电压源支路时，式（12-8）所示支路方程无法写出，从而支路导纳矩阵不存在。但支路阻抗矩阵是存在的，无伴电压源支路的阻抗按 0 计算。

例 12-1 列出图 12-4 所示电路的支路阻抗矩阵 $\boldsymbol{Z}(s)$ 或支路导纳矩阵 $\boldsymbol{Y}(s)$。

解 电路中存在无伴电流源 $I_{s6}(s)$，该支路阻抗无穷大，该支路的电压形式支路方程无法

列出，故不存在支路阻抗矩阵。图 12-4a 所示电路中无受控源无耦合，支路导纳矩阵为对角阵

$$Y(s) = \text{diag}\left[\frac{1}{Z_1(s)}, \quad \frac{1}{sL_2}, \quad \frac{1}{sL_3}, \quad \frac{1}{R_4}, \quad \frac{1}{R_5}, \quad 0, \quad \frac{1}{R_7}, \quad \frac{1}{R_8}\right]$$

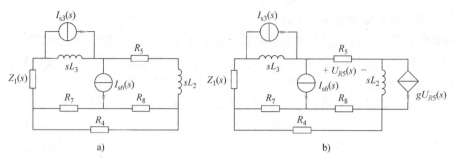

图 12-4 例 12-1 题图

图 12-4b 所示电路中，第 2 条支路的受控电流源受第 5 条支路中电阻的电压控制，因此支路导纳矩阵的第 2 行第 5 列位置的元素为非 0 元素。对第 2 条支路（按标准复合支路的规定选支路方向向下）列写电流形式支路方程，有

$$I_2(s) = \frac{U_2(s)}{sL_2} + gU_{R5}(s) = \frac{U_2(s)}{sL_2} + gU_5(s)$$

式中，$U_2(s)$ 的系数 $1/(sL_2)$ 为支路导纳矩阵的第 2 行第 2 列元素，$U_5(s)$ 的系数 g 为支路导纳矩阵的第 2 行第 5 列元素。

其他支路电流形式的支路方程均为用支路电压表示支路电流的正比例关系方程，所以图 12-4b 所示电路的支路导纳矩阵为

$$Y(s) = \begin{bmatrix} 1/Z_1(s) & 0 & 0 & 0 & 0 & 0 & 0 & 0 \\ 0 & 1/(sL_2) & 0 & 0 & g & 0 & 0 & 0 \\ 0 & 0 & 1/(sL_3) & 0 & 0 & 0 & 0 & 0 \\ 0 & 0 & 0 & 1/R_4 & 0 & 0 & 0 & 0 \\ 0 & 0 & 0 & 0 & 1/R_5 & 0 & 0 & 0 \\ 0 & 0 & 0 & 0 & 0 & 0 & 0 & 0 \\ 0 & 0 & 0 & 0 & 0 & 0 & 1/R_7 & 0 \\ 0 & 0 & 0 & 0 & 0 & 0 & 0 & 1/R_8 \end{bmatrix}$$

例 12-2 列出图 12-5 所示电路的支路导纳矩阵 $Y(s)$。

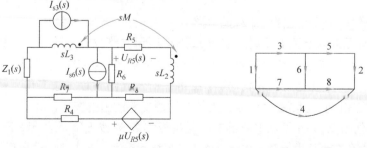

图 12-5 例 12-2 题图

解　第 4 条支路电流形式支路方程为

$$I_4(s) = \frac{1}{R_4}[U_4(s) - \mu U_{R5}(s)] = \frac{1}{R_4}U_4(s) - \frac{\mu}{R_4}U_5(s)$$

因此，$Y(s)$ 的 4 行 5 列元素为 $-\dfrac{\mu}{R_4}$。

第 2、第 3 条支路电压形式的支路方程为

$$U_2(s) = sL_2 I_2(s) - sM[I_3(s) - Is_3(s)]$$

$$U_3(s) = -sMI_2(s) + sL_3[I_3(s) - Is_3(s)]$$

令 $\Delta = \begin{vmatrix} sL_2 & -sM \\ -sM & sL_3 \end{vmatrix}$ 有

$$I_2(s) = \frac{sL_3}{\Delta}U_2(s) + \frac{sM}{\Delta}U_3(s)$$

$$I_3(s) = \frac{sM}{\Delta}U_2(s) + \frac{sL_2}{\Delta}U_3(s) + Is_3(s)$$

因此，$Y(s)$ 的第 2 行第 2 列、第 2 行第 3 列、第 3 行第 2 列、第 3 行第 3 列元素分别为 sL_3/Δ、sM/Δ、sM/Δ、sL_2/Δ。其余支路均为一般支路，支路电阻相应为主对角线元素，其余元素为 0。

综上，支路导纳矩阵为

$$Y(s) = \begin{bmatrix} 1/Z_1(s) & 0 & 0 & 0 & 0 & 0 & 0 & 0 \\ 0 & sL_3/\Delta & sM/\Delta & 0 & 0 & 0 & 0 & 0 \\ 0 & sM/\Delta & sL_2/\Delta & 0 & 0 & 0 & 0 & 0 \\ 0 & 0 & 0 & 1/R_4 & -\mu/R_4 & 0 & 0 & 0 \\ 0 & 0 & 0 & 0 & 1/R_5 & 0 & 0 & 0 \\ 0 & 0 & 0 & 0 & 0 & 1/R_6 & 0 & 0 \\ 0 & 0 & 0 & 0 & 0 & 0 & 1/R_7 & 0 \\ 0 & 0 & 0 & 0 & 0 & 0 & 0 & 1/R_8 \end{bmatrix}$$

12.3　矩阵形式的节点电压方程

第 3 章介绍的节点法是以独立节点电压作为未知的电路变量列写一组独立 KCL 方程的方法。这组用独立节点电压表示的独立的 KCL 方程组称为节点电压方程。本节介绍节点电压方程的矩阵形式。

矩阵形式的节点电压
方程列写方法

1. 节点电压方程的矩阵形式

用关联矩阵 A 表示的矩阵形式的 KCL 方程、KVL 方程的复频域表达式为

$$AI(s) = 0 \tag{12-17}$$

$$U(s) = A^{\mathrm{T}}U_n(s) \tag{12-18}$$

把支路方程式（12-14）代入式（12-17）中，有

$$AY(s)[U(s) + U_s(s)] - AI_s(s) = 0 \tag{12-19}$$

再把式（12-18）代入式（12-19），有

$$AY(s)[A^T U_n(s) + U_s(s)] - AI_s(s) = 0$$

整理得矩阵形式节点电压方程的复频域表达式为

$$AY(s)A^T U_n(s) = AI_s(s) - AY(s)U_s(s) \tag{12-20}$$

简写成

$$Y_n(s)U_n(s) = J_n(s) \tag{12-21}$$

式中，$Y_n(s) = AY(s)A^T$ 称为节点导纳阵；$J_n(s) = AI_s(s) - AY(s)U_s(s)$ 是独立源引起的注入节点的电流列向量。

矩阵形式节点电压方程的频域表达式为

$$AYA^T \dot{U}_n = A\dot{I}_s - AY\dot{U}_s \tag{12-22}$$

简写成

$$Y_n \dot{U}_n = \dot{J}_n \tag{12-23}$$

2. 简单电路矩阵方程的列写

列写节点电压方程的矩阵形式可分三步进行：

1）画有向图，给支路和节点编号，选出参考节点。

2）列写支路导纳矩阵 $Y(s)$ 和关联矩阵 A。按标准复合支路的规定列写支路电压源列向量 $U_s(s)$ 和支路电流源列向量 $I_s(s)$。

3）计算 $AY(s)$、$AY(s)A^T$ 和 $AI_s(s) - AY(s)U_s(s)$，写出矩阵形式节点电压方程的表达式 $Y_n(s)U_n(s) = J_n(s)$。

例 12-3 列出图 12-6 所示电路的节点电压方程的矩阵形式。

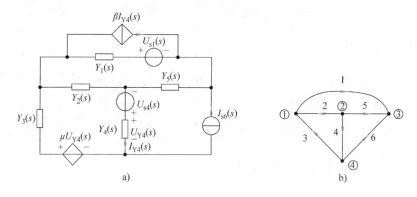

图 12-6 例 12-3 题图

解 （1）画有向图，给节点和支路编号，并选节点④为参考节点。

（2）写出关联矩阵 A、支路导纳矩阵 $Y(s)$、支路电压源列向量 $U_s(s)$ 和支路电流源列向量 $I_s(s)$。

$$A = \begin{bmatrix} 1 & -1 & -1 & 0 & 0 & 0 \\ 0 & 1 & 0 & 1 & 1 & 0 \\ -1 & 0 & 0 & 0 & -1 & -1 \end{bmatrix}$$

$$U_s(s) = \begin{bmatrix} -U_{s1}(s) & 0 & 0 & U_{s4}(s) & 0 & 0 \end{bmatrix}^T$$

$$I_s(s) = \begin{bmatrix} 0 & 0 & 0 & 0 & 0 & -I_{s6}(s) \end{bmatrix}^T$$

第 1 条支路的支路方程和第 3 条支路的支路方程分别为

$$I_1(s) = Y_1(s)[U_1(s) - U_{s1}(s)] + \beta I_{Y4}(s) = Y_1(s)[U_1(s) - U_{s1}(s)] + \beta Y_4(s)[U_4(s) + U_{s4}(s)]$$

$$I_3(s) = Y_3(s)[U_3(s) + \mu U_{Y4}(s)] = Y_3(s)U_3(s) + \mu Y_3(s)[U_4(s) + U_{s4}(s)]$$

故支路导纳矩阵为

$$\boldsymbol{Y}(s) = \begin{bmatrix} Y_1(s) & 0 & 0 & \beta Y_4(s) & 0 & 0 \\ 0 & Y_2(s) & 0 & 0 & 0 & 0 \\ 0 & 0 & Y_3(s) & \mu Y_3(s) & 0 & 0 \\ 0 & 0 & 0 & Y_4(s) & 0 & 0 \\ 0 & 0 & 0 & 0 & Y_5(s) & 0 \\ 0 & 0 & 0 & 0 & 0 & 0 \end{bmatrix}$$

(3) 计算 $\boldsymbol{Y}_n(s)$ 和 $\boldsymbol{J}_n(s)$。

$$\boldsymbol{Y}_n(s) = \boldsymbol{A}\boldsymbol{Y}(s)\boldsymbol{A}^{\mathrm{T}} = \begin{bmatrix} Y_1(s) + Y_2(s) + Y_3(s) & -Y_2(s) + \beta Y_4(s) - \mu Y_3(s) & -Y_1(s) \\ -Y_2(s) & Y_2(s) + Y_4(s) + Y_5(s) & -Y_5(s) \\ -Y_1(s) & -\beta Y_4(s) - Y_5(s) & Y_1(s) + Y_5(s) \end{bmatrix}$$

$$\boldsymbol{J}_n(s) = \boldsymbol{A}\boldsymbol{I}_s(s) - \boldsymbol{A}\boldsymbol{Y}(s)\boldsymbol{U}_s(s) = \begin{bmatrix} Y_1(s)U_{s1}(s) - \beta Y_4(s)U_{s4}(s) + \mu Y_3(s)U_{s4}(s) \\ -Y_4(s)U_{s4}(s) \\ I_{s6}(s) - Y_1(s)U_{s1}(s) + \beta Y_4(s)U_{s4}(s) \end{bmatrix}$$

节点电压方程的矩阵形式为

$$\begin{bmatrix} Y_1(s) + Y_2(s) + Y_3(s) & -Y_2(s) + \beta Y_4(s) - \mu Y_3(s) & -Y_1(s) \\ -Y_2(s) & Y_2(s) + Y_4(s) + Y_5(s) & -Y_5(s) \\ -Y_1(s) & -\beta Y_4(s) - Y_5(s) & Y_1(s) + Y_5(s) \end{bmatrix} \begin{bmatrix} U_{n1}(s) \\ U_{n2}(s) \\ U_{n3}(s) \end{bmatrix}$$

$$= \begin{bmatrix} Y_1(s)U_{s1}(s) - \beta Y_4(s)U_{s4}(s) + \mu Y_3(s)U_{s4}(s) \\ -Y_4(s)U_{s4}(s) \\ I_{s6}(s) - Y_1(s)U_{s1}(s) + \beta Y_4(s)U_{s4}(s) \end{bmatrix}$$

若令控制系数 β、μ 为 0，相当于受控源不存在，此时节点导纳矩阵 $\boldsymbol{Y}(s)$ 为对称矩阵，$\boldsymbol{Y}(s)$ 和 $\boldsymbol{J}_n(s)$ 可以直接填写。只考虑受控源对节点电压方程的影响，$\boldsymbol{Y}(s)$ 和 $\boldsymbol{J}_n(s)$ 也可以直接填写。

节点电压方程本质上是 KCL 方程，而对无伴电压源支路不能写出 KCL 方程。因此，对有无伴电压源支路的电路必须要做特殊处理（略）。

支路导纳矩阵与节点导纳矩阵的直观列写方法

有了上述矩阵形式电路方程的建立思路，就可以编程由计算机辅助建立相应系数矩阵，再利用计算机矩阵求解方法得到电路变量的解。关于矩阵方程的求解本书不进行讨论。

习 题 12

12-1 按照标准复合支路确定如图 12-7 所示各电路的支路数和独立的节点数，并分别绘出有向图；写出关联矩阵 $\boldsymbol{A}_a$ 及其降阶关联矩阵 $\boldsymbol{A}$。

12-2 绘出与下列关联矩阵 $\boldsymbol{A}_a$ 和降阶关联矩阵 $\boldsymbol{A}$ 各自对应的有向图。

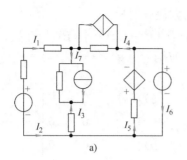 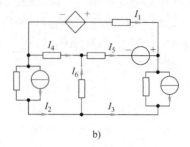

图 12-7　题 12-1 图

$$A_a = \begin{bmatrix} 1 & 0 & 1 & 1 & -1 & 0 & 0 \\ 0 & -1 & -1 & 0 & 0 & 1 & 0 \\ 0 & 1 & 0 & -1 & 0 & 0 & 0 \\ 0 & 0 & 0 & 0 & 1 & 0 & -1 \\ -1 & 0 & 0 & 0 & 0 & -1 & 1 \end{bmatrix}$$

$$A = \begin{bmatrix} 1 & 0 & -1 & 0 & 1 & -1 & 0 & -1 \\ 0 & 1 & 1 & -1 & 0 & 0 & -1 & 0 \\ 0 & -1 & 0 & 1 & -1 & 0 & 0 & 0 \\ 0 & 0 & 0 & 0 & 0 & 0 & 1 & 1 \end{bmatrix}$$

12-3　按下列步骤列出图 12-8 所示电路节点电压方程的矩阵形式：

（1）画出有向图；

（2）写出所需要的各矩阵；

（3）写出节点电压方程的矩阵公式；

（4）写出节点电压方程的矩阵形式。

12-4　按下列步骤列出图 12-9 所示电路频域的节点电压方程的矩阵形式：

（1）画出有向图（编号按元件参数下标）；

（2）写出所需的关联矩阵、支路导纳矩阵、电压源列向量、电流源列向量；

（3）节点导纳矩阵；

（4）写出节点电压方程的矩阵公式；

（5）写出节点电压方程的矩阵形式。

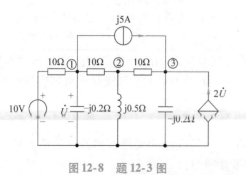 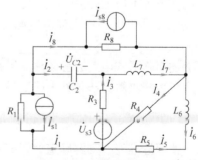

图 12-8　题 12-3 图　　　　　　　图 12-9　题 12-4 图

12-5　已知某电路的节点电压方程的矩阵形式如下，画出与之对应的电路模型图。

$$\begin{bmatrix} \dfrac{1}{R_1} + G_2 & -G_2 & 0 \\ -G_2 & G_2 + G_3 + G_4 & -G_3 \\ 0 & -G_3 + G & G_3 + \dfrac{1}{R_5} \end{bmatrix} \begin{bmatrix} U_{n1} \\ U_{n2} \\ U_{n3} \end{bmatrix} = \begin{bmatrix} I_{s1} \\ 0 \\ 0 \end{bmatrix}$$

12-6　如图 12-10 所示电路中，电源的角频率为 ω，写出支路阻抗阵和节点导纳阵，并以节点 0 为参考点，列出该电路的节点相量方程的矩阵形式。

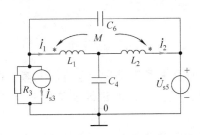

图 12-10　题 12-6 图

第13章
> Chapter 13

非线性电阻电路

 本章导学

在前面各章节中所讨论的问题都局限于线性电阻、电容、电感组成的电路，但在工程实际中存在着大量的非线性元件。因此，对非线性电路的分析是工程实际中不容忽视的重要内容。

非线性元件的特点在于其参数随着相关电路变量的变化而变化，如非线性电阻元件的参数与其电压、电流有关，非线性电感与其磁通或电流有关，非线性电容与其电荷或电压有关，因此需要对非线性元件进行重新定义。

非线性电路仍然服从网络的拓扑约束（KCL 和 KVL）。但是，由于元件的非线性，其元件的约束方程不一定能够用函数表示，有时要用特性曲线描述，因此对于非线性电路的分析和计算除了常用的解析法以外，更多的是采用近似分析法，包括图解法、分段线性化方法等。

本章主要针对简单非线性电阻电路进行分析。

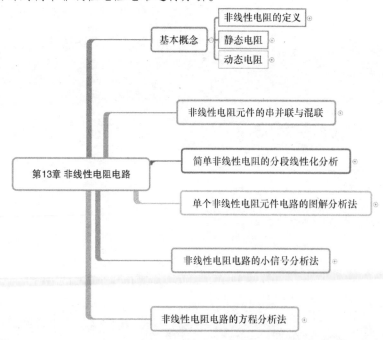

13.1 非线性电阻及其特性

在第 1 章中已给出了线性电阻的定义，线性电阻的端电压 u 与通过它的电流 i 成正比，即

$$u = f(i) = Ri$$

线性电阻的电压、电流关系受欧姆定律的约束，其特性曲线是在 u – i 平面上过坐标原点的一条直线。

非线性电阻的电压、电流关系不满足欧姆定律，其特性方程遵循某种特定的非线性函数关系，即

$$f(u, i, t) = 0 \tag{13-1}$$

非线性电阻（Non – Linear Resistor）的电路符号如图 13-1 所示。需要说明的是，有些非线性电阻甚至无法用解析式写出其电压与电流之间的对应关系。

非线性电阻种类较多，就其电压、电流关系而言，有随时间变化的非线性时变电阻，也有不随时间变化的非线性定常电阻。本章仅介绍非线性定常电阻元件，通常也简称为非线性电阻。

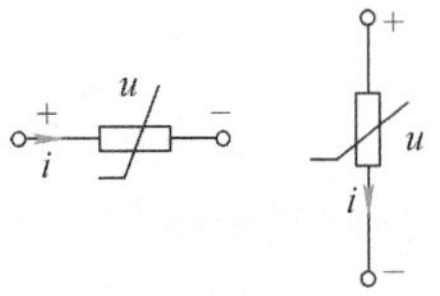

常见的非线性电阻一般又分为电流控制型、电压控制型和单调型的非线性电阻。

电流控制型的非线性电阻（Current Controlled Non – Linear Resistor）是一个二端元件，其端电压 u 是电流 i 的单值函数，即

图 13-1　非线性电阻的
电路符号

$$u = f(i) \tag{13-2}$$

电压 u 是电流 i 的单值函数是指在每给定一个电流值时，可确定唯一的电压值。如图 13-2 所示为发光二极管及其特性曲线，它是一个典型的电流控制型非线性电阻元件。

电压控制型的非线性电阻（Voltage Controlled Non – Linear Resistor）是一个二端元件，其通过的电流 i 是电压 u 的单值函数，即

$$i = g(u) \tag{13-3}$$

电流是电压的单值函数，但电压可以是多值的。如图 13-3 所示隧道二极管及其特性曲线，是一个典型的电压控制型非线性电阻元件。

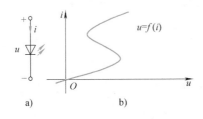

图 13-2　发光二极管及其特性曲线

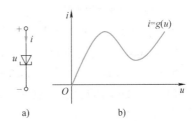

图 13-3　隧道二极管及其特性曲线

单调型的非线性电阻（Monotonous Non – Linear Resistor）也是一个二端元件，其端电压 u 是电流 i 的单值函数，电流 i 也是电压 u 的单值函数，即

$$u = f(i) \quad 或 \quad i = g(u) \tag{13-4}$$

同时成立，并且 f 和 g 互为反函数，则 u、i 间函数关系又可以写为

$$u = g^{-1}(i) \quad \text{和} \quad i = f^{-1}(u) \tag{13-5}$$

这种单调型的非线性电阻既是电流控制的又是电压控制的，其特性曲线是单调上升或单调下降，如图 13-4 所示。图 13-4a 中元件的图形符号是电子技术中常用的二极管符号，它是一个典型的单调型非线性电阻；图 13-4b 为二极管的 $u-i$ 特性曲线。

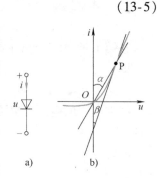

如果电阻元件的 $u-i$（或 $i-u$）特性曲线对称于坐标原点，则称为双向型元件（Bilateral Element）。线性电阻都是双向元件。大多数非线性电阻是非双向元件，二极管即是一个典型实例。

一般情况下非线性电阻的端电压和电流的比值不是固定的数值，由此引入静态电阻和动态电阻的概念。

图 13-4　二极管及其
特性曲线

非线性电阻在某一工作状态下的静态电阻（Static Resistance）R 等于该点（设为 P 点）的电压 u 与电流 i 之比，即

$$R = \frac{u}{i}\bigg|_{u = u_P} \tag{13-6}$$

例如，在图 13-4 中特性曲线在 P 点处的静态电阻 R 等于该点处横坐标与纵坐标值之比，即该点的电压值与电流值之比，静态电阻值正比于直线 OP 的斜率值，即 $\tan\alpha$。

非线性电阻在某一工作状态下的动态电阻（Dynamic Resistance）R_d 等于该点的电压对电流的导数值，即

$$R_d = \frac{\mathrm{d}u}{\mathrm{d}i}\bigg|_{u = u_P} \tag{13-7}$$

在图 13-4 中特性曲线在 P 点处的动态电阻 R_d 正比于元件的特性曲线在 P 处的斜率值，为 $\tan\beta$。

所以，同一个非线性电阻元件不同工作点处的静态电阻值、动态电阻值一般都是不一样的，甚至有可能是负值。当非线性电阻上电压的方向与通过它的电流方向一致时，静态电阻总是正的，但动态电阻却可正可负。例如图 13-4 所示的非线性电阻工作在第一象限时各点的动态电阻都是正的；而从图 13-2 或图 13-3 所示的非线性电阻的特性曲线来看，在有的区域内，特性曲线具有下倾的部分，故在该区域内曲线某点的斜率为负值，因此该处的动态电阻是负值，称这种元件具有"负阻"性质。

例 13-1　设一非线性电阻，其电流、电压关系为 $u = f(i) = 8i^4 - 8i^2 + 1$。

（1）试分别求出 $i = 1A$ 时的静态电阻 R 和动态电阻 R_d；

（2）求 $i = \cos\omega t$ 时的电压 u；

（3）设 $u = f(i_1 + i_2)$，试问 u_{12} 是否等于 $(u_1 + u_2)$？

解　（1）$i = 1A$ 时的静态电阻 R 和动态电阻 R_d 为

$$R = \frac{u}{i}\bigg|_{i=1} = \frac{8i^4 - 8i^2 + 1}{i}\bigg|_{i=1} = \frac{8 - 8 + 1}{1}\Omega = 1\Omega$$

$$R_d = \frac{\mathrm{d}u}{\mathrm{d}i}\bigg|_{i=1} = 8 \times 4i^3 - 8 \times 2i^2\big|_{i=1} = (32 - 16)\Omega = 16\Omega$$

（2）当 $i = \cos\omega t$ 时

$$u = 8i^4 - 8i^2 + 1 = 8\cos^4\omega t - 8\cos^2\omega t + 1$$
$$= \cos 4\omega t$$

上式中，电压的频率是电流频率的 4 倍，由此可见，利用非线性电阻可以产生与输入频率不同的输出，这种特性的功用称为**非线性电阻的倍频作用**。

（3）当 $u = f(i_1 + i_2)$ 时

$$u = 8(i_1 + i_2)^4 - 8(i_1 + i_2)^2 + 1$$
$$= 8(i_1^4 + 6i_1^2 i_2^2 + 4i_1^3 i_2 + 4i_1 i_2^3 + i_2^4) - 8(i_1^2 + 2i_1 i_2 + i_2^2) + 1$$
$$= 8i_1^4 - 8i_1^2 + 1 + 8i_2^4 - 8i_2^2 + 1 + 8(6i_1^2 i_2^2 + 4i_1^3 i_2 + 4i_1 i_2^3) - 16i_1 i_2 - 1$$

由上式显然可得到

$$u_{12} \neq u_1 + u_2$$

即**叠**加定理不适用于非线性电路。

13.2 非线性电阻的串、并联

网络的拓扑约束，即基尔霍夫定律对非线性电阻电路依然成立。但必须指出，叠加定理并不适用于非线性电路。由于非线性电阻的阻值要随着其端电压或通过的电流变化而变化，因此，前面学过的线性电路的电源等效变换、戴维南和诺顿定理、回路电流法、节点电压法等不能直接用于计算非线性电阻电路。

通常，非线性电阻电路的计算方法主要有图解法、解析法、分段线性化法和试探法。这些方法各有其特点，至于选择哪一种取决于非线性电阻的特性、电路的结构以及电路的工作情况。

一般非线性电阻的电压、电流关系往往难以用解析式表示，即使能用解析式近似表示也难以求解。所以对于某些简单的直流非线性电路，如果电阻的电压、电流关系以曲线形式给出，用图解法更为方便。

如果电路中的非线性电阻元件不止一个，只要它们之间存在着串、并联的关系，也可以将它们用一个等效电阻来代替，此等效电阻一般仍然是非线性的。下面分析非线性电阻的串联、并联和混联的曲线相加法。

两个电流控制型非线性电阻元件的串联电路如图 13-5a 所示，它们的特性方程分别为 $u_1 = f_1(i_1)$ 和 $u_2 = f_2(i_2)$，其特性曲线如图 13-5c 所示。两个非线性电阻串联可以用如图 13-5b 所示的一个等效非线性电阻表示，又因为两个非线性电阻串联，故有 $i_1 = i_2 = i$。由 KVL 得电阻串联后，电流 i 对应的电压，即

$$u = u_1 + u_2 = f_1(i_1) + f_2(i_2) = f_1(i) + f_2(i) \tag{13-8}$$

由式（13-8）可见，串联后电路的电压 u 等于在同一电流 i 值下，将 $f_1(i_1)$ 和 $f_2(i_2)$ 曲线上对应的电压值 u_1 和 u_2 相加得到。取不同的 i 值可逐点得到 u、i 特性曲线 $u = f(i)$，如图 13-5c 所示。

类似的，两个电压控制型非线性电阻元件的并联电路如图 13-6a 所示，它们的特性方程分别为 $i_1 = g_1(u_1)$ 和 $i_2 = g_2(u_2)$，其特性曲线如图 13-6c 所示。两个非线性电阻并联可以用一个如图 13-6b 所示的等效非线性电阻表示，又因为两个非线性电阻并联，故有

$$u = u_1 = u_2$$

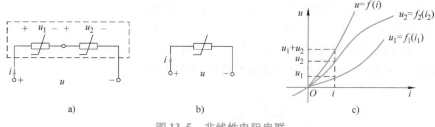

图 13-5   非线性电阻串联

$$i = i_1 + i_2 = g_1(u_1) + g_2(u_2) = g_1(u) + g_2(u) \tag{13-9}$$

只要在同一电压 u 下，将 $g_1(u_1)$ 和 $g_2(u_2)$ 曲线上对应的电流值 i_1 和 i_2 相加，即可得到该电压对应的电流 i。依次取不同的电压值 u，可以逐点得到两个非线性电阻的特性曲线 $i = g(u)$，如图 13-6c 所示。

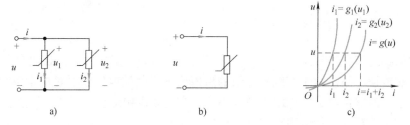

图 13-6   两个非线性电阻并联

如果电路中含有若干个并联和串联的非线性电阻，可按上述作图法，依次求出等效的 $u - i$ 特性曲线。

如图 13-7 所示非线性电阻混联电路的情况，可以先画出两个并联非线性电阻等效电阻的特性曲线，然后再画出此等效非线性电阻与串联的非线性电阻的特性曲线，即可得到此电路的特性曲线。读者可以试着自行绘制其曲线。

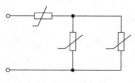

图 13-7   非线性电阻的混联

上述两种情况的处理方法均为图解法，此方法对电流控制型非线性电阻电路和电压控制型非线性电阻电路的串、并联也都适用。

13.3 分段线性化方法

分段线性化方法也称折线法，是研究非线性电路的一种有效方法。它的特点在于能把非线性电阻的特性曲线用一些分段的直线段来近似地逼近，而对于每个线段来说，都可以用某些线性元器件近似替代，从而利用线性电路的分析方法进行分析。由此，可把非线性元件近似化为分段线性化的元件，把非线性电路转化为分段线性化的若干电路的组合，从而进行分段求解。下面以含二极管的电路为例，介绍简单非线性电阻电路的分段线性化求解过程。

如图 13-8a 所示 PN 结二极管的特性曲线，该曲线可以粗略地用两段直线来描述，如图 13-8a 中的曲线 AOB。这样，当这个二极管施加正向电压时，它相当于一个线性电阻，其电压、电流关系用直线 OB 表示；当电压反向时，二极管截止，电流为零，它相当于电阻值为∞的电阻，其电压、电流关系用直线 AO 表示。

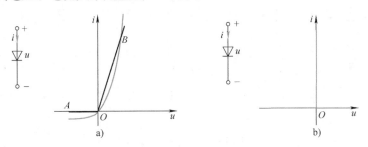

图 13-8　PN 结二极管 VCR 的分段线性表示

如果是理想二极管，其电压、电流关系则可由负电压 u 轴和正电流 i 轴这样的两条直线线段组成。理想二极管的符号及其特性曲线如图 13-8b 所示。理想二极管的特性是：若电压 $u>0$（正向偏置），则理想二极管工作在电阻为 0 的线性区域；若 $u<0$（反向偏置），则其工作在电阻为∞的线性区域。

分析理想二极管电路的关键在于确定理想二极管是正向偏置（导通），还是反向偏置（截止）。如果正向偏置，二极管以短路线替代；如果反向偏置，二极管以开路替代，替代后都可以得到一个线性电路，容易求得结果。

当二极管与复杂线性二端网络相连时，可以利用戴维南定理将二极管以外的二端网络进行等效替代得到一个简单电路。在这个简单的电路中，判断二极管是否导通，从而确定其工作区域，并按线性电阻电路进行分析计算。

例 13-2　求如图 13-9 所示电路中理想二极管通过的电流。

解　在图 13-9a 所示的电路中除去二极管支路以外，对电路的其余部分利用戴维南定理进行化简，可得其等效电路的电压 U_{oc} 和电阻 R_{eq} 分别为

$$U_{oc} = \left(\frac{36+18}{12+18} \times 18 - 18 - 12 \right) V = (32.4 - 18 - 12) V = 2.4V$$

$$R_{eq} = \left(\frac{18 \times 12}{18+12} + 6 \right) k\Omega = 13.2 k\Omega$$

画出其等效电路如图 13-9b 所示。

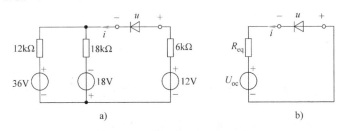

图 13-9　例 13-2 题图

由图 13-9b 可判断，加在二极管两端的电压使得它处于截止状态，电阻值为无穷大，因此二极管不能导通，故其电流为零，即 $i=0$。

例 13-3　如图 13-10a 所示电路，$R_1 = 1\Omega$，$R_2 = 2\Omega$，$U_s = 1V$，$I_s = 1A$，D 为理想二极管，试在 $u-i$ 平面上画出 ab 端口的特性曲线。

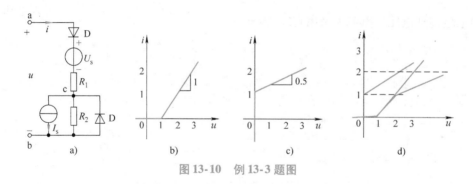

图 13-10　例 13-3 题图

解　图 13-10a 所示电路可视为 ac 段内二极管、电压源、电阻的串联与 cb 段内二极管、电流源、电阻的并联两部分相串联的组合电路。

先分别画出串联组合与并联组合的特性曲线，分别如图 13-10b 和 13-10c 所示。

在图 13-10b 中，当 $i>0$ 时，$u_{ac}=R_1 i+U_s+U_d=i+1$，$u_{ac}>1$；当 $i=0$ 时，$u_{ac}<1$。

在图 13-10c 中，当 $i>I_s$ 时，$u_{cb}=R_2(i-I_s)=2(i-1)$；当 $i<I_s$ 时，$u=0$。

再将两段非线性曲线串联合并，得到完整的非线性电阻电路的特性曲线，如图 13-10d 所示。

对于图 13-11a 所示的隧道二极管的特性曲线也可采用这种分段线性化近似的方法简化处理。将曲线用三条线段近似代替，分为 1、2、3 三个区域的三段直线段，每个直线段的斜率分别为 G_a、G_b 和 G_c。

而这三段直线又可分解为如图 13-11b 中直线 *AOB*，折线 *OCD* 和折线 *OEF*。仿照例 13-3，可将第一段看作电阻为 R_1 的线性电阻，后面两段分别看作两种不同参数的二极管、电压源、电阻的串联组合，最后再将三部分电路并联得到最终的电路模型。

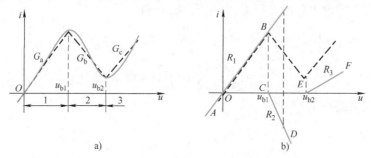

图 13-11　隧道二极管的 VCR 的分段线性近似

具体电路模型图及其电压源、电阻的参数值，请读者仿照例 13-3 自行分析。

13.4　含有单个非线性电阻元件的图解分析法

在简单非线性电阻电路中，常遇到仅含有一个非线性电阻的电路。

如图 13-12a 所示电路中，在线性二端网络 N 外仅有一个非线性电阻。由于二端网络 N 是线性电路，因此可以利用戴维南定理将其用戴维南等效电路来替代，如图 13-12b 所示的 ab 左端电路，根据 KVL，其对外特性方程为

$$u = U_{oc} - R_{eq}i \tag{13-10}$$

假设 R_{eq} 为正值（在含受控源时可能为负值），该线性含源一端口 N 的特性曲线如图 13-12c 所示的直线 AB，该直线交于 u 轴 $A(0, A)$ 点，其截距为 AO，是含源一端口的开路电压 U_{oc}，直线在 i 轴上的截距 BO 是含源一端口的短路电流 U_{oc}/R_{eq}。

因非线性电阻元件连接在含源一端口 ab 处，所以其 u 和 i 的关系也满足非线性电阻的特性 $u = f(i)$，故一端口的特性曲线与非线性电阻的特性曲线的交点 $Q(I_0, U_0)$ 是要求的解，该交点称为非线性电阻元件的**静态工作点**。这种求解方法称为曲线相交法。

在电子技术中常用这种曲线相交法确定晶体管的工作点，习惯上，当以非线性电阻作为分析对象时，把线性一端口的等效电阻看成非线性电阻的负载电阻，而线性一端口的特性曲线 AB 习惯上被称为非线性电阻的**负载线**。

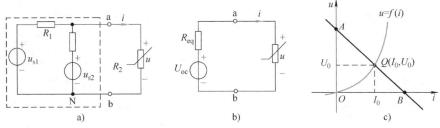

图 13-12　含一个非线性电阻的电路分析

隧道二极管的静态工作点也可以用图解的方法确定。但要注意，如果静态工作点位于图 13-13a 所示的位置，表示 Q_1、Q_2、Q_3 确实是工作点。如果负载线与分段区域线段的特性交点如图 13-13b 所示的位置，则只有 Q_3 为实际的工作点，而 Q_1 和 Q_2 并不是实际工作点，通常称其为虚点。

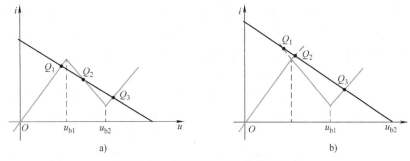

图 13-13　隧道二极管的静态工作点

13.5　小信号分析

在工程实践中，特别是在电子电路中，常会遇到既含有作为偏置电路的直流电源又含有交变电源的非线性电路，其中交变电源相对直流电源要小得多。这里的小信号交变电源也可以看作是直流电源的波动或者干扰。因此，如何求得非线性元件上由干扰信号产生的响应，从而对非线性元件的工作稳定性分析就成为必须面对的问题。小信号分析法是分析这类非线性电阻电路的一种极其独特的方法。

如图 13-14a 所示电路，U_s 为直流电压源，$u_s(t)$ 为交变电压源，且 $|u_s(t)| \ll U_s$，称

$u_s(t)$ 为小信号电压，可认为其是主信号 U_s 的扰动量。电阻 R_s 为线性电阻，假设非线性电阻为单调型，且不失一般性，其电压、电流关系为 $i = g(u)$，图 13-14b 为其特性曲线。

利用 KVL 对图 13-14a 电路列电压方程，有

$$U_s + u_s(t) = R_s i(t) + u(t) \tag{13-11}$$

将非线性电阻的特性方程代入，则有

$$U_s + u_s(t) = R_s g(u) + u(t) \tag{13-12}$$

在没有小信号 $u_s(t)$ 存在时，该非线性电路的解可由一端口的特性曲线（负载线）AB 与非线性电阻特性曲线相交的交点来确定，即 $Q(U_0, I_0)$。

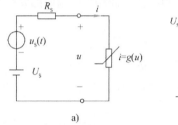
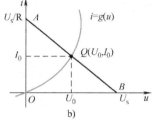

图 13-14　非线性电路的小信号分析　　　　非线性电阻电路小信号分析法思路

该交点称为静态工作点，当有小信号加入后，电路中电流和电压都随时间变化，但是由于 $|u_s(t)| \ll U_s$，使得电路的解 $u(t)$ 和 $i(t)$ 必然在工作点 $Q(U_0, I_0)$ 附近扰动，因此，电路的解可以近似写为

$$\begin{cases} u(t) = U_0 + u_\delta(t) \\ i(t) = I_0 + i_\delta(t) \end{cases} \tag{13-13}$$

式（13-13）中 $u_\delta(t)$ 和 $i_\delta(t)$ 是由相对直流电源而言足够小的小信号 $u_s(t)$ 引起的偏差，因此，在任何时刻 t，$u_\delta(t)$ 和 $i_\delta(t)$ 相对 U_0 和 I_0 都是很小的，下面给出其近似计算方法。

由于 $i = g(u)$，而 $u = U_0 + u_\delta(t)$，代入式（13-13），可将其改写为

$$I_0 + i_\delta(t) = g[U_0 + u_\delta(t)] \tag{13-14}$$

因 $u_\delta(t)$ 很小，可将式（13-14）右边项在工作点 Q 附近用泰勒级数展开表示为

$$I_0 + i_\delta(t) = g(U_0) + g'(U_0)u_\delta(t) + \frac{1}{2}g''(U_0)u_\delta^2(t) + \cdots \tag{13-15}$$

考虑到 $u_\delta(t)$ 很小，可只取一阶导数进行近似，而略去高阶项，则式（13-15）近似为

$$I_0 + i_\delta(t) \approx g(U_0) + g'(U_0)u_\delta(t) \tag{13-16}$$

由于 $I_0 = g(U_0)$，则式（13-16）可近似为

$$i_\delta(t) = g'(U_0)u_\delta(t) \tag{13-17}$$

式（13-17）中 $g'(U_0)$ 恰好对应非线性电阻特性曲线在 Q 点处电流对电压的一阶导数，也正是在第 13.1 节定义的非线性电阻的动态电阻的倒数，即非线性电阻元件的动态电导，故

$$\frac{dg}{du}\Big|_{U_0} = G_d = \frac{1}{R_d} \tag{13-18}$$

将式（13-18）代入式（13-17）得到

$$i_\delta(t) = G_d u_\delta(t)$$

或

$$u_\delta(t) = R_d i_\delta(t) \tag{13-19}$$

式（13-19）表明，小信号产生的响应电压和响应电流关系被近似为一个等值电阻两端的电压、电流关系，而这个等值电阻就是该非线性电阻在静态工作点处的动态电阻。

再由式（13-11）和式（13-13）可得

$$U_s + u_s(t) = R_s[I_0 + i_\delta(t)] + U_0 + u_\delta(t) \tag{13-20}$$

由于

$$U_s = R_s I_0 + U_0, u_\delta(t) = R_d i_\delta(t)$$

将上式代入式（13-20）可得

$$u_s(t) = R_s i_\delta(t) + R_d i_\delta(t) \tag{13-21}$$

式（13-21）是一个线性代数方程，依据此方程可以画出如图 13-15 所示的对应电路，称该电路为非线性电路在工作点处的小信号等效电路。由于该小信号等效电路为线性电阻电路，可以求得小信号电压和电流的响应为

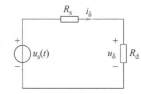

$$i_\delta(t) = \frac{u_s(t)}{R_s + R_d}$$

图 13-15 小信号等效电路

$$u_\delta(t) = R_d i_\delta(t) = \frac{R_d u_\delta(t)}{R_s + R_d}$$

通过以上分析，对于既含直流电源又含有小信号交变电源的非线性电路，总结其求解步骤如下：

1）计算静态工作点 $Q(U_0, I_0)$。

2）确定静态工作点处的动态电阻 R_d 或动态电导 G_d。

3）画出小信号等效电路，计算小信号的近似响应 $u_\delta(t)$ 和 $i_\delta(t)$。

4）求得非线性电路的全响应 $u = U_0 + u_\delta(t)$ 和 $i = I_0 + i_\delta(t)$。

例 13-4 如图 13-16a 所示的非线性电阻电路中，非线性电阻的电压、电流关系为 $i = u^2/2(u>0)$，电流 i 的单位为 A，电压 u 的单位为 V。已知电阻 $R_s = 1\Omega$，直流电压源 $U_s = 3V$，直流电流源 $I_s = 1A$，小信号电压源 $u_s(t) = 3 \times 10^{-3} \cos t V$，试求 u 和 i。

解 求静态工作点 $Q(U_0, I_0)$，小信号源 $u_s(t) = 0$ 时，由图 13-16b 电路中 ab 左右两端电路的电压、电流关系方程分别列方程，有

$$u = 4 - i$$

$$i = \frac{1}{2}u^2$$

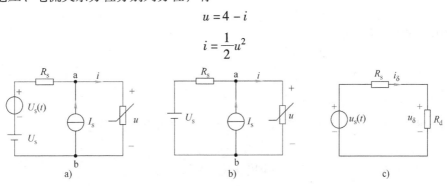

图 13-16 例 13-4 题图

解得静态工作点 $Q(U_0, I_0) = Q(2, 2)$，即

$$U_0 = 2\text{V}, \quad I_0 = 2\text{A}$$

工作点处的动态电导为

$$G_\text{d} = \frac{\text{d}i}{\text{d}u}\bigg|_{U_0 = 2} = \frac{\text{d}}{\text{d}u}\left(\frac{1}{2}u^2\right)\bigg|_{U_0 = 2} = 2\text{S}$$

因此动态电阻为 $R_\text{d} = 1/2\Omega$，小信号等效电路如图 13-16c 所示，从而求出小信号的响应近似为

$$i_\delta(t) = \frac{u_\text{s}(t)}{R_\text{s} + R_\text{d}} = \frac{3 \times 10^{-3}\cos t}{1 + \dfrac{1}{2}}\text{A} = 2 \times 10^{-3}\cos t\,\text{A}$$

$$u_\delta(t) = R_\text{d}i_\delta(t) = 0.5 \times 2 \times 10^{-3}\cos t\,\text{V} = 10^{-3}\cos t\,\text{V}$$

最终求得其全响应为

$$i = I_0 + i_\delta(t) = (2 + 2 \times 10^{-3}\cos t)\,\text{A}$$

$$u = U_0 + u_\delta(t) = (2 + 10^{-3}\cos t)\,\text{V}$$

13.6 非线性电路的方程分析法

非线性电路方程的建立和线性方程的建立方法类同，都是依据两种约束。一种是基尔霍夫定律的约束，另一种是元件特性的约束。

由于非线性元件的特性是非线性的，所以列出的方程是非线性代数或微分积分方程。一般对非线性电阻电路列出的方程是一组非线性代数方程，而对于含有储能元件电路列出的方程是一组非线性微分方程。

非线性方程的求解通常采用数值解法，同时还需要用到更多的数学知识，本书不进行过多讨论，这里只是介绍含非线性电阻元件的电路方程的建立方法。下面通过例题来分析。

例 13-5 如图 13-17 所示电路中含有两个流控电阻元件，其伏安特性分别为 $u_1 = 10i_1^2\text{V}$，$u_3 = 20i_3^{\frac{1}{2}}\text{V}$。试列出电路方程。

解 运用 KCL 和 KVL，有

$$i_1 = i_2 + i_3$$
$$u_1 + u_2 = U_\text{s}$$
$$u_2 = u_3$$

各电阻元件的 VCR 为

$$u_1 = 10i_1^2$$
$$u_2 = Ri_2$$
$$u_3 = 20i_3^{\frac{1}{2}}$$

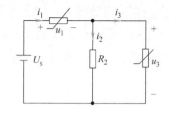

图 13-17 例 13-5 题图

将元件的 VCR 方程代入到 KCL 和 KVL 方程中，可得电路方程为

$$i_1 = i_2 + i_3$$
$$10i_1^2 + R_2i_2 = U_\text{s}$$
$$R_2i_2 = 20i_3^{\frac{1}{2}}$$

也可以用回路电流法列写电路方程，选取回路电流 i_1 和 i_3，电路的回路电流方程为

$$R_2 i_1 - R_2 i_3 = U_s - 10 i_1^2$$

$$R_2 (i_1 - i_3) = 20 i_3^{\frac{1}{2}}$$

如果电路中只有电压控制型非线性电阻，可以用节点法建立电路方程。

例 13-6   如图 13-18 电路含有一个电压控制型非线性电阻，其伏安特性为 $i = u^2 (u > 0)$，求解此电路非线性电阻的电流 i 和电压 u。

解   本例可以利用戴维南定理先将非线性电阻左侧电路进行化简再进行计算。

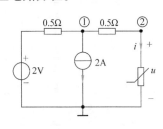

图 13-18   例 13-6 题图

这里采用节点法列方程求解。设节点电压相对图示参考点分别为 U_{n1} 和 U_{n2}，显然，非线性电阻的电压即为节点 2 的电压，即 $u = U_{n2}$。利用节点法，列写节电压方程为

$$\left(\frac{1}{0.5} + \frac{1}{0.5} \right) U_{n1} - \frac{1}{0.5} U_{n2} = \frac{2}{0.5} - 2$$

$$- \frac{1}{0.5} U_{n1} + \frac{1}{0.5} U_{n2} = - U_{n2}^2$$

经整理得

$$4 U_{n1} - 2 U_{n2} = 2$$

$$- 2 U_{n1} + 2 U_{n2} = - U_{n2}^2$$

消去方程中的 U_{n1}，得到仅含解节点电压 U_{n2} 的方程，求解可以得到

$$U_{n2} = \frac{-1 \pm \sqrt{1+4}}{2} = -1.618V \text{ 或 } 0.618V$$

负值不合理，舍去，故解为

$$u = U_{n2} = 0.618V$$

$$i = (0.618)^2 A = 0.382A$$

如果电路中既有电流控制型非线性电阻又有电压控制型非线性电阻，则需要利用混合变量法建立电路方程（略）。

本 章 小 结

对于非线性电阻，应重点掌握其基本概念，理解其常用的近似分析方法的思想，为后续专业课学习奠定基础。

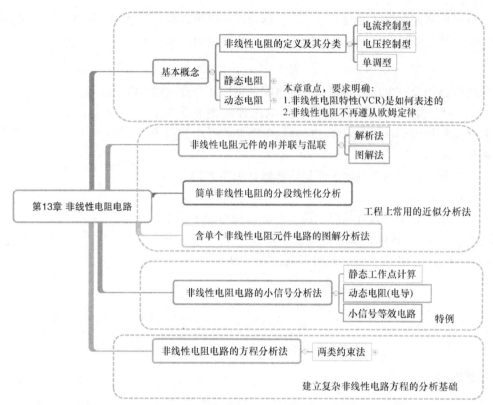

建立非线性电阻电路分析数学模型的理论依据仍然是两类约束，其中：

1）基尔霍夫定律（KCL、KVL）只与电路的结构有关，与元件的性质无关，因此就列写网络拓扑约束方程而言，非线性电阻电路与线性电阻电路没有任何区别。

2）非线性电阻元件的特性（VCR）是随其工作点的变化而改变的。

3）非线性电阻不再遵从欧姆定律，叠加定理不再适用于非线性电路。

4）由于非线性电阻元件的电压、电流关系不是线性的，所以得到的方程将是非线性的。建立方程时，对非线性电阻的处理与线性电路分析中对受控源的处理方法类似，非线性电阻的控制量相当于其本身所在支路的电压或电流变量。

对电流控制型非线性电阻，一般采用网孔法或回路法，用网孔电流或回路电流表示流控非线性电阻的电压值；

对电压控制型非线性电阻，一般采用节点法，用节点电压变量表示压控非线性电阻的电流值。

本章主要针对非线性电阻及其电路做了简要分析，工程实际中，大量的电感、电容元件也都一定程度上具有非线性特性。对含有非线性电容和非线性电感的电路的分析和计算，可以仿照非线性电阻电路的方法进行，如分段线性化法、小信号分析法等，此外还可以采用状态平面法、数值分析法等。状态平面分析法是一种定性的图解分析法，数值分析法则是一种适应性很强的定量计算法。这些具体分析，你会在后续专业课中进一步学习，读者也可参阅有关非线性电路的书籍及有关文献。

习 题 13

13-1 某非线性电阻（在关联参考方向下）的 $u-i$ 关系为 $i = I_s(e^{40u} - 1)$，其中 $I_s = 10^{-9}A$，u 和 i 的单位是 V 和 A。当 $u = 0.4V$ 时，求其静态电阻和动态电导。

13-2 已知某非线性电阻（在关联参考方向下）的 $u-i$ 关系为 $u = -6 - 30i^2$，u、i 单位分别为 V、A，求 $i = -3mA$ 时的静态电阻和动态电阻值。

13-3 如图 13-19a 所示非线性二端网络 N，其特性曲线如图 13-19b 所示，

（1）若 $u_s = 10V$，$R = 1k\Omega$，求电流 i。

（2）若 $u_s = 5V$，$i = 1mA$，求电阻 R。

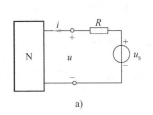
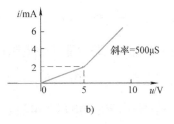

图 13-19 题 13-3 图

13-4 图 13-20 所示电路中，D 为理想二极管，求电压 U。

13-5 图 13-21 所示电路中含有一个非线性电阻，其 $u-i$ 关系为 $u_3 = 20i_3^{\frac{1}{2}}$，$u$、$i$ 的单位分别为 V、A。试列出只含有一个未知量 i_3 的电路方程。

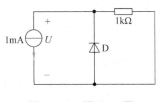
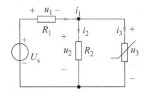

图 13-20 题 13-4 图   图 13-21 题 13-5 图

13-6 如图 13-22a 电路中非线性电阻为隧道二极管。其特性曲线如图 13-22b 所示，试画出图 13-22a 所示电路的特性曲线。

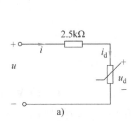
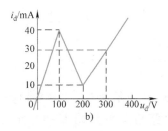

图 13-22 题 13-6 图

13-7 如图 13-23 所示电路中，二极管的 $u-i$ 关系为 $i = I_0(e^{\frac{u}{U_0}} - 1)$，其中 $I_0 = 0.05mA$，$U_0 = 0.026V$，信号源电压为 $u_s(t) = 10^{-3}\sin2\pi \times 50t V$，求当直流电压 U_s 为 0.1V

时的小信号等效电路。

13-8 用图解法求如图 13-24 所示含理想二极管电路的端口伏安特性曲线。

13-9 试设计一个由线性电阻，独立电源和理想二极管组成的一端口，要求其电压–电流特性曲线具有图 13-25 所示特性。

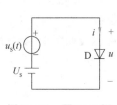

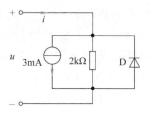

图 13-23　题 13-7 图　　　　　图 13-24　题 13-8 图

13-10 图 13-26 所示电路中非线性电阻的 $u-i$ 关系为 $i=u^2(u>0)$，u、i 的单位分别为 V、A，其中直流电流源 $I_s=10A$，$R_s=\dfrac{1}{3}\Omega$，小信号电流 $i_s(t)=0.5\cos t\,mA$。试求工作点和在工作点处由小信号所产生的电压与电流。

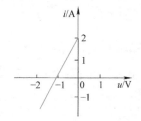

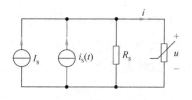

图 13-25　题 13-9 图　　　　　图 13-26　题 13-10 图

13-11 如图 13-27 所示网络中 D 为理想二极管，求此网络的特性曲线。

13-12 已知二极管的 $u-i$ 关系为 $I=10^{-3}U^2$（I 和 U 的单位分别为 A 和 V），且 $U>0$，求图 13-28 所示电路的电压 U。

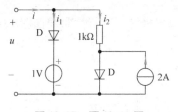

图 13-27　题 13-11 图　　　　　图 13-28　题 13-12 图

13-13 如图 13-29 所示含理想二极管电路，当 $U_A=3V$，$U_B=0V$ 时，求 P 点电压 U_P。

13-14 已知电路与参数如图 13-30 所示，其中信号源为 $u_s(t)$，非线性电阻可用 $i=g(u)$ 表示，试指出满足小信号分析的条件。

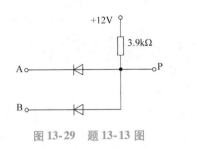

图 13-29 题 13-13 图

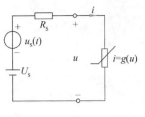

图 13-30 题 13-14 图

13-15 如图 13-31 所示电路，非线性电阻的伏安特性为 $u_3 = (2i_3^2 + 1)\,\mathrm{V}$，试求电阻电压 u_1。

13-16 列出图 13-32 所示电路的节点电压方程。已知非线性电阻的伏安关系为 $i = 3u^2$。

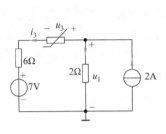

图 13-31 题 13-15 图

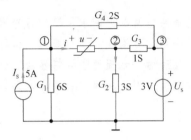

图 13-32 题 13-16 图

13-17 绘出图 13-33a 所示电路中 i_o 和 i_s 的转移特性曲线，$i_s(t)$ 的波形如图 13-33b 所示，绘出电流 i_o 的波形。

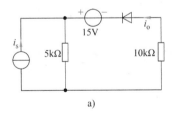

a)

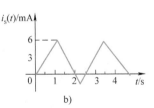

b)

图 13-33 题 13-17 图

第 14 章

> Chapter 14

均匀传输线

 本 章 导 学

传输线是通信及电力网中传输信号与电能的重要组成部分。本章首先介绍分布参数的概念，然后讨论均匀传输线的简化模型、传输线方程及其正弦稳态解，介绍特性阻抗、传播常数等概念，最后讨论无损耗线的特性及四分之一波长线的应用。这部分内容也可以从电磁场的角度进行分析，因此建议读者结合电磁场理论进行学习。

14.1 分布参数电路

本书第 1 章在对电路模型的介绍中给出了集中参数电路的概念，即电路的每一个实际器件都可以用一个或一组集中的参数（理想电路元件）来表征，其能量的消耗和储存也都限于一定范围之内，连接线可以认为是电阻为零的理想导体等。

但用集中参数元件及其组合模拟实际的部件和器件以及用集中电路模型来模拟实际电路是有条件的，按照电磁场理论，电磁波是以一定速度 v 传播的，在真空中这个传播速度近似为光速，当实际电路的外形尺寸远小于电磁波的波长 λ 时，电磁波从场源沿线路传播到负载所用的时间几乎为零，可以忽略不计，在这种情况下实际电路就可以按照集中参数电路来处理。

例如在工频 50Hz 情况下，电磁波的波长为 $\lambda = v/f = 3 \times 10^8/50\text{m} = 6 \times 10^6\text{m} = 6000\text{km}$，这远大于类似城市照明系统及工厂内的各类电路的空间尺寸，因此在工频情况下都可以将这种条件下的电路视为集中参数电路。但是，当频率 f 上升为 200MHz 时，波长 λ 降至 1.5m；当频率 f 为 10GHz 时，波长 λ 仅为 3cm，这时再用集中参数来表征电路显然是不行的，而必须考虑电路参数的空间分布。所以说，同样的电路工作在不同条件下其电路模型是不同的。

之前讨论的电路都是集中参数电路，本章将讨论工程上无法用集中参数电路进行简化分析的工程实际电路。例如，高压远距离传输线或高频信号传输线，在交变电压或电流作用下，除了要考虑沿线电压降和磁场变化引起的电压外，还要考虑由于线间绝缘的非理想状态所引起的泄漏电流和由于电场变化引起的位移电流等，因而电压和电流都是沿传输线改变的，或参数分布的。也就是说，与集中参数电路不同的是，沿线的电压、电流不仅仅是时间的函数，还是沿空间坐标分布的函数。因此，在分析传输线的电压和电流时，应考虑沿线分布的电阻和电感以及线间的漏电导和电容对线路中电压、电流的影响。此外，在研究电机、变压器在雷击波作用下的状态时，由于雷击波的频率属于高频范围，在这样的频率下工作，线组匝间电容及对地电容的影响都不可忽略。

在电力传输及有线通信系统中常使用双线传输线或同轴电缆传输能量及信号，实际的传输线由于沿线导体处处有电阻，而导体电流又随处形成磁场，归结为沿线的电感，两导体之间由于线间泄漏电流沿线处处有漏电导，而线间电压又处处形成电场，归结为线间电容。如何对这类传输线电路进行分析呢？工程上可以采用两种方式：一种是利用电磁场理论建立场的模型进行分析；另一种则是对其进行简化建立电路的模型，用电路的方法进行分析。

由于传输线的尺寸比较长，整体上不能视为一个或几个简单元器件的组合，但是如果引入微分的思想，把传输线中的任意一小段作为分析对象，在这个足够短的长度内就可以将其看作是集中参数电路，对这个微分集中参数子电路进行建模，就仍然可以利用已经掌握的电路分析方法对其进行数学方程的建立，从而得到整条传输线电压、电流的分布规律。由此，可以把沿线变化的传输线看作一段一段由集中参数电路模型组合的整体，相应的电路模型称为**分布参数电路（Distributed Circuit）**模型。

14.2　均匀传输线方程及其正弦稳态分析

本节以平行双线传输线为例介绍分布参数电路的分析方法，为简化分析起见，假设传输线的电阻、电感、电导和电容等参数都是沿线均匀分布的，称这样的传输线为均匀传输线（Uniform Transmission Line）。

设均匀传输线单位长度（包括来回导线）的电阻为 $R_0(\Omega/\mathrm{m})$，电感为 $L_0(\mathrm{H/m})$，线间电导及电容分别为 $G_0(\mathrm{S/m})$ 及 $C_0(\mathrm{F/m})$。

如果传输线导体的导电性能良好则可忽略电阻 R_0，若线间绝缘良好则可忽略漏电导 G_0，这样的均匀传输线称为无损耗均匀传输线。参数 R_0、G_0、L_0 和 C_0 称为传输线的原参数，与传输线的结构、介质有关，可依据电磁场理论求得，本书不进行介绍。

图 14-1a 表示一均匀传输线，传输线的左方与电源连接，称为始端，传输线的右方与负载相连接，称为终端。设传输线的长度为 l，从线的始端到所讨论点的距离为 x。

将连续的传输线设想为由无数个长度元 $\mathrm{d}x$ 所组成，而在每一微分元内的电路都可看成是集中参数性质的电路，于是可将每一微分元内的分布参数电路用电阻、电感的串联组合和电导、电容的并联组合构成的链型电路来模拟，如图 14-1b 所示。

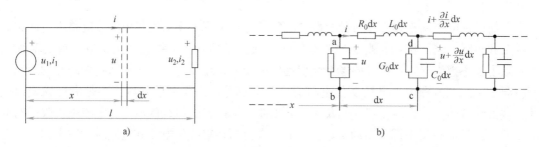

图 14-1　均匀传输线及其电路模型

14.2.1　传输线方程

对图 14-1b 所示的电路模型，在 $\mathrm{d}x$ 左端的电压和电流为 u 和 i，由前面的分析可知 u、i 应为空间距离 x 和时间变量 t 的函数，即 $u(x,t)$，$i(x,t)$，则微分元 $\mathrm{d}x$ 右端的电压和电流分别为 $u+\dfrac{\partial u}{\partial x}\mathrm{d}x$ 和 $i+\dfrac{\partial i}{\partial x}\mathrm{d}x$，根据 KCL，对于节点 d，有

$$i-\left(i+\frac{\partial i}{\partial x}\mathrm{d}x\right)=G_0\left(u+\frac{\partial u}{\partial x}\mathrm{d}x\right)\mathrm{d}x+C_0\frac{\partial}{\partial t}\left(u+\frac{\partial u}{\partial x}\mathrm{d}x\right)\mathrm{d}x$$

对回路 abcda 应用 KVL，则有

$$u-\left(u+\frac{\partial u}{\partial x}\mathrm{d}x\right)=R_0 i\mathrm{d}x+L_0\frac{\partial i}{\partial t}\mathrm{d}x$$

略去二阶无穷小量并约去 $\mathrm{d}x$ 后可得

$$-\frac{\partial u}{\partial x} = R_0 i + L_0 \frac{\partial i}{\partial t} \tag{14-1a}$$

$$-\frac{\partial i}{\partial x} = G_0 u + C_0 \frac{\partial u}{\partial t} \tag{14-1b}$$

这就是均匀传输线方程（又称为电报方程），它是一组偏微分方程。根据边界条件（即始端和终端的情况）和初始条件（即时间起始时的条件）求出方程的解，就可以得到电压 $u(x,t)$ 和电流 $i(x,t)$。可见电压、电流不仅随时间变化，同时也随空间距离变化。这是分布参数电路与集中参数电路的一个显著区别。

14.2.2　正弦激励下传输线方程及其解

由相量法可知，正弦激励下传输线方程式（14-1）可写为

$$-\frac{\mathrm{d}\dot{U}}{\mathrm{d}x} = (R_0 + j\omega L_0)\dot{I} = Z_0 \dot{I} \tag{14-2a}$$

$$-\frac{\mathrm{d}\dot{I}}{\mathrm{d}x} = (G_0 + j\omega C_0)\dot{U} = Y_0 \dot{U} \tag{14-2b}$$

式中，$Z_0 = R_0 + j\omega L_0$ 为单位长度的阻抗；$Y_0 = G_0 + j\omega C_0$ 为单位长度的导纳。由于相量 $\dot{U}$ 和 $\dot{I}$ 仅为距离 x 的函数，所以在方程组中对 $\dot{U}$ 和 $\dot{I}$ 的偏导数可以写成全导数，这样，式中的偏微分方程组就成为常微分方程组，将方程对 x 再取一次导数，得

$$-\frac{\mathrm{d}^2 \dot{U}}{\mathrm{d}x^2} = Z_0 \frac{\mathrm{d}\dot{I}}{\mathrm{d}x}$$

$$-\frac{\mathrm{d}^2 \dot{I}}{\mathrm{d}x^2} = Y_0 \frac{\mathrm{d}\dot{U}}{\mathrm{d}x}$$

把式（14-2）代入上式，便得到

$$\frac{\mathrm{d}^2 \dot{U}}{\mathrm{d}x^2} = Z_0 Y_0 \dot{U} \tag{14-3a}$$

$$\frac{\mathrm{d}^2 \dot{I}}{\mathrm{d}x^2} = Z_0 Y_0 \dot{I} \tag{14-3b}$$

式（14-3）为复系数二阶线性常微分方程，且具有对偶性，只需对其中之一进行求解即可。令

$$\Gamma = \sqrt{Z_0 Y_0} = \sqrt{(R_0 + j\omega L_0)(G_0 + j\omega C_0)} \tag{14-4}$$

该系数为复数，称为传播常数。

将传播常数代入式（14-3a）后可写为

$$\frac{\mathrm{d}^2 \dot{U}}{\mathrm{d}x^2} = \Gamma^2 \dot{U}$$

该二阶微分方程的通解具有下列形式

$$\dot{U} = A_1 e^{-\Gamma x} + A_2 e^{\Gamma x} \tag{14-5}$$

式中，A_1、A_2 为待定系数。

将式（14-5）代入式（14-2a）则有

$$\dot{I} = -\frac{1}{Z_0}\frac{\mathrm{d}\dot{U}}{\mathrm{d}x} = -\frac{1}{Z_0}(-\Gamma A_1 e^{-\Gamma x} + \Gamma A_2 e^{\Gamma x}) = \sqrt{\frac{Y_0}{Z_0}}(A_1 e^{-\Gamma x} - A_2 e^{\Gamma x})$$

$$\dot{I} = \frac{1}{Z_c}(A_1 e^{-\Gamma x} - A_2 e^{\Gamma x}) \tag{14-6}$$

式中

$$Z_c = \sqrt{\frac{Z_0}{Y_0}} = \sqrt{\frac{R_0 + j\omega L_0}{G_0 + j\omega C_0}} = z_c e^{j\theta} \tag{14-7}$$

称为**特性阻抗**（电磁场理论中称之为**波阻抗**），是由传输线原参数决定的复数。注意特性阻抗 Z_c 并非某元件的阻抗，因此 $\dot{U} \neq Z_c \dot{I}$。

下面根据不同的边界条件来讨论传输线的正弦稳态解。

1. 已知线路始端电压 $\dot{U}_1$ 和电流 $\dot{I}_1$

将边界条件 $x = 0$ 代入式（14-5）、式（14-6），得

$$\dot{U}_1 = A_1 + A_2$$

$$\dot{I}_1 Z_c = A_1 - A_2$$

两方程联立，解得待定常数为

$$A_1 = \frac{1}{2}(\dot{U}_1 + \dot{I}_1 Z_c)$$

$$A_2 = \frac{1}{2}(\dot{U}_1 - \dot{I}_1 Z_c)$$

将上式代回式（14-5）得

$$\dot{U} = \frac{1}{2}(\dot{U}_1 + \dot{I}_1 Z_c)e^{-\Gamma x} + \frac{1}{2}(\dot{U}_1 - \dot{I}_1 Z_c)e^{\Gamma x} \tag{14-8}$$

同样求得电流 $\dot{I}$ 并利用双曲函数表示则有

$$\dot{U} = \dot{U}_1 \cosh\Gamma x - \dot{I}_1 Z_c \sinh\Gamma x \tag{14-9a}$$

$$\dot{I} = -\frac{\dot{U}_1}{Z_c}\sinh\Gamma x + \dot{I}_1 \cosh\Gamma x \tag{14-9b}$$

2. 已知线路终端电压 $\dot{U}_2$ 和电流 $\dot{I}_2$

将边界条件 $x = l$ 代入式（14-5）、式（14-6），得

$$\dot{U}_2 = A_1 e^{-\Gamma l} + A_2 e^{\Gamma l}$$

$$\dot{I}_2 Z_c = A_1 e^{-\Gamma l} - A_2 e^{\Gamma l}$$

两方程联立，解得待定常数为

$$A_1 = \frac{1}{2}(\dot{U}_2 + \dot{I}_2 Z_c) e^{\Gamma l}$$

$$A_2 = \frac{1}{2}(\dot{U}_2 - \dot{I}_2 Z_c) e^{-\Gamma l}$$

将上式代回式（14-5）得

$$\dot{U} = \frac{1}{2}(\dot{U}_2 + \dot{I}_2 Z_c) e^{\Gamma(l-x)} + \frac{1}{2}(\dot{U}_2 - \dot{I}_2 Z_c) e^{-\Gamma(l-x)} \tag{14-10}$$

如果将计算距离的起点改为传输线的终端，则传输线上任一点到终端的距离为 $x' = l - x$，代入上式有

$$\dot{U} = \dot{U}_2 \frac{e^{\Gamma x'} + e^{-\Gamma x'}}{2} + \dot{I}_2 Z_c \frac{e^{\Gamma x'} - e^{-\Gamma x'}}{2}$$

通常把上式的 x' 仍记作 x，这样做并不会引起混淆，因为式中右方的 $\dot{U}_2$ 和 $\dot{I}_2$ 就意味着是以传输线的终端作为计算距离的起点。引入双曲函数可以得到

$$\dot{U} = \dot{U}_2 \cosh\Gamma x + \dot{I}_2 Z_c \sinh\Gamma x \tag{14-11}$$

$$\dot{I} = \dot{I}_2 \cosh\Gamma x + \frac{\dot{U}_2}{Z_c} \sinh\Gamma x \tag{14-12}$$

例14-1 一条1000m长的通信线工作频率为10kHz，传输线每单位长度的参数如下：$R_0 = 22\text{m}\Omega/\text{m}$，$L_0 = 0.63\mu\text{H/m}$，$G_0 = 0.1\mu\text{S/m}$，$C_0 = 31\text{pF/m}$，接收端的电阻负载在50V时吸收功率10W。求发送端的电压、电流和功率。

解 首先确定传输线接收端的电流

$$I_2 = \frac{10}{50}\text{A} = 0.2\text{A}$$

用相量形式表示：$\dot{I}_2 = 0.2\underline{/0°}\text{A}$，$\dot{U}_2 = 50\underline{/0°}\text{V}$。传输线的串联阻抗与并联导纳分别为

$$Z_0 = R_0 + j\omega L_0 = (22\times10^{-3} + j2\pi\times10\times10^3\times0.63\times10^{-6})\Omega/\text{m} = 4.53\times10^{-2}\underline{/60.95°}\Omega/\text{m}$$

$$Y_0 = G_0 + j\omega C_0 = (10^{-7} + j2\pi\times10\times10^3\times31\times10^{-12})\text{S/m} = 1.95\times10^{-6}\underline{/87.06°}\text{S/m}$$

这样，通信线的特性阻抗和传播常数可计算为

$$Z_c = \sqrt{\frac{Z_0}{Y_0}} = \sqrt{\frac{4.53\times10^{-2}\underline{/60.95°}}{1.95\times10^{-6}\underline{/87.06°}}}\Omega = 152.42\underline{/-13.06°}\Omega$$

$$\Gamma = \sqrt{Z_0 Y_0} = \sqrt{(4.53\times10^{-2}\underline{/60.95°})\times(1.95\times10^{-6}\underline{/87.06°})}\text{m}^{-1}$$
$$= (81.89\times10^{-6} + j285.69\times10^{-6})\text{m}^{-1}$$

由式（14-11），并令 $x = l$，得发送端电压为

$$\dot{U}_s = \dot{U}_2 \cosh\Gamma l + \dot{I}_2 Z_c \sinh\Gamma l$$
$$= [(50\underline{/0°})\cosh(81.89\times10^{-6}\times10^3 + j285.69\times10^{-6}\times10^3) +$$
$$(152.42\underline{/-13.06°})(0.2\underline{/0°})\cosh(81.89\times10^{-6}\times10^3 + j285.69\times10^{-6}\times10^3)]\text{V}$$
$$= 53.19\underline{/9.75°}\text{V}$$

发送端电流为

$$\dot{I}_s = \frac{\dot{U}_2}{Z_c}\sinh\Gamma l + \dot{I}_2 \cosh\Gamma l$$

$$= \left[\frac{50\big/0°}{152.42\big/-13.06°}\sinh(81.89\times10^{-6}\times10^3 + \mathrm{j}285.69\times10^{-6}\times10^3) + \right.$$

$$\left.(0.2\big/0°)\cosh(81.89\times10^{-6}\times10^3 + \mathrm{j}285.69\times10^{-6}\times10^3)\right]\mathrm{A}$$

$$= 0.221\big/27.14°\,\mathrm{A}$$

发送端功率为

$$P_\mathrm{s} = \mathrm{Re}[\dot{U}_\mathrm{s}\dot{I}_\mathrm{s}^*] = \mathrm{Re}[(53.19\big/9.75°)(0.221\big/27.14°)]\,\mathrm{W} = 11.22\,\mathrm{W}$$

14.3 正弦稳态下均匀传输线电压、电流的分布

由上节推导的均匀传输线正弦稳态解 [见式（14-11）、式（14-12）] 是由双曲函数描述的，不易用图形描绘其分布规律，式（14-5）、式（14-6）是用指数函数描述的，可以方便地画出电压、电流的分布规律，也更加便于理解沿线电压、电流的变化情况。

为了方便起见，将式（14-5）、式（14-6）重写如下：

$$\dot{U} = A_1 \mathrm{e}^{-\Gamma x} + A_2 \mathrm{e}^{\Gamma x}$$

$$\dot{I} = \frac{1}{Z_\mathrm{c}}(A_1 \mathrm{e}^{-\Gamma x} - A_2 \mathrm{e}^{\Gamma x})$$

式中，常数 A_1、A_2 及特性阻抗 Z_c 均为复数，可分别写成 $|A_1|\mathrm{e}_1^{\mathrm{j}\varphi_1}$、$|A_2|\mathrm{e}_2^{\mathrm{j}\varphi_2}$ 和 $z_\mathrm{c}\mathrm{e}^{\mathrm{j}\theta}$，将传输常数 Γ 写成复数形式，即令 $\Gamma = \alpha + \mathrm{j}\beta$，将上式写成瞬时值形式为

$$u(x,t) = \sqrt{2}|A_1|\mathrm{e}^{-\alpha x}\cos(\omega t - \beta x + \varphi_1) + \sqrt{2}|A_2|\mathrm{e}^{\alpha x}\cos(\omega t + \beta x + \varphi_2)$$

$$= u^+(x,t) + u^-(x,t)$$

$$i(x,t) = \frac{\sqrt{2}|A_1|}{z_\mathrm{c}}\mathrm{e}^{-\alpha x}\cos(\omega t - \beta x + \varphi_1 - \theta) - \frac{\sqrt{2}|A_2|}{z_\mathrm{c}}\mathrm{e}^{\alpha x}\cos(\omega t + \beta x + \varphi_2 - \theta)$$

$$= i^+(x,t) - i^-(x,t)$$

现以电压为例讨论其变化规律。

令 $U^+ = |A_1|$，$U^- = |A_2|$，由上节的分析可知，该参数是由电压、电流的边界条件及传输线的参数确定的。电压的其中一个分量为

$$u^+(x,t) = \sqrt{2}U^+\mathrm{e}^{-\alpha x}\cos(\omega t - \beta x + \varphi_1)$$

这是一个衰减的正弦量，电压振幅 $U_\mathrm{m}^+ = \sqrt{2}U^+\mathrm{e}^{-\alpha x}$ 随 x 的增加按指数规律减小，如图14-2中虚线所示。电压 u^+ 衰减的快慢取决于系数 α，故称 α 为 衰减常数，其单位为 Np/m。

此外，电压的正弦函数除了与时间 t 有关外，还与位置 x 有关，因此不同时刻（如 $t_1 < t_2 < t_3$）或者不同位置（$x_1 < x_2 < x_3$）电压的相位也不同。ωt 和 βx 均表示相量，对应的周期为 2π，故有

$$\omega T = 2\pi,\quad \omega = \frac{2\pi}{T} = 2\pi f \tag{14-13}$$

$$\beta\lambda = 2\pi,\quad \beta = \frac{2\pi}{\lambda} \tag{14-14}$$

式中，β 表示电压 u^+ 沿传输线的相位变化，故称为**相位常数**，单位为 rad/m。

图 14-2 画出了三个不同时刻电压 u^+ 沿传输线的分布情况。可见 u^+ 是一个随时间的增加沿正 x 方向（即从传输线的始端向终端方向）传播的衰减波，通常称为电压的入射波或正向行波。

电压的另一个分量为

$$u^-(x,t) = \sqrt{2}U^-\mathrm{e}^{\alpha x}\cos(\omega t + \beta x + \varphi_2) = \sqrt{2}U^-\mathrm{e}^{-\alpha(-x)}\cos[\omega t - \beta(-x) + \varphi_2]$$

与 u^+ 对比可见，u^- 是一个随时间的增加沿负 x 方向（即从传输线的终端向始端方向）传播的衰减波，通常称之为电压的反射波或反向行波。一般在传输线的连接处会同时出现电压波、电流波的入射、反射和透射，详细的讨论请参阅电磁场理论教材。

沿线各处的电压由两个行波分量叠加而成，$\dot{U} = \dot{U}^+ + \dot{U}^-$，合成的电压波如图 14-3 所示。

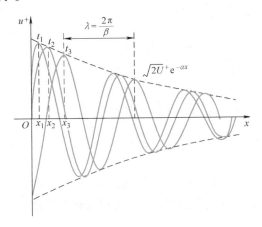

图 14-2 入射波沿传输线的传播 $(t_1 < t_2 < t_3)$

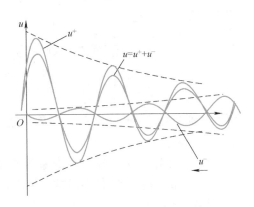

图 14-3 电压波沿传输线的传播

类似的，沿线各处的电流也由两个行波分量叠加而成，即

$$i = i^+ - i^- = \frac{1}{Z_c}(\dot{U}^+ - \dot{U}^-)$$

式中，负号是因为电流的反射波方向与其参考方向相反的缘故。

由上式可见，特性阻抗 Z_c 等于电压正向行波相量与电流正向行波相量之比，也等于电压反向行波相量与电流反向行波相量之比，即

$$Z_c = \frac{\dot{U}^+}{\dot{I}^+} = \frac{\dot{U}^-}{\dot{I}^-} = \sqrt{\frac{Z_0}{Y_0}} = \sqrt{\frac{R_0 + \mathrm{j}\omega L_0}{G_0 + \mathrm{j}\omega C_0}} = z_c\mathrm{e}^{\mathrm{j}\theta} \tag{14-15}$$

它由传输线的原参数确定，表示传输线上入射波或反射波（注意，不是合成波）电压相量与电流相量之间的约束，因此特性阻抗又称为波阻抗。显然 $\dot{U} \neq Z_c\dot{I}$，可见特性阻抗 Z_c 与集中参数电路中元件的阻抗概念不同。

1. 传输线的副参数

现在以电压入射波为例分析电压的波动速度与其他参数之间的关系。行波的移动速度是指波相位不变的点的移动速度，称为**相速** v_p。如图 14-2 中 x_1、x_2 两个位置，有

$$\omega t_1 - \beta x_1 + \varphi_1 = \omega t_2 - \beta x_2 + \varphi_1$$

$$\omega(t_2 - t_1) = \beta(x_2 - x_1)$$

$$\frac{\Delta x}{\Delta t} = \frac{x_2 - x_1}{t_2 - t_1} = \frac{\omega}{\beta}$$

相速为

$$v_p = \lim_{\Delta t \to 0} \frac{\Delta x}{\Delta t} = \frac{\omega}{\beta} \tag{14-16}$$

由式（14-14）可求得相速与波长之间的关系式为

$$v_p = \frac{\omega}{\beta} = \frac{2\pi f}{\dfrac{2\pi}{\lambda}} = \lambda f = \frac{\lambda}{T} \tag{14-17}$$

习惯上把参数 R_0、L_0、G_0 和 C_0 称为传输线的原参数，Γ、α、β、Z_c、v_p 等称为传输线的副参数。由传输常数 Γ 即可确定衰减常数 α 和相位常数 β，即

$$\Gamma = \alpha + j\beta = \sqrt{Z_0 Y_0} = \sqrt{(R_0 + j\omega L_0)(G_0 + j\omega C_0)}$$

将上式展开可求得

$$\alpha = \sqrt{\frac{1}{2}\left[R_0 G_0 - \omega^2 L_0 C_0 + \sqrt{(R_0^2 + \omega^2 L_0^2)(G_0^2 + \omega^2 C_0^2)}\right]}$$

$$\beta = \sqrt{\frac{1}{2}\left[\omega^2 L_0 C_0 - R_0 G_0 + \sqrt{(R_0^2 + \omega^2 L_0^2)(G_0^2 + \omega^2 C_0^2)}\right]}$$

可见，副参数 Γ、α、β、Z_c、v_p 等都是频率的函数，同一传输线工作在不同频率环境下参数也不相同。

例 14-2　工作于 1.5MHz 的传输线具有下列参数：$R_0 = 2.6\Omega/m$，$L_0 = 0.82\mu H/m$，$G_0 = 0$，$C_0 = 22pF/m$。计算特性阻抗、传播常数、衰减常数和相位常数以及传播速度。

解　传输线每单位长度的串联阻抗为

$$Z_0 = R_0 + j\omega L_0 = (2.6 + j2\pi \times 1.5 \times 10^6 \times 0.82 \times 10^{-6})\Omega/m$$

$$= (2.6 + j7.73)\Omega/m = 8.16 \underline{/71.41°}\Omega/m$$

单位长度的并联导纳为

$$Y_0 = G_0 + j\omega C_0 = j2\pi \times 1.5 \times 10^6 \times 22 \times 10^{-12} = j20.73 \times 10^{-5}S/m$$

分别求出特性阻抗和传播常数为

$$Z_c = \sqrt{\frac{Z_0}{Y_0}} = \sqrt{\frac{8.16 \underline{/71.41°}}{20.73 \times 10^{-5} \underline{/90°}}}\Omega = 198.40 \underline{/71.41°}\Omega$$

$$\Gamma = \sqrt{Z_0 Y_0} = \sqrt{(8.16 \underline{/71.41°})(20.73 \times 10^{-5} \underline{/90°})} = 41.13 \times 10^{-3} \underline{/80.71°}m^{-1}$$

$$= (6.64 \times 10^{-3} + j40.59 \times 10^{-3})m^{-1}$$

因而得到衰减常数、相位常数、传播速度分别为

$$\alpha = 6.64 \times 10^{-3} Np/m$$

$$\beta = 40.59 \times 10^{-3} rad/m$$

$$v_p = \frac{\omega}{\beta} = \frac{2\pi \times 1.5 \times 10^6}{40.59 \times 10^{-3}}m/s = 2.322 \times 10^8 m/s$$

可见，由于传输线介质的影响，此速度低于光速。

2. 传输线的无畸变传输

由上面的分析可知副参数与原参数 R_0、L_0、G_0、C_0 及信号角频率 ω 有关。当信号为非正弦波时，一般来说各次谐波的 Γ、α、β、v_p 是不同的，这样将引起信号的畸变。为实现无畸变传输的目的，应使各谐波分量之间的相位关系保持不变。即信号经过传输之后只有幅度的衰减而无波形的畸变。

可以证明，如原参数满足以下关系

$$\frac{R_0}{L_0} = \frac{G_0}{C_0} \tag{14-18}$$

则

$$\alpha = \sqrt{R_0 G_0}$$

$$\beta = \omega \sqrt{L_0 C_0}$$

$$v_p = \frac{1}{\sqrt{L_0 C_0}}$$

可见，当原参数满足式（14-18）时，衰减常数和相速都与频率无关，在这样的线路中传输信号就不会引起畸变。在这种情况下的特性阻抗 Z_c 为

$$Z_c = \sqrt{\frac{L_0}{C_0}}$$

此时特性阻抗为纯电阻，且与频率无关。

3. 传输线的无反射传输

沿线任一点电压（或电流）反射波与入射波相量之比称为该点的反射系数，用 n 表示为

$$n = \frac{\dot{U}^-}{\dot{U}^+} = \frac{\dot{I}^-}{\dot{I}^+} \tag{14-19}$$

当终端接负载 Z_2 时，由式（14-10）并利用关系式 $\dot{U}_2 = Z_2 \dot{I}_2$，有

$$n = \frac{(\dot{U}_2 - \dot{I}_2 Z_c)}{(\dot{U}_2 + \dot{I}_2 Z_c)} e^{-2\Gamma x'} = \frac{Z_2 - Z_c}{Z_2 + Z_c} e^{-2\Gamma x'} \tag{14-20}$$

当终端开路（$Z_2 \to \infty$）时，$n = 1$，电磁波发生全反射；当终端短路（$Z_2 = 0$）时，$n = -1$，电磁波也发生全反射，但有符号变化；在其他负载下，反射系数可根据 Z_2 和 Z_c 按式（14-20）确定。

当终端的负载阻抗 Z_2 恰好与线路的特性阻抗 Z_c 相等时，由式（14-20）可知反射系数等于零，无反射波存在。工作在这种特殊情况下的传输线叫作无反射线或匹配线。这时，沿线电压、电流的表达式为（其中 $\dot{U}_2 = \dot{I}_2 Z_2 = \dot{I}_2 Z_c$）

$$\dot{U} = \frac{1}{2}(\dot{U}_2 - \dot{I}_2 Z_c) e^{-\Gamma x} + \frac{1}{2}(\dot{U}_2 + \dot{I}_2 Z_c) e^{\Gamma x} = \dot{U}_2 e^{\Gamma x}$$

$$\dot{I} = \dot{I}_2 e^{\Gamma x}$$

式中，x 由终端算起。

无反射传输时，线路上的任何一点处电压、电流都满足以下关系：

$$\frac{\dot{U}}{\dot{I}} = \frac{\dot{U}_2}{\dot{I}_2} = Z_2 = Z_c = Z_{in}$$

可以证明，匹配线在离终端 x 处所传输的功率为

$$P_x = \frac{U_2^2}{z_c} e^{2\alpha x} \cos\theta$$

此功率称为自然功率。

在线路始端的功率为

$$P_1 = \frac{U_1^2}{z_c}\cos\theta = \frac{U_2^2}{z_c}e^{2\alpha l}\cos\theta$$

线路终端的功率为

$$P_2 = \frac{U_2^2}{z_c}\cos\theta$$

故线路的传输效率为

$$\eta = \frac{P_2}{P_1} = e^{-2\alpha l}$$

例 14-3　设有 500kV 超高压三相输电线，其每相电阻 $R_0 = 0.0101\,\Omega/\text{km}$，感抗 $X_L = 0.305\,\Omega/\text{km}$，容纳 $X_C = 5.468\,\mu\text{S}/\text{km}$，电导可以略去，输电线长为 500 km。试计算匹配工作状态下的自然功率。

解　首先计算线路分布常数和特性阻抗

$$\begin{aligned}
\Gamma &= \sqrt{Z_0 Y_0} = \sqrt{(R_0 + j\omega L_0)(G_0 + j\omega C_0)} \\
&= \sqrt{(1.01 \times 10^{-5} + j0.305 \times 10^{-3})(j5.468 \times 10^{-9})}\,\text{m}^{-1} = 1.291 \\
&\quad \times 10^{-6}\underline{/89.1°}\,\text{m}^{-1}
\end{aligned}$$

$$\Gamma l = 1.291 \times 10^{-6}\underline{/89.1°} \times 500 \times 10^3 = 0.646\underline{/89.1°} = 0.0102 + j0.646$$

$$Z_c = \sqrt{\frac{Z_0}{Y_0}} = \sqrt{\frac{0.0101 + j0.305}{j5.468 \times 10^{-6}}}\,\Omega = 236\underline{/-0.95°}\,\Omega$$

现取 A 相起始端电压为参考相量，即

$$\dot{U}_{A1} = \frac{500 \times 10^3}{\sqrt{3}}\,\text{V} = 289 \times 10^3\,\text{V}$$

由式（14-9），令 $x = l$，由于线路匹配时，$Z_2 = Z_c = 236\underline{/-0.95°}\,\Omega$，有 $\dot{U}_{A1} = \dot{I}_{A1} Z_c$，故

$$\begin{aligned}
\dot{U}_{A2} &= \dot{U}_{A1}\cosh\Gamma l - \dot{I}_{A1} Z_c \sinh\Gamma l = \dot{U}_{A1}(\cosh\Gamma l - \sinh\Gamma l) = \dot{U}_{A1}e^{-\Gamma l} \\
&= 289 \times 10^3 e^{-(0.0102 + j0.646)}\,\text{V} = 286 \times 10^3\underline{/-37.0°}\,\text{V}
\end{aligned}$$

$$\begin{aligned}
\dot{I}_{A2} &= \dot{I}_{A1}\cosh\Gamma l - \frac{\dot{U}_{A1}}{Z_c}\sinh\Gamma l = \dot{I}_{A1}(\cosh\Gamma l - \sinh\Gamma l) = \dot{I}_{A1}e^{-\Gamma l} \\
&= \frac{289 \times 10^3}{236\underline{/-0.95°}}e^{-(0.0102 + j0.646)}\,\text{A} = 1.212 \times 10^3\underline{/-36.1°}\,\text{A}
\end{aligned}$$

所以此三相输电线的自然功率为

$$P_n = 3 \times 286 \times 10^3 \times 1.212 \times 10^3\cos(-37.0° + 36.1°)\,\text{W} = 1024 \times 10^6\,\text{W}$$

可见在负载匹配下终端获得 1024MW 功率。

4. 传输线的入端阻抗

如果已知的是传输线终端的电压 $\dot{U}_2$ 和终端负载阻抗 Z_2，则可利用式（14-11）计算传输线始端的电压 $\dot{U}_1$ 和电流 $\dot{I}_1$，再利用负载阻抗关系式 $\dot{U}_2 = Z_2\dot{I}_2$ 求得传输线的入端阻抗 Z_{in} 为

$$Z_{in} = \frac{\dot{U}}{\dot{I}} = \frac{\dot{U}_2\cosh\Gamma x + \dot{I}_2 Z_c\sinh\Gamma x}{\dot{I}_2\cosh\Gamma x + \dfrac{\dot{U}_2}{Z_c}\sinh\Gamma x}$$

$$Z_{in} = \frac{Z_2\cosh\Gamma x + Z_c\sinh\Gamma x}{\cosh\Gamma x + \dfrac{Z_2}{Z_c}\sinh\Gamma x} = Z_c\frac{Z_2 + Z_c\tanh\Gamma x}{Z_c + Z_2\tanh\Gamma x} \tag{14-21}$$

传输线始端的输入阻抗为

$$Z_{in}(0) = Z_c\frac{Z_2 + Z_c\tanh\Gamma l}{Z_c + Z_2\tanh\Gamma l}$$

直流激励下 $\omega = 0$，阻抗 $Z_0 = R_0$，导纳 $Y_0 = G_0$，传播常数 $\Gamma = \sqrt{R_0 G_0}$，特性阻抗 $Z_c = \sqrt{\dfrac{R_0}{G_0}}$，各参数均为实数。

例 14-4 设某 1000km 的直流超高压输电线，始端两导线对地电压分别为 $\pm350\text{kV}$。已知其线路参数为 $R_0 = 0.011\Omega/\text{km}$，$G_0 = 0.017\mu\text{S}/\text{km}$，负载电阻为 1000Ω，求终端的电压、电流、功率以及输电效率。

解 先算出均匀线的分布常数 Γ 与特性电阻 R_c 分别为

$$\Gamma = \sqrt{R_0 G_0} = \sqrt{0.011\times10^{-3}\times0.017\times10^{-9}}\text{m}^{-1} = 1.37\times10^{-8}\text{m}^{-1}$$

$$Z_c = \sqrt{R_0/G_0} = \sqrt{0.011\times10^{-3}/(0.017\times10^{-9})}\,\Omega = 804\Omega$$

再来计算线路的传输参数，先计算

$$\Gamma l = 1.37\times10^{-8}\times1000\times10^3 = 0.0137$$

$$e^{\Gamma l} = e^{0.0137} = 1.1014$$

$$e^{-\Gamma l} = e^{-0.0137} = 0.986$$

$$\cosh\Gamma l = \frac{e^{\Gamma l} + e^{-\Gamma l}}{2} = \frac{1.014 + 0.986}{2} = 1$$

$$\sinh\Gamma l = \frac{e^{\Gamma l} - e^{-\Gamma l}}{2} = \frac{1.014 - 0.986}{2} = 0.014$$

由题意可知 $U_1 = 700\text{kV}$，根据式（14-21）求得 Z_{in}，则 $I_1 = \dfrac{U_1}{Z_{in}}$，即

$$I_1 = \frac{U_1}{Z_c}\frac{Z_2\sinh\Gamma l + Z_c\cosh\Gamma l}{Z_2\cosh\Gamma l + Z_c\sinh\Gamma l} = \frac{700\times10^3}{804}\times\frac{1000\times0.014 + 804\times1}{1000\times1 + 804\times0.014}\text{A} = 704\text{A}$$

再由式（14-9）求出 U_2、I_2，即

$$\begin{bmatrix} U_2 \\ I_2 \end{bmatrix} = \begin{bmatrix} 1 & -804\times0.014 \\ \dfrac{-0.014}{804} & 1 \end{bmatrix}\begin{bmatrix} 100\times10^3 \\ 704 \end{bmatrix} = \begin{bmatrix} 692\times10^3 \\ 692 \end{bmatrix}$$

对于此例，始端电压 700kV，末端电压 692kV，始端电流 704A，末端电流 692A，始端

功率 $P_1 = U_1 I_1 = 700 \times 10^3 \times 704\,\text{W} = 493\,\text{MW}$，末端功率 $P_2 = U_2 I_2 = 692 \times 10^3 \times 692\,\text{W} = 479\,\text{MW}$。可见各项指标降低都比较小，所以电路传输效率 $\lambda = P_2/P_1 = 97.2\%$。

14.4 无损耗均匀传输线

如果传输线 R_0 和 G_0 都等于零，则称此传输线为**无损耗线**。对高频传输线来说，由于频率很高，$\omega L_0 \gg R_0$，$\omega C_0 \gg G_0$，相对来说，R_0、G_0 可以忽略，而将线路看作无损线。

将 $R_0 = 0$，$G_0 = 0$ 的关系代入式（14-4）得

$$\Gamma = j\omega \sqrt{L_0 C_0} \quad \text{（纯虚数）}$$

即

$$\alpha = 0$$

$$\beta = \omega \sqrt{L_0 C_0}$$

相应的相速和特性阻抗均为实数，分别为

$$v_p = \frac{1}{\sqrt{L_0 C_0}}$$

$$Z_c = \sqrt{\frac{L_0}{C_0}} = z_c$$

在无损情况下沿线电压、电流分别为

$$\dot{U} = \dot{U}_2 \cosh(j\beta x) + \dot{I}_2 Z_c \sinh(j\beta x)$$

$$= \dot{U}_2 \cos(\beta x) + j\dot{I}_2 Z_c \sin(\beta x) \tag{14-22a}$$

$$\dot{I} = j\frac{\dot{U}_2}{Z_c}\sin(\beta x) + \dot{I}_2 \cos(\beta x) \tag{14-22b}$$

由上面电压、电流可以推出由 x 处向终端看去的入端阻抗为

$$Z_{in} = Z_c \frac{Z_2 + jZ_c \tan(\beta x)}{Z_c + jZ_2 \tan(\beta x)} \tag{14-23}$$

下面针对终端负载阻抗的不同情况分别讨论无损传输线沿线电压、电流的分布情况。

1. 终端接匹配阻抗

当终端的负载阻抗 Z_2 与线路的特性阻抗 Z_c 相等时，传输线工作在匹配即无反射状态，$\dot{U}_2 = \dot{I}_2 Z_2 = \dot{I}_2 Z_c$，由上面的分析可得沿线电压、电流的表达式为

$$\dot{U} = \dot{U}_2 \cos(\beta x) + j\dot{U}_2 \sin(\beta x) = \dot{U}_2 e^{j\beta x} \tag{14-24a}$$

$$\dot{I} = \dot{I}_2 \cos(\beta x) + j\dot{I}_2 \sin(\beta x) = \dot{I}_2 e^{j\beta x} \tag{14-24b}$$

由于没有衰减（$\alpha = 0$），沿线各处电压、电流都为等幅波，且因为 Z_c 为纯电阻，沿线电压、电流同相，线路上只有正向行波，这是一种理想的传输状态。

2. 终端开路（空载）

当终端开路时，负载阻抗 $Z_2 \to \infty$，$\dot{I}_2 = 0$，由式（14-22）可求得距终端 x 处的开路电压和开路电流分别为

$$\dot{U}_{oc} = \dot{U}_2 \cos(\beta x) \tag{14-25a}$$

$$\dot{I}_{\text{oc}} = \text{j}\frac{\dot{U}_2}{Z_{\text{c}}}\sin(\beta x) \tag{14-25b}$$

设 $u_2 = \sqrt{2}U_2\sin(\omega t)$，写出上述开路电压和开路电流的时域表达式有

$$u_{\text{oc}}(x,t) = \sqrt{2}U_2\cos(\beta x)\sin(\omega t)$$

$$i_{\text{oc}}(x,t) = \frac{\sqrt{2}U_2}{Z_{\text{c}}}\sin(\beta x)\cos(\omega t)$$

可见终端开路时线上的电压与电流在空间上和时间上均相差 $90°$，在半波长的整数倍 $x = 0$，$\dfrac{\lambda}{2}$，λ，$\dfrac{3\lambda}{2}$，$\cdots$ 处，$u_{\text{oc}}(x,t) = \pm\sqrt{2}U_2\sin\omega t$，$i_{\text{oc}} = 0$，这些是电压的波腹和电流的波节点；在 $1/4$ 波长的奇数倍 $x = \dfrac{\lambda}{4}$，$\dfrac{3\lambda}{4}$，$\dfrac{5\lambda}{4}$，$\cdots$ 处，$u_{\text{oc}}(x,t) = 0$，$i_{\text{oc}} = \pm\dfrac{\sqrt{2}U_2}{Z_{\text{c}}}\cos\omega t$，是电压的波节和电流的波腹点，从而沿传输线构成驻波，如图 14-4 所示。对应于时间自变量 t，设 $t = kT$，$k = 0$，1，2，$\cdots$，在 $t + \dfrac{T}{4} = (4k+1)\dfrac{T}{4}$ 瞬间沿线各处电流为零，在 $t + \dfrac{T}{2} = (2k+1)\dfrac{T}{2}$ 瞬间沿线各处电压为零。

终端开路时，在始端的输入阻抗为

$$Z_{\text{oc}} = \frac{\dot{U}_{\text{oc}}}{\dot{I}_{\text{oc}}} = -\text{j}Z_{\text{c}}\cot(\beta l) = -\text{j}Z_{\text{c}}\cot\left(\frac{2\pi}{\lambda}l\right) = \text{j}X_{\text{oc}} \tag{14-26}$$

此输入阻抗是一个纯电抗，传输线长度不同时刻电抗呈现为不同的性质，如 $0 < l < \dfrac{\lambda}{4}$ 时，X_{oc} 为容抗；$\dfrac{\lambda}{4} < l < \dfrac{\lambda}{2}$ 时，X_{oc} 为感抗，即电抗性质每隔 $\dfrac{\lambda}{4}$ 改变一次。在 $l = \dfrac{\lambda}{4}$，$\dfrac{3\lambda}{4}$，$\dfrac{5\lambda}{4}$，$\cdots$ 即电压的波节（电流的波腹）处，$Z_{\text{oc}} = 0$，相当于串联谐振；在 $l = 0$，$\dfrac{\lambda}{2}$，λ，$\cdots$ 即电压的波腹（电流的波节）处，$Z_{\text{oc}} = \infty$，相当于并联谐振，如图 14-5 所示。

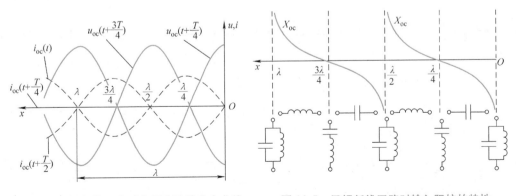

图 14-4　无损耗线开路时电压电流的分布曲线　　图 14-5　无损耗线开路时输入阻抗的特性

当出现驻波时，在任何瞬间波节处的电压或电流始终为零，所以在这些波节所在处功率也恒等于零。这样，在相邻电压和电流波节之间能量（线上电感的磁场能量和线间电容的电场能量）被封闭在 $\lambda/4$ 的区域内，而不能越出波节而彼此交换。

因此，终端开路情况下，传输线上出现驻波，意味着没有有功功率被传输到终端负载。

3. 终端短路

当终端短路时，负载阻抗 $Z_2=0$，$\dot{U}_2=0$，同样由式（14-22）可求得距终端 x 处的短路电压和短路电流分别为

$$\dot{U}_{sc}=jZ_c\dot{I}_2\sin(\beta x) \tag{14-27a}$$

$$\dot{I}_{sc}=\dot{I}_2\cos(\beta x) \tag{14-27b}$$

设 $i_2=\sqrt{2}I_2\sin(\omega t)$，则短路电压和短路电流的时域表达式为

$$u_{sc}(x,t)=\sqrt{2}Z_cI_2\sin(\beta x)\cos(\omega t)$$

$$i_{sc}(x,t)=\sqrt{2}I_2\cos(\beta x)\sin(\omega t)$$

可以看出，终端短路时线上的电压 u_{sc} 与电流 i_{sc} 也是由不衰减且振幅相同的入射波和反射波叠加而成的驻波，只是波腹和波节的位置与开路时的位置不同。此时电压的波腹和电流的波节出现在 1/4 的整数倍，即 $x=\dfrac{\lambda}{4}$，$\dfrac{3\lambda}{4}$，$\dfrac{5\lambda}{4}$，…处，而电压的波节和电流的波腹出现在半波长的整数倍，即 $x=0$，$\dfrac{\lambda}{2}$，λ，$\dfrac{3\lambda}{2}$，…处。对应于时间自变量 t，设 $t=kT$，$k=0$，1，2，…，在 $t+\dfrac{T}{4}=(4k+1)\dfrac{T}{4}$ 瞬间沿线电压各处为零，在 $t+\dfrac{T}{2}=(2k+1)\dfrac{T}{2}$ 瞬间沿线电流各处为零，如图 14-6 所示。

终端短路时，在始端的输入阻抗为

$$Z_{sc}=\frac{\dot{U}_{sc}}{\dot{I}_{sc}}=jZ_c\tan(\beta l)=jZ_c\tan\left(\frac{2\pi}{\lambda}l\right)=jX_{sc} \tag{14-28}$$

与开路时类似，此输入阻抗也是一个纯电抗，其大小和性质由传输线的长度决定。如图 14-7 所示，$0<l<\dfrac{\lambda}{4}$ 时，X_{sc} 为感抗，$\dfrac{\lambda}{4}<l<\dfrac{\lambda}{2}$ 时，X_{sc} 为容抗，同样电抗性质也是每隔 $\dfrac{\lambda}{4}$ 改变一次；在 $l=0$，$\dfrac{\lambda}{2}$，λ，$\dfrac{3\lambda}{2}$，…即电压的波节（电流的波腹）处 $Z_{sc}=0$，相当于串联谐振；在 $l=\dfrac{\lambda}{4}$，$\dfrac{3\lambda}{4}$，$\dfrac{5\lambda}{4}$，…即电压的波腹（电流的波节）处 $Z_{sc}=\infty$，相当于并联谐振。

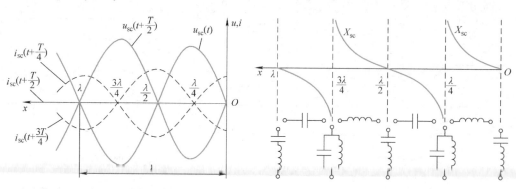

图 14-6　无损耗线短路时电压电流的分布曲线　　图 14-7　无损耗线短路时输入阻抗的特性

终端短路时沿线短路电压短路电流也呈驻波分布。

14.5 无损耗均匀传输线的阻抗匹配

由上一节的分析可知，无损耗线在终端开路或短路时，始端的输入阻抗是一个纯电抗，其大小和性质由传输线的长度决定。这一特点使得无损耗线在高频技术中获得了广泛的应用。

一般情况下，传输线的终端接有一个集中参数的负载 Z_2。当负载 Z_2 与特性阻抗 Z_c 相等时，传输线上没有反射波，只有入射波，传输线工作在匹配状态。从能量的观点来看，这时从电源端送往负载的能量全部被负载吸收。显然，在匹配状态下，传输线的效率最高。另外，对传送信号而言，不匹配所产生的反射波还会使信号失真，因此在实际利用传输线传输电磁功率和信息时，总是希望负载与传输线的特性阻抗相匹配。利用无损耗线即可方便地实现上述功能。

1. 等效电抗

由于长度小于 1/4 波长的无损耗线开路时输入阻抗为容抗，短路时输入阻抗为感抗，因此可利用较短的无损耗线来等效代替实际的电容、电感器件，这在高频情况下尤其具有实际意义。

用开路的一段长度小于 1/4 波长的无损线等效代替电容，短路时则可用来等效代替电感，当被代替的感抗 X_L 或容抗 X_C 已知时，利用式（14-26）、式（14-28）可知

$$X_C = -\frac{1}{\omega C} = -Z_c \cot\left(\frac{2\pi}{\lambda}l\right) \tag{14-29}$$

$$X_L = \omega L = Z_c \tan\left(\frac{2\pi}{\lambda}l\right) \tag{14-30}$$

求解上述方程即可求出无损耗线的长度 l。

2. $\lambda/4$ 阻抗变换器

长度为 1/4 波长的无损耗线可以用来接在传输线和负载之间实现传输线与负载的匹配，这时，它的作用如同一个阻抗变换器。

设将四分之一波长的无损耗线串联在主传输线（设它的特性阻抗为 Z_{c1}）和负载 Z_2 之间，如图 14-8 所示，使负载 Z_2 和主传输线的特性阻抗 Z_{c1} 相匹配，所以把接入的这一段四分之一波长线称为 $\lambda/4$ 阻抗变换器。

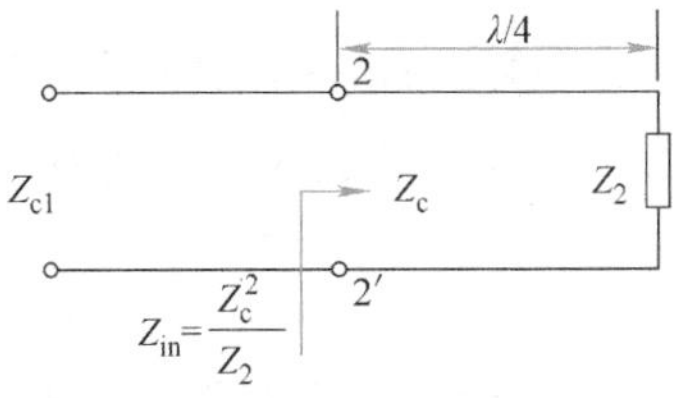

根据式（14-23），可以求得这段长度为 $\frac{\lambda}{4}$ 的无损耗线的输入阻抗 Z_{in}（注意其终端负载为 Z_2）为

图 14-8 $\lambda/4$ 阻抗变换器

$$Z_{in} = Z_c \frac{Z_2 + jZ_c \tan\left(\frac{2\pi}{\lambda}\frac{\lambda}{4}\right)}{jZ_2 \tan\left(\frac{2\pi}{\lambda}\frac{\lambda}{4}\right) + Z_c} = \frac{Z_c^2}{Z_2} \tag{14-31}$$

式中，Z_c 为接入的 $\lambda/4$ 无损耗线的特性阻抗。

为了达到匹配的目的，应使 $Z_{in} = Z_{c1}$。于是求得此 $\lambda/4$ 无损耗线的特性阻抗应为

$$Z_c = \sqrt{Z_{c1}Z_2} \tag{14-32}$$

应该指出，应用上述变换器后，在特性阻抗为 Z_{c1} 的主传输线上能消除反射波，但在串接的 $\lambda/4$ 的传输线上仍有反射波。另外，由于 $\lambda/4$ 线的长度取决于波长，故这种匹配方法对频率十分敏感，它只能对一个频率点得到理想匹配。当频率变化时，匹配将被破坏。

例 14-5 一信号源通过一特性阻抗为 $Z_c = 50\Omega$ 的无损耗传输线供给 $R_{L1} = 64\Omega$ 和 $R_{L2} = 25\Omega$ 的两个电阻负载相同的功率，现利用 $\lambda/4$ 阻抗变换器使传输线与负载匹配，试确定 $\lambda/4$ 传输线的特性阻抗。

解 设用特性阻抗为 Z_{c1} 和 Z_{c2} 的两对 $\lambda/4$ 阻抗变换器与两个电阻连接如图 14-9 所示。

匹配时，AA′ 处的入端阻抗等于 50Ω，由于供给两个并联电阻相同的功率，所以

$$Z_{in1} = Z_{in2} = 100\Omega$$

由公式（14-32）得

$$Z_{c1} = \sqrt{R_{L1}Z_{in1}} = \sqrt{100 \times 64}\,\Omega = 80\Omega$$

$$Z_{c2} = \sqrt{R_{L2}Z_{in2}} = \sqrt{100 \times 25}\,\Omega = 50\Omega$$

3. 单短截线变换器

为了使负载阻抗 $Z_L = R_L + jX_L$ 和特性阻抗为 Z_c 的传输线相匹配，还可利用在主传输线上并接一段特性阻抗亦为 Z_c 的单短截线来实现，如图 14-10 所示。这种短接线称为单短截线匹配器。

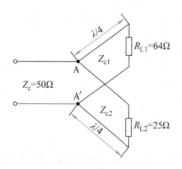

图 14-9 例 14-5 题图

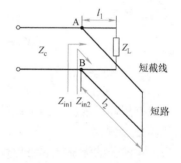

图 14-10 单短截线变换器

调整单短截线离开负载的距离 l_1 和短截线的长度 l_2，即可实现匹配。

AB 处的等效入端导纳为

$$\frac{1}{Z_c} = \frac{1}{Z_{in1}} + \frac{1}{Z_{in2}} \tag{14-33}$$

匹配分两步来实现，首先调整长度 l_1 使从 AB 向右看过去的入端阻抗 Z_{in1} 满足关系

$$\frac{1}{Z_{in1}} = \frac{1}{Z_c} + jB_{in1} \tag{14-34}$$

然后调节单短截线的长度 l_2，使

$$\frac{1}{Z_{in2}} = jB_{in2} = -jB_{in1} \tag{14-35}$$

这样就达到了匹配，消除了从电源到并接点处的反射波，但从并接点到负载之间除了行波外尚有驻波。

单短截线阻抗匹配法实质是用接入短截线后附加的反射波来抵消主传输线上原来的反射

波，以实现匹配。这种匹配方法对频率也是十分敏感的，当频率变化时，l_1 和 l_2 都需重新调节。在工程实际应用中，还有双短截线和多短截线匹配法等。

习 题 14

14-1 一同轴电缆的原参数为 $R_0 = 7\text{m}\Omega/\text{m}$，$L_0 = 0.38\mu\text{H/m}$，$G_0 = 0.5\text{pS/m}$，$C_0 = 0.2\text{pF/m}$，求当 $f = 800\text{Hz}$ 时电缆的特性阻抗、传播常数和相位速度和波长。

14-2 一高压输电线长 $l = 300\text{km}$，线路各参数为 $R_0 = 0.06\Omega/\text{km}$，$L_0 = 1.4\text{mH/km}$，$G_0 = 3.75\text{mS/km}$，$C_0 = 9\text{pF/km}$，$f = 50\text{Hz}$。终端接一纯电阻负荷，$U_2 = 30\text{kV}$，$I_2 = 50\text{A}$。试求始端的电压 $\dot{U}_1$ 和电流 $\dot{I}_1$。

14-3 一空气绝缘电缆的特性阻抗为 500Ω，终端短路。工作频率 $f = 10^4\text{MHz}$，问此绝缘电缆最短长度为多少时方能使其输入端的阻抗相当于：（1）一个 $0.25 \times 10^{-4}\text{H}$ 的电感；（2）一个 $1 \times 10^{-4}\mu\text{H}$ 的电容。

14-4 架空无损耗线的特性阻抗 $Z_c = 100\Omega$，线长 $l = 60\text{m}$，工作频率 $f = 10^6\text{Hz}$。若使始端的输入阻抗为零，试问终端应接怎样的负载？

14-5 两端特性阻抗分别为 Z_{c1} 和 Z_{c2} 的无损耗线连接的传输线如图 14-11 所示。已知终端所接负载为 $Z_2 = (50 + j50)\Omega$。设 $Z_{c1} = 75\Omega$，$Z_{c2} = 50\Omega$。两端线的长度都为 0.2λ（λ 为线的工作波长），试求 $1 - 1'$ 端的输入阻抗。

14-6 把两段无损耗传输线连接起来，如图 14-12 所示。已知它们的特性阻抗分别为 $Z_{c1} = 60\Omega$，$Z_{c2} = 100\Omega$，为了使这两段线上都不产生反射，试求应接的负载 Z_1 和 Z_2。

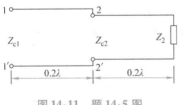

图 14-11 题 14-5 图

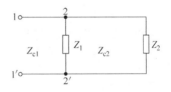

图 14-12 题 14-6 图

14-7 一条分布电感和电容分别为 $0.3\mu\text{H/m}$ 和 40pF/m 的 50m 长的传输线，在 100kHz 和负载端为 20V 时，送至负载的复功率为 $(10 + j2)\text{VA}$，求发送端输入阻抗。

14-8 一条 75Ω、10m 长的无损耗传输线工作频率为 150MHz，终端接至 $(150 + j225)\Omega$ 的阻抗。若线上的传播速度为 $2.95 \times 10^8\text{m/s}$，用短截线连接点匹配，试确定短路短截线的长度和位置。

14-9 一条 50Ω、2m 长的无损耗传输线工作频率为 60MHz，有一个 50cm 长的短路短截线在距离负载 60cm 处匹配。若信号由传输线一端至另一端的延迟 7ns，求负载阻抗。

14-10 一个电源在电压为 $50\cos(314 \times 10^3 t)\text{V}$ 时，输入 10m 长的同轴电缆的电流为 $2\sin(314 \times 10^3 t)\text{A}$，电缆总长的参数为：$R = 0.25\Omega$，$L = 6.5\mu\text{H}$，$G = 0$，$C = 320\text{pF}$。求负载阻抗、功率输入、功率输出和传输线效率。

附录 部分习题参考答案

第1章

1-1 （1）图 1-26a）关联， 图 1-26b）非关联；

（2）图 1-26a）吸收功率， 图 1-26b）发出功率；

（3）图 1-26a）发出功率20W， 图 1-26b）发出功率100W

1-2 $U = -20V$，真实方向与 U 的参考方向相反；$I = 1A$，真实方向与 I 的参考方向相同

1-3 图 1-28a 中，2A 电流源发出 30W 功率，5Ω 电阻吸收 20W 功率，5V 电压源吸收 10W 功率；图 1-28b 中，2A 电流源发出 20W 功率；5Ω 电阻吸收 20W 功率；10V 电压源功率为 0

1-4 $U_{ab} = -13V$；$R = 3Ω$；$U = 10V$；$I = 2A$

1-5 图 1-29a）$i = 1A$；图 1-29b）$i = -2A$；图 1-29c）$i = 0$；图 1-29d）$u = 5V$；图 1-29e）$u = 10V$；图 1-29f）$u = 0$

1-6 左边受控电流源发出 1500W 功率；

右边受控电压源发出 300W 功率

1-7 16V 电压源发出功率 -144W；5V 电压源发出功率 -40W；1A 电流源发出功率 18W；电流控制电压源发出功率 360W

1-8 $I_1 = 4A$，$I_2 = 3A$，$I_3 = 7A$，$I_4 = -1A$

1-9 u_{s1} 吸收功率 0，u_{s2} 发出功率 30W，u_{s3} 发出功率 100W，u_{s4} 吸收功率 30W，u_{s5} 吸收功率 10W

1-10 $I = 9A$，$U_R = 18V$

1-11 $I_2 = 2A$

1-12 图 1-37a）$U = 6V$；图 1-37b）$U = 11V$

1-13 $I = (1/70)A$，$U = (40/7)V$

1-14 $U_1 = -6V$，$U = -30V$

1-15 $P_{2Ω} = 0.5W$；$P_{1Ω} = 1W$；$P_{1V} = 0.5W$；中间 $P_{2V} = 2W$；右端 $P_{2V} = 1W$；$P_{2I} = -2W$

1-16 $U = -4V$，$I = -1A$；A 可能是 4Ω 电阻，-4V 电压源或 -1A 电流源

1-17 $I = -4.6A$

1-18 $I_1 = -7A$，$I_3 = 5A$

1-19 $U_o/U_i = 9/10$

1-20 $U_o = 8V$

1-21 $U = 23V$，$I = 5A$

第2章

2-1 $R_{ad} = 10Ω$，$R_{cd} = 1.875Ω$

2-2 $R_{ab} = \frac{7}{12}Ω$，$R_{ad} = 0.75Ω$，$R_{bc} = \frac{5}{6}Ω$

2-3 a) 3Ω；b) 0.6Ω；c) 40Ω；d) 1.4Ω；e) 1.62Ω

2-4 图 2-31a）$U = 5V$，$I = \frac{5}{6}A$；图 2-31b）$U = 40V$，$I = \frac{10}{3}A$

2-5 图 2-32a）$U_s = -6V$，$I_1 = -5A$，$I = -5A$；图 2-32b）$U_s = -6V$，$I_1 = -5A$，$I = -3A$

2-6 图 2-33a 20V 上正下负，5Ω；图 2-33b 7A 向上，2Ω；图 2-33c 10V 上正下负，2Ω；图 2-33d 3A 向下，3Ω；图 2-33e 10V 上正下负；图 2-33f 3A 向上

2-7 11.5V 电压源与 2.5Ω 电阻串联

2-8 $U = -4V$

2-9 $I = 2A$

2-10 $R_{ab} = -2Ω$

2-11 $R_{ab} = -4Ω$

2-12　$R_{ab} = 6.8\,\Omega$

2-13　$I = -0.625\,A$

2-14　$i = -0.58\,A$

2-15　$U = 20 + 2I$

2-16　$I = -0.7534\,A$

2-17　$\dfrac{400}{7}\,\Omega$

2-18　$R_{in} = R_1$

2-19　$R_{in} = \dfrac{R_1 R_2 + r^2 R_2 / R_3}{R_1 + R_2 + r^2 / R_3}$

2-20　$\dfrac{U_2}{U_1} = \dfrac{R_2}{R_1 + R_2}$

2-21　$I_0 = 4\,A$

2-22　$I_x = \dfrac{20}{17}\,A$

第3章

3-1　图3-32a) 6个节点，9条支路，KCL独立方程数5个，KVL独立方程数4个；图3-32b) 7个节点，11条支路，KCL独立方程数6个，KVL独立方程数5个

3-2　图3-32a) 4个节点，6条支路，KCL独立方程数3个，KVL独立方程数3个；图3-32b) 5个节点，8条支路，KCL独立方程数4个，KVL独立方程数4个。(见图A-1)

图A-1　题3-2图

3-3　$I_3 = 0.5\,A$

3-4　$I_1 = 0.988\,A$，$I_2 = -0.377\,A$，$I_3 = 0.611\,A$，$I_4 = 0.347\,A$，$I_5 = 0.645\,A$，

$I_6 = 0.268\,A$

3-5　2A，3A，1.5A，$U = 3\,V$

3-6　$I_1 = 1.775\,A$，$I_2 = 1.525\,A$

3-7　$I_{m1} = -\dfrac{6}{7}\,A$，$I_{m2} = \dfrac{9}{70}\,A$，$I_{m3} = \dfrac{3}{35}\,A$；120V电压源提供的功率为113.14W，60V电压源提供的功率为59.14W

3-8　$I_A = 0.012\,A$；0.1536W

3-9　$I = 2.4\,A$

3-10　$I_1 = 3\,A$，$I_2 = 1\,A$，$I_3 = 5\,A$，$I_4 = 1\,A$

3-11　$I_1 = 1.5\,A$

3-12　电压源发出功率50W，电流源发出功率1050W，受控电流源发出功率400W，1Ω电阻吸收功率100W，2Ω电阻吸收功率200W，3Ω电阻吸收功率1200W；功率守恒

3-13　图A-2中电阻均为1Ω，网孔方向为逆时针绕行方向。

3-14　图3-43a) $I_x = 0.718\,A$；图3-43b) $I_x = 5\,A$

3-15　$U_0 = 0$

3-16　$U = 4\,V$，$I = -1\,A$

3-17　电路如图A-3所示，其中电阻均为1Ω

3-18　图3-46a) $U_x = -376.25\,V$；图3-46b) $U_x = 0.8\,V$

3-19　$U_1 = -\dfrac{165}{7}\,V$

3-20　$U_0 = 6.2\,V$

3-21　$U_0 = 0.656\,V$，$I_0 = 0.109\,A$

3-22　$U_{n1} = 116\,V$，$U_{n2} = 36\,V$，$U_{n4} = -5.33\,V$

3-23　$U_0 = \dfrac{R_2(1 + R_1/R_2)}{R_1(1 + R_3/R_4)}U_2 - \dfrac{R_2}{R_1}U_1$

3-24　$\dfrac{U_0}{U_1} = -\dfrac{R_2 R_3(R_4 + R_5)}{R_1 R_2(R_4 + R_5) + R_1 R_3 R_4}$

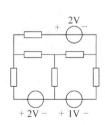

图A-2　题3-13图

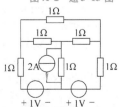

图A-3　题3-17图

3-25　$\dfrac{U_0}{U_{in}} = \dfrac{R_4 R_5 (R_2 R_6 - R_1 R_3)}{R_1 R_6 (R_3 R_5 - R_2 R_4)}$

3-26　$U_0 = -2V$，$I_0 = -2.4mA$

3-27　$I = 0.0084A$

3-28　$U_0 = 350mV$，$I_0 = 25\mu A$

3-29　$U_0 = -120mV$

3-30　$U_0 = 9V$

第4章

4-1　$I = 1A$，$U = -5V$

4-2　$U_{ab} = (\sin t + 0.2e^{-t})V$

4-3　$U = 7.2V$，$I = 1.4A$

4-4　$U = \dfrac{23}{3}V$

4-5　$I = 8A$

4-6　$I_1 = \dfrac{26}{3}A$，$I_2 = \dfrac{16}{3}A$，$I_3 = \dfrac{10}{3}A$，$I_4 = 2A$，$I_5 = \dfrac{4}{3}A$，$I_6 = \dfrac{2}{3}A$，$I_7 = \dfrac{2}{3}A$

4-7　190mA

4-8　$I = 2A$

4-9　等效电压源0.5V，下正上负，等效电阻2Ω

4-10　$I = \dfrac{60}{17}A$

4-11　a）$U_{oc} = 0.416V$，上正下负，$R_{eq} = 3.5\Omega$；　　　　b）$U_{oc} = I_{sc} = 0$，$R_{eq} = 7\Omega$；

　　　　　$I_{sc} = 0.1187A$，指向a点，$R_{eq} = 3.5\Omega$

　　　c）$U_{oc} = 5V$，上正下负，$R_{eq} = 10\Omega$；　　　　d）$U_{oc} = 28.24V$，上正下负，$R_{eq} = 6.47\Omega$；

　　　　　$I_{sc} = 0.5A$，指向a点，$R_{eq} = 10\Omega$　　　　　　　$I_{sc} = 4.365A$，指向a点，$R_{eq} = 6.47\Omega$

4-12　a）$U_{oc} = 5V$，上正下负，不存在诺顿等效电路　　　b）$I_{sc} = 7.5A$，指向节点1，只存在诺顿等效电路

4-13　（1）等效电压源$\dfrac{71}{9}V$，上正下负，等效电阻$\dfrac{17}{9}\Omega$；　（2）R为$\dfrac{17}{9}\Omega$时获得最大功率；

　　　（3）8.237W

4-14　8W

4-15　R_L为4Ω时获得最大功率2.25W

4-16　R为10Ω时获得最大功率22.5W

4-17　$I = 0.04A$；$U = 4V$；$P_R = 0.16W$；R为400Ω时获得最大功率0.25W

4-18　端口外特性$U = -(R_2/R_1)U_s$，上正下负；诺顿等效电路不存在

4-19　$I = 0.2A$，$U = 4.8V$

4-20　等效电压源10V，上正下负，等效电阻$\dfrac{30}{7}\Omega$

4-21　等效电流源1.5A，指向上，等效电阻6Ω

4-22　$U_{oc} = 48V$，$R_{eq} = 28k\Omega$，$I_3 = 1.548mA$，指向a点

4-23　等效电阻5kΩ，等效电压源10V，上正下负

4-24　$\hat{U}_2 = 1.6V$

4-25　$R_3 = \dfrac{2}{3}\Omega$，$I_2 = 15A$

4-26　$I_{s2} = 20A$

第5章

5-1　u超前i 15°

5-2　三个正弦量瞬时值分别为

　　　$u = 110\sqrt{2}\cos(\omega t + 30°)V$，$i_1 = 10\sqrt{2}\cos(\omega t + 90°)A$，$i_2 = 10\cos(\omega t - 135°)A$

5-3　$u_{ab} = 40\cos 2t\ V$，$u_{bc} = 40\cos(2t + 90°)V$，$u_{ca} = 40\sqrt{2}\cos(2t - 135°)V$

5-4　（1）$u_1 = 50\sqrt{2}\cos(628t + 30°)V$，$u_2 = 100\sqrt{2}\cos(628t - 30°)V$；（2）$u_1$超前$u_2$ 60°

5-5　（1）$U_1 = 220V$，$U_2 = 220V$，$f = 50Hz$，$T = 0.02s$；（2）u_1滞后u_2 150°（相量图见图A-4）；

　　　（3）$U_1 = 220V$，$U_2 = 220V$，$f = 50Hz$，$T = 0.02s$　　u_1超前u_2 30°

5-6　（1）电感；（2）10Ω；（3）0.4J

5-7　（1）5Ω的电阻；（2）0.002F的电容；（3）1H的电感上述三种情况也可分别为相应数值的电压源或者电流源

5-8　（1）$5\sqrt{2}$A；（2）$5\sqrt{65}$A

5-9　$C = \dfrac{10}{3}\mu F$

5-10　（1）V_2、V_4 读数分别为14V、15.23V；（2）$(60 + j80)$ Ω；（3）感性电路。

5-11　$\dot{I}_1 = 3\underline{/-53.13°}$A，$\dot{I}_2 = 3\underline{/20.62°}$A，$\dot{I}_3 = 3\underline{/-106.25°}$A；电压和各电流相量图如图A-5所示。

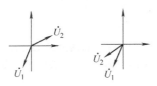

图A-4　题5-5图 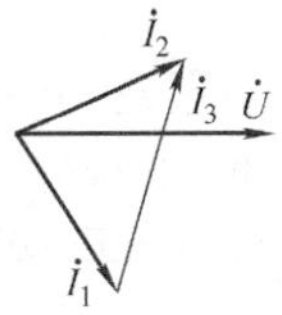　　　　　　　图A-5　题5-11图

5-12　图5-48a）$Z_{eq} = (R - j2)$ Ω；图5-48b）$Z_{eq} = \left(R + \dfrac{1}{R} - j\right)$Ω；

图5-48c）$Y_{eq} = \dfrac{1}{R} + \dfrac{R\omega^2 C^2}{1 + R^2\omega^2 C^2} + j\left(\omega C + \dfrac{\omega C}{1 + R^2\omega^2 C^2}\right)$；

图5-48d）$Z_{eq} = -r + j\omega L$；图5-48e）$Y_{eq} = j(1 + \beta)\omega C$；

图5-48f）$Z_{eq} = 40\Omega$

5-13　（1）$(4.9 + j0.7)\Omega$；（2）感性；（3）44.45A，39.76V

5-14　（1）$Z_{eq} = (4 + j2)\Omega$，$Y_{eq} = (0.2 - j0.1)$S；

（2）令 $\dot{U} = U\underline{/0°}$，则 $\dot{I} = 0.2236\underline{/-26.565°}$A，$\dot{I}_1 = 0.2\underline{/-53.13°}$A，$\dot{I}_2 = 0.1\underline{/36.87°}$A

5-15　3Ω 电阻和0.125F的电容串联

5-16　$\dfrac{25}{3}$Ω 电阻和0.08F电容的并联

5-17　$Z = (3.5 \pm j15)\Omega$

5-18　（1）$Z = 20\Omega$，$Y = 0.05$S，20Ω 电阻；

（2）$Z = (-3.54 + j3.54)\Omega$，$Y = (-0.14 - j0.14)$S，0.354H 电感和系数为 -3.54 的 CCVS 串联；

（3）$Z = j20\Omega$，$Y = -j0.05$S，10H 电感

5-19　$\dot{U}_s = 5\sqrt{2}\underline{/45°}$V，$\dot{I} = 10\sqrt{2}\underline{/45°}$A，相量图如图 A-6 所示

5-20　$\beta = -41$；$C = 3000/41\mu F$

$\left[\text{提示：} \dot{U}_s = \left(Z_1 + \dfrac{Z_1 Z_C}{Z_2 + Z_C}\right)\dot{I}, \ \dot{I}_2 = \dfrac{Z_C}{Z_2 + Z_C}\dot{I}, \ \text{Re}\left[\dfrac{\dot{U}_s}{\dot{I}_2}\right] = 0\right]$

5-21　$Z_1 = (15 - j40)\Omega$

5-22　电流表 A_1 的读数为2A，电流表 A_2 的读数为0A，输入阻抗为110Ω，相量图如图 A-7 所示

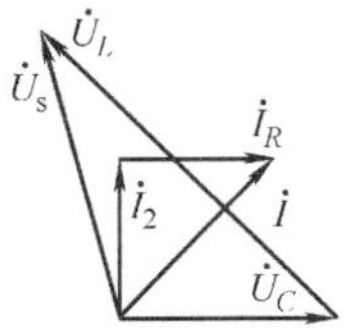

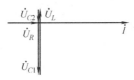

图A-6　题5-19图　　　　　　　图A-7　题5-22图

5-23　$Z_2 = (10 - j19.6)\Omega$，$Z_1 = \left(\dfrac{10}{9} + j34.18\right)\Omega$；或 $Z_2 = (10 - j19.6)\Omega$，$Z_1 = \left(\dfrac{10}{9} + j5.02\right)\Omega$

5-24　$C = \dfrac{1}{2\omega^2 L}$

5-25　（1）$C = 0.001F$

5-26　图5-61a）上正下负，$\dot{U}_{oc} = 4.225\underline{/-39.8°}$V，$Z_{eq} = (2.754 + j2.705)\Omega$；

图5-61b）等效电流源电流 $\dot{I}_{sc} = 2\underline{/-90°}$A，$Y_{eq} = 0$

5-28　$\dfrac{\dot{U}_2}{\dot{U}_1} = -\dfrac{1 + j0.001\omega}{1 + j0.00001\omega}$

5-29　(1) $u = 220\sqrt{2}\cos(314t + 36.9°)\mathrm{V}$；(2) $R = 3.52\Omega$，$L = 8.41\mathrm{mH}$

5-30　(1) $U_1 = 59.89\mathrm{V}$，$U_2 = 331.63\mathrm{V}$，$U = 380\mathrm{V}$；(2) $P_1 = 500\mathrm{W}$，$P_2 = 1000\mathrm{W}$，$P = 1500\mathrm{W}$；

　　　(3) $S_1 = 598.9\mathrm{VA}$，$S_2 = 3316.3\mathrm{VA}$，$S = 3800\mathrm{VA}$；(4) $\lambda_1 = 0.835$，$\lambda_2 = 0.302$，$\lambda = 0.395$

5-31　$374.50\mu\mathrm{F}$

5-32　(1) 超过；(2) $369.45\mu\mathrm{F}$

5-33　121 盏

5-34　$R = 30\Omega$，$L = 127.4\mathrm{mH}$

5-35　(1) $R = 50\Omega$，$C = 35.4\mu\mathrm{F}$；(2) 感性

5-36　电压源的电压 52.17V，电流 20.62A，复功率 $(49.55 + \mathrm{j}1075.55)\mathrm{VA}$；电感的电压 $15\sqrt{17} = 61.85\mathrm{V}$，电流 20.62A，

　　　复功率为 j1275.55VA；电阻的电压 10V，电流 5A，复功率 50VA；电容的电压 $5\sqrt{2}\mathrm{V}$，电流 20A，复功率 $-\mathrm{j}200\mathrm{VA}$

5-37　6.25W

5-38　(1) $L = 50.71\mathrm{mH}$，I_1、I_2、I_3 分别为 0.1A、0.628A、0.628A；(2) 有功功率为 10W，无源一端口为容性阻抗

5-39　均为 4A

5-40　(1) $f_0 = 3.183\mathrm{Hz}$，$Q = 0.002$；(2) R、L、C 的电压有效值分别为 $5\sqrt{2}\mathrm{V}$、$10\sqrt{2}\mathrm{mV}$、$10\sqrt{2}\mathrm{mV}$

5-41　$R = 100\Omega$，$L = 1\mathrm{H}$，$C = 1\mu\mathrm{F}$

5-42　(1) $L = 20\mathrm{mH}$，$Q = 50$；(2) 相量图如图 A-8 所示

5-43　R、L、C 的电流分别为 10A、0.32A、0.32A

图 A-8　题 5-42 图

第 6 章

6-1　$L_1 = 15.9\mathrm{mH}$，$L_2 = 0.29\mathrm{mH}$，$M = 1.43\mathrm{mH}$；$K = 0.67$；1 与 2′为同名端

6-2　左侧电感的电压上正下负为 $-0.425\cos t$，电流顺时针为 $\cos(t - 90°)$；右侧电感电压上正下负为 $-\cos t$，电流逆时针

　　　为 $10.5\cos(t + 90°)$；电流源的电压上正下负为 $0.575\cos t$，电压源的电流正极指向负极为 $9.5\cos(t + 90°)$

6-3　8.22V，$-99.46°$

6-4　$\dot{I}_2 = 1.848\,\underline{/-117.52°}\,\mathrm{mA}$

6-5　$\dot{U} = 3.83\,\underline{/4.4°}\,\mathrm{V}$

6-6　图 6-25a) $\dfrac{0.5\omega^2 + \mathrm{j}(\omega + 3\omega^3)}{1 + 4\omega^2}$；图 6-25b) $\mathrm{j}\omega\,\dfrac{1.9 - 1/3\omega^2}{10.85 - 1/3\omega^2}$

6-7　(1) $\dot{U}_{oc} = \dot{U}_{ab} = 35.4\,\underline{/45°}\,\mathrm{V}$，$Z_{ab} = (125 + \mathrm{j}875)\Omega$；(2) $\dot{I}_{ab} = 0.04\,\underline{/-36.87°}\,\mathrm{A}$

6-8　(1) S 断开时 $\dot{I}_1 = 10.85\,\underline{/-77.47°}\,\mathrm{A}$，S 闭合时 $\dot{I}_1 = 43.85\,\underline{/-37.87°}\,\mathrm{A}$；

　　　(2) 线圈 1：$4385\,\underline{/37.87°}\,\mathrm{V\cdot A}$，线圈 2：0VA，一端口：$4385\,\underline{/37.87°}\,\mathrm{VA}$

6-9　(1) $136.44\,\underline{/119.74°}\,\mathrm{V}$，$311.13\,\underline{/22.38°}\,\mathrm{V}$；　　(3) $33.33\mu\mathrm{F}$；

6-10　$\left[R + \mathrm{j}\omega(L_1 + L_2 - 2M_{12})\right]\dot{I}_{l1} - \mathrm{j}\omega(L_2 + M_{31} - M_{12} - M_{23})\dot{I}_{l2} = \dot{U}_s$

　　　$-\mathrm{j}\omega(L_2 - M_{12} + M_{31} - M_{23})\dot{I}_{l1} + \left(-\mathrm{j}\dfrac{1}{\omega C} + \mathrm{j}\omega L_2 + \mathrm{j}\omega L_3 - \mathrm{j}\omega 2M_{23}\right)\dot{I}_{l2} = 0$

6-11　$\dot{U}_2 = 3.54\,\underline{/-135°}\,\mathrm{V}$

6-12　$\sqrt{5}$

6-13　$Z = \mathrm{j}1\Omega$

6-14　1406.25W

6-15　$\dfrac{1}{\sqrt{(2M - L_2)C}}$，$\dfrac{1}{\sqrt{MC}}$

6-16　(1) $C_1 = 2\mu\mathrm{F}$，$C_2 = 5\mu\mathrm{F}$；(2) $\dot{U}_2 = 96\,\underline{/-90°}\,\mathrm{V}$；(3) $P = 0.48\mathrm{W}$

6-17　$L_4 = 0.05\mathrm{H}$，$\dot{U}_{ED} = 3\,\underline{/53.13°}\,\mathrm{V}$，$P = 0.2\mathrm{W}$

6-18　$n_1 = 5$，$n_2 = 2$，$P_{max} = 0.04\mathrm{W}$

6-19　(1) $\dot{I}_1 = 0.78\,\underline{/175.06°}\,\mathrm{A}$；(2) $\bar{S}_s = -78\,\underline{/-175.06°}\,\mathrm{VA}$；(3) $\dot{I}_2 = 2.10\,\underline{/-163.14°}\,\mathrm{A}$，$P_{R2} = 17.64\mathrm{W}$

第 7 章

7-1　A 相 $4.55\,\underline{/0°}\,\mathrm{A}$，B 相 $4.55\,\underline{/-120°}\,\mathrm{A}$，C 相 $9.09\,\underline{/120°}\,\mathrm{A}$，中性线 $4.55\,\underline{/60°}\,\mathrm{A}$。

7-2 丫联结时线电流22A，消耗功率14520W；△联结时线电流为66A，消耗功率43560W

7-3 （1）220V；（2）6.06A；（3）$(21.78 + j29)\Omega$

7-4 设 $\dot{U}_{AB} = 380 \underline{/0°}$，线电流为22A

7-5 （1）$Z = 4.62 + j3.49\Omega$；$R = 4.62\Omega$，$L = 11.11\text{mH}$；（2）12.67A，6666.67W

7-6 （2）6402.72VA，6.50W

7-7 （1）A、A_1、A_2、V 读数分别为26.46A、10A、20A、0V；（2）16500W

7-8 （1）6.10A；（2）3349.8W；（3）18.28A，6671.4W；（4）0A，1666.15W

7-9 （1）两表各自读数均无意义，其代数为三相负载吸收的总有功功率，$W_1 = 0$，$W_2 = 3946.1$W

　　（2）W_1读数为 AB 间负载吸收的有功功率，W_2 读数为 BC 间负载吸收的有功功率，其代数和为这两个负载吸收的有功功率之和，$W_1 = W_2 = 1312.9$W

7-10 $R = 21.94\Omega$，$X = -38.00\Omega$

7-12 （1）11.5A，4761W；（2）19.92A，11.5A，4761W

7-14 $P = (3R_W + R)I^2$

7-15 （1）$\dot{I}_{AB\triangle} = 10.47 \underline{/-37°}\text{A}$，$\dot{I}_{AY} = 22 \underline{/-30°}\text{A}$；（2）$\dot{I} = \dot{I}_{A\triangle} + \dot{I}_A = 38 \underline{/-46.7°}\text{A}$；（3）$P \approx 2.4\text{kW}$

7-16 （1）$R = 15\Omega$；$X_L = 16.1\Omega$；　　（2）$I_A = I_C = 10\text{A}$，$I_B = 17.32\text{A}$；$P = 3\text{kW}$；

　　　（3）$I_B = 0\text{A}$，$I_A = I_C = 15\text{A}$，$P = \frac{1}{4}P_{AB} + \frac{1}{4}P_{BC} + P_{CA} = 2.25\text{kW}$

第8章

8-1 $U = 112.25\text{V}$

8-2 $P = 658.06\text{W}$

8-3 （1）$U = 12.25\text{V}$；（2）$I = 7.21\text{A}$；（3）$P = 30.35\text{W}$

8-4 $u_i = \frac{4}{\pi}U_m\left(\frac{1}{2} + \frac{1}{3}\cos2\omega t - \frac{1}{15}\cos4\omega t + \cdots\right)$

　　　$u_o(t) = \left[\frac{2}{\pi} + 0.023\cos(2\omega t - 175.3°) - 0.001\cos(4\omega t - 177.7°)\right]\text{V}$

8-5 $i_1 = [6.32\sqrt{2}\cos(\omega t + 71.57°) + 10\cos(3\omega t + 75°)]\text{A}$

　　　$i_2 = [1 + 9.81\sqrt{2}\cos(\omega t - 11.31°) + 4.29\sqrt{2}\cos(3\omega t - 0.96°)]\text{A}$

　　　$P_{R1} = 449.81\text{W}$

8-6 2.94A，61.67V，88.18W

8-7 $C_1 = 11.1\mu\text{F}$，$C_2 = 88.9\mu\text{F}$

8-8 8.22A，$u_2 = [50\cos(10t - 110°) + 7.5\cos(30t + 60°)]\text{V}$

8-9 $u_R = 0.5 + 1.96\cos(2t - 33.7) + 0.9\cos(1.5t - 26.6°)\text{V}$，$P_s = 6.53\text{W}$

8-10 （1）$u_2(t) = 80\sqrt{2}\cos(1000t - 53.13°) + 30\sqrt{2}\cos(2000t)$；（2）$R = 48.67\Omega$，$L = 6.98\text{mH}$，$C = 35.84\mu\text{F}$

8-11 $U_R = 83.61\text{V}$；$u_R = [75.78\sqrt{2}\sin(314t + 6.63°) + 35.32\sqrt{2}\sin(942t - 12.88°)]\text{V}$

8-12 $U_R = 7.35\text{V}$；$u_C(t) = [13.3\sqrt{2}\sin100t + 2\sin(200t - 135°)]\text{V}$

第9章

9-1 7.2V，1.2A，2.4V，-4.8V，0A

9-3 图9-42a）设两个电容电压参考方向上正下负，电容电流与电容电压为关联参考方向。1F 电容的电压5V，电流1.33A，2F 电容的电压10V，电流1A；图9-42b）$0.1\mu\text{F}$ 电容的电压20V，电流3.33A，20Ω 电阻的电压66.6V，其中电容电流的参考方向为关联参考方向

9-4 $u_C(t) = 4e^{-2t}\text{V}$，$i(t) = -0.04e^{-2t}\text{mA}$

9-5 $u_C(t) = 10(1 - e^{-10t})\text{V}$，$i_C(t) = e^{-10t}\text{mA}$

9-6 $u(t) = (-12 + 3.6e^{-5t})\text{V}$

9-7 $i(t) = (0.6 + 0.288e^{-\frac{4}{3}t})\text{A}$

9-9 $u(t) = 7.5(1 - e^{-10000t})\text{V}$

9-12 $u_C(t) = 2(1 - e^{-\frac{R}{2L}t})\text{V}$

9-13 $i_L = \frac{u_s}{R_2}(1 - e^{-\frac{R}{2L}t})\text{A}$，$p = \frac{u_s^2}{R}(1 - \frac{1}{2}e^{-\frac{R}{2L}t})\text{W}$

9-14 $i(t) = \begin{cases} 0, & t \leq 0\text{S} \\ (1 - e^{-1.2t})\text{A}, & 0 \leq t \leq 1\text{S} \\ (0.7e^{-1.2(t-1)})\text{A}, & 1\text{S} \leq t \leq +\infty \end{cases}$ 或 $i(t) = \{(1 - e^{-1.2t})\varepsilon(t) - [1 - e^{-1.2(t-1)}]\varepsilon(t-1)\}\text{A}$

9-15　(1) $u_C(t) = 100(1 - e^{-20t})\varepsilon(t)\text{V}$, $i_C(t) = 10e^{-20t}\varepsilon(t)\text{mA}$;

　　　(2) $u_C(t) = 80e^{-20t}\varepsilon(t)\text{V}$, $i_C(t) = [-8e^{-20t}\varepsilon(t) + 0.4\delta(t)]\text{mA}$

9-17　$u_C(t) = -10(1 - e^{-\frac{t}{1200}})\varepsilon(t)\text{V}$

9-18　$i_0(t) = (-10 + 3e^{-0.1t})\varepsilon(t)\text{A}$

9-19　$u_1(t) = (4 + 1.6e^{-t/2})\text{V}$, $u_2(t) = (8 - 1.6e^{-t/2})\text{V}$

9-21　$u(t) = 6e^{-10t}\text{V}$

9-29　$LC\dfrac{d^2 u_C}{dt} + \left(\dfrac{L}{R_2} + R_1 C\right)\dfrac{du_C}{dt} + \left(\dfrac{R_1}{R_2} + 1\right)u_C = u_s$, $u_C(0_+) = U_0$, $\dfrac{du_C}{dt}\Big|_{t=0_+} = \dfrac{1}{C}I_0 - \dfrac{U_0}{CR_2}$

9-31　$\begin{bmatrix} \dfrac{du_C}{dt} \\ \dfrac{di_L}{dt} \end{bmatrix} = \begin{bmatrix} \dfrac{-1}{CR_2} & \dfrac{1}{C} \\ -\dfrac{1}{L} & -\dfrac{R_1}{L} \end{bmatrix}\begin{bmatrix} u_C \\ i_L \end{bmatrix} + \begin{bmatrix} 0 \\ \dfrac{R_1}{L} \end{bmatrix}[i_s]$

9-32　$\begin{bmatrix} \dfrac{di_{L1}}{dt} \\ \dfrac{di_{L2}}{dt} \\ \dfrac{du_C}{dt} \end{bmatrix} = \begin{bmatrix} -\dfrac{R_1 R_2}{(R_1 + R_2)L_1} & 0 & -\dfrac{1}{L_1} \\ 0 & 0 & \dfrac{1}{L_2} \\ \dfrac{1}{C} & -\dfrac{1}{C} & 0 \end{bmatrix}\begin{bmatrix} i_{L1} \\ i_{L2} \\ u_C \end{bmatrix} +$

$\begin{bmatrix} \dfrac{R_2}{(R_1 + R_2)L_1} \\ 0 \\ 0 \end{bmatrix}[u_s]$

$\begin{bmatrix} u_{n1} \\ u_{n2} \end{bmatrix} = \begin{bmatrix} -\dfrac{R_1 R_2}{R_1 + R_2} & 0 & 0 \\ 0 & 0 & 1 \end{bmatrix}\begin{bmatrix} i_{L1} \\ i_{L2} \\ u_C \end{bmatrix} + \begin{bmatrix} \dfrac{R_2}{R_1 + R_2} \\ 0 \end{bmatrix}[u_s]$

第10章

10-3　$i_L = (1 - 1.5e^{-50t} + 0.5e^{-150t})\varepsilon(t)\text{A}$

10-4　$i_1 = (0.5 - 0.3e^{-4t})\text{A}$, $t > 0$; $i_2 = -i_1$;

　　　$u_1 = [-3.6\delta(t) + 2.4e^{-4t}\varepsilon(t)]\text{V}$; $u_2 = [3.6\delta(t) + 3.6e^{-4t}\varepsilon(t)]\text{V}$

10-5　$u_L = (-3e^{-t} + 18e^{-6t})\text{V}$, $t > 0$

10-6　$u_{C1} = (30 - 10e^{-4 \times 10^4 t})\varepsilon(t)\text{V}$; $u_{C2} = (20 - 10e^{-10^5 t})\varepsilon(t)\text{V}$

10-7　$U_s(s) = \dfrac{36s^2 + 91s + 8}{24s(s + 0.125)}U_L(s)$

10-10　$I_L(s) = \dfrac{5(s^2 + 700s + 4000)}{s(s + 200)^2}$; $i_L = (5 + 1500te^{-200t})\text{A}$, $t > 0$

10-14　$u = \left[-\dfrac{30}{7}\delta(t) - \dfrac{5}{49}e^{-\frac{15}{7}t}\varepsilon(t)\right]\text{V}$; $i_{L1} = -i_{L2} = -\dfrac{1}{7}e^{-\frac{15}{7}t}\varepsilon(t)\text{A}$

10-15　$i = 2\text{A}$

10-17　$h(t) = -0.89e^{-0.76t} + 0.89e^{-5.24t}$

第11章

11-1　图11-19a) $H = \begin{bmatrix} 0 & 2 \\ -2 & \dfrac{4}{3} \end{bmatrix}$;　图11-19b) $H = \begin{bmatrix} 1 & 0.5 \\ -3.5 & -0.25 \end{bmatrix}$

11-2　图11-20a) $Y = \begin{bmatrix} \dfrac{1}{R_1} & \dfrac{1}{r} - \dfrac{1}{R_1} \\ -\dfrac{1}{r} - \dfrac{1}{R_1} & \dfrac{1}{R_1} + \dfrac{1}{R_2} \end{bmatrix}$;　图11-20b) $Y = \begin{bmatrix} \dfrac{5}{12} & -\dfrac{1}{12} \\ -\dfrac{1}{4} & \dfrac{1}{4} \end{bmatrix}$

11-3　1Ω

11-4　$\dfrac{u_0}{u_s} \approx 0.009$

11-7　$H = \begin{bmatrix} \dfrac{250}{3} & \dfrac{0.00005}{3} \\ \dfrac{25}{3} & \dfrac{0.00007}{6} \end{bmatrix}$

11-8　4A

11-9　$\dfrac{U_2}{U_s} = 0.3509$

第 12 章

12-1　有向图如图 A-9 所示（去掉虚线圈出的第 4 行即可得到降阶关联矩阵 $\boldsymbol{A}$）

图 12-7a）　$\boldsymbol{A}_a = \begin{bmatrix} 1 & 1 & 0 & 0 & 0 & 0 & 0 \\ -1 & 0 & 0 & -1 & 0 & 0 & 1 \\ 0 & 0 & 0 & 1 & -1 & 1 & 0 \\ 0 & 0 & -1 & 0 & 0 & 0 & -1 \\ 0 & -1 & 1 & 0 & 1 & -1 & 0 \end{bmatrix}$　　図 12-7b）　$\boldsymbol{A}_a = \begin{bmatrix} 1 & 1 & 0 & 1 & 0 & 0 \\ 0 & 0 & 0 & -1 & 1 & -1 \\ -1 & 0 & -1 & 0 & -1 & 0 \\ 0 & -1 & 1 & 0 & 0 & 1 \end{bmatrix}$

12-2　有向图如图 A-10 所示

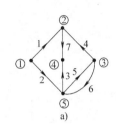
a)

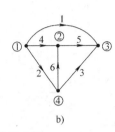
b)

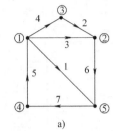
a)

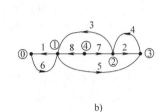
b)

图 A-9　题 12-1 图　　　　　　　　　　　　图 A-10　题 12-2 图

12-3　$\boldsymbol{A} = \begin{bmatrix} 1 & 1 & 0 & -1 & 1 & 0 & 0 \\ 0 & -1 & 1 & 0 & 0 & 1 & 0 \\ -1 & 0 & -1 & 0 & 0 & 0 & -1 \end{bmatrix}$　　$\boldsymbol{Y} = \begin{bmatrix} 0 & 0 & 0 & 0 & 0 & 0 & 0 \\ 0 & 0.1 & 0 & 0 & 0 & 0 & 0 \\ 0 & 0 & 0.1 & 0 & 0 & 0 & 0 \\ 0 & 0 & 0 & 0.1 & 0 & 0 & 0 \\ 0 & 0 & 0 & 0 & j5 & 0 & 0 \\ 0 & 0 & 0 & 0 & 0 & -j2 & 0 \\ 0 & 0 & 0 & 0 & 2 & 0 & j5 \end{bmatrix}$

$\dot{\boldsymbol{I}}_s = [-j5\ 0\ 0\ 0\ 0\ 0\ 0]^T$　　$\dot{\boldsymbol{U}}_s = [0\ 0\ 0\ 1\ 0\ 0\ 0]^T$

节点电压方程为 $\boldsymbol{AYA}^T\dot{\boldsymbol{U}}_n = \boldsymbol{A}\dot{\boldsymbol{I}}_s - \boldsymbol{AY}\dot{\boldsymbol{U}}_s$，即

$\begin{bmatrix} 0.2+j5 & -0.1 & 0 \\ -0.1 & 0.2-j2 & -0.1 \\ -2 & -0.1 & 0.1+j5 \end{bmatrix}\dot{\boldsymbol{U}}_n = \begin{bmatrix} 1-j5 \\ 0 \\ j5 \end{bmatrix}$

12-4　有向图如图 A-11 所示

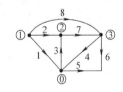

图 A-11　题 12-4 图

$\boldsymbol{A} = \begin{bmatrix} 1 & 1 & 0 & 0 & 0 & 0 & 0 & 1 \\ 0 & -1 & -1 & 0 & 0 & 0 & 1 & 0 \\ 0 & 0 & 0 & 1 & 0 & 1 & -1 & -1 \\ 0 & 0 & 0 & 0 & -1 & -1 & 0 & 0 \end{bmatrix}$

$\boldsymbol{I}_s = [-I_{s1}\ 0\ 0\ 0\ 0\ 0\ 0\ I_{s8}]^T$　　$\boldsymbol{U}_s = [0\ 0\ U_{s3}\ 0\ 0\ 0\ 0]^T$

$\boldsymbol{Y} = \operatorname{diag}\left[\dfrac{1}{R_1},\ sC_2,\ \dfrac{1}{R_3},\ \dfrac{1}{R_4},\ \dfrac{1}{R_5},\ \dfrac{1}{sL_6},\ \dfrac{1}{sL_7},\ \dfrac{1}{R_8}\right]$

$\boldsymbol{Y}_n = \begin{bmatrix} \dfrac{1}{R_1}+\dfrac{1}{R_8}+sC_2 & -sC_2 & -\dfrac{1}{R_8} & 0 \\[2mm] -sC_2 & \dfrac{1}{R_3}+sC_2+\dfrac{1}{sL_7} & \dfrac{-1}{sL_7} & 0 \\[2mm] -\dfrac{1}{R_8} & \dfrac{-1}{sL_7} & \dfrac{1}{R_4}+\dfrac{1}{R_8}+\dfrac{1}{sL_6}+\dfrac{1}{sL_7} & \dfrac{-1}{sL_6} \\[2mm] 0 & 0 & \dfrac{-1}{sL_6} & \dfrac{1}{R_5}+\dfrac{1}{sL_6} \end{bmatrix}$

$\boldsymbol{J}_n = \left[-I_{s1}+I_{s8}\ \ \dfrac{U_{s3}}{R_3}\ \ -I_{s8}\ \ 0\right]^T$；节点电压方程为：$\boldsymbol{Y}_n\boldsymbol{U}_n = \boldsymbol{J}_n$

12-5　在支路 5 有一 VCCS，如图 A-12 所示

12-6　有向图如图 A-13 所示，5 支路有负载 G_5

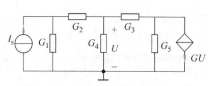

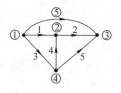

图 A-12　题 12-5 图　　　　　　　　图 A-13　题 12-6 图

$$Y = \begin{bmatrix} \dfrac{jL_2}{\Delta} & \dfrac{jM}{\Delta} & 0 & 0 & 0 \\[2mm] \dfrac{jM}{\Delta} & \dfrac{jL_1}{\Delta} & 0 & 0 & 0 \\[2mm] 0 & 0 & G_3 & 0 & 0 \\[2mm] 0 & 0 & 0 & j\omega C_4 & 0 \\[2mm] 0 & 0 & 0 & 0 & G_5 \end{bmatrix}; \quad A = \begin{bmatrix} 1 & 0 & 1 & 0 & 1 \\ -1 & 1 & 0 & -1 & 0 \\ 0 & -1 & 0 & 0 & -1 \end{bmatrix}; \quad \dot{I}_s = \begin{bmatrix} 0 & 0 & -\dot{I}_{s3} & 0 & 0 \end{bmatrix}^T;$$

$$\dot{U}_s = \begin{bmatrix} 0 & 0 & 0 & 0 & \dot{U}_{s5} \end{bmatrix}^T; \Delta = \omega(M^2 - L_1 L_2); \quad Y_n = \begin{bmatrix} \dfrac{jL_2}{\Delta} + G_3 + j\omega C_6 & \dfrac{j(M - L_2)}{\Delta} & -\dfrac{jM}{\Delta} - j\omega C_6 \\[3mm] \dfrac{j(M - L_2)}{\Delta} & \dfrac{j(L_1 + L_2 - 2M)}{\Delta} + j\omega C_4 & \dfrac{j(M - L_1)}{\Delta} \\[3mm] -\dfrac{jM}{\Delta} - j\omega C_6 & \dfrac{j(M - L_1)}{\Delta} & \dfrac{jL_1}{\Delta} + G_5 + j\omega C_6 \end{bmatrix}$$

$$\dot{J}_n = \begin{bmatrix} -\dot{I}_{s3} & 0 & G_5 \dot{U}_{s5} \end{bmatrix}^T \qquad 节点电压方程为：\quad Y_n \dot{U}_n = \dot{J}_n$$

第 13 章

13-1　$R = 45.01\Omega$，$R_d = 0.355\Omega$

13-2　$R = 2000.09\Omega$，$R_d = 0.18\Omega$

13-4　$U = 0V$

13-5　$\dfrac{R_1 R_2}{R_1 + R_2} i_3 + 20\sqrt{i_3} = \dfrac{R_2}{R_1 + R_2} U_s$

13-7　等效电路如图 A-14 所示

13-8　特性曲线如图 A-15 所示

13-9　电路如图 A-16 所示

13-10　$Q = (2V, 4A)$，$u_\delta = \dfrac{1}{14}\cos t$ mV，$i_\delta = \dfrac{2}{7}\cos t$ mA

13-11　特性曲线如图 A-17 所示

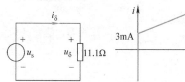
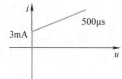
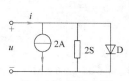
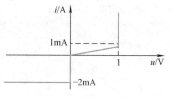

图 A-14　题 13-7 图　　图 A-15　题 13-8 图　　图 A-16　题 13-9 图　　图 A-17　题 13-11 图

13-12　$U = 1V$

13-13　$U_P = 0V$

13-14　交变电源 u_s 的最大值相对于直流电源 U_s 足够小，即 $u_s \ll U_s$

13-15　$u_1 = 10.828V$

13-16　$8u_{n1} - 2u_{n2} + 3(u_{n1} - u_{n2})^2 = 5$；$4u_{n2} - u_{n3} - 3(u_{n1} - u_{n2})^2 = 0$；$u_{n3} = u_s = 3$

13-17　波形图如图 A-18 所示

第 14 章

14-1　$Z_C = 39.243\Omega$；$v_p = 1.416 \times 10^8 m/s$；$\beta = 4.439 \times 10^{-2} rad/m$；$\lambda = 2.93 \times 10^6 m$

14-4　$Z_2 = -j308\Omega$

14-5　$Z_{2n} = (40.5 + j46.28)\Omega$

14-6　$Z_1 = 150\Omega$，$Z_2 = 100\Omega$

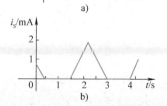

图 A-18　题 13-17 图

参 考 文 献

[1] 白惠珍，王宝珠，张惠娟，等．电路理论基础 [M]．北京：中国科学技术出版社，2008.

[2] 白惠珍，张惠娟，姚芳．电路理论基础学习指导 [M]．哈尔滨：黑龙江人民出版社，2007.

[3] 邱关源，罗先觉．电路 [M]．5 版．北京：高等教育出版社，2006.

[4] 李瀚荪．电路分析基础：上册 [M]．5 版．北京：高等教育出版社，2017.

[5] 于歆杰，朱桂萍，陆文娟．电路原理 [M]．北京：清华大学出版社，2007.

[6] 殷瑞祥．电路与模拟电子技术 [M]．北京：高等教育出版社，2009.

[7] 陈长兴，李敬社，段小虎．电路分析基础 [M]．北京：高等教育出版社，2014.

[8] 赵录怀，王仲奕．电路基础 [M]．北京：高等教育出版社，2012.

[9] 张永瑞．电路分析基础 [M]．4 版．西安：西安电子科技大学出版社，2013.

[10] 齐超，刘洪臣，王竹萍．工程电路分析基础 [M]．北京：高等教育出版社，2016.

[11] ALEXANDER C K, SAIKU M N O. Fundamentals of Electronic Circuits [M]．5 版．北京：清华大学出版社，2011.

[12] NISSON J W, RIEDEL S A. 电路 [M]．周玉坤，冼立勤，李莉，等译．10 版．北京：电子工业出版社，2015.

[13] HAYT W H, KEMMERLY J E, DURBIN S M. 工程电路分析 [M]．周玲玲，等译．8 版．北京：电子工业出版社，2012.